처음 만나는 전력공학

박승규, 최은혁, 최병숙 지음

한빛아카데미
Hanbit Academy, Inc.

지은이 박숭규 sd2217@hanmail.net

현재 건축전기설비기술사 및 소방기술사로, 영남대학교에서 학사, 석사, 박사 학위를 취득하였다. 경일대학교 전기공학부 겸임교수를 역임하고 있으며, 대구광역시 지방건설심의위원(전기 분야)과 국가직무능력표준(NCS) 전기설비설계 · 감리 분야 개발 현장전문가로 참여하였다. 저서로는 『처음 만나는 전기기기(2판)』(한빛아카데미, 2021)이 있다.

지은이 최은혁 choieh77@gmail.com

현재 경일대학교 전기공학부 교수로, 영남대학교에서 공학박사 학위를 취득하였다. 주요 연구 분야는 고전압, 신재생에너지, 전자파공학이다. 저서로는 『NCS를 기반으로 한 일학습병행제 관련 전기 · 전기설계』(한국산업인력공단, 2015), 『제어시스템 실무 및 PLC 제어』(한국산업인력공단, 2015), 『스마트팩토리 PLC』(홍릉과학출판사, 2018), 『처음 만나는 전기기기』(한빛아카데미, 2021) 등이 있다.

지은이 최병숙 cbssook@hanmail.net

현재 홍익대학교 전기설비 연구센터 수석연구원으로, 건축전기설비기술사이다. 홍익대학교에서 석사, 박사 학위를 취득하였다. 현재 국토교통부 중앙건설심의위원, BTL 평가위원, 대구광역시 지방건설기술심의위원(전기 분야), 경상북도청 지방건설기술심의위원(전기 분야), 지식경제부 · 국토교통부 혁신기술평가위원, 한국공학교육 인증평가위원, 법원행정처 전문위원 등으로 활동하고 있다.

처음 만나는 전력공학 2판

초판발행 2022년 9월 2일
3쇄발행 2026년 1월 26일

지은이 박숭규, 최은혁, 최병숙 / **펴낸이** 전태호
펴낸곳 한빛아카데미(주) / **주소** 서울시 서대문구 연희로2길 62 한빛아카데미(주) 2층
전화 02-336-7112 / **팩스** 02-336-7199
등록 2013년 1월 14일 제2017-000063호 / **ISBN** 979-11-5664-617-4 93560

총괄 박현진 / **책임편집** 김평화 / **기획·편집** 임여울 / **교정** 강다인 / **진행** 임여울
디자인 표지 박정우 / **전산편집** 카리스북 / **제작** 박성우, 김정우
영업 김성삼, 이정훈, 임현기, 이성훈, 김주성, 심지연

이 책에 대한 의견이나 오탈자 및 잘못된 내용은 출판사 홈페이지나 아래 이메일로 알려주십시오.
파본은 구매처에서 교환하실 수 있습니다. 책값은 뒤표지에 표시되어 있습니다.

홈페이지 www.hanbit.co.kr / 이메일 question@hanbit.co.kr

Published by HANBIT Academy, Inc. Printed in Korea

최신 기술을 반영한 시대에 맞는 전력공학

현재 우리나라에서는 여러 산업 분야가 빠르게 성장하면서 전력 수요가 급증하고 있다. 이에 따라 전력을 안정적으로 공급하는 것뿐만 아니라 발전계통의 운영 및 유지 보수, 효율적인 전력의 수송 및 분배가 매우 중요해졌다. 이 과정에서 새로운 기술과 다양한 전력설비들을 사용하게 되었고, 시대에 맞는 최신 기술과 NCS를 반영한 전력공학 교재가 필요하다고 느껴 이 책을 집필하였다.

이 책은 4년제 및 2년제 대학에서 전기 관련 학과를 전공하는 학생들과 현장 실무자들을 대상으로, 전력공학의 학문적 기초부터 응용까지 꼭 알아야 하는 내용만을 학습할 수 있도록 구성되었다. 또한 관련 자격증과 공무원 시험을 준비하는 이들과 취업을 준비하는 학생들이 반드시 알아야 하는 내용 위주로 예제와 연습문제를 편성하였다.

이 책은 전력공학을 크게 다섯 부분으로 나누어 설명한다. 1장에서는 처음 전력공학을 학습하는 학생들을 위한 수학과 회로이론 기초를 설명하며 2~6장에서는 송전 분야를 다룬다. 또한 8~10장에서는 특성을 해석하고 11~12장에서는 배전 분야를 다루며, 7장과 13장에서는 접지를 비롯한 시설물을 다룬다.

접지와 피뢰 분야에서 최근 사용하는 IEC 규정과 관련한 내용을 보강하였으며, 저자의 현장 경험을 바탕으로 현장 실무에서 다루는 기기 및 지식을 담았다. 이 책을 통해 미래의 실무자들이 실무를 미리 경험해 볼 수 있는 기회가 되기를 바란다.

이 책은 최신 기술과 NCS를 기반으로 하는 자격증 및 각종 기술시험에 가장 최적화된 책이다. 전기 관련 직종에서 근무하는 기술자와 전공자들이 이 책을 통해 시대에 맞는 전력공학을 학습할 수 있기를 바란다.

감사의 글

이 책을 쓰기로 결정하기까지 많은 고심을 했다. 이 책을 쓸 수 있도록 도움을 주신 모든 분께 고마움을 표하며, 특히 이 책을 출간하는 데 아낌없는 노력을 쏟아 주신 한빛아카데미㈜ 관계자들에게 감사드린다.

새로운 전력공학 지침서가 되기를 기원하며

지은이를 대표하여 **박 승 규**

미리보기

CHAPTER
02

전력계통과 송배전방식

이 장은 발전소에서 생산된 전기가 수용가인 공장이나 우리 가정에까지 전송되는 설비, 즉 전력계통의 개념을 정확하게 이해하는 것을 목표로 한다. 면적이 작고 전기 사용량은 많은 우리나라에서는 경제적이고 안정적인 전력계통을 확립하는 것이 중요하다. 이를 위해 송배전선로의 구성, 송배전방식, 송전용량, 경제적인 송전전압을 이해해야 한다. 따라서 이 장에서는 전력계통의 바른 이해를 돕기 위해 전력계통을 이루고 있는 사항들의 기초 개념을 학습하고, 이들의 연관성을 살펴본다.

CONTENTS

| 장 도입글 |

해당 장의 내용을 왜 배우는지,
무엇을 배우는지 설명한다.

SECTION 3.1

전선

전기는 전선을 통해 전달된다. 따라서 가공 전선로에서 사용하는 전선은 외부 영향과 손실을 최소화할 수 있도록 몇 가지 조건을 만족해야 한다. 이 절에서는 가공 전선로에서 사용하는 전선이 갖춰야 하는 조건과 전선의 종류를 살펴보고, 전선의 종류에 따른 허용전류를 살펴본다. 또한 전선을 설치할 때 고려해야 하는 이도에 대해서도 알아보자.

Keywords | 가공 전선로의 전선 조건 | 전선의 종류 | 전선의 허용전류 | 전선의 경제적인 굵기 선정 | 이도 |

1 가공 전선로의 전선 조건

송배전선로에서 사용되는 전선로에는 가공 전선로와 지중 전선로가 있다. 가공 전선로는 나전선을 철근 콘크리트주, 철주, 철탑 등의 지지물에 애자로 지지하는 방식이며, 지중 전선로는 전력 케이블을 지하에 매설해서 송·배전하는 방식이다.

우리나라의 발전소는 서해안, 남해안, 동해안에 편중되어 있으며 전력 소비는 서울, 경인지역, 대도시에 집중되어 있다. 따라서 발전소에서 생산된 전기를 전송해야 하는데, 이때 전기를 전송하는 매체인 송전선로는 대부분 가공 전선로로 이루어져 있다. 하지만 환경 문제가 대두되면서 철탑 등의 지지물을 설치하기가 현실적으로 어려워지고 있다.

가공 전선로의 전선이 갖춰야 하는 조건들은 다음과 같다.

★ 가공 전선로의 전선 조건 ★

- 도전율이 클 것
- 기계적 강도가 충분할 것
- 내구성이 있을 것
- 가공이 쉬울 것(가요성[1]이 클 것)
- 가벼울 것(비중이 작을 것)
- 가선공사가 용이할 것
- 가격이 저렴할 것

우리나라에서는 가공 전선로의 전선으로 경동연선(HDCC : Hard Drawn Copper Conductor)과 강심 알루미늄 연선(ACSR : Aluminum Conductor Steel Reinforced)을 사용한다. 경동연선은 송전전압이 낮은 전선로에 사용하고, 강심 알루미늄 연선은 저항값이 같을 때 바깥지름이 경동연선보다 크기 때문에 송전전압이 높은 전선로에 사용한다.

1 가요성은 물체가 쉽게 휘고 다시 돌아올 수 있는 성질을 의미한다.

| 학습목표 / Keywords |

핵심 내용을 키워드로
정리하여 소개한다.

| 본문 |

전력공학을 이해하는 데
필요한 내용을
간결하게 설명한다.

| 각주 |

본문에 대한 보충 설명이나
추가적인 내용을 페이지 하단에 제시한다.

식 (3.6)은 포물선을 나타내므로 가공 전선로의 가공 전선은 근사적으로 포물선으로 취급할 수 있음을 의미한다. [그림 3-4]에서 원점을 O 에서 N 점으로 옮기면 $y = \frac{x^2}{2a}$ 이고, 여기에 $x = \frac{S}{2}$ 를 대입하여 정리하면 이도 D[m]를 구할 수 있다.

★ 이도 ★

$$D = \frac{wS^2}{8T_0}[\mathrm{m}] \quad (3.7)$$

- w : 전선의 중량[kg/m]
- S : 경간[m]
- T_0 : N 점에 작용하는 전선의 수평장력[kg]

식 (3.7)과 같이 이도 D는 전선의 중량과 경간의 제곱에 비례하고 수평장력에 반비례한다. 이때 실제 전선의 길이 L[m]은 다음과 같다.

★ 이도가 적용된 실제 전선의 길이 ★

$$L = S + \frac{8D^2}{3S}[\mathrm{m}] \quad (3.8)$$

즉 전선의 길이 L은 경간의 길이 S보다 $\frac{8D^2}{3S}$ 만큼 더 길지만, 이것은 보통 S의 0.1[%] 정도밖에 되지 않는다.

예제 3-6

가공 전선로의 경간이 300[m], 전선 자체의 무게 $W = 1.11$[kg/m], 인장하중은 10210[kg], 안전율은 2.2이다. 이때 가공 전선로의 이도를 구하라.

정답 2.69[m]

풀이 가공 전선로의 이도를 구하는 식 (3.7)에 $W = 1.11$[kg/m], $S = 300$[m], $T_0 = \frac{10210}{2.2}$ 을 대입하면 다음과 같다.

$$D = \frac{WS^2}{8T_0} = \frac{1.11 \times 300^2}{8 \times \frac{10210}{2.2}} = 2.69[\mathrm{m}]$$

| 별표 박스 |

본문 중 주요 수식과 내용을 강조하여 소개한다.

| 예제 |

본문에서 다룬 개념을 적용한 문제와 상세한 풀이를 제시한다.

CHAPTER 11 **연습문제**

11.1 다음 차단기 영어약자의 한글명과 영어명을 설명하라.

(a) OCB (b) ABB
(c) VCB (d) ACB
(e) MCCB

11.2 배전선의 말단에 단일 부하가 있는 경우와 배전선에 따라 균등한 부하가 분포되어 있는 경우 배전선 내의 전력손실을 비교하면 전자는 후자의 몇 배인가? 단, 송전단에서의 전류는 동일하다.

11.3 송전단 전압이 3.4[kV], 수전단 전압이 3[kV]인 배전선로에서 수전단의 부하를 끊은 경우의 수전단 전압이 3.2[kV]가 되었다. 이때의 전압변동률을 구하라.

11.4 다음 직류 선로에서 B, C, D 각 점의 전압을 구하라.

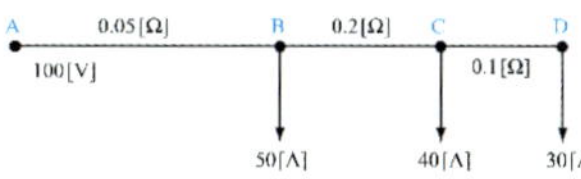

11.5 다음 그림에서와 같이 부하가 균일한 밀도로 도중에서 분기되어 선로전류가 송전단에 이를수록 직선적으로 증가하고 있다. 이 송전단 전류와 같은 전류의 부하가 선로의 말단에만 집중되어 있을 때 선로의 전압강하는 전압강하의 대략 몇 배인가? 단, 부하역률은 모두 같다고 한다.

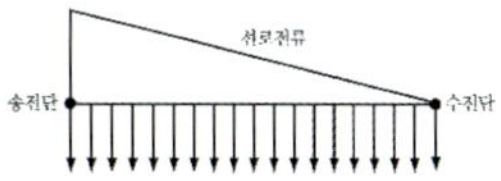

| 연습문제 |

해당 장에서 학습한 내용을 문제를 통해 확인한다.

강의 보조 자료

한빛아카데미 홈페이지에서 '교수회원'으로 가입하신 분은 인증 후 교수용 강의 보조 자료를 제공받을 수 있습니다. 한빛아카데미 홈페이지 상단의 〈교수전용공간〉 메뉴를 클릭하세요.

http://www.hanbit.co.kr/academy

연습문제 해답

이 책의 연습문제 답안은 다음 경로에서 다운로드할 수 있습니다.

한빛아카데미 홈페이지 접속 → [도서명] 검색 → 도서 상세 페이지의 [부록 / 예제소스]

참고 문헌

- 송길영, 『신편 송배전공학』, 동일출판사, 1989
- 정용기, 『전기설비 기술계산 핸드북 3편』, (주)의제전기설비연구원, 1998
- 전영주 외, 『전력계통공학』, 영진전문대학출판부, 2011
- 한국전력공사 신입사원 교재

Contents

Contents

Contents

CHAPTER 04 지중 전선로

CHAPTER 05 선로정수와 코로나

Contents

Contents

CHAPTER 08

고장계산과 유도장해

CHAPTER 09

이상전압

Contents

Contents

Contents

CHAPTER
01

전력공학의 기초

전력공학은 전기를 발생시키는 발전과 전기를 전송하는 송전, 배전을 모두 다루는 학문이다. 이 책에서는 그중에서 송전과 배전에 집중하여 설명한다. 우리나라에서는 교류전력을 전송하므로 전력공학에서는 교류전압, 교류전류 등 교류 개념을 다룬다. 따라서 교류를 표현하는 복소수와 삼각함수를 알면 전력공학을 이해하는 데 도움이 된다. 또한 송전과 배전에서 사용하는 전선로와 기기는 모두 회로로 표현할 수 있으므로, 전력공학을 학습하려면 기초적인 회로이론을 알아야 한다.

CONTENTS

SECTION
1.1 복소수

전력공학에서는 교류 개념을 다루기 때문에 전압, 전류, 전력 등을 복소수로 표현하고 계산한다. 따라서 기본적인 복소수의 표현형식과 계산 방법을 알면 전력공학에서 다루는 수식을 쉽게 이해할 수 있다.

Keywords | 복소수 | 직각좌표형식 | 삼각함수형식 | 지수함수형식 | 극좌표 형식 | 복소수의 계산 |

1 복소수의 표현

일반적으로 회로에서 위상차가 발생되는 전압과 전류를 계산할 때 사용하는 복소수는 기본적인 x, y축을 기준으로 직각좌표계에서 표현하는 직각좌표형식과 x축과 이루는 각 θ와 크기로 표현되는 삼각함수형식, 오일러의 정리를 이용한 지수함수형식이 있다. 특히 오일러의 정리는 치환하여 극좌표형식으로 표현할 수 있다.

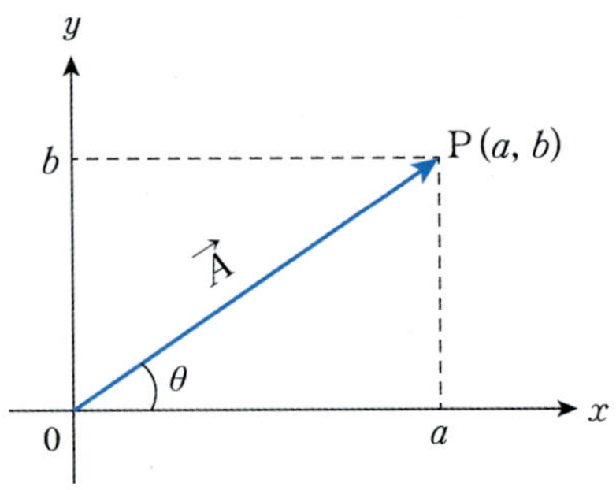

[그림 1-1] 직각좌표계에 나타낸 벡터

[그림 1-1]과 같이 좌표평면의 원점에서 임의의 점 P(a, b)까지 이르는 $\overrightarrow{A}$가 존재한다면 $\overrightarrow{A}$를 실수축 x축의 좌표 a와 허수축 y축의 좌표 b를 이용해 **직각좌표형식**으로 표현할 수 있다. $\overrightarrow{A}$가 실수축과 허수축의 좌표계를 가지므로, $\overrightarrow{A}$는 실수축 방향의 벡터 $(0, a)$와 허수축 방향의 벡터 $(0, b)$로 분해하여 표현할 수 있다. 실수축과 허수축으로 분해된 각각의 벡터를 더하면 $\overrightarrow{A}$가 된다.

$$\overrightarrow{A} = a + jb$$

직각좌표형식에서 벡터의 절댓값(크기)과 x축과 이루는 편각(θ)은 다음과 같다.

$$\text{절댓값 } |\overrightarrow{A}| = A = \sqrt{\text{실수부}^2 + \text{허수부}^2} = \sqrt{a^2 + b^2}$$

$$\text{편각 } \theta = \tan^{-1}\frac{\text{허수부}}{\text{실수부}} = \tan^{-1}\frac{b}{a}$$

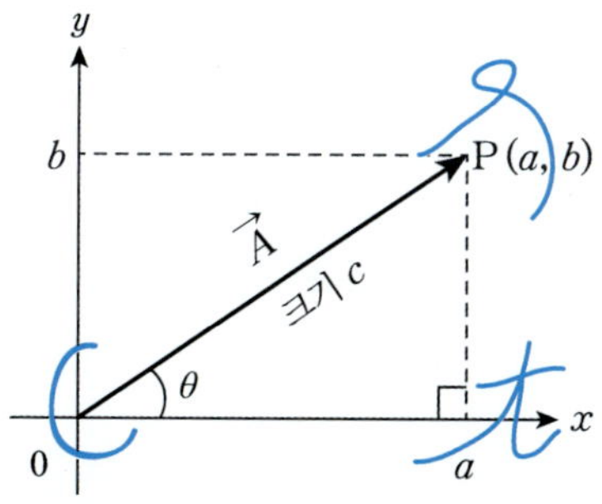

[그림 1-2] 좌표와 삼각함수

[그림 1-2]와 같이 원점, $\overrightarrow{A}$와 실수부 a는 직각삼각형을 이룬다. 점 P를 삼각함수를 이용하여 표현하면 다음과 같다. 이때 c는 벡터의 절댓값(크기)을 나타낸다.

$$\mathrm{P}(a,\ b) = \mathrm{P}(c\cos\theta,\ c\sin\theta)$$

삼각함수로 표현된 좌표에 직각좌표형식을 적용하여 표현한 것을 **삼각함수형식**이라 하며, 다음과 같이 나타낸다.

$$\overrightarrow{A} = a + jb = A(\cos\theta + j\sin\theta)$$

또한 지수함수 e^x(x는 실수)을 무한급수로 전개한 후, x에 $j\theta$를 대입하고 전개하여 $\sin\theta$와 $\cos\theta$에 대한 테일러(Taylor) 급수로 정리한 것을 오일러의 정리(Euler's theorem)라 하며, 다음과 같이 나타낸다.

$$e^{j\theta} = \cos\theta + j\sin\theta$$

오일러의 정리를 복소수의 삼각함수형식에 적용한 것을 **지수함수형식**이라 하며, 복소수의 크기와 편각을 이용하여 나타낸 것을 지수함수형식에 적용한 것을 **극좌표형식**이라 한다.

★ 복소수의 표현 ★

- 직각좌표형식 $\overrightarrow{A} = a + jb$
- 삼각함수형식 $\overrightarrow{A} = A(\cos\theta + j\sin\theta)$
- 지수함수형식 $\overrightarrow{A} = Ae^{j\theta}$
- 극좌표형식 $\overrightarrow{A} = A\angle\theta$

예제 1-1

직각좌표형식으로 표시된 전압을 극좌표형식과 지수함수형식으로 나타내라.

$$\overrightarrow{V} = 4+3j$$

정답 $5\angle\frac{\pi}{5}$, $5(\cos36° + j\sin36°)$

풀이 먼저 직각좌표형식으로 표시된 전압에서 벡터의 크기와 편각을 구하여 극좌표형식으로 나타내면 다음과 같다.

$$\begin{aligned}\overrightarrow{V} &= 4+j3\\ &= \sqrt{4^2+3^2}\angle\tan^{-1}\left(\frac{3}{4}\right)\\ &= 5\angle\frac{\pi}{5}\end{aligned}$$

이때 $\tan^{-1}\left(\frac{3}{4}\right) = 36°$이므로 이를 지수함수형식으로 나타내면 다음과 같다.

$$\begin{aligned}\overrightarrow{V} &= 4+j3\\ &= 5\angle\frac{\pi}{5}\\ &= 5e^{j36}\\ &= 5(\cos36° + j\sin36°)\end{aligned}$$

2 복소수의 계산

복소수의 덧셈과 뺄셈은 직각좌표형식을 이용하면 쉽게 계산할 수 있고, 곱셈과 나눗셈은 지수함수형식이나 극좌표형식을 이용하면 쉽게 계산할 수 있다.

복소수의 덧셈과 뺄셈

복소수의 덧셈과 뺄셈은 다음과 같이 실수부는 실수부끼리, 허수부는 허수부끼리 계산한다.

★ 복소수의 덧셈과 뺄셈 ★

$$\begin{aligned}&\overrightarrow{A_1} = a_1 + jb_1,\ \overrightarrow{A_2} = a_2 + jb_2\\ &\overrightarrow{A_1} + \overrightarrow{A_2} = (a_1 + a_2) + j(b_1 + b_2)\\ &\overrightarrow{A_1} - \overrightarrow{A_2} = (a_1 - a_2) + j(b_1 - b_2)\end{aligned}$$

복소수의 덧셈과 뺄셈을 좌표계에 표시하면 [그림 1-3]과 같다.

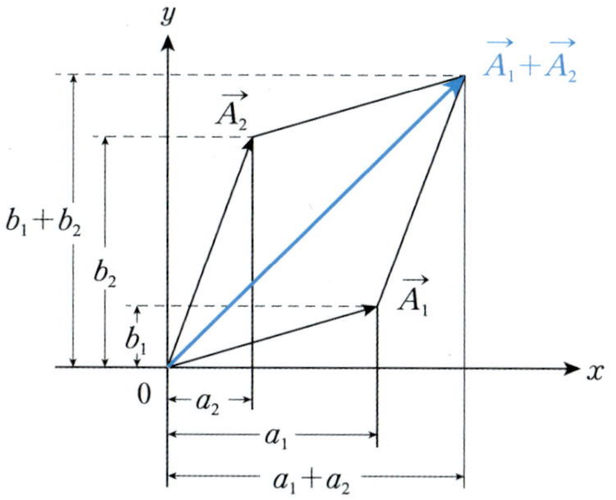

(a) 복소수의 덧셈

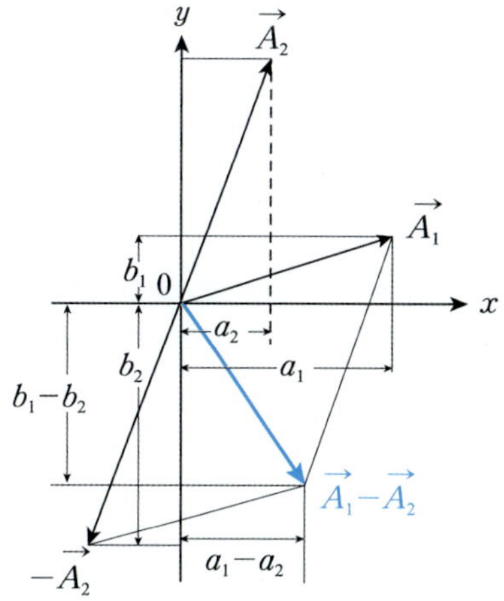

(b) 복소수의 뺄셈

[그림 1-3] 복소수의 덧셈과 뺄셈

복소수의 곱셈

복소수에서 허수부의 단위는 $j=\sqrt{-1}$ 이다. 허수부를 n 번 곱하면 다음과 같은 주기가 나타난다.

$$j=\sqrt{-1},\quad j^2=-1,\quad j^3=-\sqrt{-1},\quad j^4=1$$

직각좌표형식에서 두 벡터의 곱은 다음과 같이 표현한다.

$$\overrightarrow{A_1}=a_1+jb_1,\quad \overrightarrow{A_2}=a_2+jb_2$$

$$\begin{aligned}\overrightarrow{A_1}\times\overrightarrow{A_2}&=a_1a_2+ja_1b_2+ja_2b_1+j^2b_1b_2\\&=a_1a_2-b_1b_2+j(a_1b_2+a_2b_1)\end{aligned}$$

극좌표형식과 지수함수형식으로 표현되는 두 벡터의 곱은 다음과 같다.

★ 복소수의 곱셈 ★

$$\overrightarrow{A_1}=a_1+jb_1,\quad \overrightarrow{A_2}=a_2+jb_2,\quad \theta_1=\tan^{-1}\left(\frac{b_1}{a_1}\right),\quad \theta_2=\tan^{-1}\left(\frac{b_2}{a_2}\right)$$

$$\begin{aligned}\overrightarrow{A_1}\times\overrightarrow{A_2}&=|\overrightarrow{A_1}|e^{j\theta_1}\times|\overrightarrow{A_2}|e^{j\theta_2}=|\overrightarrow{A_1}||\overrightarrow{A_2}|e^{j(\theta_1+\theta_2)}\\&=|\overrightarrow{A_1}|\angle\theta_1\times|\overrightarrow{A_2}|\angle\theta_2=|\overrightarrow{A_1}||\overrightarrow{A_2}|\angle(\theta_1+\theta_2)\end{aligned}$$

극좌표형식으로 나타낸 복소수의 곱셈을 좌표축에 표현하면 [그림 1-4]와 같다.

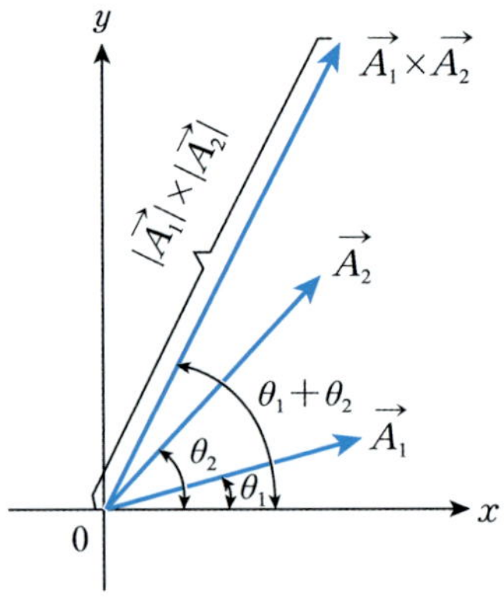

[그림 1-4] 복소수의 곱셈

복소수의 나눗셈

직각좌표형식으로 표현된 복소수의 나눗셈은 분모의 공액 복소수를 분모와 분자에 곱하여 계산한다. 이때 공액 복소수란 복소수에서 허수부의 부호만을 반대로 바꾼 것을 의미한다.

$$\begin{aligned}\frac{\overrightarrow{A_1}}{\overrightarrow{A_2}} &= \frac{a_1 + jb_1}{a_2 + jb_2} \times \frac{a_2 - jb_2}{a_2 - jb_2} \\ &= \frac{a_1a_2 - ja_1b_2 + ja_2b_1 - j^2b_1b_2}{a_2^2 + b_2^2} \\ &= \frac{a_1a_2 + b_1b_2 + j(a_2b_1 - a_1b_2)}{a_2^2 + b_2^2} \\ &= \frac{a_1a_2 + b_1b_2}{a_2^2 + b_2^2} + j\frac{a_2b_1 + a_1b_2}{a_2^2 + b_2^2} \\ &= C + jD\end{aligned}$$

복소수의 나눗셈 과정에서 $j\overrightarrow{A}$는 $\overrightarrow{A}$와 $90°$의 위상차가 발생한다. 이를 좌표축에 표현하면 [그림 1-5]와 같다.

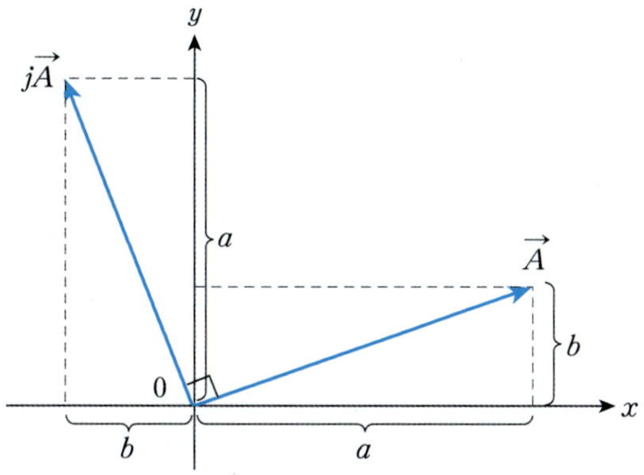

[그림 1-5] $j\overrightarrow{A}$와 $\overrightarrow{A}$의 관계

직교좌표형식으로 표현된 복소수를 지수함수형식과 극좌표형식으로 나타내면 다음과 같다.

$$\overrightarrow{A_1} = a_1 + jb_1 = \sqrt{a_1^2 + b_1^2}\, e^{j\theta_1} = \sqrt{a_1^2 + b_1^2} \angle \theta_1$$
$$\overrightarrow{A_2} = a_2 + jb_2 = \sqrt{a_2^2 + b_2^2}\, e^{j\theta_2} = \sqrt{a_2^2 + b_2^2} \angle \theta_2$$

즉 지수함수형식과 극좌표형식으로 표현된 복소수의 나눗셈은 다음과 같다.

★ 복소수의 나눗셈 ★

$$\theta = \tan^{-1}\frac{b_1}{a_1} - \tan^{-1}\frac{b_2}{a_2} = \theta_1 - \theta_2$$
$$\frac{\overrightarrow{A_1}}{\overrightarrow{A_2}} = \sqrt{C^2 + D^2}\, e^{j(\theta_1 - \theta_2)}$$
$$= \sqrt{C^2 + D^2} \angle (\theta_1 - \theta_2)$$
$$(\text{단, } C = a_1a_2 + b_1b_2,\ D = a_2b_1 - a_1b_2)$$

SECTION 1.2

삼각함수

전력공학에서는 3상의 개념을 다루기 때문에, 복소수를 삼각함수형식으로 표현하여 계산한다. 따라서 전력공학에서는 삼각함수 계산을 자주 사용한다. 삼각함수와 삼각함수의 주요 공식을 알아두면 전력공학에서 다루는 수식을 계산하는 데 도움이 된다.

Keywords | 60분법 | 호도법 | 삼각함수 | 삼각함수의 주요 공식 |

1 60분법과 호도법

각도를 나타내는 방법에는 일반각을 나타내는 60분법과 호도법이 있다. 60분법은 직각을 $\frac{1}{90}$로 나눈 값을 1°로 하여 각도를 나타내는 방법이다. 시초선 OX로부터 원점 O를 중심으로 $\alpha°$만큼 회전이동한 위치에 동경 OP가 있을 때, ∠XOP의 크기를 나타내는 각을 아래와 같이 표현하며, 이를 OP의 일반각이라 한다.

$$360° \times n + \alpha° \ (n \text{은 정수})$$

일반각을 그림으로 표현하면 [그림 1-6]과 같다.

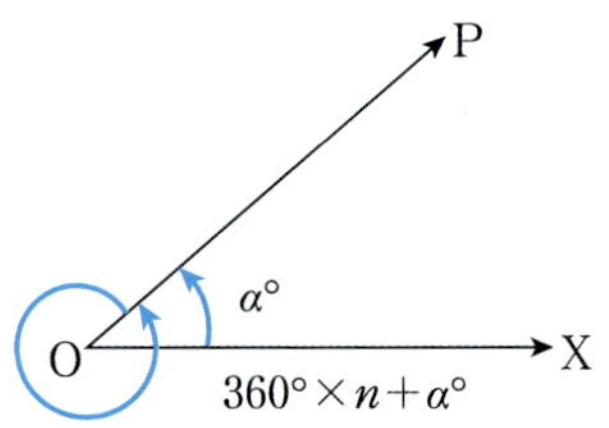

[그림 1-6] 일반각의 표현

호도법은 $\frac{180°}{\pi}$를 1라디안으로 하여 각도를 나타내는 방법이다. 60분법으로 나타낸 각과 호도법으로 나타낸 각 사이의 관계는 다음과 같다.

★ 60분법과 호도법 변환 ★

$$1\text{라디안} = \frac{180°}{\pi}$$

$$1° = \frac{\pi}{180}\text{라디안}$$

2 삼각함수란?

삼각함수는 [그림 1-7]에서 직각삼각형의 각 변의 관계를 이용하여 sin, cos, tan로 다음과 같이 나타낸다.

$$\sin\theta = \frac{y}{r},\quad \csc\theta = \frac{r}{y},$$

$$\cos\theta = \frac{x}{r},\quad \sec\theta = \frac{r}{x},$$

$$\tan\theta = \frac{y}{x},\quad \cot\theta = \frac{x}{y}$$

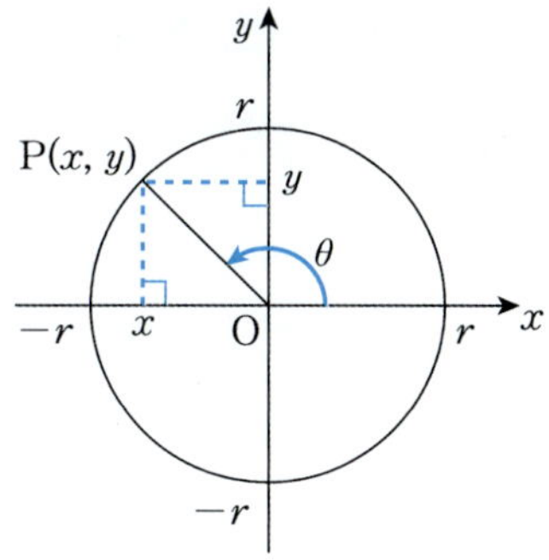

[그림 1-7] 삼각함수

제1사분면에 위치한 0°, 30°, 45°, 60°, 90°를 특수각이라 한다. 계산에 가장 많이 활용하는 특수각의 삼각함수값을 [표 1-1]에 정리했다.

[표 1-1] 특수각의 삼각함수값

삼각비 \ A	0°	30°	45°	60°	90°
$\sin A$	0	$\frac{1}{2}$	$\frac{\sqrt{2}}{2}$	$\frac{\sqrt{3}}{2}$	1
$\cos A$	1	$\frac{\sqrt{3}}{2}$	$\frac{\sqrt{2}}{2}$	$\frac{1}{2}$	0
$\tan A$	0	$\frac{\sqrt{3}}{3}$	1	$\sqrt{3}$	없음 (∞)

직각좌표계에서는 각 사분면에서 삼각함수값의 부호가 [표 1-2]와 같이 다르게 나타난다.

[표 1-2] 삼각함수값의 부호

삼각함수값	$\sin\theta > 0$	$\cos\theta > 0$	$\tan\theta > 0$	함수값이 양인 것
부호	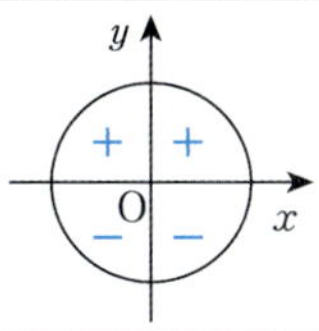	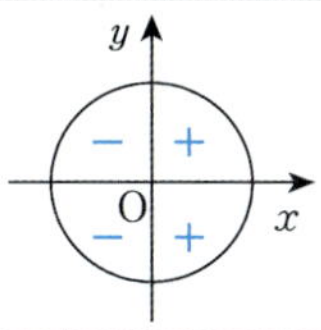	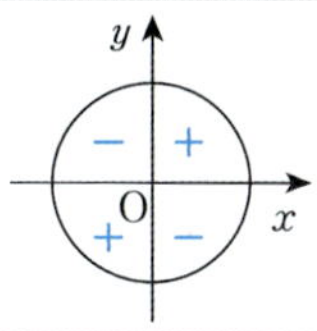	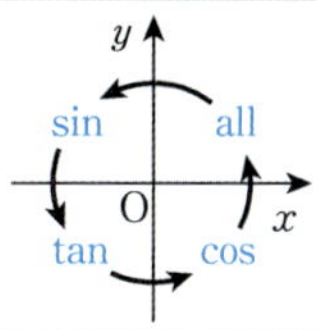

3 삼각함수의 주요 공식

삼각함수의 기본 공식

삼각함수의 관계를 나타내는 기본 공식은 다음과 같다.

$$\tan\theta = \frac{\sin\theta}{\cos\theta}$$

$$\sin^2\theta + \cos^2\theta = 1$$

$$1 + \tan^2\theta = \frac{1}{\cos^2\theta}$$

삼각함수의 성질을 이용한 공식

삼각함수의 주기는 2π이고, 각이 위치한 사분면에 따라 부호가 바뀐다. 또한 삼각함수의 성질에 의해 사인함수와 코사인함수를 상호변환할 수 있다. 이러한 삼각함수의 성질을 이용한 주기 공식, 음각 공식, 보각 공식, 여각 공식을 [표 1-3]에 정리했다.

[표 1-3] 삼각함수의 성질을 이용한 공식

구분	sin	cos	tan
주기 공식	$\sin(2n\pi+\theta)=\sin\theta$	$\cos(2n\pi+\theta)=\cos\theta$	$\tan(n\pi+\theta)=\tan\theta$
음각 공식	$\sin(-\theta)=-\sin\theta$	$\cos(-\theta)=\cos\theta$	$\tan(-\theta)=-\tan\theta$
보각(배각) 공식	$\sin(\pi-\theta)=\sin\theta$	$\cos(\pi-\theta)=-\cos\theta$	$\tan(\pi-\theta)=-\tan\theta$
여각(반각) 공식	$\sin\left(\frac{\pi}{2}-\theta\right)=\cos\theta$	$\cos\left(\frac{\pi}{2}-\theta\right)=\sin\theta$	$\tan\left(\frac{\pi}{2}-\theta\right)=\frac{1}{\tan\theta}$

각 θ가 제1사분면에 위치한 예각이면 모든 삼각함수값이 양이기 때문에 계산하기 쉽다. 각 θ가 $90°$ 이상인 삼각함수를 예각에 대한 삼각함수로 바꾸는 방법은 다음과 같다.

★ 여각 공식을 이용한 삼각함수 변환 ★

$$삼각함수\left(\frac{n\pi}{2}\pm\theta\right) \Rightarrow \pm 삼각함수\,\theta \quad (단,\ n은\ 정수)$$

- n이 짝수이면 삼각함수의 종류는 바뀌지 않는다.
- n이 홀수이면 sin은 cos으로, cos은 sin으로, tan는 $\frac{1}{\tan}$로 바뀐다.
- 삼각함수의 부호는 $(90°n\pm\theta)$가 위치한 사분면에 따라 결정된다.

예제 1-2

다음 삼각함수를 예각에 대한 삼각함수로 나타내라.

(a) $\sin 750°$

(b) $\cos(-1020°)$

정답 (a) $\sin 30°$, (b) $\cos 60°$

풀이 삼각함수를 예각에 대한 함수로 다시 나타내면 다음과 같다.

(a) $\sin 750° = \sin(360 \times 2 + 30)° = \sin 30°$

(b) $\cos(-1020°) = \cos 1020° = \cos(360 \times 3 - 60)° = \cos(-60)° = \cos 60°$

SECTION
1.3 기초 회로이론

회로는 전원에 따라 직류회로와 교류회로로 나뉜다. 이 중 가장 기본이 되는 직류회로를 살펴보고, 직류회로의 기본 개념에 대해 알아본다. 이를 기반으로 회로 해석에 쓰이는 다양한 법칙을 정리해보자.

Keywords | 직류회로 | 회로의 기본 개념 | 키르히호프의 법칙 | 분압법칙 | 분류법칙 |

1 직류회로

회로는 전원에 따라 직류회로와 교류회로로 나눌 수 있다. 직류회로는 [그림 1-8(a)]와 같이 직류 전원이 연결되어 직류전압과 직류전류가 흐르는 회로이며, 교류회로는 [그림 1-8(b)]와 같이 교류 전원이 연결되어 교류전압과 교류전류가 흐르는 회로이다. 보통 직류회로의 특성은 영문 대문자로, 교류회로의 특성은 영문 소문자로 표기한다.

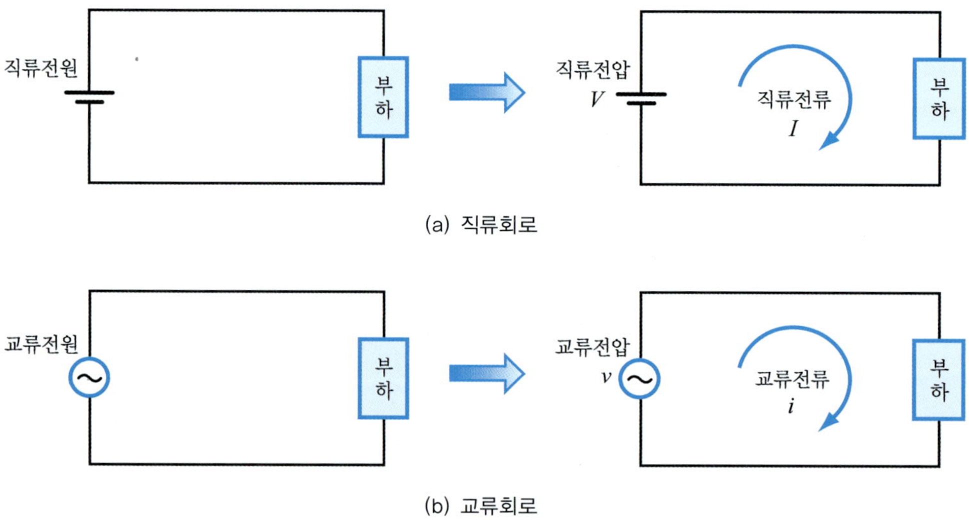

[그림 1-8] 직류회로와 교류회로

직류회로와 교류회로에서 사용하는 기본 개념과 회로 해석 방법은 같으므로, 1장에서는 직류회로를 기반으로 회로의 기본 개념과 회로 해석 방법을 설명한다.

2 회로의 기본 개념

전하

전하(electric charge)는 전기가 발생하는 근본적인 원인으로, 물질이 가지고 있는 전기의 양을 의미한다. 전하 Q의 단위는 쿨롱[C]이며, 1[C]은 도선에 전류 1[A]가 흐를 때 전선을 통과하는 전하량이다. 공간에서 임의의 점이 갖는 전하를 점전하라고 하고, 전자 1개가 가지는 전하의 양을 전하량 e라 한다.

$$\textbf{전하량}\ e = 1.602 \times 10^{-19}[\mathrm{C}]$$

$$\textbf{전자의 질량}\ m = 9.107 \times 10^{-31}[\mathrm{kg}]$$

전류

전류(current)는 전하의 흐름으로, 전류는 전위가 높은 곳에서 낮은 곳으로 흐른다. 전류 I의 단위는 암페어 [A]이며, 1[A]는 1초 동안 전하 1[C]이 지나감을 의미한다.

★ 전하와 전류 ★

$$Q = It[\mathrm{C}]$$

$$I = \frac{Q}{t}[\mathrm{A}]$$

예제 1-3

어떤 도체에 5초 동안 3[A]의 전류가 흐를 때 전하를 구하라.

정답 15[C]

풀이 전하를 구하는 식에 $I = 3[\mathrm{A}]$, $t = 5[\mathrm{sec}]$를 대입하면 다음과 같다.

$$Q = It = 3 \times 5 = 15[\mathrm{C}]$$

전압

전압(voltage)은 전하가 두 지점 사이를 이동했을 때 얻거나 잃는 에너지, 즉 두 지점의 전위차를 의미한다. 전압 V의 단위는 볼트[V]이며, 1[V]는 1[C]의 전하가 이동할 때 필요한 일이 1[J]일 때의 전위차이다.

★ 전압과 에너지 ★

$$V = \frac{W}{Q}\ [\mathrm{V}]$$

$$W = VQ[\mathrm{C}]$$

저항

저항(resistance)은 도체에서 전류의 흐름을 방해하는 정도를 말한다. 저항 R의 단위는 옴[Ω]이며, 1[Ω]은 도체 양단의 전위차가 1[V]이고 흐르는 전류가 1[A]일 때의 저항값이다. 저항값은 길이, 단면적, 온도 등에 따라 달라지는데, 도선의 길이 l에 비례하고 단면적 A에 반비례한다.
또한 ρ는 고유저항을 나타낸다.

또한 저항의 역수를 **컨덕턴스**(conductance)라 한다. 컨덕턴스 G의 단위는 [℧](mho, 모)를 사용한다.

★ 저항과 컨덕턴스 ★

$$R[\Omega] = \rho\frac{l}{A}$$

$$G[\mho] = \frac{1}{R}$$

도체의 온도가 상승하면 저항도 커진다. t[℃]일 때의 저항이 R_t일 때, T[℃]일 때의 저항 R_T는 다음과 같다.

$$R_T = R_t + \alpha_t(T - t)\ [\Omega]$$

이때 α_t는 t[℃]일 때의 온도계수로 $\alpha_t = \dfrac{\alpha_0}{1+\alpha_0 t}$이며, 0[℃]일 때의 온도계수는 $\alpha_0 = \dfrac{1}{234.5}$이다.

n개의 저항이 직렬로 연결되어 있다면 [그림 1-9(b)]와 같이 표현할 수 있다.

$$\text{전체 합성저항 } R_T = R_1 + R_2 + R_3 + \cdots + R_n$$

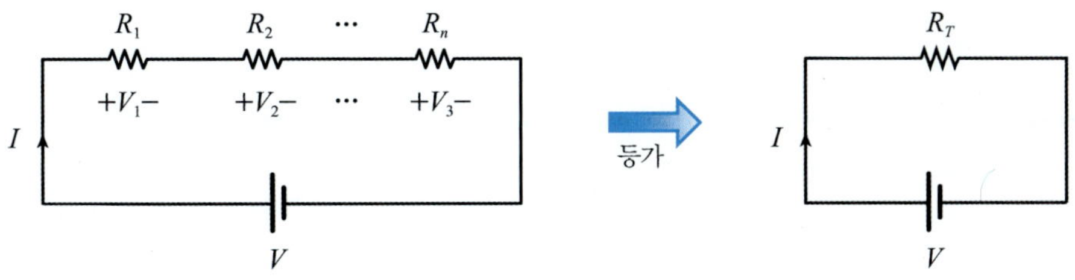

[그림 1-9] 저항의 직렬연결

n개의 저항이 병렬로 연결되어 있다면 [그림 1-10(b)]와 같이 표현할 수 있다.

$$\text{전체 합성저항 } R_T = \frac{1}{\dfrac{1}{R_1} + \dfrac{1}{R_2} + \cdots + \dfrac{1}{R_n}}$$

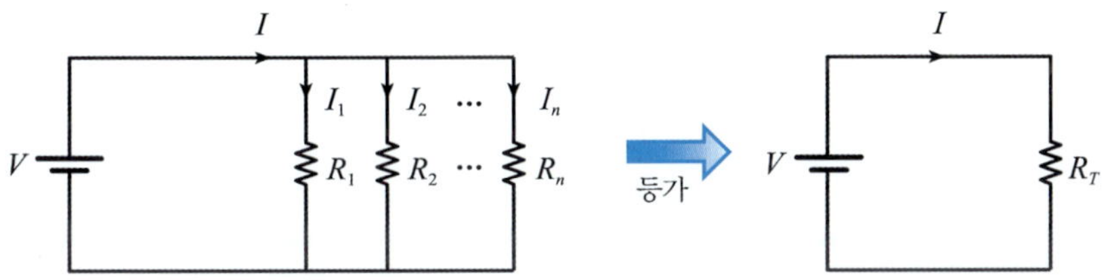

[그림 1-10] 저항의 병렬연결

예를 들어 저항 R_1과 R_2가 병렬로 연결되어 있을 때 합성저항 R_T의 공식은 다음과 같다. 병렬연결된 저항 2개의 합성저항을 구할 때 분모는 두 저항값을 더하고, 분자는 두 저항값을 곱하여 구할 수 있다.

$$R_T = \frac{1}{\dfrac{1}{R_1} + \dfrac{1}{R_2}} = \frac{1}{\dfrac{R_1 + R_2}{R_1 R_2}} = \frac{R_1 R_2}{R_1 + R_2}$$

옴의 법칙

옴의 법칙(Ohm's law)은 전압과 전류 사이의 관계를 정의한 것으로, 전압은 전류와 저항의 곱에 비례한다는 법칙이다. 즉 전압, 전류, 저항 중 두 가지 값을 알고 있을 때, 모르는 한 가지 값을 구할 수 있다.

★ 옴의 법칙 ★

$$V = IR,\ \ I = \frac{V}{R},\ \ R = \frac{V}{I}$$

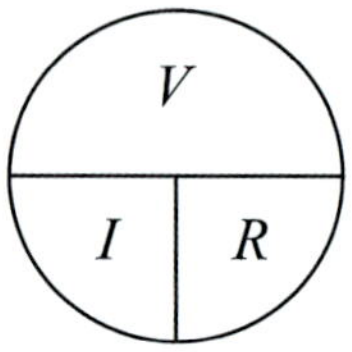

전력

전력(electric power)은 단위시간 동안 기기에 공급된 전기에너지이다. 전력 P의 단위는 와트 [W]를 사용하며, 1[W]는 전압 1[V]가 걸린 전하에 전류 1[A]가 흐를 때 소비된 일을 의미한다.

★ 전력 ★

$$P = \frac{W}{t} = \frac{QV}{t} = VI = \frac{V^2}{R} = I^2R\,[\mathrm{W}]$$

예제 1-4

100[V], 60[W]의 전구에 전압 50[V]를 가했을 때의 전류를 구하라.

정답 0.3[A]

풀이 먼저 전력을 구하는 식을 저항에 대한 식으로 바꾼 후 $V=100$[V], $P=60$[W]를 대입하여 저항을 구한다.

$$R = \frac{V^2}{P} = \frac{100^2}{60} \fallingdotseq 167[\Omega]$$

옴의 법칙에 $V=50$[V], $R=167$[Ω]을 대입하여 전류를 구한다.

$$I = \frac{V}{R} = \frac{50}{167} \fallingdotseq 0.3[\mathrm{A}]$$

3 키르히호프의 법칙

키르히호프의 법칙에는 전류에 대한 제1법칙과 전압에 대한 제2법칙이 있다. 옴의 법칙과 키르히호프의 법칙을 함께 적용하면 대부분의 회로를 쉽게 해석할 수 있다.

키르히호프의 제1법칙

키르히호프의 제1법칙(KCL : Kirchhoff's Current Law)은 전류에 대한 법칙으로, 회로망 중 임의의 절점(노드, node)으로 들어오는 전류의 합과 절점에서 나가는 전류의 합은 0이라는 법칙이다. 이때 절점으로 들어오는 전류는 (+)로, 절점에서 나가는 전류는 (−)로 표시한다.

예를 들어 [그림 1-11]과 같은 회로에 키르히호프의 제1법칙(이하 KCL)을 적용하면 임의의 절점으로 들어오는 전류 I_1, I_2, I_3의 합과 절점에서 나가는 전류 I_4, I_5의 합이 같음을 알 수 있다.

$$I_1 + I_2 + I_3 = I_4 + I_5$$

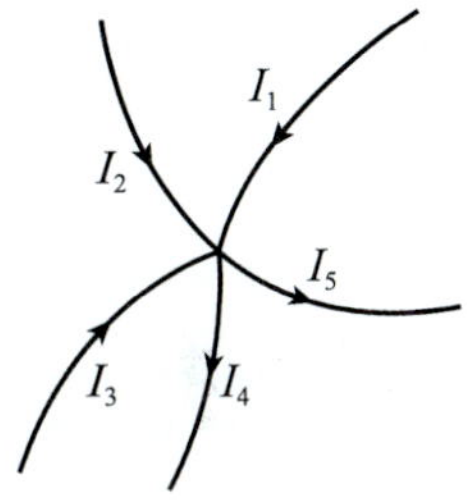

[그림 1-11] KCL

키르히호프의 제2법칙

키르히호프의 제2법칙(KVL : Kirchhoff's Voltage Law)은 전압에 대한 법칙으로, 폐회로 내 전원 전압의 총합은 전압강하의 총합과 같다는 법칙이다. 이를 회로 해석에 쉽게 적용하려면 먼저 기준 방향을 정한 후, 폐회로에 걸리는 전압이 기준 방향과 같으면 전압에 (+) 부호를 붙이고 기준 방향과 다르면 (−) 부호를 붙인다. 이때 폐회로의 모든 전압을 더한 결과는 0이다.

예를 들어 [그림 1-12]와 같은 회로에 키르히호프의 제2법칙(이하 KVL)을 적용하면 전원전압 V와 저항에 의해 발생되는 전압강하 V_1, V_2, V_3의 합이 같음을 알 수 있다.

$$V = V_1 + V_2 + V_3$$

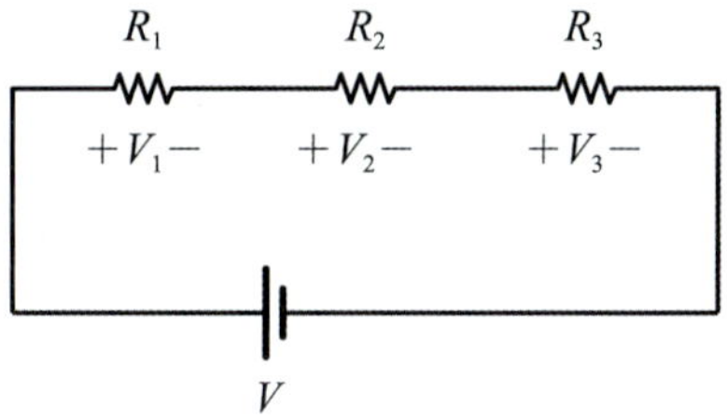

[그림 1-12] KVL

4 분압법칙과 분류법칙

회로를 해석할 때 직렬연결된 회로에서는 분압법칙, 병렬연결된 회로에서는 분류법칙을 적용할 수 있다.

분압법칙

[그림 1-13]과 같이 저항 2개가 직렬로 연결된 회로가 있다고 하자. 회로에 KVL을 적용하면 $V = V_1 + V_2 = IR_1 + IR_2$ 이므로, 직렬연결된 회로에 걸리는 전체 전압 V는 각 저항에 걸리는 전압의 합과 같음을 알 수 있다.

즉 저항 R_1과 R_2에 걸리는 전압을 V_1, V_2라고 하면 각 저항에 걸리는 전압은 저항값에 비례한다. 저항에 걸리는 전압 V_1, V_2를 전체 전압 V와 저항을 이용하여 표현하면 다음과 같다.

$$V_1 = \frac{R_1}{R_1 + R_2} V$$

$$V_2 = \frac{R_2}{R_1 + R_2} V$$

$$V_N = \frac{\text{저항값}}{\text{전체 저항값}} \times \text{전체 전압값}$$

$$= \frac{R_N}{R_1 + R_2 + \cdots + R_N} \times V$$

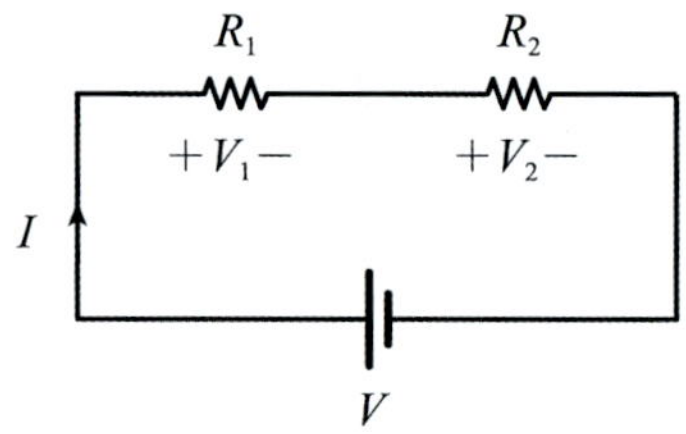

[그림 1-13] 분압법칙

분류법칙

[그림 1-14]와 같이 저항 2개가 병렬로 연결된 회로가 있다고 하자. 회로에 KCL을 적용하면 $I = I_1 + I_2$ 이고, 병렬연결된 회로에 흐르는 전류 I는 저항에 흐르는 전류의 합과 같음을 알 수 있다.

또한 회로에 KVL을 적용하면 $I_1R_1 = I_2R_2$ 이므로, 저항 R_1과 R_2에 흐르는 전류 I_1, I_2는 각 저항에 반비례한다. 저항에 흐르는 전류 I_1, I_2를 전체 전류 I와 저항을 이용하여 표현하면 다음과 같다.

$$I_1 = \frac{R_2}{R_1 + R_2} I$$

$$I_2 = \frac{R_1}{R_1 + R_2} I$$

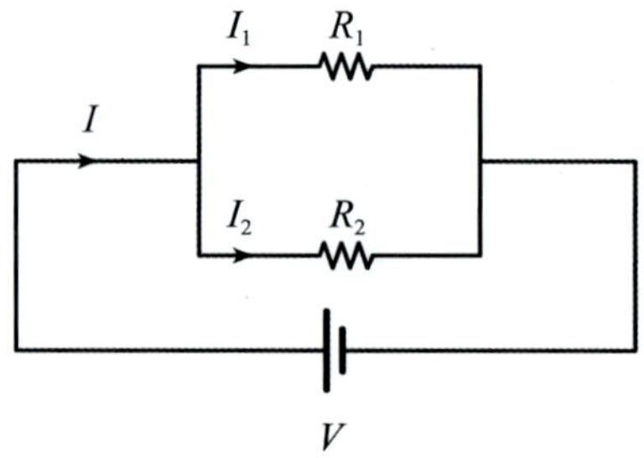

[그림 1-14] 분류법칙

예제 1-5

다음과 같은 회로에서 단자 a, b 사이에 100[V]의 직류전압을 가했을 때 저항 10[Ω]에 전류 4[A]가 흘렀다. 이때 저항 R_1에 흐르는 전류 I_1과 저항 R_2에 흐르는 전류 I_2의 비가 $I_1 : I_2 = 1 : 4$라고 할 때 R_1과 R_2를 구하라.

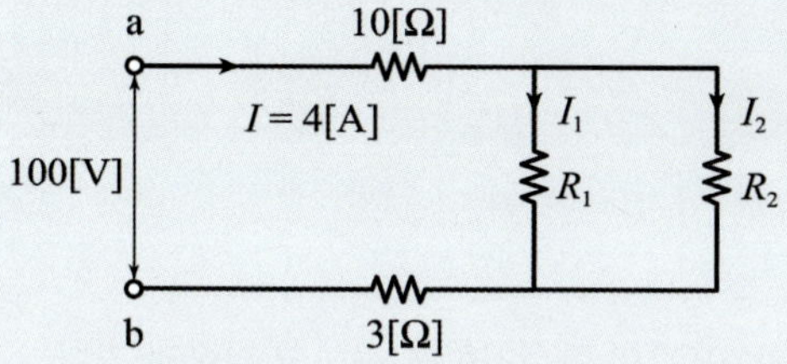

정답 $R_1 = 60[\Omega]$, $R_2 = 15[\Omega]$

풀이 KCL을 이용하여 회로의 전체 전류 I를 구하면 다음과 같다.

$$I = I_1 + I_2 = 4[\text{A}]$$

이때 전류비가 1 : 4이므로 $4I_1 = I_2$이다. 따라서 전류를 계산하면 다음과 같다.

$$I_1 + 4I_1 = 4$$
$$I_1 = 0.8[\text{A}],\ I_2 = 3.2[\text{A}]$$

10[Ω]에 걸리는 전압을 V_{10}, 3[Ω]에 걸리는 전압을 V_3, R_1과 R_2 양단에 걸리는 전압을 V'이라고 할 때, 전체 폐회로에 KVL을 적용하면 다음과 같다.

$$V_{10} + V' + V_3 = 100[\text{V}]$$
$$(10 \times 4) + V' + (3 \times 4) = 100[\text{V}]$$
$$V' = 100 - (10 \times 4) - (3 \times 4) = 48[\text{V}]$$

병렬연결된 R_1과 R_2에는 48[V]의 전압이 동일하게 걸리므로 저항 R_1과 R_2를 구하면 다음과 같다.

$$R_1 = \frac{V'}{I_1} = \frac{48}{0.8} = 60[\Omega]$$

$$R_2 = \frac{V'}{I_2} = \frac{48}{3.2} = 15[\Omega]$$

예제 1-6

다음과 같은 회로에서 단자 a, b 사이에 200[V]를 가할 때 저항 2[Ω]에 흐르는 전류 I_1[A]을 구하라.

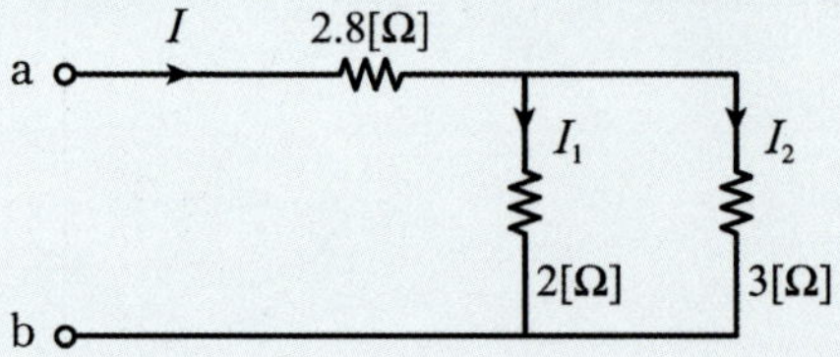

정답 30[A]

풀이 전체 회로의 합성저항을 구하기 위해 먼저 2[Ω]과 3[Ω]의 합성저항을 구하면 다음과 같다.

$$R_T = \frac{1}{\frac{1}{R_1}+\frac{1}{R_2}} = \frac{1}{\frac{R_1+R_2}{R_1R_2}}$$

$$= \frac{R_1R_2}{R_1+R_2} = \frac{2\times 3}{2+3} = \frac{6}{5} = 1.2$$

R_T 값에 직렬연결된 2.8[Ω]을 더하여 전체 회로의 합성저항 R을 구하면 다음과 같다.

$$R = 2.8 + 1.2 = 4[\Omega]$$

옴의 법칙을 이용하여 전체 회로에 흐르는 전류 I를 구하면 다음과 같다.

$$I = \frac{V}{R} = \frac{200}{4} = 50[\text{A}]$$

분류법칙에 의하여 2[Ω]에 흐르는 전류는 다음과 같다.

$$I_1 = \frac{R_2}{R_1+R_2}I = \frac{3}{2+3}\times 50 = 30[\text{A}]$$

CHAPTER

02

전력계통과 송배전방식

이 장은 발전소에서 생산된 전기가 수용가인 공장이나 우리 가정에까지 전송되는 설비, 즉 전력계통의 개념을 정확하게 이해하는 것을 목표로 한다. 면적이 작고 전기 사용량은 많은 우리나라에서는 경제적이고 안정적인 전력계통을 확립하는 것이 중요하다. 이를 위해 송배전선로의 구성, 송배전방식, 송전용량, 경제적인 송전전압을 이해해야 한다. 따라서 이 장에서는 전력계통의 바른 이해를 돕기 위해 전력계통을 이루고 있는 사항들의 기초 개념을 학습하고, 이들의 연관성을 살펴본다.

CONTENTS

SECTION
2.1 전력계통

발전된 전력을 수용가에 공급하기 위한 전기설비를 전력계통이라 한다. 전력계통이 무엇인지 살펴보고 우리나라의 전력계통과 송배전계통의 구성을 이해해보자.

Keywords | 전력계통 | 발전설비 | 전송설비 | 수용설비 | 송전용량 | 전력계통도 | 송배전계통 |

1 전력계통이란?

물리학적 측면에서 에너지는 '일하는 능력'으로 정의한다. 이러한 에너지는 운동에너지, 위치에너지, 열에너지, 전기에너지, 화학에너지 등 여러 형태로 구분할 수 있다. 그중 전기에너지는 여러 에너지원들과 더불어 일상생활에서 필수적인 에너지원이다.

전기를 생산하기 위한 에너지원은 물의 위치에너지를 이용한 수력발전, 석탄, 중유, LNG 등 열에너지를 이용한 화력발전, 우라늄의 핵분열을 이용한 원자력발전 등으로 나눌 수 있으며, 발전 비중은 [그림 2-1]에서와 같이 화력발전은 전체 발전의 55[%], 원자력발전은 20[%], 수력발전은 4[%], 신재생 에너지 발전은 16[%]를 점유하고 있다.

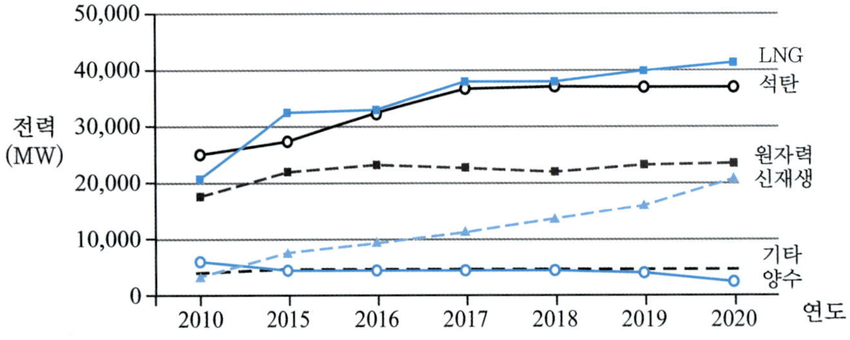

[그림 2-1] 우리나라의 전원별 발전 비율(출처 : 2020년도 발전설비현황, 전력거래소)

여러 형태로 발전된 전기에너지를 효율적으로 전송하기 위한 송변전설비, 배전설비, 기타 부대설비를 유지 관리하는 것과 수용가에 양질의 전기를 공급하는 것은 국가기간산업으로 우리나라의 경제에 중요한 요소이다. 발전소에서 생산된 전기를 사용하는 수용가에게 공급하기 위해 연결된 전기설비를 **전력계통**(electric power)이라 한다. 전력계통은 전기 산업의 핵심을 이루는 것으로, 발전설비, 전송설비, 수용설비로 구성된다.

- **발전설비** : 전력을 생산하는 설비(수력발전소, 화력발전소, 원자력발전소 등)
- **전송설비** : 생산된 전력을 수용가까지 전송하고 배분하는 설비(송전선, 변전소, 배전선 등)
- **수용설비** : 전송 및 배분된 전력을 수용가에서 소비하기 위한 설비

[그림 2-2]와 같이 전력계통은 발전된 전기가 송전, 변전, 배전 과정을 거쳐 수용가에 전달되는 전 과정을 의미하기도 한다. 전송설비는 전력의 전송이라는 본질적인 측면에서 송전과 배전을 구분하지 않는다. 하지만 **송전**은 대전력, 고전압, 장거리의 일괄 전송을 담당하는 것이고 **배전**은 소전력, 저전압, 단거리 전송으로 넓게 분산된 수용가에 전력을 배분하는 것에 더 중점을 둔 것이다. 즉 송전은 발전소에서 변전소까지 전력을 보내는 것이고, 배전은 변전소에서 수용가까지 전력을 보내는 것을 말한다.

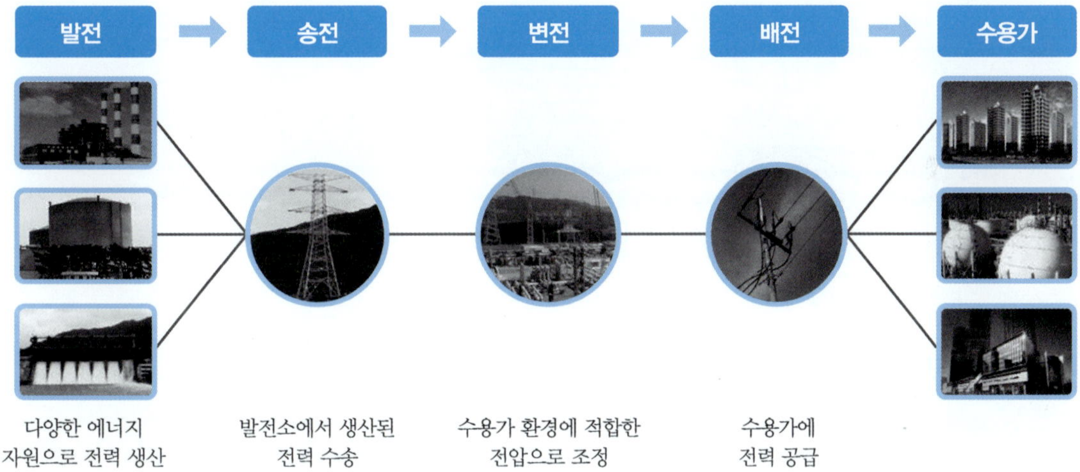

[그림 2-2] 전력계통의 개요

2 우리나라의 전력계통

우리나라의 전력 수요는 서울, 경인 지역, 대도시에 집중되어 있으나 발전소는 대도시에서 멀리 떨어진 서해안, 남해안, 동해안에 편중되어 있어 전력 수송을 위해 대규모 송전선로를 건설해야 한다. 또한 전체 인구의 40[%] 이상이 거주하고 있는 수도권 지역은 국내 최대의 전력 소비지이나, 수도권 지역에는 대용량 발전소를 건설하기 어려워 전력 수급의 불균형은 커지고 있다. 이를 해결하기 위해서는 다른 지역에서 생산한 대규모 전력 수송이 불가피하나 송전탑과 송전선로가 지나갈 부지를 확보하는 것이 현실적으로 어려워지고 있다.

수도권과 대도시의 부족한 전력을 345[kV] 송전선로로만 수송하려면, 765[kV] 송전선로로 운송하는 것보다 많은 철탑과 송전선로가 필요하다. 우리나라에서는 765[kV] 송전선로로 전력을 수송함으로써 건설비를 절감하는 것은 물론 국토를 효율적으로 이용할 수 있게 되었다.

[그림 2-3]은 우리나라의 전력계통도로, 수력, 화력, 원자력발전소와 765[kV], 345[kV], 154[kV]의 송전선로를 나타낸다. 우리나라의 송·배전전압 구성은 다음과 같다.

$$765[\mathrm{kV}] \rightarrow 345[\mathrm{kV}] \rightarrow 154[\mathrm{kV}] \rightarrow 22.9[\mathrm{kV}] \rightarrow 380/220[\mathrm{V}]$$

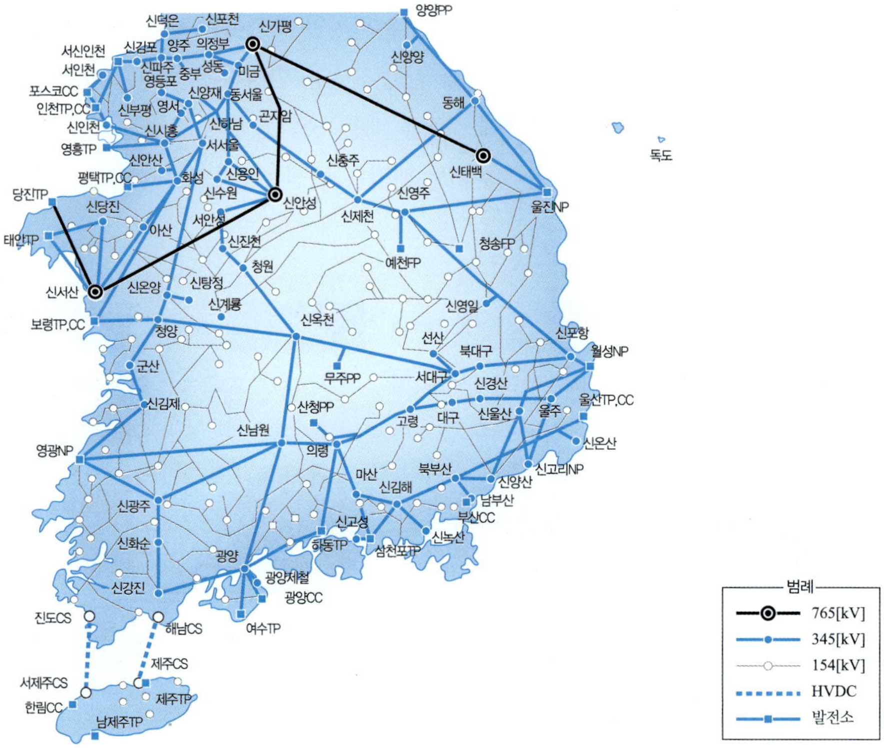

[그림 2-3] 우리나라의 전력계통도(출처 : 전력계통도, 한국전력공사)

3 송배전계통의 구성

전기는 저장이 어렵기 때문에 생산량과 소비량을 적정하게 유지해야 하며, 전력 수송 과정에서의 손실을 줄이는 것이 중요하다. 이를 위해서는 전기 사용량에 맞춰 전기를 생산하는 발전설비를 갖추어야 하며, 손실을 줄이기 위해 송전전압을 높여 수송하고, 전기를 사용하는 사람들의 안전을 고려하여 사용전압은 낮춰 공급해야 한다.

[그림 2-4]는 송배전계통의 예를 나타낸 단선결선도이다. 발전소에서 생산되는 전기는 3상 교류이며 일반적으로 20[kV] 내외의 특고압이다. 그러나 이 정도의 발전전압으로는 대전력을 장거리까지 송전하기 어려우므로 발전소 안에 있는 승압변압기(step-up transformer)로 알맞은 전압(154[kV], 345[kV], 765[kV])으로 승압시킨 후 철탑으로 연결된 송전선로를 통하여 수용가 인근의 1차 변전소에 송전한다.

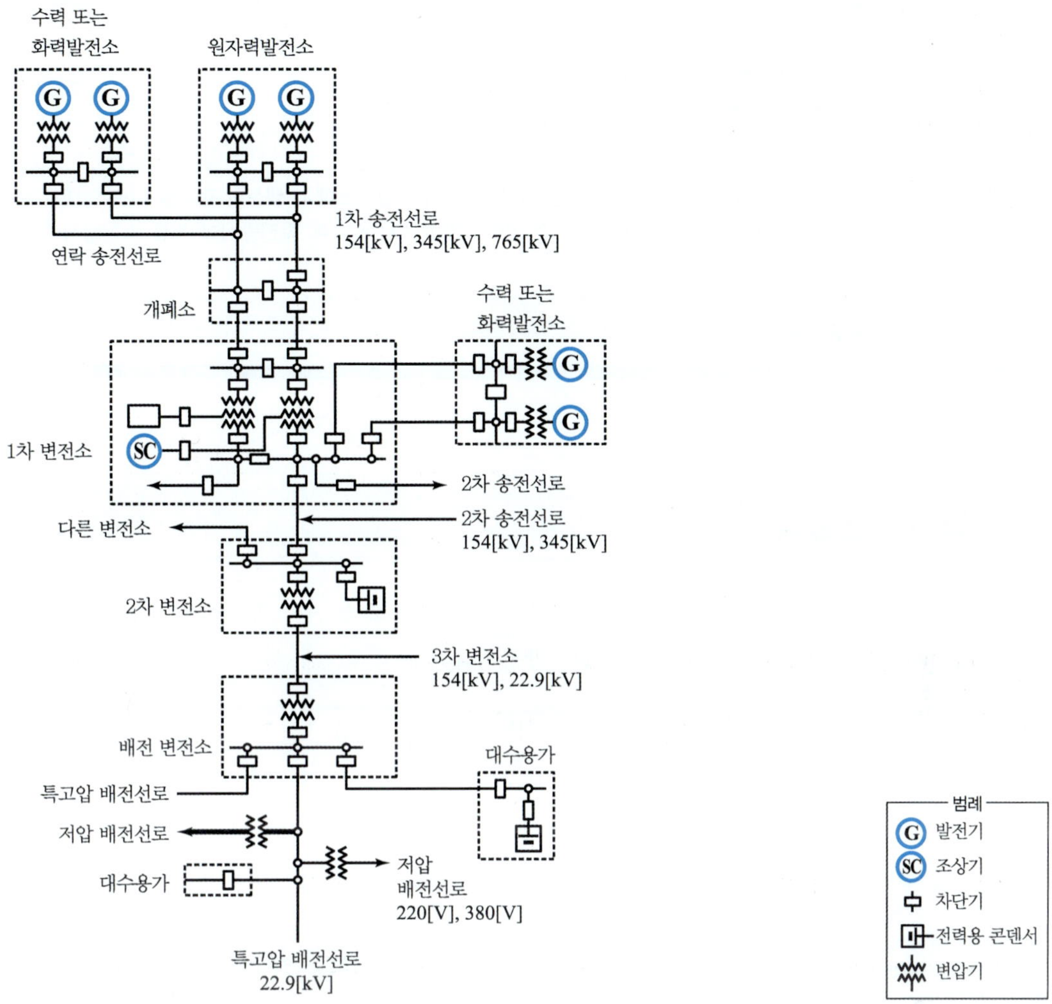

[그림 2-4] 송배전계통의 예 : 단선결선도

1차 변전소에서는 전압을 154[kV] 정도로 강압한 후 철탑으로 연결된 송전선로를 통해 2차 변전소로 보낸다. 2차 변전소에서는 높은 전압을 사용하는 공장으로 직접 전기를 공급하거나, 철탑에 연결된 송전선로를 통해 수용가 인근에 있는 배전용 변전소로 보낸다. 그리고 배전용 변전소에 설치되어 있는 변압기를 통해 배전용 전압인 22.9[kV]로 강압하여 빌딩이나 공장의 자가용 수용가로 전기를 공급하고, 인도나 배전용 전주에 설치되어 있는 주상변압기를 통해 220[V], 380[V]로 강압하여 가정이나 학교, 소규모 공장, 상가 등으로 전기를 공급한다.

실제로 발전소에서 송전전압을 몇 [kV]로 승압하고 이것을 몇 단계에 걸쳐서 강압할 것인가, 또 변전소에서 대용량 수용가에게 몇 [kV]의 전압으로 직접 전기를 공급할 것인지는 계통에 따라 다를 수 있다.

SECTION 2.2

송배전방식

송전과 배전은 발전소에서 생산한 전기를 수용가로 보내는 과정이다. 이때 발전소에서 생산한 전기를 어떤 형태로 보내는가에 따라 교류 송전방식과 직류 송전방식으로 나눌 수 있다. 이 절에서는 교류 송전방식과 직류 송전방식에 대해 알아보고, 장단점을 비교해보자.

Keywords | 교류 송전방식 | 직류 송전방식 |

1 교류 송전방식

교류 송전방식이란 발전소에서 생산되는 전기를 필요한 전압으로 높여서 송전하는 것으로 발전소에서 수용가의 부하단까지 모두 교류로 운전하는 방식이다.

교류 송전방식에는 [그림 2-5]와 같이 단상 2선식(1ϕ 2W), 단상 3선식(1ϕ 3W), 3상 3선식(3ϕ 3W), 3상 4선식(3ϕ 4W) 등 여러 가지가 있으나 대부분 3상 3선식을 사용하고 있다. 왜냐하면 3상 3선식에서 전선 한 가닥의 송전전력이 단상 2선식의 송전전력의 1.15배이므로 더 많은 전력을 전송할 수 있기 때문이다.

한편 우리나라의 배전선로는 3상 4선식을 적용하고 있는데 이는 선간전압과 상전압을 모두 사용할 수 있기 때문이다.

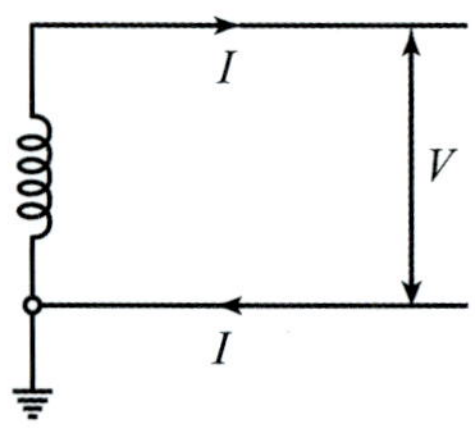

(a) 단상 2선식

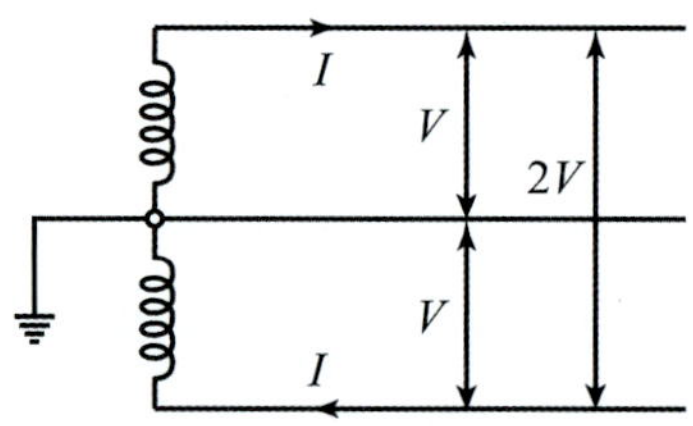

(b) 단상 3선식

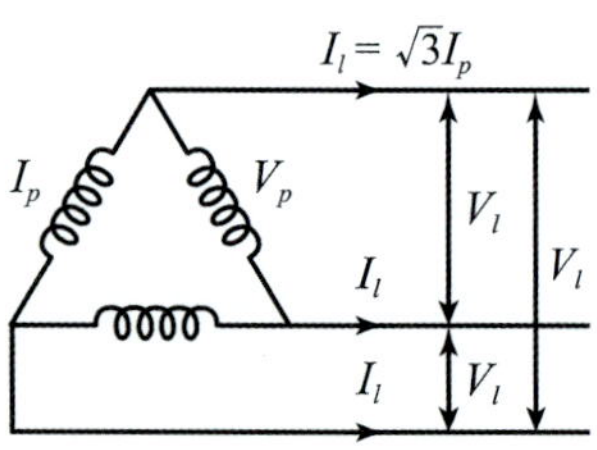

(c) 3상 3선식

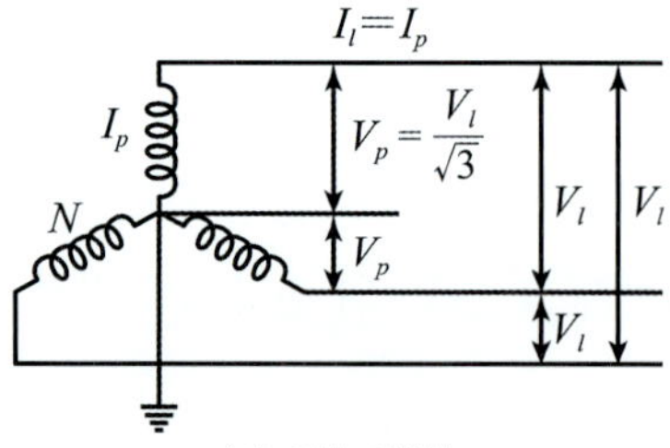

(d) 3상 4선식

[그림 2-5] 교류 송전방식의 다양한 방법

선간전압 $V(=V_l)$, 상전압 V_p, 선전류 $I(=I_l)$, 상전류 I_p, 역률 $\cos\theta$이고 전선의 굵기가 동일(중성선과 전원선의 굵기도 같다)할 때 교류 송전방식의 방법을 비교하면 [표 2-1]과 같다.

[표 2-1] 교류 송전방식 방법 비교

구분	단상 2선식	단상 3선식	3상 3선식	3상 4선식
전력	$VI\cos\theta$	$2VI\cos\theta$	$\sqrt{3}\,VI\cos\theta$	$\sqrt{3}\,VI\cos\theta$
전선 한 가닥당 송전전력	$\frac{VI\cos\theta}{2}$	$\frac{2VI\cos\theta}{3}$	$\frac{VI\cos\theta}{\sqrt{3}}$	$\frac{\sqrt{3}\,VI\cos\theta}{4}$
	1	$\frac{4}{3}$	$\frac{2}{\sqrt{3}}$	$\frac{2\sqrt{3}}{4}$
전류	1	$\frac{1}{2}$	$\frac{1}{\sqrt{3}}$	$\frac{1}{3}$
전력손실	1	$\frac{1}{4}$	$\frac{1}{2}$	$\frac{1}{6}$
저항비	1	4	2	6
전선량	1	$\frac{3}{8}$	$\frac{3}{4}$	$\frac{1}{3}$

[표 2-1]을 이용하여 3상 3선식과 단상 2선식을 비교해보자. 전선의 굵기와 송전전력이 동일하면 3상 3선식의 전력손실이 단상 2선식의 전력손실의 $\frac{1}{2}$이고, 송전전력과 전력손실이 동일하면 전선량은 $\frac{3}{4}$이 된다. 또한 3상 3선식의 전선 한 가닥당 송전전력은 단상 2선식의 1.15배로 가장 유리하다.

예제 2-1

송전전력, 송전거리, 전력손실, 전선의 굵기가 일정할 때 단상 2선식에 대한 3상 3선식의 전선 한 가닥당 송전전력비는 얼마인가?

정답 1.15

풀이 선간전압 V, 전류 I, 부하역률을 $\cos\theta$라 하면 단상 2선식에서의 전력은 $P_1 = VI\cos\theta$이고, 3상 3선식에서의 전력은 $P_3 = \sqrt{3}\,VI\cos\theta$이다. 이때 전선 한 가닥당 송전전력을 구하려면 구한 전력값을 전선의 수로 나눈다.

즉 단상 2선식의 전선 한 가닥당 송전전력 P_{11}과 3상 3선식의 전선 한 가닥당 송전전력 P_{31}은 다음과 같다.

$$P_{11} = \frac{VI\cos\theta}{2}$$

$$P_{31} = \frac{\sqrt{3}\,VI\cos\theta}{3} = \frac{VI\cos\theta}{\sqrt{3}}$$

3상 3선식의 전선 한 가닥당 송전전력 P_{31}을 단상 2선식의 전선 한 가닥 당 송전전력 P_{11}로 나누어 송전전력비를 구하면 다음과 같다.

$$\frac{P_{31}}{P_{11}} = \frac{\frac{VI\cos\theta}{\sqrt{3}}}{\frac{VI\cos\theta}{2}} = \frac{2}{\sqrt{3}} \fallingdotseq 1.15$$

2 직류 송전방식

직류 송전방식이란 발전소에서 생산된 교류전력을 직류전력으로 변환하여 송전한 후, 다시 교류전력으로 변환하여 수용가에 공급하는 방식이다. 즉 송전단에서는 발전기에서 생산된 교류전압을 승압변압기를 이용하여 승압하고, 순변환장치(converter)를 이용해 교류를 직류로 변환해서 송전한다. 또한 수전단에서는 역변환장치(inverter)를 이용해 다시 직류를 교류로 변환해서 배전한다. 이를 직류 송전계통의 구성도로 표현하면 [그림 2-6]과 같다.

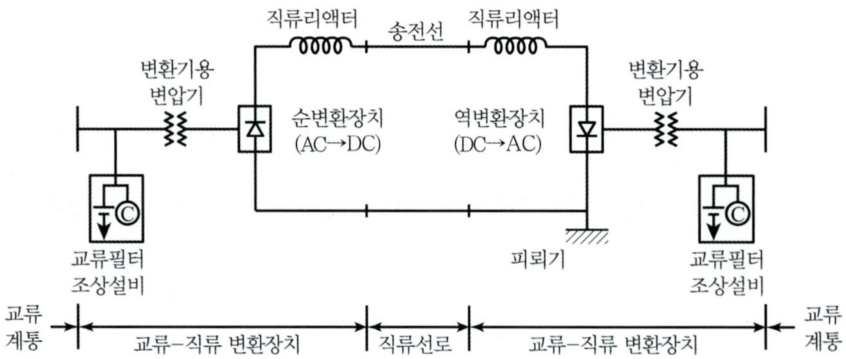

[그림 2-6] 직류 송전계통의 구성도

직류 송전계통을 구성하는 주요 설비를 정리하면 다음과 같다.

■ 변환장치

변환장치에는 교류를 직류로 변환하는 순변환장치와 직류를 교류로 변환하는 역변환장치가 있다. 변환장치의 구성에서 핵심이 되는 것은 사이리스터 밸브(thyristor valve)이다. 이는 여러 개의 사이리스터 소자를 병렬로 접속한 모듈(module) 형태로, 이 모듈을 필요한 만큼 직렬로 접속하여 하나의 밸브를 구성하게 된다.

■ 변환기용 변압기

직류 송전방식에서는 변환장치에서 고조파가 발생한다. 일반 변압기에 비해 고조파가 포함된 전류가 권선에 흐르고, 밸브에서 사고가 발생하거나 전류 차단에 실패할 경우 과도한 전류가 흐르므로 이에 대한 충분한 여유가 있어야 한다.

■ 직류차단기

직류에는 전류 0점이 없으므로 직류전류를 차단하기 위해서는 전류 0점을 발생시켜야 한다. 또한 직류차단기는 과전압을 억제하고 차단 시 발생하는 대용량 에너지를 흡수할 수 있는 능력이 필요하다.

■ 직류리액터

직류리액터는 직류 송전계통의 순·역 변환소에 설치하여 직류전류의 맥동을 감쇠시켜 평활한 전류가 되도록 하고 직류 송전계통의 사고 시 고장전류를 억제한다.

■ 교류필터 및 조상설비

교류필터와 조상설비는 변환장치에서 발생되는 고조파를 흡수하거나, 필요한 무효전력을 공급한다.

■ 피뢰기

피뢰기는 직류선로, 직류모선, 사이리스터 등의 설비에 침입하는 뇌 서지와 개폐 서지 보호 및 이상전압 보호용으로 직류 송전용 변환소에 설치된다.

우리나라에서는 제주도의 원활한 전력공급을 위하여 전라남도 해남과 제주시의 변환소를 연결하는 ±180[kV], 300[kV], ±180[km] 2회선 거리의 해저케이블을 이용한 직류 송전선로를 1998년부터 운용하고 있으며, 향후에는 진도와 제주 간의 직류연계전송사업을 계획하고 있다.

3 송전방식의 비교

현재 우리나라에서는 발전으로부터 부하단에 이르기까지 대부분 교류 송전방식을 사용하고 있다. 그러나 외국에서는 계통간 비동기 연계와 장거리의 대용량 송전, 계통 안정화, 해저 케이블 건설, 주파수 변환 등에 직류 송전방식을 사용하고 있다. 각 방식의 장점은 다음과 같다.

교류 송전방식의 장점

■ 전압의 승압과 강압이 용이하다.

발전단에서 부하단에 이르는 각 구간에서 사용하기에 편리한 전압값으로 바꾸면 송전손실을 줄일 수 있는 것은 물론 전기를 사용하는 사람들도 안전하게 사용할 수 있다. 이때 교류 송전방식은 변압기를 사용하므로 쉽게 전압을 승압하거나 감압을 할 수 있다.

■ 3상 회전자계를 쉽게 얻을 수 있다.

교류발전기는 직류발전기보다 구조가 간단하고 효율도 좋아, 특수한 곳을 제외하고는 대부분 교류 발전기를 사용하고 있다. 또한 산업 현장에서는 동력 전달장치로 유도전동기를 사용하고 있다. 이때 교류 방식에서는 회전자계를 쉽게 얻을 수 있으며 유도전동기를 구동할 수 있다는 장점이 있다.

■ 교류 방식의 일관된 운용으로 편리하며 합리적 사용이 가능하다.

현재 부하의 대부분은 교류 방식으로 되어 있기 때문에, 발전에서 배전까지 전과정을 교류 방식으로 통일함으로써 합리적이고 경제적으로 운용할 수 있다.

예제 2-2

직류 송전방식에 비해서 교류 송전방식의 장점이 아닌 것은 무엇인가?

① 송전효율이 좋다.

② 전압의 승압 및 강압이 용이하다.

③ 회전자계를 얻기 용이하다.

④ 계통을 일관되게 운용할 수 있다.

정답 ①

풀이 직류 송전방식이 교류 송전방식보다 효율이 좋다. 반면 전압의 승압과 강압이 쉽고, 회전자계를 얻기 쉬우며, 계통을 일관되게 운용할 수 있는 것은 교류 송전방식의 장점이다.

직류 송전방식의 장점

■ 교류 최고전압의 $\frac{1}{\sqrt{2}}$ 배로 절연 계급을 낮출 수 있다.

전압이 같을 때 직류전압은 교류전압의 $\frac{1}{\sqrt{2}}$ 배이므로 선로의 절연이 그만큼 용이해진다. 따라서 송전 철탑을 이용하는 가공선로에서는 애자의 연결 개수를 줄일 수 있다. 즉 애자련의 크기를 작게 할 수 있다. 애자련은 철탑과 같은 지지물에 전선을 고정하기 위하여 사용하는 것으로 애자 여러 개를 직렬로 연결하여 절연 강도를 높인 것을 말한다.

■ 송전효율을 극대화할 수 있다.

직류 송전방식에서는 주파수의 영향을 받는 표피효과, 무효전력 등의 손실이 없으며, 역률이 항상 1이므로 송전효율을 극대화할 수 있다.

■ 안정도가 좋다.

직류 송전방식에서는 계통의 리액턴스, 위상각을 고려할 필요가 없기 때문에 단락용량에 제한이 없다. 즉 송전전력의 제한이 없어 교류 송전방식에 비하여 안정도가 좋다.

기존 사용하고 있는 교류 송전계통의 철탑과 선로는 그대로 사용하고, 애자만 직류형으로 바꾸면 현재 직류전압을 교류 선간전압 실효값의 $\sqrt{2}$ 배까지 높일 수 있다. 또한 선로가 교류 송전 시와 같은 온도에서 운전된다고 가정하면 송전전력은 2배가 된다.

예제 2-3

교류 송전방식과 직류 송전방식을 비교하라.

풀이 교류 송전방식과 직류 송전방식의 특징을 비교하면 다음과 같다.

구분	교류 송전방식	직류 송전방식
계통구성의 융통성	크다 (부하 대부분이 교류 방식임)	작다 (직류차단기 개발이 필요함)
안정도	안정도 문제로 송전용량이 제한됨	안정도 문제 없음
단락용량	계통 용량 증대에 제한이 있음	단락용량의 제한이 없음
고조파	제3고조파, 제5고조파	변환기에서 고조파 발생
신뢰성	운전경험, 실적, 자료, 인력이 많음	운전경험, 실적, 자료, 인력이 적음

SECTION 2.3

송전용량과 송전전압

전기를 전송할 때는 최대전력과 전압의 크기를 설정해야 한다. 이때 송전선로에서 전송할 수 있는 최대의 전력을 송전용량, 전송하는 전압의 크기를 송전전압이라 한다. 이 절에서는 송전용량과 송전전압을 계산하고 결정하는 방법에 대해 살펴보자.

Keywords | 송전용량 | 송전전압 | 표준전압 | 공칭전압 |

1 송전용량

송전용량이란 하나의 송전선로에서 전송할 수 있는 최대의 전력을 의미한다. 효율적인 송전용량을 결정하려면 송전선로의 길이, 사용하는 전선의 종류, 고장 발생 시 안정도 문제, 전력손실, 조상설비 등을 복합적으로 검토해야 하며 기술적으로 안정되고 경제적이어야 한다. 송전용량을 결정하는 방법으로는 고유 부하법과 송전용량 계수법이 있다.

고유 부하법

고유 부하법(SIL : Surge Impedance Loading)은 수전단에서 선로의 특성 임피던스와 같은 임피던스로 접속하고, 저항이나 리액턴스를 무시하여 선로의 무효전력을 0으로 한(최소화한) 이상적인 송전방식이다. 이때의 부하를 고유 부하라 하며, 이때의 수전전력을 고유 송전용량이라 한다.

$$P = \frac{{E_r}^2}{Z} = \frac{E_r^2}{\sqrt{\frac{L}{C}}} \text{[MW/회선]} \tag{2.1}$$

- P : 고유 송전용량[MW/회선]
- E_r : 수전단 선간전압[kV]
- Z : 선로의 특성 임피던스[Ω]
- L : 인덕턴스[H]
- C : 정전용량[F]

송전용량 계수법

고유 부하법을 사용하면 선로의 길이에 관계없이 전압의 크기만으로 송전용량을 결정한다. 반면 고유 부하법에 송전선로의 길이를 고려하여 송전용량을 결정하는 방법이 **송전용량 계수법**이다. 154[kV] 급의 송전용량 계수는 일반적으로 1200 정도이다.

$$P_r = k\frac{E_r^2}{l} \tag{2.2}$$

- P_r : 수전전력[kW]
- k : 송전용량 계수
- E_r : 수전단 선간전압[kV]
- l : 송전선로의 길이[km]

2 송전전압

송전전압이란 송전선로에서 사용하는 전압을 의미한다. 일정한 거리의 송전선로에서 송전전압을 높이면 송전용량이 증가된다. 하지만 송전전압이 높아지면 송전선로의 지지물의 절연강도가 높아져 건설비가 증가하므로 송전전압을 무한정 높일 수는 없다. 따라서 일정한 거리의 송전선로에서는 경제적인 전압을 산정하여 효율적으로 송전하는 것이 유리하다.

미국의 알프레드 스틸(Alfred Still)이 제안한 경제적인 송전전압 계산 식은 다음과 같다.

★ Alfred Still 식 ★

$$\text{경제적인 송전전압} = 5.5\sqrt{0.6 \times \text{송전거리[km]} + \frac{\text{송전전력[kW]}}{100}}\ \text{[kV]} \tag{2.3}$$

이 식은 중거리 송전선로에서 대략적인 송전전압값을 구할 때 사용할 수 있고, 일정한 거리의 송전선로에 적용할 수 있는 경제적인 전압이 존재한다는 것을 알려준다. 그러나 경제적인 전압에 따라 송전선로를 구성하면 송전전압에 맞춰 송전선로에 사용되는 설비의 종류가 다양해진다. 이 과정에서 설비간의 호환성이 줄어들어 비경제적이다. 따라서 선로 및 설비를 표준화하기 위해 **표준전압**(standard voltage)을 설정함으로써 송전전압의 종류를 줄여서 사용한다.

표준전압에는 공칭전압(nominal voltage)과 최고전압(highest voltage)이 있다. **공칭전압**은 전선로를 대표하는 전압으로 선로의 선간전압으로 표시되는데, 보통 수전단 전압값보다 10% 높다. **최고전압**은 전선로에서 발생하는 최고 선간전압으로서 전기설비 또는 기기의 설계, 염해 대책, 1선 지락고장 시의 내부 이상전압, 코로나[1] 장해, 정전유도장해 등을 고려할 때의 표준이 되는 전압이다.

1 코로나는 높은 전압이 흐를 때 전선 주변 공기의 절연이 파괴되는 방전 현상으로, 5장에서 자세히 다룬다.

우리나라에서 사용하는 표준전압은 [표 2-2]와 같다.

[표 2-2] 우리나라의 표준전압

공칭전압 [kV]	최고전압 [kV]
3.3	3.6
6.6	7.2
22	24
22.9	25.8
154	170
345	362
765	800

우리나라에서 사용하는 송전전압은 154[kV], 345[kV], 765[kV]으로 고전압을 사용하고 있다. 고전압으로 송전을 할 경우 송전용량이 증가하며, 전력손실을 줄일 수 있다. 또한 동일한 용량의 전력을 전송할 경우 전압이 높으면 전류가 작아지게 되므로 송전선의 단면적을 작게 할 수 있다.

인축의 감전에 대한 보호와 전기설비 계통, 시설물, 발전용 수력·화력설비 등에서 적용하는 전압의 구분(한국전기설비규정 KEC)은 다음과 같다.

- 저압 : 교류는 1[kV] 이하, 직류는 1.5[kV] 이하인 것
- 고압 : 교류는 1[kV]를, 직류는 1.5[kV]를 초과하고 7[kV] 이하인 것
- 특고압 : 7[kV]를 초과하는 것

예제 2-4

송전전압을 고전압으로 할 때의 장점이 아닌 것은 무엇인가?

① 송전용량이 증가한다.

② 전력손실이 감소한다.

③ 동일 용량의 전력을 송전할 경우 송전선의 굵기를 줄일 수 있다.

④ 선로 절연이 낮아지므로 건설비가 감소한다.

정답 ④

풀이 송전전압이 고전압일 경우 선로의 절연은 높아져야 하므로 철탑의 규모가 커지게 되고 건설비는 증가한다.

3 전력손실

90% 이상의 고효율로 송전을 하려면 송전선로에서의 전력손실을 작게 해야 한다. 송전선로에서의 전력손실은 코로나 등 다른 원인도 있지만 대부분 저항에 따른 것이므로 여기서는 저항에 의한 손실만 고려한다. [그림 2-7]은 기본적인 단상 2선식 선로이다.

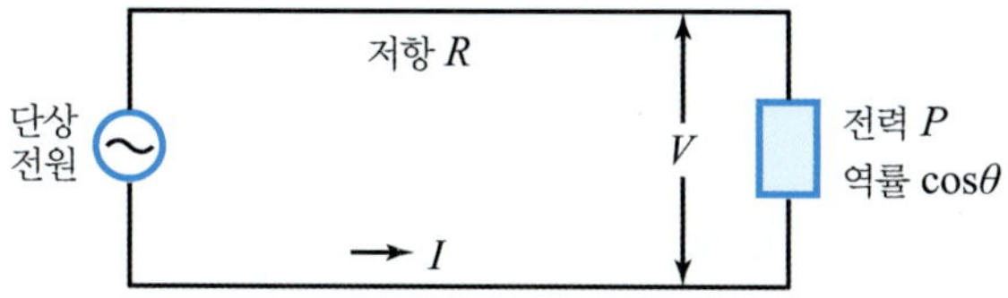

[그림 2-7] 단상 2선식 선로

이때의 부하전력 P, 선전류 I, 선로내의 저항손 P_l은 다음과 같다.

$$P = VI\cos\theta \,[\mathrm{W}] \tag{2.4}$$

$$I = \frac{P}{V\cos\theta}\,[\mathrm{A}] \tag{2.5}$$

$$P_l = 2I^2R = \frac{2P^2R}{V^2\cos^2\theta}\,[\mathrm{W}] \tag{2.6}$$

- V : 부하전압[V]
- $\cos\theta$: 부하역률
- R : 송전선로 한 가닥의 저항[Ω]

전력 P와 송전선로 한 가닥의 저항 R이 동일하다고 가정하면 식 (2.6)으로부터 선로 내의 저항손은 전압 V와 역률 $\cos\theta$의 제곱에 각각 반비례한다는 것을 알 수 있다. 즉 전압을 2배 올려 송전한다면 송전선로의 손실은 $\frac{1}{4}$로 감소한다. 또 저항손 P_l과 전력 P와의 비를 저항손실률이라 하며, 저항손실률 p_l는 다음과 같다.

$$p_l = \frac{P_l}{P} = \frac{\dfrac{2P^2R}{V^2\cos^2\theta}}{P} = \frac{2PR}{V^2\cos^2\theta} \tag{2.7}$$

이를 전력에 대해 정리하면 다음과 같다.

$$P = \frac{p_l V^2\cos^2\theta}{2R}\,[\mathrm{W}] \tag{2.8}$$

CHAPTER

02 연습문제

2.1 단상 2선식과 3상 3선식의 선간전압, 배전거리, 선로손실 및 전력공급이 모두 같을 때 전선 한 가닥의 저항비를 구하라.

2.2 단상 2선식과 3상 3선식의 부하전압이 100[V]으로 같을 때 두 송전방식에서 선로전류의 비를 구하라.

2.3 단상 부하와 전력손실이 같다고 가정할 때 단상 3선식의 전선량과 단상 2선식의 전선량을 비교하라.

2.4 단상 2선식 배전선의 소요전선총량이 100일 때 3상 3선식과 단상 3선식의 전선총량[%]을 구하라.

2.5 전송전력이 400[MW], 송전거리가 200[km]일 때 경제적인 송전전압[kV]을 구하라.

2.6 62[MW]의 전력을 60[km] 떨어진 지점에 송전할 때의 전압[kV]을 구하라.

2.7 송전거리 50[km], 송전전력 5000[kW]일 때의 송전전압[kV]을 구하라.

2.8 다음 식은 무엇을 결정할 때 쓰이는 식인가? 단, l은 송전거리이고, P는 송전전력이다.

$$5.5\sqrt{0.6l + \frac{P}{100}}$$

① 송전전압 ② 송전선의 굵기
③ 역률개선 시 콘덴서의 용량 ④ 발전소의 발전전압

CHAPTER

03

가공 전선로

송배전선로에서 사용되는 전선로에는 가공 전선로와 지중 전선로가 있다. 가공 전선로는 지지물에 전선을 지지하는 방식으로 지상에 설치하며, 지중 전선로는 전력 케이블을 지하에 매설해서 송배전하는 방식이다. 이 장에서는 가공 전선로에 대해 정확하게 이해하는 것을 목표로 한다. 가공 전선로를 구성하고 있는 전선, 애자, 지지물에 대한 기초 개념을 학습하고, 이들의 전기적 특성에 대하여 살펴본다. 특히 송전계통에서 사용하는 가공 전선로의 지지물에 대해 살펴본다.

CONTENTS

SECTION

3.1 전선

전기는 전선을 통해 전달된다. 따라서 가공 전선로에서 사용하는 전선은 외부 영향과 손실을 최소화할 수 있도록 몇 가지 조건을 만족해야 한다. 이 절에서는 가공 전선로에서 사용하는 전선이 갖춰야 하는 조건과 전선의 종류를 살펴보고, 전선의 종류에 따른 허용전류를 살펴본다. 또한 전선을 설치할 때 고려해야 하는 이도에 대해서도 알아보자.

Keywords | 가공 전선로의 전선 조건 | 전선의 종류 | 전선의 허용전류 | 전선의 경제적인 굵기 선정 | 이도 |

1 가공 전선로의 전선 조건

송배전선로에서 사용되는 전선로에는 가공 전선로와 지중 전선로가 있다. 가공 전선로는 나전선을 철근 콘크리트주, 철주, 철탑 등의 지지물에 애자로 지지하는 방식이며, 지중 전선로는 전력 케이블을 지하에 매설해서 송·배전하는 방식이다.

우리나라의 발전소는 서해안, 남해안, 동해안에 편중되어 있으며 전력 소비는 서울, 경인지역, 대도시에 집중되어 있다. 따라서 발전소에서 생산된 전기를 전송해야 하는데, 이때 전기를 전송하는 매체인 송전선로는 대부분 가공 전선로로 이루어져 있다. 하지만 환경 문제가 대두되면서 철탑 등의 지지물을 설치하기가 현실적으로 어려워지고 있다.

가공 전선로의 전선이 갖춰야 하는 조건들은 다음과 같다.

★ 가공 전선로의 전선 조건 ★

- 도전율이 클 것
- 기계적 강도가 충분할 것
- 내구성이 있을 것
- 가공이 쉬울 것(가요성[1]이 클 것)
- 가벼울 것(비중이 작을 것)
- 가선공사가 용이할 것
- 가격이 저렴할 것

우리나라에서는 가공 전선로의 전선으로 경동연선(HDCC : Hard Drawn Copper Conductor)과 강심 알루미늄 연선(ACSR : Aluminum Conductor Steel Reinforced)을 사용한다. 경동연선은 송전전압이 낮은 전선로에 사용하고, 강심 알루미늄 연선은 저항값이 같을 때 바깥지름이 경동연선보다 크기 때문에 송전전압이 높은 전선로에 사용한다.

1 가요성은 물체가 쉽게 휘고 다시 돌아올 수 있는 성질을 의미한다.

예제 3-1

가공 전선로에서 사용하는 전선이 갖춰야 하는 조건이 아닌 것은 무엇인가?

① 기계적 강도가 충분할 것

② 도전율이 작을 것

③ 가선공사가 쉽고, 접속이 용이할 것

④ 내구성이 좋고 비중이 작을 것

정답 ②

풀이 가공 전선로의 전선은 기계적 강도가 충분해야 하고, 도전율이 크며, 가선공사가 쉽고 접속이 쉬워야 한다. 또한 내구성이 좋고 비중이 작아야 한다. 도전율이 작은 전선은 전압을 전송하기에 적절하지 않다.

2 전선의 종류

송전에 사용하는 가공 전선로에는 대부분 피복이 없는 나전선을 사용한다. 전선을 분류하는 방법에는 구조에 따른 분류, 재질에 따른 분류, 전선 조합에 따른 분류가 있다.

구조에 따른 분류

전선을 구조에 따라 분류하면 단선, 연선, 중공연선으로 나눌 수 있다.

■ 단선

단선(solid wire)은 단면이 원형인 한 가닥의 도체로, 굵기는 [mm]로 나타낸다. 단선의 경우 단면적이 커지면 가요성이 작고 취급이 어려워지므로 연선을 많이 사용한다. [표 3-1]에 단선의 지름과 허용전류를 나타냈다.

[표 3-1] 단선의 지름과 허용전류

지름[mm]	1.0	1.2	1.6	2.0	2.6	3.2	4.0	5.0
허용전류[A]			27	35	48	62		

■ 연선

가공 전선로에 사용되는 전선은 대부분 절연 피복이 없는 나전선의 연선을 사용한다. **연선**(stranded wire)은 단선 수 가닥 또는 수십 가닥을 꼬아 만든 것으로 이때의 단선을 소선이라 한다. 연선은 [그림 3-1]과 같이 1개의 소선을 중심으로 그 주위에 소선을 몇 층으로 꼬아 만든 동심 연선으로 되어 있으며 굵기는 $[\mathrm{mm}^2]$로 나타낸다.

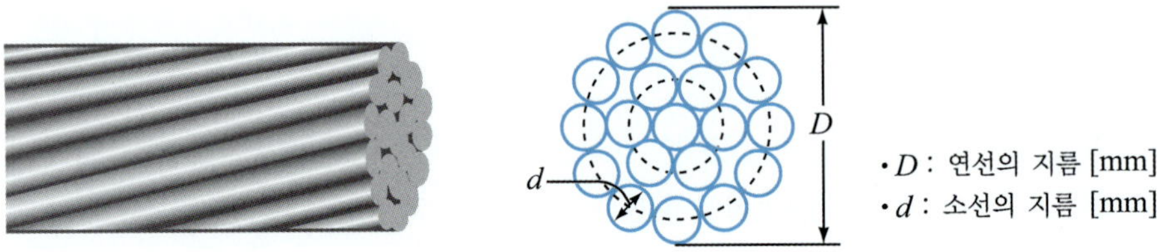

(a) 외관 (b) 구조

[그림 3-1] 연선의 외관 및 구조

[그림 3-1(b)]에서 각 소선의 중심을 통과하는 원을 동심원(pitch circle)이라 하는데 이 수가 연선의 층수 n을 나타낸다. 따라서 [그림 3-1(b)]는 2층 구조의 연선이다. 소선의 굵기가 일정하다면 연선의 구성은 다음과 같은 관계식으로 나타낼 수 있다.

★ 연선 ★

- 연선을 구성하는 소선 가닥수 N

$$N = 3n(n+1)+1 \tag{3.1}$$

- 연선의 바깥지름(외경) D

$$D = (1+2n)d\,[\mathrm{mm}] \tag{3.2}$$

- 연선의 단면적 A, 소선의 단면적 a

$$A = Na\,[\mathrm{mm}^2] \tag{3.3}$$

이때 연선의 층수별 소선 가닥수는 [표 3-2]와 같다.

[표 3-2] 연선의 층수별 소선 가닥수

층수(n)	1	2	3	4	5	6
소선 가닥수(N)	7	19	37	61	91	127

식 (3.3)에서의 단면적은 계산 단면적이며, 실제 현장에서는 공칭 단면적을 적용하고 있다. [표 3-3]은 KS, IEC 규격의 공칭 단면적을, [표 3-4]는 우리나라 송배전선로에서 사용하는 전선의 공칭 단면적을 나타낸다.

[표 3-3] KS, IEC 규격의 공칭 단면적

공칭 단면적[mm²]															
6	10	16	25	35	50	70	95	120	150	185	240	300	400	500	630

[표 3-4] 송배전선로에서 사용하는 전선의 공칭 단면적

공칭 단면적[mm²]											
22	32	35	38	58	60	95	97	100	150	160	240

예제 3-2

연선의 한 종류인 연동연선의 단면적이 150[mm²]이고, 소선의 지름이 2.3[mm]이며, 3층 구조라고 할 때, 다음 물음에 답하라.

(a) 소선 가닥수

(b) 전선의 바깥지름(외경)

정답 (a) 37, (b) 16.1[mm]

풀이

(a) 식 (3.1)에 $n=3$을 대입하면 다음과 같다.

$$\begin{aligned} N &= 3n(n+1)+1 \\ &= 3\times 3\times(3+1)+1=37 \end{aligned}$$

(b) 식 (3.2)에 $d=2.3$[mm], $n=3$을 대입하면 다음과 같다.

$$\begin{aligned} D &= (1+2n)\,d \\ &= (1+2\times 3)\times 2.3 = 16.1\,[\text{mm}] \end{aligned}$$

■ **중공연선**

200[kV] 이상의 전압을 사용하는 송전선로에서는 코로나 발생을 억제하기 위하여 송전용량과 관계없이 지름이 25[mm] 이상인 전선을 사용해야 한다. 이 경우 일반 연선을 사용하면 재료가 많이 사용되어 전선로가 무거워진다. 따라서 전선의 중심 부분이 비어 있는 **중공연선**(hollow stranded wire)을 사용하는 경우도 있으나 우리나라에서는 거의 사용하지 않는다.

재질에 따른 분류

전선을 재질에 따라 분류하면 단금속선, 합금선, 쌍금속선, 합성 연선 등으로 나눌 수 있다. 이 책에서는 우리나라에서 많이 사용되는 전선 위주로 설명한다.

■ 경동연선

가공 전선로에 사용하는 전선은 기계적 강도가 커야 하기 때문에 연동선보다 인장강도[2]가 큰 경동선(HDCC : Hard Drawn Copper Conductor)이 사용된다. **경동연선**은 경동선을 각 층의 동심원(pitch circle)으로 결합시킨 것으로 도전율은 96 ~ 98[%], 인장강도는 34 ~ 48[kg/mm^2]이다. 경동연선은 가공 전선로의 전선으로 성능이 우수하지만 고가이다. 경동연선의 특성은 [표 3-5]와 같다.

[표 3-5] 경동연선의 특성

전선규격		바깥지름 [mm]	인장하중 [kg]	중량 [kg/km]	20℃에서의 전기저항 [Ω/km]	1조의 표준길이 [m]
소선경	공칭 단면적 [mm^2]					
7/2.0	22	6.0	888	197.9	0.818	1,000
7/2.6	38	7.8	1,480	334.9	0.484	1,000
19/2.0	60	10.0	2,410	537.0	0.301	1,000
19/2.6	100	13.0	4,020	907.6	0.178	600
19/3.2	150	16.1	6,160	1,390	0.118	1,000

■ 강심 알루미늄 연선

강심 알루미늄 연선(ACSR : Aluminum Conductor Steel Reinforced)은 [그림 3-2]에서와 같이 전선의 중심부에 인장강도 125[kg/mm^2] 이상의 강선 또는 강연선을 사용하고, 그 주위에 도전율이 61[%]인 경알루미늄을 꼬아 만든 구조이다.

[그림 3-2] 강심 알루미늄 연선의 외관 및 구조

2 인장강도는 재료를 잡아 당겨 가해진 하중과 변형 정도에 따른 기계적 강도를 의미한다.

강심 알루미늄 연선의 특성은 [표 3-6]과 같다.

[표 3-6] 강심 알루미늄 연선의 특성

전선규격		바깥지름 [mm]	인장하중 [kg]	중량 [kg/km]	20℃에서의 전기저항 [Ω/km]	1조의 표준길이 [m]
소선경	공칭 단면적 [mm^2]					
6/2.6	32	7.8	1,140	128.6	0.899	1,000
6/3.5	58	10.5	1,980	233.1	0.497	1,000
6/4.5	95	13.5	3,180	385.1	0.301	1,000
12/3.2	97	16.0	10,600	708.9	0.301	1,000
30/2.6	160	18.2	6,990	732.8	0.182	1,000
30/3.2	240	22.4	10,210	1,110	0.120	1,000

강심 알루미늄 연선은 같은 저항값의 경동연선에 비하여 바깥지름이 커지기 때문에 코로나 발생을 억제할 수 있어 송전선로용 전선으로 많이 사용된다. 코로나는 가공 전선로에서 전선 상호간의 전위경도가 파열극한 전위경도 이상이 되면 공기의 절연이 국부적으로 파괴되어 낮은 소리와 엷은 빛을 내는 현상으로 5장에서 자세히 배운다.

설치지역의 환경, 부하특성에 따라 ACSR-OC, ACSR/AW, ACSR/AW-OW 등의 전선이 사용된다.

■ 내열 강심 알루미늄 연선

내열 강심 알루미늄 연선(TACSR : Themal-resistant Aluminum Conductor Steel Reinforced)은 가공 전선로의 대용량 송전을 위한 증용량전선의 한 종류이다. ACSR의 경알루미늄 대신에 극소량의 지르코늄을 첨가한 내열 알루미늄 합금선을 사용한 것으로 내열성이 우수하다. 이 전선은 ACSR에 비해 전류용량이 1.5 ~ 1.6배 크므로 가공 전선로의 지지물 확보가 어렵고 대용량 송전이 필요한 가공 전선로에 사용된다. 우리나라 345[kV] 송전선로에 주로 사용되고 있다.

■ 아연도금 강연선

아연도금 강연선(GSW : Galvanized Steel Wire)은 도전율이 8 ~ 12[%]로 비교적 작고, 내부식성도 약하지만 인장강도가 55 ~ 100[kg/mm^2]로 기계적 강도가 크기 때문에 도전율이 크게 문제가 되지 않는 가공지선[3]으로 사용되고 있다.

3 가공지선은 벼락으로부터 송전선을 보호하기 위해 도선과 평행하게 가선하는 금속선이다. 이는 9장에서 구체적으로 배운다.

전선 조합에 따른 분류

전선을 조합에 따라 분류하면 단도체와 복도체로 나눌 수 있다. 즉 한 상(phase)에 사용하는 전선 가닥수에 따라 분류한다.

■ 단도체

일반적으로 저전압의 3상 3선식 가공 전선로에서는 한 상에 한 가닥의 전선을 사용하는데 이를 **단도체**라 한다.

■ 복도체

가공 전선로에서 각 상에 두 가닥 이상의 전선을 사용하여 전력을 공급할 수 있는데 이것을 **복도체** 또는 다도체라 한다.

송전용량이 증가하게 되면 전선에 흐르는 전류가 커지므로 전선의 단면적도 커져야 한다. 하지만 가공 전선로에서는 하중 등의 문제로 인하여 전선의 단면적을 무한정 크게 할 수 없으므로 각 상의 전선을 두 가닥 이상으로 하여 전력을 공급한다.

전선을 복도체 방식으로 사용하면 코로나 임계전압이 상승하므로 코로나 발생에 의한 장해를 방지할 수 있다. 또한 복도체는 단도체에 비하여 인덕턴스 L은 감소하고 정전용량 C는 증가하게 되므로 선로의 특성 임피던스가 줄어들어 송전용량을 증가시킬 수 있다. 따라서 고전압 장거리 송전선로에서는 복도체 방식을 사용하고 있다.

★ 복도체 방식의 특징 (단도체 방식에 비해) ★

- 인덕턴스 L이 감소한다.
- 정전용량 C가 증가한다.
- 코로나 임계전압이 상승하므로 코로나 현상이 방지된다.
- 송전용량을 증가시킬 수 있다.
- 소도체 간 꼬임 현상 및 충돌 현상이 발생할 수 있다(대책 : 스페이서).
- 큰 단락전류에 의해 소도체 사이에 흡인력이 발생할 수 있다.
- 철탑의 규모가 커진다.

예제 3-3

단도체 방식을 사용할 때와 비교했을 때, 송전계통에서 복도체 방식을 사용할 때의 특징이 아닌 것은 무엇인가?

① 송전용량을 증가시킬 수 있다.
② 코로나 임계전압이 낮아져서 코로나 현상이 방지된다.
③ 소도체 간 꼬임 현상이 발생하여 사고가 발생할 우려가 있다.
④ 정전용량 C가 증가한다.

정답 ②

풀이 단도체 방식을 사용할 때보다 복도체 방식을 사용할 때 송전용량이 증가되고, 코로나 임계전압이 상승하므로 코로나 현상이 방지된다. 또한 소도체 간 꼬임 현상이 발생하여 사고가 발생할 수 있으며, 정전용량이 증가한다.

3 전선의 허용전류

전선에 전류가 흐르면 저항에 의한 발열로 인해 전선의 온도가 올라간다. 이 온도가 어느 한계 이상으로 높아지면 전선의 기계적 강도와 기타 여러 가지 성능이 저하되므로 전선의 온도가 한계온도까지 상승하지 않도록 전선에 흐르는 전류를 제한해야 한다. 전선의 종류에 따라 기계적 특성을 저하시키지 않는 온도 한계를 **최고 허용온도**라 하며 이에 대응하는 전류를 **전선의 허용전류**라 한다. 이때 전선의 최대 허용전류는 최고 허용온도에 의해 결정된다. 예를 들어 765[kV] 가공 전선로의 전선 허용온도는 [표 3-7]과 같다.

[표 3-7] 765[kV] 송전선로의 전선 종류별 허용온도

전선의 종류	공칭 단면적[mm^2]	연속[℃]	단시간[℃]	순시[℃]
ACSR	480	90	100	180
AWS	200	200	230	400
OPGW	200	100	150	180

전선의 최고 허용온도는 단시간의 과부하에 대해 100[℃]로 제한하고 있으나, 오랫동안 연속하여 사용할 때에는 전선이 접속된 곳의 열화 등을 고려하여 90[℃]로 억제하는 것을 표준으로 한다. 또한 전선의 허용전류를 계산할 때 주위 온도 40[℃], 일사량 0.1[W/cm^2], 풍속 0.5[m/s]를 기준으로 하고 있다.

전선의 최고 허용온도는 90[℃]이고, 주위 온도가 40[℃]이면 전선에서 발생하는 온도 상승은 50[℃]를 넘지 않아야 한다. 또한 [표 3-8]과 같은 온도에 대한 보정계수를 감안해야 한다.

[표 3-8] 주위 온도에 따른 보정계수

주위 온도[℃]		10	15	20	25	30	35	40	45	50	55	60
기중 포설 시 보정계수	PVC	1.22	1.17	1.12	1.06	1.00	0.94	0.87	0.79	0.71	0.61	0.50
	XLPE	1.15	1.12	1.08	1.04	1.00	0.96	0.91	0.87	0.82	0.76	0.71

4 전선의 경제적인 굵기 선정

전선의 경제적인 굵기를 선정하기 위해서는 보통 켈빈의 법칙(Kelvin's law)을 적용한다. 켈빈의 법칙이란 "건설 후에 전선의 단위 길이를 기준으로 1년간 잃는 손실전력량의 금액과 건설 시 구입한 단위 길이의 전선비에 대한 이자와 상각비를 가산한 연경비가 같게 되도록 하는 굵기가 가장 경제적인 전선의 굵기가 된다."는 것이다.

켈빈의 법칙에 따라 경동선을 재료로 한 전선의 경제적인 전류밀도를 산정한다면, **전선 1[m]의 연간 손실전력 금액 = 전선 1[m]의 이자와 삼각비를 가산한 연 경비 총액**이 되어야 한다.

$$(\sigma A)^2 \times \frac{1}{55A} \times 10^{-3} \times N = 8.89 \times 10^{-3} \times A \times MP$$

$$\sigma = \sqrt{\frac{8.89 \times 55MP}{N}}\ [\mathrm{A/mm^2}] \tag{3.4}$$

- σ : 가장 경제적인 전류밀도 1[m]
- A : 전선의 단면적 [mm²]
- N : 1년간 전력량의 요금[원]
- M : 전선 1[kg]의 가격[원]
- P : 1년간의 이자와 상각비의 합계

발전소의 출력과 송전선의 전압이 정해지면 전선에 흐르는 전류값을 알 수 있으므로 이 전류값을 식 (3.4)의 전류밀도값으로 나누어 줌으로써 가장 경제적인 전선의 굵기를 구할 수 있다.

★ 전선의 굵기 선정 ★

- 허용전류(안전전류)
- 전압강하 및 전력손실
- 기계적 강도(바람, 빙설하중, 풍압하중)
- 코로나
- 내구성(내부식성, 환경)
- 경제성(켈빈의 법칙)

예제 3-4

가공 전선로에 사용하는 전선의 굵기를 선정할 때 고려해야 하는 요소가 아닌 것은 무엇인가?

① 허용전류 ② 전압강하

③ 절연체의 종류 ④ 기계적 강도

정답 ③

풀이 전선의 굵기를 선정할 때는 허용전류, 전압강하 및 전력손실, 기계적 강도, 코로나, 내구성, 경제성 등을 고려해야 한다.

5 이도

가공 전선로에서는 전선을 느슨하게 가선하는데, 이때 사용하는 개념이 **이도**(dip)이다. 이도는 [그림 3-3]에 나타낸 것과 같이 전선의 지지점을 연결하는 수평선으로부터 밑으로 내려가 있는 길이를 의미한다.

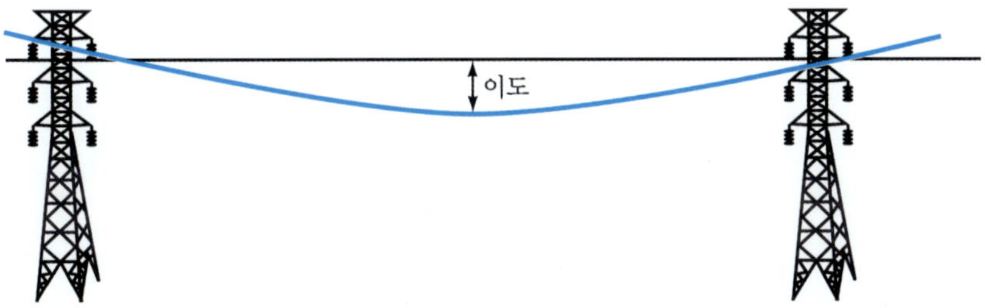

[그림 3-3] 이도

가공 전선로에서는 온도 변화에 따라 전선이 수축하며, 바람의 영향에 따라 흔들리기도 하고, 혹한기에는 빙설이 부착되므로 이러한 조건에 견딜 수 있도록 적당한 이도값을 설정해야 한다. 가공 전선로의 이도는 전선로에 다음과 같은 영향을 미친다.

- 이도는 지지물의 높이를 결정한다.
- 이도가 너무 크면 전선은 좌우로 진동하므로 지락사고를 초래한다.
- 이도가 너무 작으면 전선의 장력이 증가하여 전선이 단선되기도 한다.

따라서 가공 전선로에서 전선을 가선할 경우에는 이도를 어느 정도로 설정해야 하는지가 중요한 문제이며, 이도의 허용오차는 설계 이도의 ±3[%]로 하고 있다.

예제 3-5

가공 전선로에서 전선을 지지물 간에 가설할 때 전선 자체의 무게 때문에 전선이 곡선 모양으로 처지게 된다. 지지물을 연결하는 수평선에서 가장 밑으로 처진 점의 수직거리를 무엇이라고 하는가?

정답 이도

풀이 전선의 지지점을 연결하는 수평선으로부터 밑으로 내려가 있는 길이를 이도라 한다.

이도 계산 방법

가공 전선로에서 전선을 가선하려면 먼저 지지점 간의 이도를 계산해야 한다. 이도를 계산할 때는 전선 지지점 간 고저차가 없을 때와 전선 지지점 간 고저차가 있을 때로 나누어 계산한다.

■ 전선 지지점 간 고저차가 없을 경우

전선 지지점 간 고저차가 없을 경우에는 현수 곡선(catenary curve)으로 취급해서 가공 전선로의 전선을 완전한 가요성이 있다고 가정하여 계산해야 한다. 하지만 일반적으로는 포물선으로 계산해도 실제 사용에는 지장이 없다.

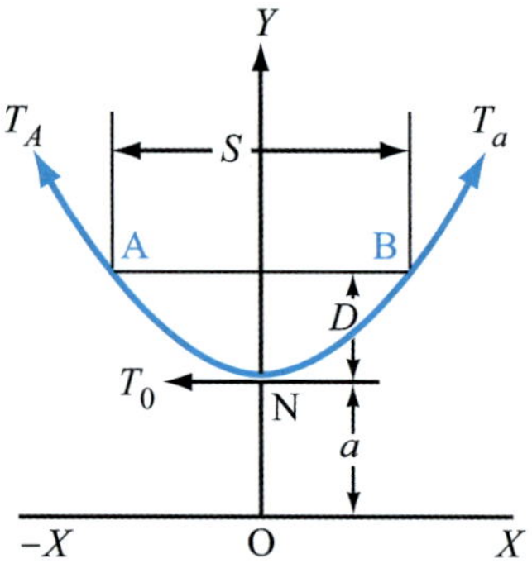

[그림 3-4] 지지점 간 고저차가 없을 경우의 이도 계산

[그림 3-4]에서 O 점을 원점으로 하는 현수 곡선을 테일러 급수를 사용하여 표현하면 다음과 같다.

$$y = a\cosh\frac{x}{a} = a\left(1 + \frac{x^2}{2!} + \frac{x^4}{4!} + \frac{x^6}{6!} + \cdots\right) \tag{3.5}$$

하지만 가공 전선로에서 철탑의 경간 S는 300 ~ 600[m] 정도이나 이도 D는 경간에 비하여 매우 작으므로 식 (3.5)의 3항 이하는 무시해도 별 문제가 없다. 식 (3.5)를 다시 표현하면 다음과 같다.

$$y = a + \frac{x^2}{2a} \tag{3.6}$$

• a : 곡선의 최저점 N 의 세로축 좌표값

식 (3.6)은 포물선을 나타내므로 가공 전선로의 가공 전선은 근사적으로 포물선으로 취급할 수 있음을 의미한다. [그림 3-4]에서 원점을 O 에서 N 점으로 옮기면 $y = \frac{x^2}{2a}$ 이고, 여기에 $x = \frac{S}{2}$ 를 대입하여 정리하면 이도 D[m]를 구할 수 있다.

★ 이도 ★

$$D = \frac{wS^2}{8T_0}[\text{m}] \tag{3.7}$$

- w : 전선의 중량[kg/m]
- S : 경간[m]
- T_0 : N 점에 작용하는 전선의 수평장력[kg]

식 (3.7)과 같이 이도 D는 전선의 중량과 경간의 제곱에 비례하고 수평장력에 반비례한다. 이때 실제 전선의 길이 L[m]은 다음과 같다.

★ 이도가 적용된 실제 전선의 길이 ★

$$L = S + \frac{8D^2}{3S}[\text{m}] \tag{3.8}$$

즉 전선의 길이 L은 경간의 길이 S보다 $\frac{8D^2}{3S}$ 만큼 더 길지만, 이것은 보통 S의 0.1[%] 정도밖에 되지 않는다.

예제 3-6

가공 전선로의 경간이 300[m], 전선 자체의 무게 $W = 1.11$[kg/m], 인장하중은 10210[kg], 안전율은 2.2이다. 이때 가공 전선로의 이도를 구하라.

정답 2.69[m]

풀이 가공 전선로의 이도를 구하는 식 (3.7)에 $W = 1.11$[kg/m], $S = 300$[m], $T_0 = \frac{10210}{2.2}$ 을 대입하면 다음과 같다.

$$D = \frac{WS^2}{8T_0} = \frac{1.11 \times 300^2}{8 \times \frac{10210}{2.2}} = 2.69[\text{m}]$$

지금까지의 계산에서는 전선의 자체 중량 w만 생각하였다. 그러나 실제 가공 전선로에서는 빙설(얼음, 눈)이 부착되거나 풍압이 더해지기도 하므로 [그림 3-5]와 같이 이들의 하중도 함께 고려해야 한다. 합성 하중은 다음과 같이 계산한다.

$$W = \sqrt{(w+w_i)^2 + w_w^{\ 2}}\,[\text{kg}] \tag{3.9}$$

- w_i : 부착된 빙설의 중량[kg/m]
- w_w : 수평 풍압[kg]

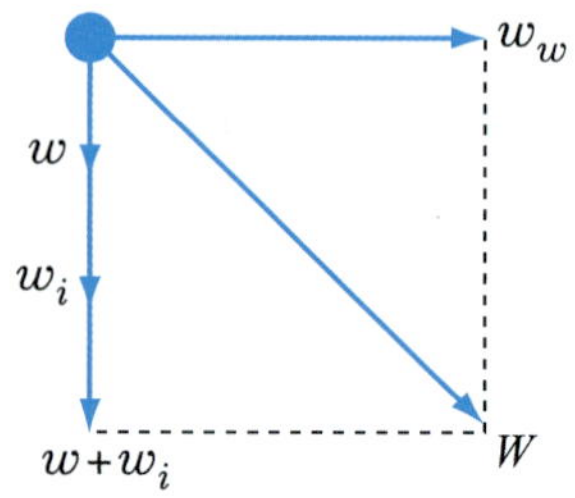

[그림 3-5] 합성 하중

[그림 3-4]에서 전선의 지지점 A, B의 장력을 T_A, T_B라고 하면 이 경우 T_A와 T_B의 크기는 같고, 이는 전선의 최저점 N에서의 수평장력 T_0에 전선의 중량 w와 이도 D의 곱을 더한 것과 같다.

$$T_A = T_B = T_0 + w \times D\,[\text{kg}] \tag{3.10}$$

식 (3.10)에서 전선의 중량 w와 이도 D의 곱 $w \times D$의 크기는 보통 전선의 최저점 N에서의 수평장력 T_0의 0.1[%] 정도이므로 $T_A = T_B \fallingdotseq T_0$로 볼 수 있다. 즉 전선의 각 지지점의 장력은 전선의 최저점 N에서의 수평장력 T_0와 같다고 가정해서 설계해도 무방하다.

■ 전선 지지점 간 고저차가 있을 경우

[그림 3-6]에서와 같이 가공 전선로에서 전선의 지지점 A, B 간 고저차 h[m]가 있을 때에도 전선이 만드는 곡선을 포물선으로 취급하여 계산할 수 있다.

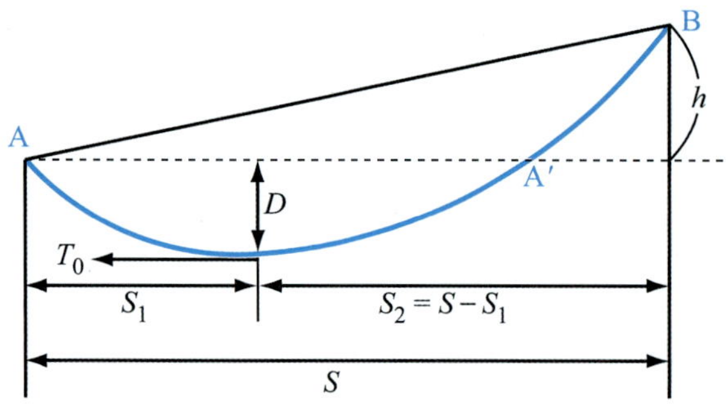

[그림 3-6] 지지점 간 고저차가 있을 경우의 이도 계산

이로부터 경간 길이 S_1, 이도 D 및 전선의 길이 L을 다음과 같이 구할 수 있다.

$$S_1 = \frac{S}{2} - \frac{T_0 h}{wS} [\mathrm{m}] \tag{3.11}$$

$$D = \frac{w}{8T_0} - \left(S - \frac{2T_0 h}{wS}\right)^2 [\mathrm{m}] \tag{3.12}$$

$$L = S + \frac{w^2 S^2}{24 T_0} + \frac{h^2}{2S} [\mathrm{m}] \tag{3.13}$$

6 전선의 진동과 도약

송전선로의 전선은 알루미늄과 강선으로 구성되어 있고, 철탑과 철탑 사이의 경간이 길어 약한 바람에도 진동하게 된다. 또한 그 진동수가 전선의 고유 진동수와 같아지면 공진을 일으켜 진동이 계속 발생한다. 진동이 계속되면 전선은 지지점에서 반복되는 힘을 받아 결국에는 단선사고에까지 이르게 된다. 단선사고는 송전선로 사고 중 가장 심각한 사고로 전선이 끊어지는 사고인데, 이는 전력계통에 문제를 일으킬 수 있고 최악의 경우 대형 정전사고도 유발할 수 있다.

따라서 송전선로의 진동을 억제시키기 위해 진동 억제장치를 사용한다. 진동 억제장치로는 [그림 3-7]과 같은 스톡브리지 댐퍼(stock bridge damper)와 베이트 댐퍼(bate damper)를 많이 사용한다.

(a) 스톡브리지 댐퍼

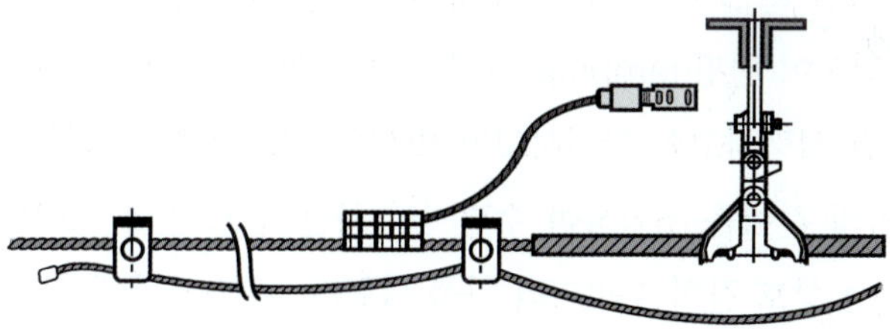

(b) 베이트 댐퍼

[그림 3-7] 진동 억제장치

- **스톡브리지 댐퍼**

  스톡브리지 댐퍼는 클램프의 앞단에 설치하며, 전선의 진동을 댐퍼가 흡수함으로써 클램프 끝부분의 단선사고를 예방한다. 이는 전선의 지지점 근처에 추를 달아서 진동을 감소시키는 방법이다.

- **베이트 댐퍼**

  베이트 댐퍼는 가공지선과 같은 종류의 전선으로 첨선을 제작하여 클램프 부근의 연선 아래 측에 베이트 댐퍼 크립으로 설치한 것이다. 첨선 및 베이트 댐퍼 크립 등의 진동흡수에 의해 가공지선의 진동피로를 방지한다.

복도체에는 소도체 사이의 간격을 유지하여 소도체간의 꼬임 현상이나 충돌 현상을 방지하기 위하여 스페이서 댐퍼(spacer damper)를 사용한다. 765[kV]에서는 6도체, 345[kV]에서는 4도체, 154[kV]에서는 2도체의 스페이서 댐퍼를 사용하며 모양은 [그림 3-8]과 같다.

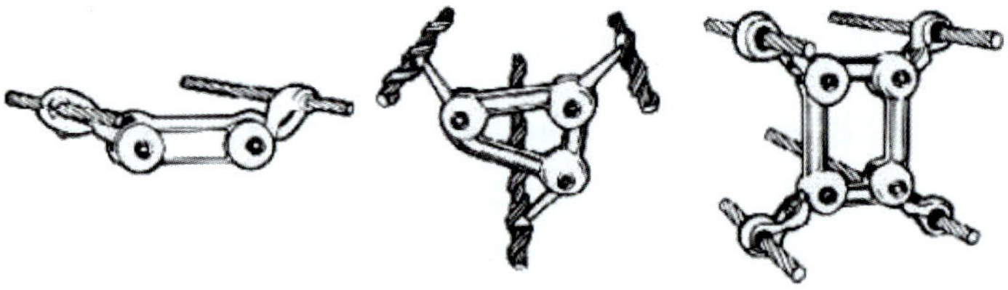

(a) 2도체　　(b) 3도체　　(c) 4도체

[그림 3-8] 스페이서 댐퍼

가공 전선에 빙설(눈 또는 얼음)이 부착되면 전선이 쳐진다. 또 전선에 붙어있던 빙설이 떨어지면 그 반동으로 전선이 점핑(jumping)하거나 갤로핑(galloping)[4] 현상 등이 발생한다. 이러한 현상으로 전선의 선간 섬락사고와 단선사고가 발생하기도 하므로 이를 방지하기 위해 **오프셋**(off-set)을 두며, 철탑 암의 길이를 조정하여 수평거리 차를 두고 있다. 오프셋은 전선을 수직으로 배치할 때의 상, 중, 하선 상호 간의 수평거리 차를 말한다. 우리나라에서는 강원도와 같은 다설 지구의 오프셋을 크게 한다. [그림 3-9]는 154[kV] 송전선로에 적용하고 있는 오프셋을 나타내었고, 각 부분에 대한 기준은 [표 3-9]에 나타내었다.

---

4 갤로핑 현상이란 전선에 빙설이 부착된 경우 바람에 의해 양력이 발생하여 나타나는 진동 현상이다.

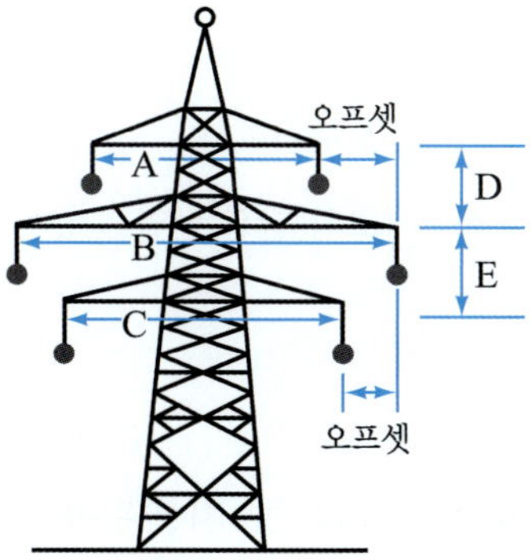

[그림 3-9] 154[kV] 송전선로의 오프셋

[표 3-9] 154[kV] 송전선로의 오프셋 기준

구분	A	B	C	D	E	적용 지역
다설지구	8000	14100	10300	4900	3900	강릉 태백 지구
보통지구	7000	9200	7200	4200	3600	다설지구 제외 지역

예제 3-7

가공 전선로에서 전선의 진동을 억제할 때 사용하는 것은 무엇인가?

① 댐퍼　　② 현수 애자

③ 아마로드　　④ 아킹혼

정답 ①

풀이 송전선로의 진동을 억제시키기 위해 진동 억제장치를 사용한다. 진동 억제장치로는 스톡브리지 댐퍼와 베이트 댐퍼를 많이 사용한다.

예제 3-8

가공 전선로의 전선에 눈 또는 얼음이 부착될 경우에 전선에 있던 눈 또는 얼음이 떨어지면서 그 반동으로 전선이 점핑하거나 갤로핑 현상 등이 발생하게 되어 전선의 선간 섬락사고와 단선을 일으키기도 한다. 이를 방지하기 위해 두는 것은 무엇인가?

정답 오프셋

풀이 가공 전선로의 전선에 빙설(눈 또는 얼음)이 부착될 경우에는 전선이 처진다. 또 전선에 있던 빙설이 탈락하며 그 반동으로 전선이 점핑하거나 갤로핑 현상 등이 발생한다. 이러한 현상으로 전선의 선간 섬락사고와 단선이 발생하기도 하는데 이를 방지하기 위해 오프셋을 두며, 철탑 암의 길이를 조정하여 수평거리 차를 두고 있다. 오프셋은 전선을 수직으로 배치할 때의 상, 중, 하선 상호 간의 수평거리 차를 말한다.

예제 3-9

복도체를 사용하는 가공 전선로에서 소도체 간 전선의 꼬임이나 충돌을 방지하기 위해 사용하는 것은 무엇인가?

① 가공지선 ② 스페이서

③ 피뢰기 ④ 철탑

정답 ②

풀이 복도체에는 소도체 사이의 간격을 유지하여 소도체 간의 꼬임 현상이나 충돌 현상을 방지하기 위해 스페이서 댐퍼를 사용한다. 765[kV]에서는 6도체, 345[kV]에서는 2도체 또는 4도체, 154[kV]에서는 2도체의 스페이서 댐퍼를 사용한다.

SECTION 3.2

애자

전선을 지지물에 고정시키고 전기적으로 절연하기 위해 애자라는 절연 지지대를 사용한다. 이 절에서는 애자가 갖춰야 할 조건과 애자의 종류를 살펴보고, 애자의 전기적 특성을 알아보자.

Keywords | 애자 | 핀 애자 | 현수 애자 | 지지 애자 | 애자의 전기적 특성 | 애자의 정전용량 | 애자의 섬락전압 |

1 애자란?

전선을 철탑, 철근 콘크리트주, 철주의 완금 등 지지물에 기계적으로 고정시키고 전기적으로 절연시키기 위해서 사용하는 절연 지지대를 **애자**(insulator)라 한다.

가공 전선로에 사용하는 애자는 옥외에 설치되므로 비, 바람, 눈 등의 악조건에서도 전기적, 기계적 특성이 좋아야 한다. 즉 애자는 다음 구비 조건을 갖춰야 한다.

- 선로의 최고전압에 대해서는 물론, 지락사고 및 선로 개폐 등에 발생하는 이상전압에도 충분한 절연내력을 가질 것
- 전선로의 자체 중량뿐만 아니라 바람, 빙설 같은 외력이 가해졌을 때에도 기계적으로 충분히 견딜 수 있을 것
- 비, 눈, 안개 등에 대하여 충분한 전기적 표면 저항을 가지고 누설전류(leakage current)가 적을 것
- 전선로의 정격전압에서는 코로나 방전을 일으키지 않고 애자 표면이 아크 또는 코로나 방전에 의해 파괴되거나 흠집이 나지 않을 것
- 외부의 온도 변화나 장기간 사용에도 습기를 흡수하지 않아서 전기적, 기계적 성능이 저하되지 않을 것
- 내구력이 있고 가격이 저렴할 것

우리나라에서는 자기에 시멘트를 부착시켜 만든 자기 애자(porcelain insulator)와 고분자 화합물인 폴리머로 만든 폴리머 애자(polymer insulator)가 많이 사용된다. 폴리머 애자는 자기 애자에 비해 가벼우므로 취급하기 쉽고, 작업성이 향상되며, 발수성 및 내오손 특성 등이 좋아 최근에 많이 이용되고 있지만 충격에 약하다는 단점이 있다.

예제 3-10

애자가 갖춰야 하는 구비 조건이 아닌 것은 무엇인가?

① 충분한 전기적 표면 저항을 가지고 누설전류가 클 것

② 외력이 가해졌을 때에도 기계적으로 견딜 수 있을 것

③ 장기간 사용에도 습기를 흡수하지 않아서 전기적, 기계적 성능이 저하되지 않을 것

④ 정격전압에서 코로나 방전을 일으키지 않을 것

정답 ①

풀이 애자는 충분한 전기적 표면 저항을 가져야 하지만, 누설전류가 크면 손실되는 전류가 많아 애자로 사용하기에 적절하지 않다.

2 애자의 종류

애자의 종류는 구조, 재질, 용도, 사용 장소에 따라 구분할 수 있으며, 대표적으로 핀 애자, 현수 애자, 지지용 애자 등으로 나눌 수 있다.

핀 애자

핀 애자(pin insulator)는 애자에 핀을 넣고 핀을 부착하는 애자이다. 특고압용 핀 애자를 1개의 자기로 만들면 크기가 너무 커지므로, 갓 모양의 자기편을 2~3층으로 만든 후 시멘트로 부착하고 핀을 박아 지지물에 고정한다. 저압용은 도체와 대지간의 누설을 방지하고, 비가 올 때 표면이 건조하도록 제작해야 한다. 반면 고압용은 섬락(flash over)이 일어나지 않도록 연면거리[5]를 길게 하고 방전거리가 길도록 제작해야 한다. 핀 애자의 모양과 구조는 [그림 3-10]과 같다.

(a) 모양

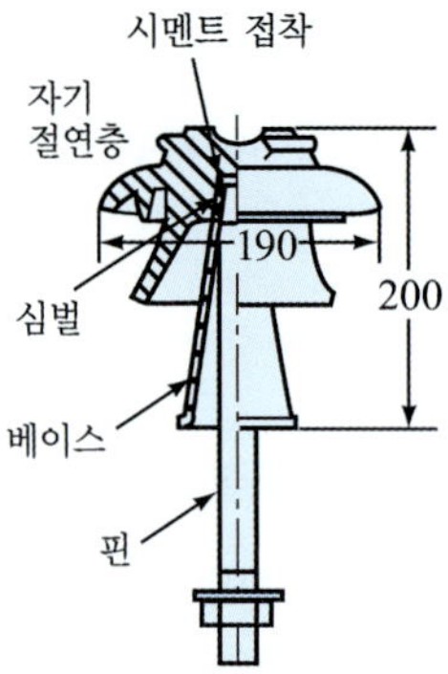

(b) 구조

[그림 3-10] 핀 애자의 모양과 구조

5 연면거리는 절연체의 표면을 따라 이은 최단거리를 의미한다.

핀 애자는 비가 올 때 잘 씻겨야 하는데, 하부 표면은 상부 표면에 비해 잘 씻기지 않으므로 하부 표면을 상부 표면보다 더 크게 만들어 누설 표면을 고르게 해야 한다. 핀 애자는 30[kV] 이하의 가공 전선로에 사용하나, 우리나라에서의 20 ~ 50[kV] 계통에서는 현수 애자를 사용하는 경향이 높다.

2002년 이후 배전계통의 특고압 가공 전선로에서 핀 애자는 거의 사용하지 않으나 핀 애자의 두부와 핀홀 부분에 반도전성 유약이 균일하게 도포되어 있어 나전선을 시공해야 하는 특수한 곳에 사용하고 있다.

현수 애자

현수 애자(suspension insulator)는 가공 전선로의 전선을 매다는 역할을 하며, 전선로의 전압에 따라 필요한 수만큼 연결하여 사용한다. 현수 애자는 경질 자기제의 위아래에 연결 금구를 시멘트로 접착시켜 만든 것으로 연결 방법에 따라 클리비스(clevis)형과 볼 소켓(ball and socket)형으로 구분한다. 우리나라에서는 활선 작업[6]이 편리한 볼 소켓형을 많이 사용한다.

현수 애자는 절연층의 지름에 따라 180[mm], 191[mm], 254[mm]로 구분하며, 일반적으로 254[mm] 애자를 많이 사용한다. 현장에서는 254[mm] 애자를 편의상 250[mm] 애자라고 부른다. 볼 소켓형 현수 애자의 구조와 설치 방법은 [그림 3-11]과 같다.

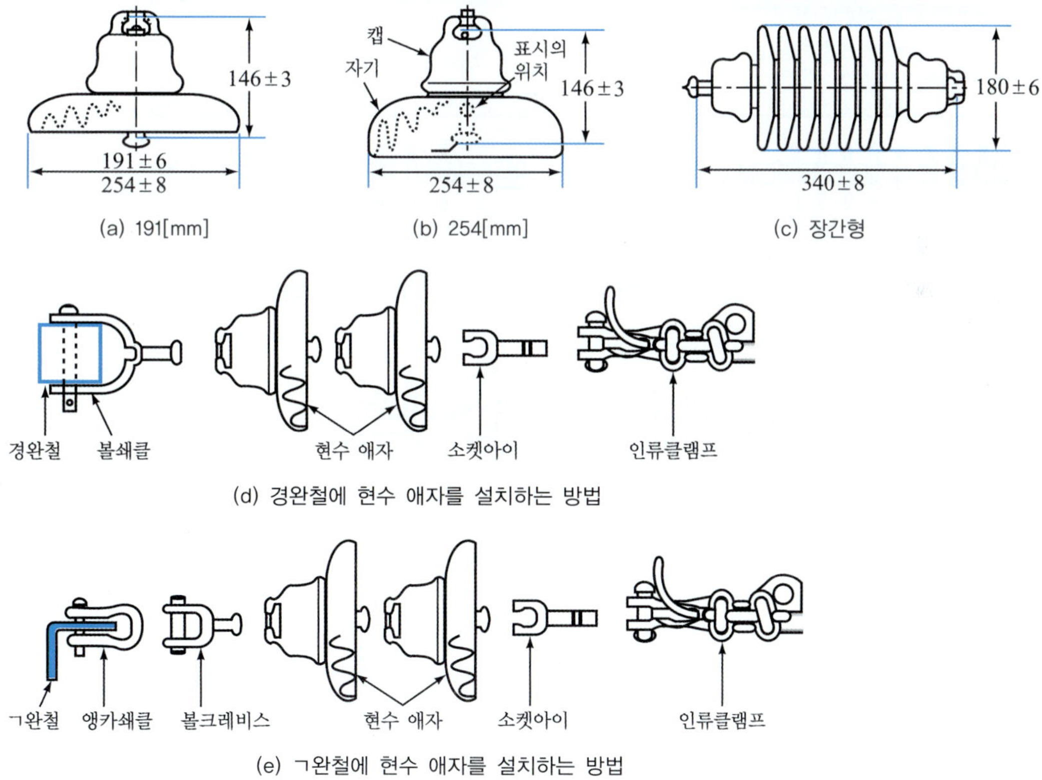

(a) 191[mm] (b) 254[mm] (c) 장간형

(d) 경완철에 현수 애자를 설치하는 방법

(e) ㄱ완철에 현수 애자를 설치하는 방법

[그림 3-11] 볼 소켓형 현수 애자의 구조와 설치 방법

---

6 활선 작업은 전선로에 송전을 계속하여 설치하는 작업으로 감전의 위험이 매우 높다.

송전선로의 전선에 사용하는 현수 애자의 개수를 결정할 때에는 내부 이상전압에 대해 충분히 절연성을 확보할 수 있는지 확인해야 한다. 또한 비가 올 때는 애자련의 절연이 매우 저하되기 때문에 지락고장이 발생하여 서지가 발생하더라도 섬락을 일으키지 않고 절연을 확보할 수 있는지 확인해야 한다. 이때 애자에 가해지는 상용 주파수 주수 섬락이 선로와 선로의 상규 최대 대지전압의 4배 이상이 되도록 하는 개수를 기준으로 한다. 여기에 애자를 보수할 때 필요한 1개를 더하여 현수애자 1련의 개수로 정한다. [표 3-10]은 전압 계급별 애자 개수를 나타낸 것이다.

[표 3-10] 전압 계급별 현수 애자 수

공칭전압[kV]	66	154	220	345	765
애자 수	4~6	10~11	12~13	18~20	40~45

[그림 3-12]는 배전계통의 가공 전선로에 많이 사용하는 폴리머 현수 애자의 구조와 설치 방법을 나타낸 것이다.

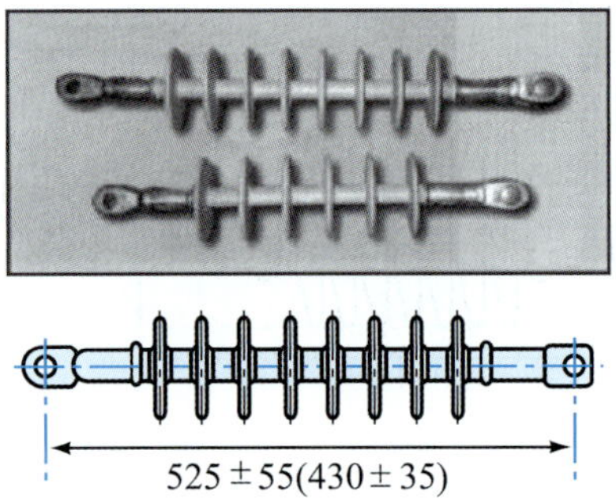

(a) EPDM 타입

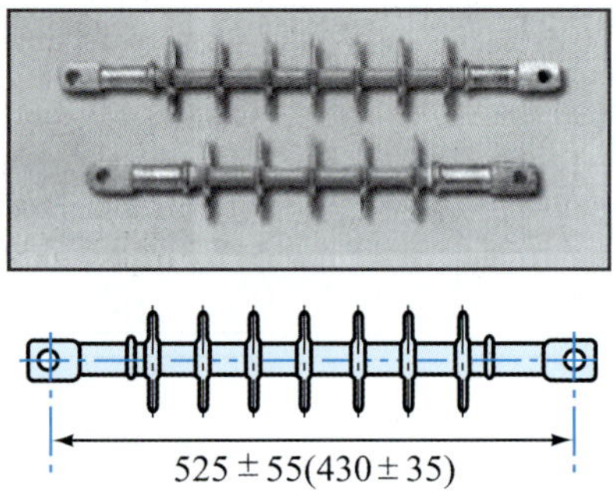

(b) 실리콘 타입

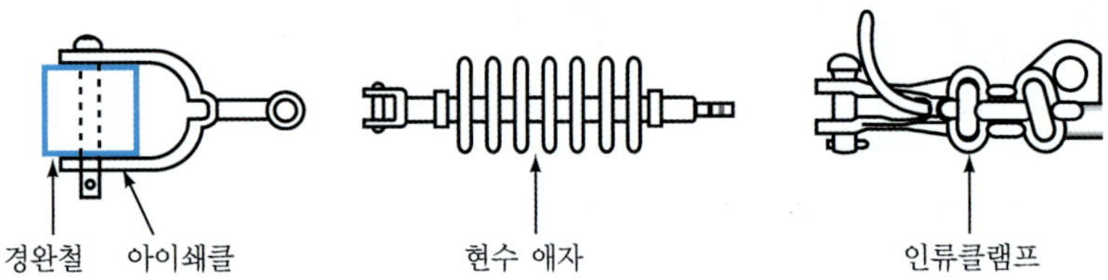

(c) 경완철에 현수 애자를 설치하는 방법

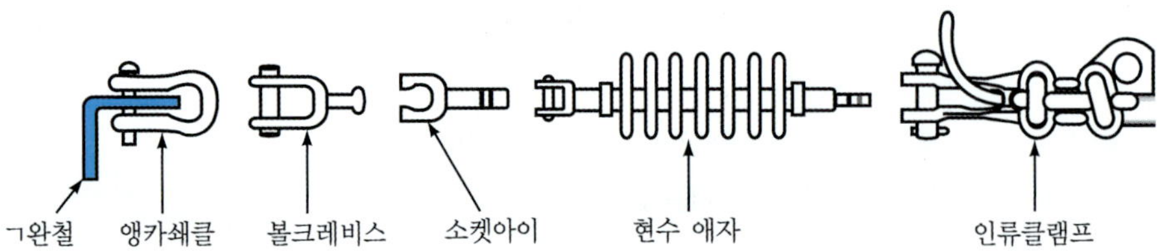

(d) ㄱ완철에 현수 애자를 설치하는 방법

[그림 3-12] 폴리머 현수 애자의 구조와 설치 방법

그러나 다음 장소에서는 자기 현수 애자를 우선적으로 적용해야 한다.

- 조류에 의해 폴리머 현수 애자가 손상을 받을 우려가 있는 장소
- 시멘트, 화학제품 생산공장(비료공장)의 인접 선로로, 분진 또는 화학성 가스의 영향을 받는 장소
- 청정 지역 중 지형 여건으로 주기적 현수 애자의 점검이 곤란한 장소

지지 애자

지지 애자(post insulator)는 발·변전소, 개폐소의 모선, 단로기, 배전계통의 가공 전선로 등의 전선을 지지하거나 연가용 철탑에서 점퍼선을 지지하기 위해 사용한다. 그중 전선로에는 대표적으로 라인 포스트(LP : line post) 애자를 사용한다. 배전계통의 가공 전선로에 사용되는 라인 포스트 애자는 특고압 핀 애자와는 달리 애자 두부와 핀홀 부분에 반도전성 유약이 발라져 있지 않으므로 절연전선에만 사용해야 한다. 라인 포스트 애자의 구조와 설치방법은 [그림 3-13]과 같다.

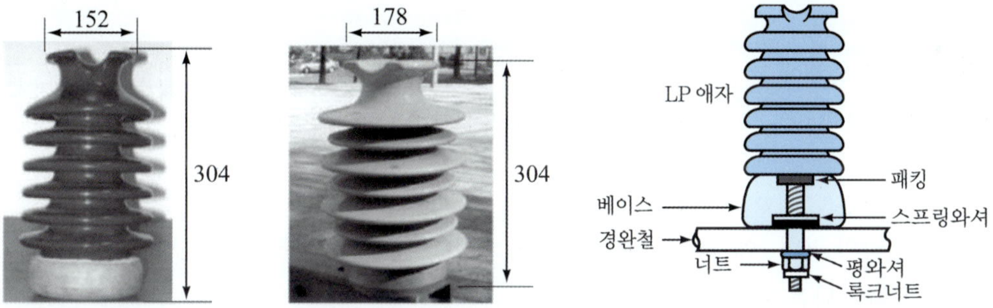

(a) 일반형 (b) 내염형 (c) 설치방법

[그림 3-13] 라인 포스트 애자의 구조 및 설치방법

3 애자의 전기적 특성

애자는 전선을 매달거나 지지하는 역할을 하며 전기적 특성을 지닌다. 애자의 전기적 특성인 정전용량, 섬락전압, 전압분포에 대해 알아보자.

정전용량

가공 전선로에서 현수 애자는 절연체인 자기편을 사이에 두고 금속체인 핀과 캡이 맞대고 있는 형태이며, 애자 각각에 정전용량이 존재한다. 현수 애자를 4개까지 연결하면 정전용량이 반비례하며 감소하지만, 그 이상으로 연결하면 정전용량값은 크게 변하지 않는다. 따라서 송전선로에서 애자련의 정전용량은 대체로 일정하다고 보아도 된다.

비가 오는 상태, 즉 주수상태에서는 현수 애자 자기편의 표면이 젖기 때문에 평판 콘덴서의 면적이 증가하여 정전용량이 증가하며, 그 값은 건조상태의 대략 1.7배 정도가 된다. 250[mm] 현수 애자의 정전용량은 [표 3-11]과 같다.

[표 3-11] 250[mm] 현수 애자의 정전용량

애자의 연결 개수	정전용량[pF]	
	건조상태	주수상태
1	40~44	–
2	20~23	24~28
3	14~16	18~20
4	12~13	–
6	10~11	12~15
8	9~10	–
10	8~9	–

섬락전압

현수애자의 양단의 금속체에 전압을 인가하고 서서히 증가시키면, 애자 표면의 공기를 통해 두 금속 사이에는 아크가 발생한다. 이를 **섬락**(flashover)이라 하며, 이때의 전압을 **섬락전압**(flashover voltage)이라 한다.

섬락전압은 인가전압의 파형, 애자의 모양이나 크기, 표면상태, 공기밀도, 습도 등에 따라 달라진다. 섬락전압의 종류는 다음과 같다.

- 건조 섬락전압 : 애자 표면이 건조한 상태에서의 섬락전압
- 주수 섬락전압 : 애자 표면이 비에 젖은 상태에서의 섬락전압
- 충격 섬락전압 : 표준 충격전압을 가했을 때 애자의 섬락전압
- 유중 섬락전압 : 애자를 절연유에 담그고 전압을 가했을 때의 섬락전압

예를 들어 250[mm] 현수 애자의 섬락전압값은 [표 3-12]와 같다.

[표 3-12] 250[mm] 현수 애자의 섬락전압

구분	건조 섬락전압	주수 섬락전압	충격 섬락전압	유중 섬락전압
섬락전압[kV]	80	50	125	140

전압분포

일반적으로 154[kV] 송전선로에서는 현수 애자를 10개씩 직렬로 연결하여 애자련으로 사용한다. 철탑의 애자련의 등가회로와 각 애자의 전압분포는 [그림 3-14]와 같다.

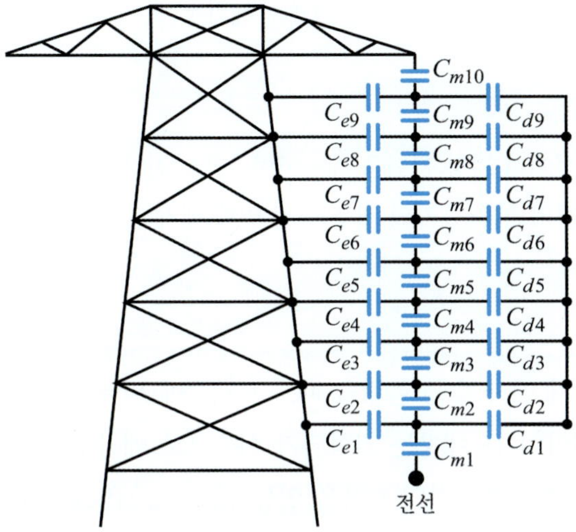

(a) 애자련의 등가회로

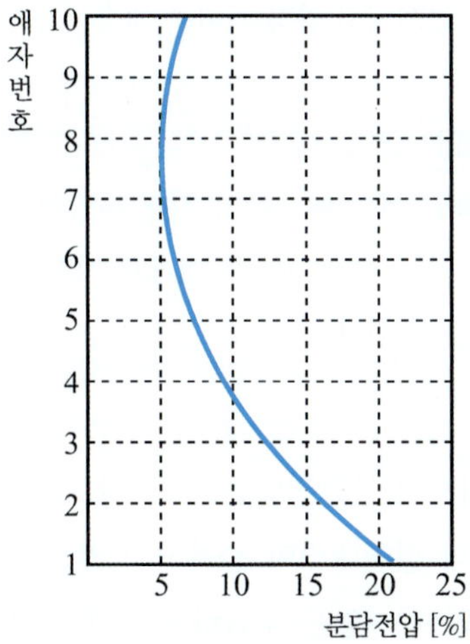

(b) 애자련의 전압분포

[그림 3-14] 애자련의 등가회로 및 전압분포

애자련의 각 애자는 자체의 정전용량 $C_{m1} \sim C_{m10}$[pF], 애자 금구와 철탑(대지)사이 $C_{d1} \sim C_{d9}$[pF]의 정전용량 $C_{e1} \sim C_{e9}$[pF], 애자 금구와 전선과의 사이의 정전용량을 가지고 있으며, 그 크기는 애자련을 구성하고 있는 현수 애자마다 각각 다르다.

[그림 3-14(b)]는 현수 애자를 10개씩 직렬로 연결한 애자련의 각 애자에 걸리는 전압, 즉 분담전압을 나타낸다. 각 애자의 분담전압은 위치에 따라 다르게 나타난다. 즉 전선에 가까운 애자의 분담전압은 크고, 중간에 위치한 애자는 분담전압이 작고, 철탑에 가까운 애자는 철탑 중간에 있는 애자보다 분담전압이 조금 더 커지는 것을 알 수 있다.

> **★ 애자의 전압분포 ★**
>
> - 최대 전압이 걸리는 곳 : 전선에서 가장 가까운 애자
> - 최소 전압이 걸리는 곳 : 철탑에서 두 번째로 가까운 애자
>   (10개의 현수 애자일 경우는 세 번째 애자)

예제 3-11

18개의 현수 애자를 직렬로 연결한 애자련에 전압을 인가할 경우 가장 작은 전압이 걸리는 애자는 무엇인가?

① 철탑에서 가장 가까운 애자　　② 철탑에서 두 번째로 가까운 애자

③ 전선에서 가장 가까운 애자　　④ 전선에서 두 번째로 가까운 애자

정답 ②

풀이 현수 애자에서 최대 전압이 걸리는 곳은 전선에서 가장 가까운 애자이며, 최소 전압이 걸리는 곳은 철탑에서 두 번째로 가까운 애자이다. 10개의 현수 애자일 경우는 세 번째 애자에 최소 전압이 걸린다.

각 애자의 분담전압은 서로 다르기 때문에 애자련의 애자 수를 늘렸을 때, 그 개수에 비례해서 애자련의 절연내력이 증가하지 않는다. 또한 분담전압이 큰 애자는 열화되기 쉬우므로 애자 전체가 균등하게 전압을 분담하는 것에 비해 효율이 떨어진다. 애자련의 효율을 연능률(string efficiency) 또는 연효율 η라 하며, 1에 가까울수록 좋다.

$$\eta = \frac{V_n}{n V_1} \tag{3.14}$$

- V_n : 애자련의 섬락전압
- n : 1련의 연결 애자 수
- V_1 : 현수 애자 1개의 섬락전압

예제 3-12

250[mm] 현수 애자 1개의 건조 섬락전압은 80[kV]이다. 현수 애자 10개를 직렬로 연결한 애자련의 건조 섬락전압이 650[kV]일 때 연능률을 구하라.

정답 0.8125

풀이 연능률을 나타내는 식 (3.14)에 $V_1 = 80$[kV], $n = 10$, $V_n = 650$[kV]를 대입하여 구하면 다음과 같다.

$$\eta = \frac{V_n}{n V_1} = \frac{650}{10 \times 80} = 0.8125$$

연능률이 1이라는 것은 애자련에 연결되어 있는 각 애자의 분담전압이 균등한 이상적인 상태임을 의미한다. 이처럼 연능률을 높이기 위해 전선 측에 **소호환**(아킹링, arcing ring) 또는 **소호각**(아킹혼, arcking horn)을 붙여 전선에 대한 정전용량을 늘리고 있다. 소호환 또는 소호각은 선로의 섬락 시 애자가 열적으로 파괴되는 것을 막는 효과가 있다.

다시 말해서 소호환 또는 소호각과 같은 소호장치는 애자련의 연능률을 향상시킬 뿐만 아니라 낙뢰 등으로 애자련에 이상전압이 생겨 섬락이 발생하였을 경우, 이들 소호환 또는 소호각 사이에서 아크가 직접 연결되어 자기부에는 손상을 입히지 않도록 하고 있다.

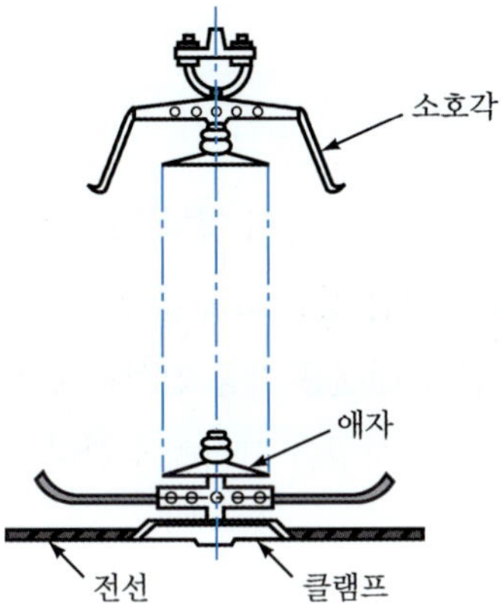

(a) 소호각

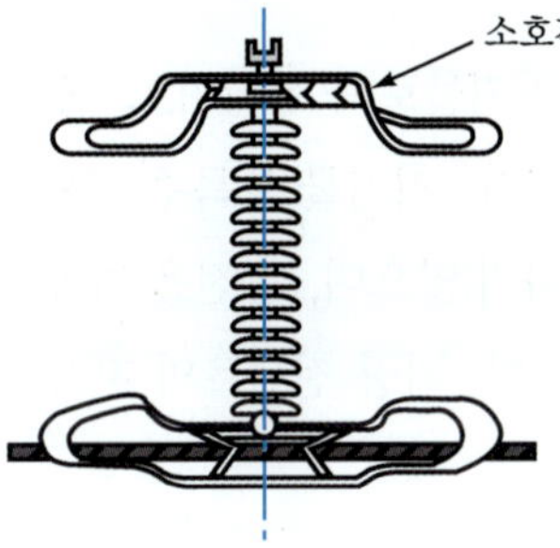

(b) 소호환

[그림 3-15] 애자련의 소호장치

예제 3-13

애자련의 연능률을 향상시킬 뿐만 아니라, 낙뢰 등으로 애자련에 이상전압이 생겨 섬락이 발생하였을 경우, 애자가 파괴되는 것을 방지하는 장치는 무엇인가?

① 댐퍼 ② 스페이서
③ 오프셋 ④ 소호환

정답 ④

풀이 소호환 또는 소호각과 같은 소호장치는 애자련의 연능률을 향상시킬 뿐만 아니라, 낙뢰 등으로 애자련에 이상전압이 생겨 섬락이 발생하였을 경우 이들 소호환 또는 소호각 사이에서 아크가 직접 연결되어 자기부에는 아무런 손상을 입히지 않도록 하고 있다.

SECTION 3.3 지지물

가공 전선로는 지지물을 이용하여 전선을 설치한 구조이다. 지지물은 외부 영향으로부터 전선을 안전하게 지지해야 한다. 이 절에서는 가공 전선로의 지지물로 사용하는 철탑과 장주의 종류에 대해 살펴본다.

Keywords | 지지물 | 철탑 | 장주 | 지선 |

1 지지물이란?

가공 전선로는 전선, 애자, 지지물로 구성되며, 그중 지지물은 비, 눈, 뇌, 바람 등의 영향으로부터 전선을 안전하게 지지해야 한다. 지지물은 목주, 콘크리트주, 철주 또는 철탑 등으로 구분할 수 있다. 이 중 목주는 많이 사용하지 않으며, 송전용 가공 전선로에서는 철탑을 배전용 가공 전선로에서는 콘크리트주를 많이 사용한다. 가공 전선로의 지지물을 설계할 때는 다음 사항을 고려해야 한다.

- 지지물의 강도
- 지지물의 높이 및 경간 선정의 적합성
- 지지물의 종류 및 설치 위치 선정의 적합성

2 철탑

철탑은 부재(산형강 또는 강관 등) 여러 개를 조립한 구조물로 전체 하중을 완전히 지지할 수 있도록 설계한 것을 뜻한다. 철탑은 모양과 사용 목적에 따라 구분할 수 있다.

모양에 따른 분류

철탑을 모양에 따라 분류하면 [그림 3-16]과 같이 4각 철탑, 방형 철탑, 우두형(소머리) 철탑, 문형 철탑, 회전형 철탑, MC 철탑으로 나눌 수 있다.

■ 4각 철탑

4각 철탑(square tower)은 전선로의 방향과 철탑의 직각 방향 강도가 같도록 설계한 철탑이며, 정방형이다. 가장 일반적인 철탑으로 2회선 송전선로에 주로 사용된다.

■ 방형 철탑

방형 철탑(rectangular tower)은 전선로의 방향과 철탑의 직각 방향 강도가 다르도록 설계한 철탑이며, 단면이 직사각형이다. 주로 1회선 송전선로에 사용되며 가요 철탑(flexible tower)라고도 한다.

■ 우두형 철탑

우두형 철탑(corset type tower)은 철탑의 중앙부를 좁게 하고 그 윗부분을 넓힌 형태로 암(arm)을 포함한 탑체 상부 모양이 소머리 모양인 철탑이다. 주로 전압이 높은 1회선 송전선로나 산악지대의 1회선 송전선로에 사용된다. 일반적으로 철탑의 중앙부 이하는 4각 철탑으로 구성한다.

■ 문형 철탑

문형 철탑(gentry tower)은 문(門) 모양의 철탑이다. 전차선로나 송배전선로의 인출 개소에 사용되며, 철도, 도로 등을 횡단하기 위해 사용되기도 한다.

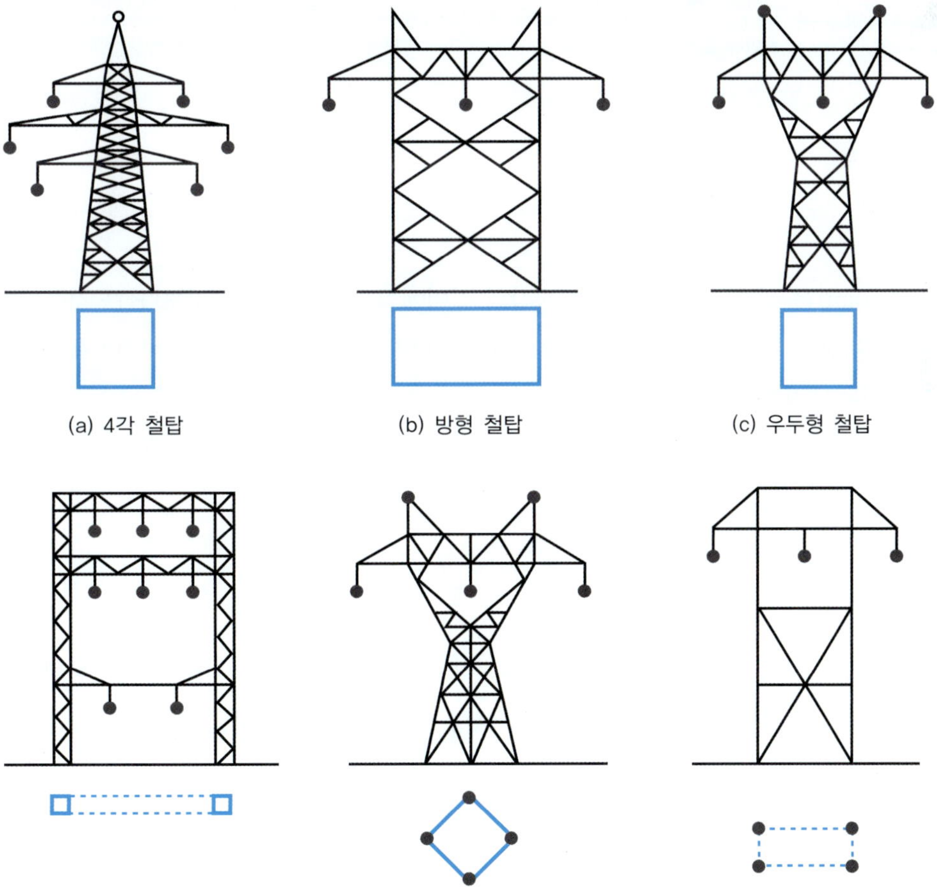

(a) 4각 철탑 (b) 방형 철탑 (c) 우두형 철탑

(d) 문형 철탑 (e) 회전형 철탑 (f) MC 철탑

[그림 3-16] 철탑 모양에 따른 분류

■ 회전형 철탑

회전형 철탑(rotated type tower)은 철탑의 중간 부분에서 탑체의 상부와 하부의 단면이 45° 회전된 형태이다.

■ MC 철탑

MC 철탑(motor columbus tower)은 콘크리트를 채운 강관을 조립한 것으로 철탑의 재료가 적게 든다. 또한 철탑의 모양이 원형이므로 풍압이 적어 철탑의 경량화가 가능하다.

사용 목적에 따른 분류

철탑은 [그림 3-17]과 같이 표준 경간 이내에 사용하는 **표준 철탑**(standard tower)과 장경간 또는 특수 장소에서 사용하는 **특수 철탑**(special tower)으로 구분할 수 있다.

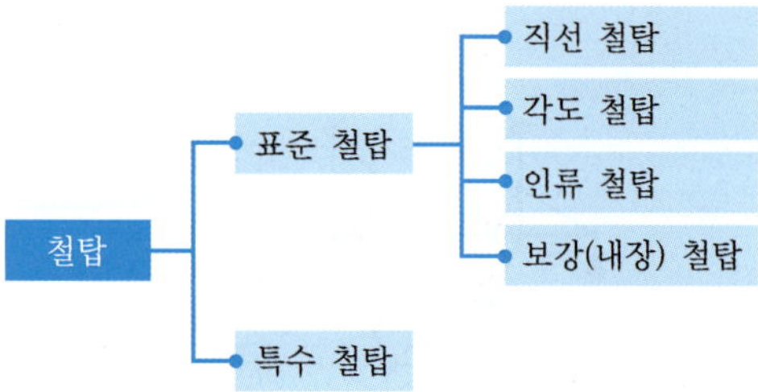

[그림 3-17] 철탑의 구분

이때 장경간(long span)은 경간의 길이가 표준 경간의 길이에 250[m]를 더한 값보다 큰 것을 말한다. 예를 들어 표준 경간이 400[m]이면 여기에 250[m] 더한 값인 650[m]를 넘는 경간을 장경간이라 하며, 철탑에는 내장형 애자련을 사용한다.

■ 표준 철탑

표준 철탑(standard tower)은 전선로의 표준 경간 이내에서 사용한다.

- **직선 철탑**

  직선 철탑(straight tower)은 전선로의 직선 부분 또는 수평각도 3° 이내인 곳에 사용한다. 애자련은 현수형이며, 수평각도 1° 이내일 경우 A형, 수평각도 3° 이내일 경우 F형 또는 SF형으로 표기한다.

- **각도 철탑**

  각도 철탑(angle tower)은 전선로의 수평각도가 3° 이상인 곳에 사용한다. 애자련은 내장형이며, 수평각도 20° 이하의 경각도에서 사용하는 것을 B형, 수평각도 30° 이하의 중각도에서 사용하는 것을 C형으로 표기한다.

- **인류 철탑**

  인류 철탑(anchor tower, dead-end tower)은 가공 전선로의 말단에서 전력선이나 가공지선을 잡아매는 곳, 즉 인류하는 곳에 사용한다. 인류 철탑은 전선로가 구부러져 수평각도가 30° 이상이 되어 각도 철탑으로는 충분한 강도를 얻을 수 없는 경우에도 사용된다. 애자련은 내장형이며, D형으로 표기한다.

- **보강 철탑**

  보강 철탑(strain tower)은 가공 전선로의 직선 부분에 보강용으로 세우는 것으로 직선 철탑 10기 이하마다 1기의 보강 철탑을 설치한다. 인접하는 철탑의 경간이 크게 달라 지나친 불평형 장력이 가해질 때에도 사용된다. 애자련은 내장형을 사용하며, E형으로 표기한다.

표준 철탑을 사용하는 곳을 [그림 3-18]에 나타냈다.

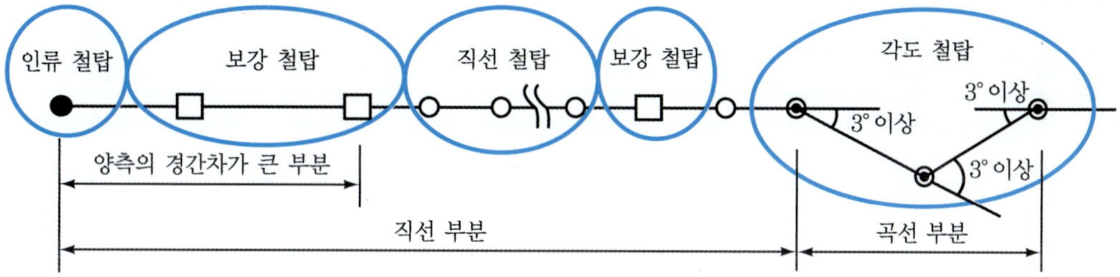

[그림 3-18] 표준 철탑을 사용하는 곳

예제 3-14

가공 전선로의 직선 부분에서 보강용으로 직선 철탑 몇 기 이하마다 1기의 보강 철탑을 설치해야 하는가?

① 7 ② 8 ③ 9 ④ 10

정답 ④

풀이 보강 철탑은 가공 전선로의 직선 부분에서 보강용으로 세워지는 것으로 직선 철탑 10기 이하마다 1기의 보강 철탑을 설치한다.

■ 특수 철탑

특수 철탑(special tower)은 가공 전선로가 강을 횡단하거나 골짜기를 넘게 되는 장경간의 개소나 기타 특수한 장소에 세워지는 특수 설계된 철탑이다. 표준 철탑의 기호 뒤에 소문자 s를 첨가하고, 연가용은 TC로 표기한다.

3 장주

장주(裝柱, assembling)는 배전용 가공 전선로의 지지물인 전주에 완금, 발판 못, 배선함, 접지선 등을 설치한 전주를 말한다.

경제성 및 강도 측면을 고려하여 배전용 가공 전선로에는 철근 콘크리트주를 사용하는 것을 원칙으로 한다. 현재 사용되는 철근 콘크리트주는 원심력을 응용하는 프리텐션 방식에 의해 만들어진 프리스트레스트 콘크리트 전주이다. 철근 콘크리트 전주는 [표 3-13]에서와 같이 설계하중에 따라 일반용, 중하중용, 고강도용으로 구분한다.

[표 3-13] 철근 콘크리트 전주의 종류 및 규격

길이[m]	설계하중[kgf]			윗지름 [mm]	아랫지름 [mm]
	일반용	중하중용	고강도용		
10	350	–	–	190	323
12	500	–	–	190	350
14	500	700	1,000	190	377
16	500	700	1,000	190	403

현재 사용하는 철근 콘크리트 전주의 구조는 [그림 3-19]와 같다.

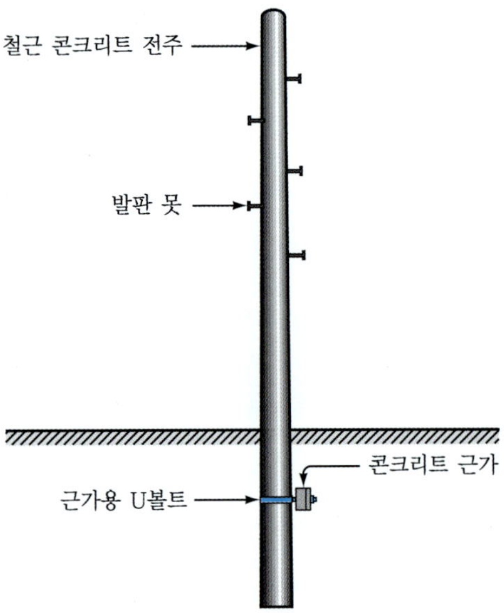

[그림 3-19] 철근 콘크리트 전주의 구조

배열에 따른 분류

장주는 배열에 따라 [그림 3-20]과 같이 분류한다. 배전용 가공 전선로의 특고압 전선로는 보통장주, 창출장주, 편출장주를 이용하는 수평 배열 방식을 사용하고, 저압 전선로는 랙크장주, D형 랙크장주를 이용하는 수직 배열 방식을 사용한다.

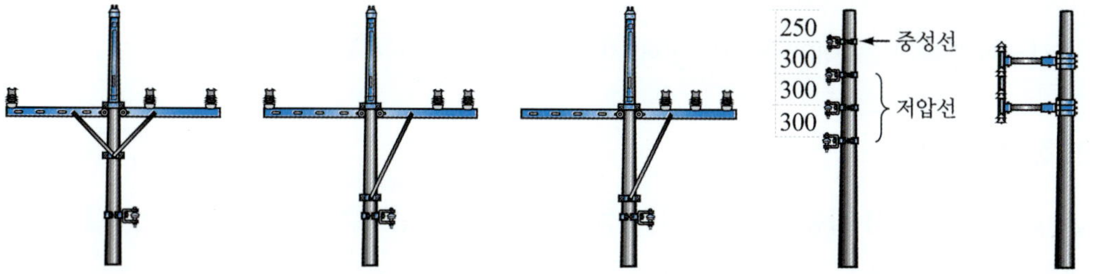

(a) 보통장주 (b) 창출장주 (c) 편출장주 (d) 랙크장주 (e) D형 랙크장주

[그림 3-20] 장주 배열에 따른 구분

형태에 따른 분류

장주는 형태에 따라 [그림 3-21]과 같이 핀장주, 내장주, 인류장주로 나눌 수 있다.

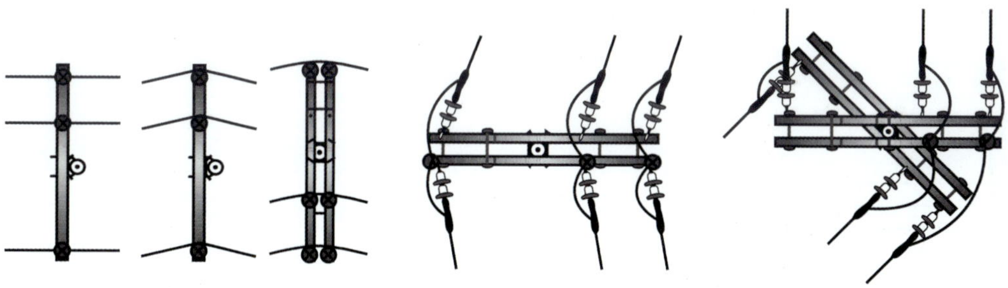

(a) 핀장주 (b) 내장주 (c) 인류장주

[그림 3-21] 장주 형태에 따른 구분

■ 핀장주

핀장주는 전선로가 직선 또는 수평각도 15° 이하인 곳에 사용하며, 수평각도가 10° 미만인 곳에는 편완철로 사용하고 수평각도가 10° 이상 15° 이하인 곳에는 겹완철로 사용한다.

■ 내장주

내장주는 전선로의 수평각도가 15° 이상인 곳에 사용한다. 전선의 굵기나 종류가 다른 전선을 점퍼해서 접속할 경우나 장경간 및 중요 도로, 철도 등을 횡단할 경우에도 사용한다.

■ 인류장주

인류장주는 전선로의 종단하거나 분기하는 곳에 설치하여 전체 전선로를 인류, 즉 매다는 역할을 하며, 전선로의 수평각도가 30°를 넘는 곳에 사용한다.

장주의 전선로 순위

[그림 3-22]는 배전에서 사용하는 장주의 전선로 순위를 나타낸 것으로, 장주에 전선로를 병가할 때는 다음 순위를 따른다.

❶ 서로 다른 전압의 전선로를 동일 지지물에 병가할 경우에는 높은 전압의 전선로를 상단에 배치한다.
❷ 전용 전선로 또는 이와 유사한 전선로는 일반 전선로보다 상단에 배치한다.
❸ 원거리에 전송하는 전선로는 근거리에 전송하는 전선로보다 상단에 배치한다.
❹ 통신선은 중성선 또는 저압 전선로 하단에 배치한다.

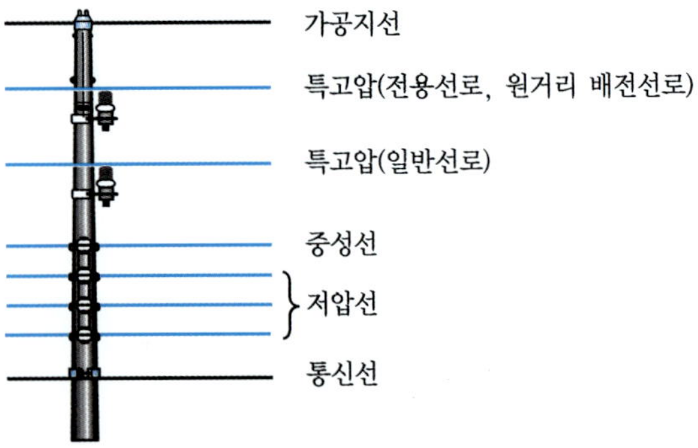

[그림 3-22] 장주의 전선로 순위

지선

지선은 배전용 가공 전선로에서 지지물의 강도를 보강하고, 불평형 장력에 대한 평형을 유지하고, 가공 전선로가 건조물과 접근할 경우 등 전선로의 안전성을 증대시키기 위해 지선을 사용한다. 지선의 구조는 [그림 3-23]과 같다.

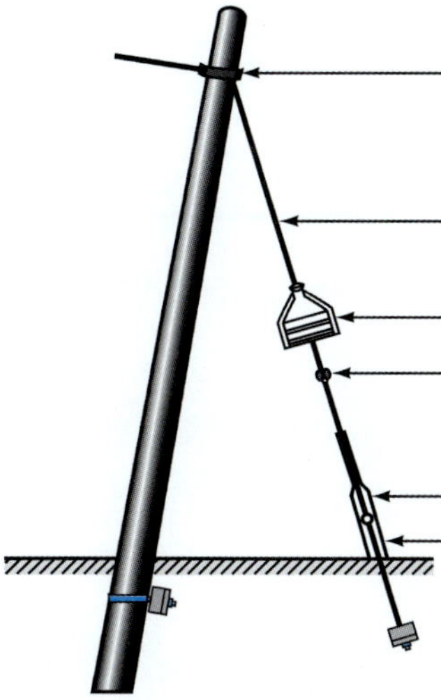

[그림 3-23] 지선의 구조

가공 전선로의 지지물에 시설하는 지선은 다음에 따라야 한다.

- 지선의 안전율은 2.5 이상이어야 하며 이 경우 허용 인장하중의 최저는 4.31[kN]으로 해야 한다.
- 지선에 연선을 사용할 경우 가요성을 고려하여 3조 이상의 소선(素線)을 꼬아서 합친 것으로 구성하며 외상이나 부식을 고려하여 직경 2.6[mm] 이상의 금속선을 사용해야 한다.
- 지선의 지중 부분 및 지표상 0.3[m]까지의 부분에는 내식성이 있는 것 또는 아연 도금한 철봉을 사용하고 쉽게 부식되지 않는 근가에 견고하게 붙여 시설하여야 하며 지선근가는 지선의 인장하중에 충분히 견디도록 시설해야 한다.

CHAPTER

03 연습문제

3.1 가공 전선로의 전선 조건을 열거하라.

3.2 19/1.8mm 경동연선의 바깥지름의 크기[mm]를 구하라.

3.3 전선의 굵기를 선정하는 조건에 대해 열거하라.

3.4 전선의 지지점의 높이가 12[m], 이도가 3[m], 전주 사이의 간격이 200[m]일 때 전선의 평균 높이를 구하라.

3.5 전주의 경간이 100[m], 가공 전선의 전선 1[m]의 무게가 200[g], 전선의 수평장력이 250[kg]일 때 전선의 이도를 구하라.

3.6 경간이 200[m]이고 지지점이 수평인 가공 전선로에서 단위길이당 하중이 2[kg]이며, 인장하중이 4000[kg], 안전율이 2.2일 때 이도를 구하라. 단, 풍압하중은 무시한다.

3.7 경간이 200[m], 전선 단위길이당 하중은 2[kg], 인장하중은 4000[kg], 안전율이 2일 때 이도 및 전선의 길이를 계산하라. 단, 풍압하중은 무시한다.

3.8 전주 사이의 거리가 100[m]이고 단위길이당 무게가 200[g], 전선의 수평장력은 200[kg]일 때 전선의 길이를 계산하라.

3.9 송전선에 댐퍼를 설치하는 이유에 대해 설명하라.

3.10 소호각과 소호환을 설치하는 목적에 대하여 설명하라.

3.11 철탑을 모양에 따라 분류한 후 설명하라.

CHAPTER

04

지중 전선로

이 장은 지하에 전력 케이블을 매설하여 송배전용으로 사용하는 지중 전선로에 대하여 정확하게 이해하는 것을 목표로 한다. 지중 전선로의 계통 구성 방식에 대하여 학습하고, 지중 전선로에서 사용하는 전력 케이블의 종류, 발생하는 손실, 포설방식에 대하여 살펴본다.

CONTENTS

SECTION 4.1

지중 전선로의 계통 구성

지중 전선로는 지하에 전력 케이블을 매설하여 전력을 전송한다. 이 절에서는 지중 전선로를 적용하는 경우에 대해 살펴보고, 지중 전선로의 계통을 구성하는 다양한 방법을 살펴본다.

Keywords | 지중 전선로 | 방사상 방식 | 환상 방식 | 유닛 방식 | 스포트 네트워크 방식 |

1 지중 전선로란?

현대 사회에서는 생활에 불편을 주는 설비와 혐오시설이 주변에 위치하는 것을 꺼리는 경향이 있다. 생활공간에 노출되어 있는 전기설비 역시 일반인들에게는 거부감을 일으키기도 하므로 전기설비와 송·배전 가공 전선로를 지중화해야 한다는 요구가 증가하고 있다.

지중 전선로(underground line)는 지하에 전력 케이블(power cable)을 매설하여 전력을 공급하는 선로를 말한다. 이는 주요 지역의 미관을 확보해야 하거나 가공 전선로 시설을 설치하기 어려운 지역, 유지 보수가 어려운 지역, 뇌·풍수해에 의한 사고가 우려되는 지역 등에서 적용한다.

- 발·변전소 인출구 등 회선수가 많아 가공 전선로로 시설하기 어려운 경우
- 지중 공급지역, 지중 배전 공급 예정 지역, 지중화 확정지역에서 선로를 시설하는 경우
- 행정관서, 사용자의 요청으로 지중 전선로로 공급하는 것이 타당하다고 인정되는 경우
- 전기설비기술기준, 도로법, 도시 계획법 등 기타 관계 법규에 의해 제한을 받아 가공 전선로를 시설할 수 없는 경우
- 장경간으로 가공 전선로의 시설이 곤란한 경우
- 기타 시설 방법, 보안상 및 기술적으로 지중 전선로로 시설하는 것이 타당하다고 인정되는 경우

우리나라에서는 1929년 당인리 화력발전소(서울 화력발전소)를 건설함에 따라 당인리에서 영등포 구간 및 아현동에서 순화동 구간에 22[kV] 3심형 지중케이블을 건설한 것이 최초의 지중 전선로이며, 이후 66[kV], 154[kV], 345[kV]의 지중 전선로가 각 도시별로 건설되었다. 또한 1975년 서울 사대문 안 주요 간선 도로변에 복잡하게 시설되어 있는 가공 전선로를 정비토록 계획하였고, 1977년에서 1981년까지 32[km]의 가공 전선로를 지중 전선로로 정비하였다.

2021년 8월 기준, 우리나라 주요 도시의 지중화 비율을 [표 4-1]에, 가공 전선로와 지중 전선로를 비교하여 [표 4-2]에 나타냈다.

[표 4-1] 우리나라 주요 도시의 지중화 비율(출처 : 전국 시·도별 지중화율, 2021, 한국전력)

지역	서울	인천	부산	광주	제주	대구	대전	세종	경기	전국
지중화율[%]	89.9	73.0	46.7	37.3	33.4	27.7	28.9	20.6	18.5	13.0

[표 4-2] 전선로의 비교

구분	가공 전선로	지중 전선로
전력 공급 회선 수	하나의 선로에 4회선 이상의 공급이 곤란하여 전력 공급에 제한	하나의 선로에 다수 회선 공급이 가능하여 도심에 적합
외부 영향	비, 바람 등 기상조건과 수목, 까치 등 조류에 의한 영향을 받음	외부 기상조건의 영향을 거의 받지 않음
고장 유형	자연 기상조건, 수목, 조류 등에 의한 고장	전력 케이블의 외상, 작업자의 불량 시공에 의한 고장
건설비	지중 전선로에 비해 경제적	건설비용이 고가
건설기간	단기간	장기간
유지 보수	설비의 지상 노출로 유지 보수 많음	비교적 적음
환경미화	도시 환경 저해	쾌적한 도시 환경 조성
고장수리	고장점 발견 및 보수가 유리	고장점 발견 및 보수가 불리
발생열의 냉각	자연 냉각	구조적인 냉각 장애가 있음
유도장해	유도장해 발생	차폐케이블을 사용하여 유도장해 경감
안전도	충전부 노출로 이격거리가 필요함	충전부 절연으로 안전도 확보
신규 수용	신규 수요에 대처하기 용이함	신규 수요에 대한 탄력성 저하

예제 4-1

가공 전선로와 비교할 때 지중 전선로의 특징이 아닌 것은 무엇인가?

① 농어촌보다는 도심의 대도시에 적합한 전선로이다.

② 외부 기상조건의 영향을 거의 받지 않는다.

③ 고장점 및 불량설비를 발견하기 어렵다.

④ 유지 보수 비용이 많이 든다.

정답 ④

풀이 가공 전선로와 지중 전선로의 특징을 비교하여 [표 4-2]에 정리했다. 가공 전선로는 외부로 노출되어 있어 땅에 매설된 지중 전선로보다 유지 보수 비용이 적게 든다.

2 지중 전선로의 계통 구성

지중 전선로는 가공 전선로에 비해 사고 발생의 빈도는 적으나 사고가 발생하면 복구하는 데 오래 걸린다. 따라서 계통을 구성할 때는 공급 신뢰도를 높여야 하고 유지 보수가 쉽도록 해야 한다. 지중 전선로는 방사상 방식, 환상식 방식, 유닛 방식, 스포트 네트워크 방식 등을 사용하여 구성한다.

방사상 방식

방사상 방식은 [그림 4-1]과 같이 1차 변전소로부터 여러 개의 배전용 변전소 또는 특고압 수용가를 연결하는 지중 전선로를 각각 방사상으로 연결하는 방식이다. 지중 전선로는 전선로를 땅 속에 매설하므로 유지 보수가 어렵고, 공사비가 비싸진다. 또한 각 변전소 내의 설비는 간단하지만 공급 신뢰도가 낮은 편이다.

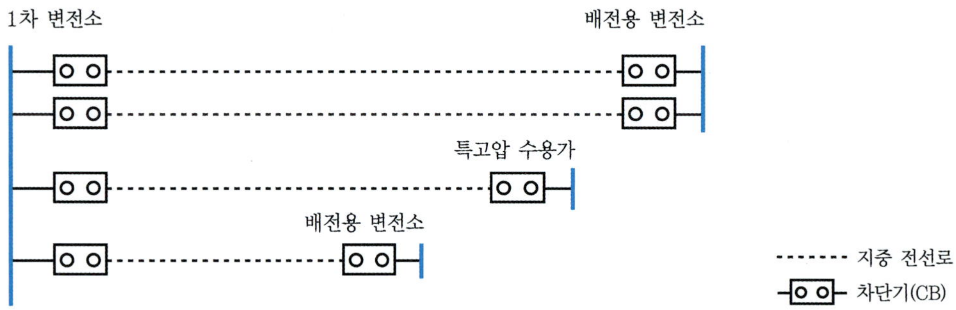

[그림 4-1] 방사상 방식

환상식 방식

환상식 방식은 [그림 4-2]와 같이 지중 전선로를 하나의 루프(loop system)로 만들어 전력을 공급하는 방식이다. 이는 지중 전선로의 한 구간에서 사고가 발생하더라도 사고 구간의 양쪽 차단기가 동작하여 사고 구간을 자동으로 분리함으로써 사고 구간을 최소화하고, 지중 전선로의 다른 구간에는 계속 전력을 공급하는 방식이다. 환상식 방식은 대용량 부하가 밀집해 있는 도심지역과 공장지역에 적합한 방식이며, 우리나라에서는 154[kV] 송전선로에 적용하고 있다.

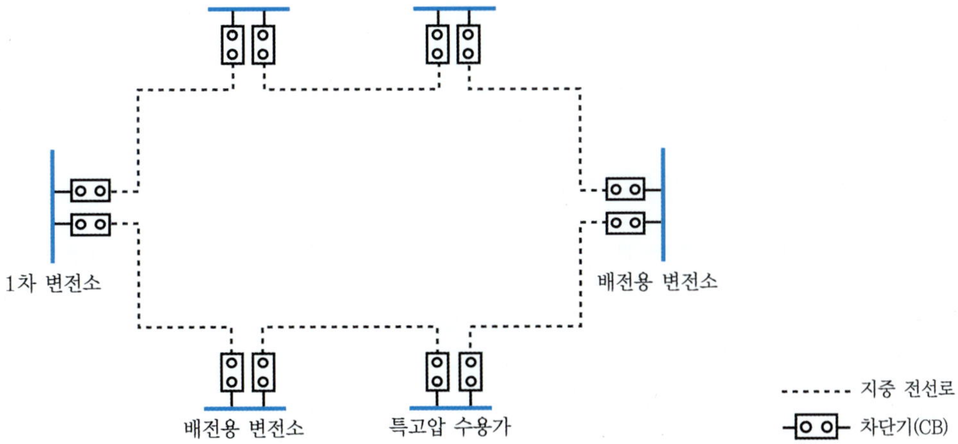

[그림 4-2] 환상식 방식

유닛 방식

유닛 방식(unit system)은 [그림 4-3]과 같이 변압기의 1차 측 차단기와 모선을 생략하고 선로와 변압기를 직접 연결하는 방식이다. 이 방식을 적용하면 변전소의 면적을 대폭 줄일 수 있어 건설비를 줄이고 용지를 확보하기 좋다. 유닛 방식에서 사고가 발생하면 전원 측 차단기와 변압기의 2차 측 차단기가 동작하여 사고 구간을 분리한다. 따라서 공급 신뢰도를 높이려면 변압기 한 대가 정지해도 부하 공급에 지장이 없도록 변전소 운전률에 여유를 두어야 한다.

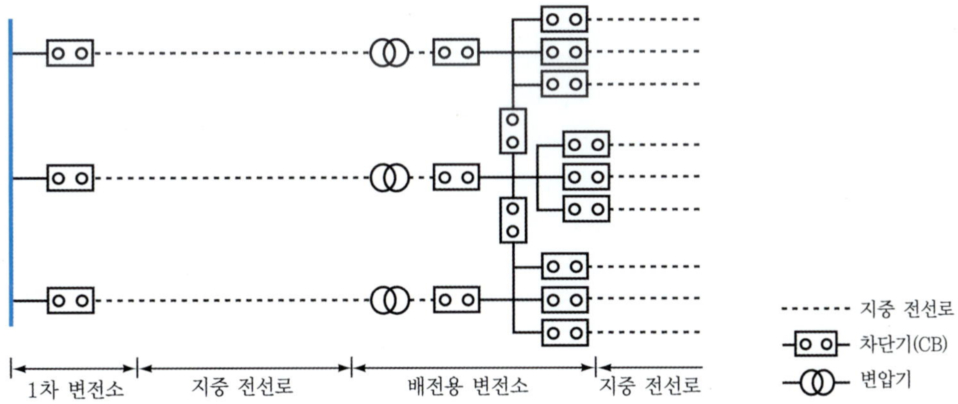

[그림 4-3] 유닛 방식

또한 유닛 방식에서 지중 전선로 3개가 동시에 정전될 경우 변전소의 운전이 정지될 수 있으므로, 중요 부하에 전력을 공급할 때에는 다른 변전소에서 전원을 공급받을 수 있도록 해야 최악의 정전 사고를 막을 수 있다.

스포트 네트워크 방식

스포트 네트워크 방식(spot network system)은 배전계통에 사용하는 전원 공급 방식이다. 수전용 개폐기를 통해 전원 변전소에서 나온 네트워크 지중 전선로와 네트워크 변압기를 연결하고, 프로텍트 차단기를 통해 변압기의 2차 측과 네트워크 모선을 병렬로 연결한다.

이는 테이크 오프 장치를 거친 간선을 통해 각 부하에 전력을 공급하는 방식으로 대용량 집중 부하를 가진 지역에 사용하기 적합하다.

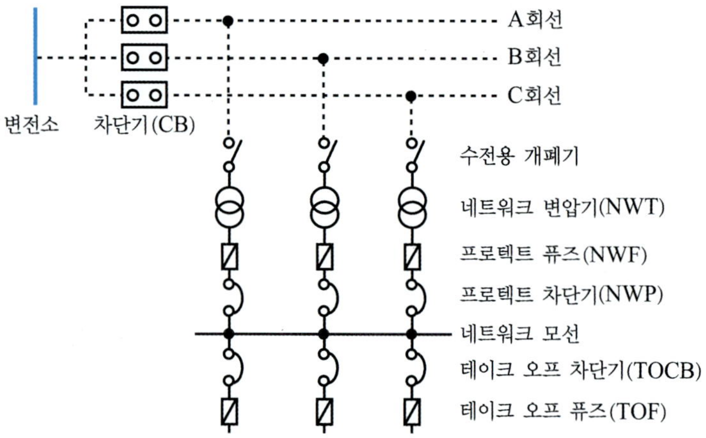

[그림 4-4] 스포트 네트워크 방식

스포트 네트워크 방식은 [그림 4-4]에서와 같이 변전소에서 공급되는 A, B, C회선 중 어느 하나에 고장이 발생하거나 네트워크 변압기 중 한 대가 고장나도 부하에는 지속적으로 전원을 공급할 수 있다. 스포트 네트워크 방식의 특징은 다음과 같다.

- 일부 회선이 고장나거나 배전선 설비·보수 시 정전이 발생하지 않아 공급 신뢰도가 높다.
- 수전설비가 간소화되므로 보수가 용이하다.
- 변압기 이용률이 향상된다.
- 전압변동률 및 전력손실이 적다.
- 부하 증가에 따르는 대응성이 좋다.
- 건설비가 비싸다.

■ 네트워크 프로텍터

네트워크 프로텍터는 프로텍트 차단기와 이 차단기를 제어하는 릴레이(계전기)와 프로텍트 퓨즈로 구성되어 있다. 네트워크 프로텍터는 역전류 차단, 차전압 투입, 무전압 투입의 특성을 가지고 있다.

- **역전류 차단**

  스포트 네트워크 방식은 각각의 네트워크 변압기가 네트워크 모선에 병렬로 연결되어 있는 구조이다. 네트워크 선로의 1회선이 고장났거나 보수를 위해 동작을 정지할 경우, 정지된 회선의 네트워크 프로텍터에는 네트워크 모선을 통하여 정상 작동 중인 회로에서 변압기 1차 측으로 전류가 역류한다. 이때 역전류 계전기를 통해 프로텍트 차단기가 동작하여 역전류를 차단한다.

- **차전압 투입**

  차전압 투입은 고장이나 보수를 위해 정지했던 선로가 복구되어 재투입할 때 사용한다. 무부하인 네트워크 변압기 2차 측 전압과 네트워크 모선의 전압을 비교하여 네트워크 변압기의 2차 측 전압이 네트워크 모선 전압보다 높으면 프로텍트 차단기가 투입되는 특성이다.

- **무전압 투입**

  무전압 투입은 스포트 네트워크 방식에서 전원을 투입할 때 사용한다. 네트워크 모선이 무전압 상태에서 변압기가 가압되면 프로텍트 차단기가 자동으로 투입되는 특성으로 전압 계전기가 사용된다.

예제 4-2

전력 공급 신뢰도가 높은 스포트 네트워크 방식의 특성이 아닌 것은 무엇인가?

① 역전류 차단 ② 차전압 투입

③ 순전류 투입 ④ 무전압 투입

정답 ③

풀이 네트워크 프로텍터는 프로텍터 차단기와 이 차단기를 제어하는 릴레이와 프로텍터 퓨즈로 구성되어 있으며 역전류 차단, 차전압 투입, 무전압 투입의 특성을 가지고 있다.

SECTION

4.2 전력 케이블

가공 전선로에서는 전선을 이용하여 전기를 전송하는 것과 동일하게, 지중 전선로는 전력 케이블을 사용하여 전기를 전송한다. 이 절에서는 전력 케이블의 종류를 살펴보고, 전력 케이블에서 발생하는 손실에 대해 알아본다. 또한 전력 케이블을 포설(설치)하는 방식에 대해 살펴본다.

Keywords | 전력 케이블의 종류 | 전력 케이블의 손실 | 전력 케이블의 포설 |

1 전력 케이블의 종류

나도체를 사용하는 가공 전선로와는 달리 지중 전선로의 전선으로는 전력 케이블을 사용하며, 전력 케이블은 도체, 절연물, 외피로 구성되어 있다. 그중 도체로는 동선이 사용되며, 심선 수에 따라 단심, 2심, 3심 케이블로 구분된다.

★ 전력 케이블에 대한 규정 ★

케이블은 화재가 발생할 경우 화염, 부식성 가스 및 유독 가스가 발생하여 철 구조물을 부식시킬 뿐만 아니라 인명 사고의 원인이 되므로 케이블 트레이에 설치하는 전력 케이블은 수직 트레이 불꽃시험을 통과한 난연 케이블을 사용하도록 규정하고 있다.

CV 케이블

CV 케이블은 Cross Linked Polyethylene Insulated PVC Power Cable의 약어로, XLPE라 부르기도 한다. 이는 [그림 4-5]와 같이 폴리에틸렌의 분자 사이를 연결하여 3차원 그물 모양으로 만들어 폴리에틸렌의 결점인 열연화성을 개선한 가교 폴리에틸렌 절연 비닐 시스 케이블로, 우리나라에서는 154[kV], 345[kV] 급의 지중 전선로에 적용하고 있다. CV 케이블의 특징은 다음과 같다.

- 전기적 특성 및 내열성이 양호하다.
- 중량이 가볍고 접속방법도 용이하다.
- 절연물의 유전율이 작으므로 유전체 손실이 작다.
- 절연유를 사용하지 않으므로 보수, 점검이 용이하다.
- 물의 침입에 의한 트리(tree) 현상[1]이 발생할 수도 있다.

---

1 트리 현상이란 절연체와 도체 사이에 전기적, 화학적, 수분 등의 영향으로 나뭇가지 모양으로 서서히 절연이 파괴되어 가는 현상이다.

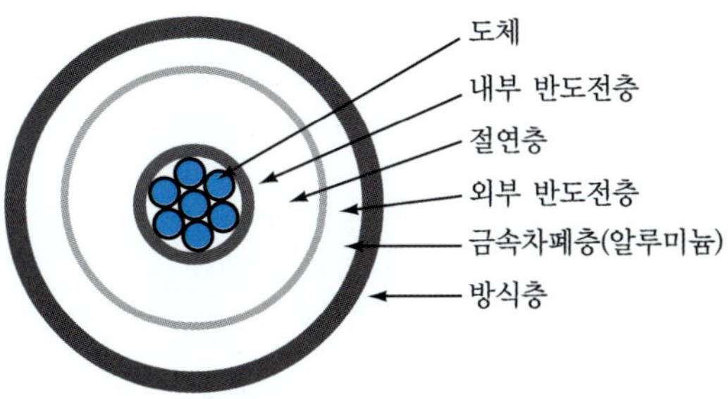

[그림 4-5] CV 케이블

CV 케이블은 연속 사용 온도를 90[℃]로 상승시킨 것으로 절연 재료에 따른 온도 특성은 [표 4-3]과 같다.

[표 4-3] 케이블의 온도 특성 비교

절연 재료	연속 사용 온도[℃]	단시간 사용 온도[℃]	단락 온도[℃]
폴리에틸렌	75	90	140
가교 폴리에틸렌	90	130	250

예제 4-3

CV 케이블의 특징이 아닌 것은 무엇인가?

① 중량이 가볍고 케이블 접속방법도 양호하다.

② 전기적 특성 및 내열성이 우수하며 연속 사용 온도가 120[℃]이다.

③ 절연물의 유전율이 작으므로 유전체 손실이 작다.

④ 물의 침입에 의한 트리 현상이 발생할 수도 있다.

정답 ②

풀이 CV 케이블은 연속 사용 온도를 90[℃]로 상승시킨 것이다.

CV 케이블의 절연체 외부에 동심 중심선이 있는 것을 CN-CV 케이블이라 하며, 22.9[kV] 배전선로에 적용하고 있다. 국내에는 [표 4-4]와 같이 다양한 종류의 CN-CV 케이블이 적용되고 있다.

[표 4-4] CN-CV 케이블의 종류

명칭		특징
CNCV	일반형	• 중성선층만 수밀처리
CNCV-W	수밀형	• 중성선 및 도체부분 수밀처리
TR-CNCV-W	트리억제형	• 절연층 재료로 TR-XLPE 컴파운드를 사용 • 반도전층 재료로 고순도 컴파운드를 사용
FR-CNCO-W	난연형	• 외피 재질의 무독, 난연 처리

CN-CV-W 케이블의 구조는 [그림 4-6]과 같고, 각 재질이 갖는 기능은 다음과 같다. 각 재질의 기능은 다른 케이블에서도 동일하다.

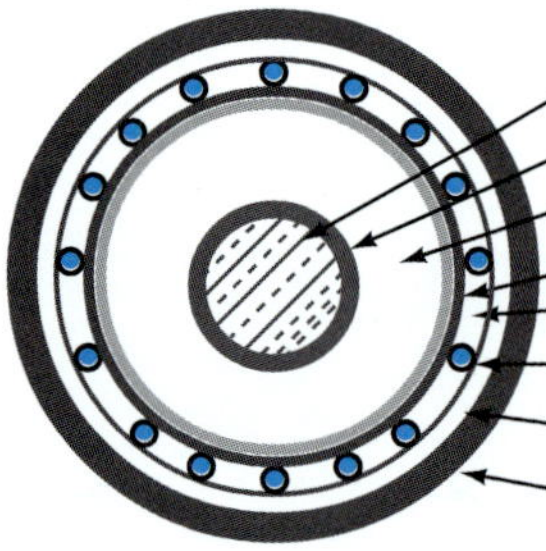

[그림 4-6] CN-CV-W 케이블

■ 내부 반도전층

내부 반도전층은 도체 면의 전하 분포를 고르게 하여 절연체의 절연내력을 향상시켜 도체와 절연체 간의 코로나를 방지한다. 또한 케이블 제작 시 도체 내로 절연물이 침투하는 것을 방지한다.

■ 절연층

절연층은 도체가 전압을 견디고 전류가 도체 외부로 흐르는 것을 방지한다. 절연층의 재료로는 고밀도 가교 폴리에틸렌을 사용하며 전기적, 기계적 강도, 가요성, 내마모성, 내열성, 내약품성이 우수하여 250[℃]에서 변형되지 않는다. 연속 사용 온도는 90[℃]까지 가능하다.

■ 외부 반도전층

외부 반도전층은 폴리에틸렌 계통의 절연체에 카본 블랙을 씌운 것으로 절연층과 중성선 사이의 전기력선 분포를 개선하고 절연체의 절연내력을 향상시킨다.

■ 반도전 부풀음 테이프와 일반 부풀음 테이프

반도전 부풀음 테이프와 일반 부풀음 테이프는 수분을 흡수하면 부풀어 오르며, 부풀음 테이프로는 발포성 차수 테이프를 사용한다.

■ 중성선

중성선은 배전선로의 다중 접지계통에서 발생할 수 있는 지락전류를 흘릴 수 있도록 제작한 것이다. 일반적으로 중성선의 단면적은 도체 단면적의 $\frac{1}{3}$ 정도로 한다.

■ 시스

시스는 케이블을 보호하는 역할을 하며, 시스의 종류에는 금속 시스와 비금속 시스가 있다. 금속

시스는 차폐 기능을 가지고 있어 차폐층이라고도 하며, 비금속 시스는 금속 시스의 부식을 방지하는 역할을 하므로 방식층이라고도 한다.

★ CN-CV 케이블의 활용 ★

CN-CV 케이블은 우리나라의 자가용 수용가에서 인입용 케이블로 사용하고 있다.

- 노출 또는 덕트 내 시공 : FR-CN-CO 케이블
- 일반 지중 포설 : CNCV-W 케이블

OF 케이블

OF 케이블(Oil Filled Cable)은 외부에 설치한 절연유 탱크에서 시스 내부에 있는 절연유 통로에 상시 대기압 이상의 압력을 가해 절연유를 공급함으로써 높은 절연내력을 유지하게 한 케이블이다. OF 케이블은 높은 전압에서도 절연체의 두께를 줄일 수 있어 CV 케이블에 비해 외경이 작지만 별도의 급유 설비가 필요하다. OF 케이블의 구조는 [그림 4-7]과 같다.

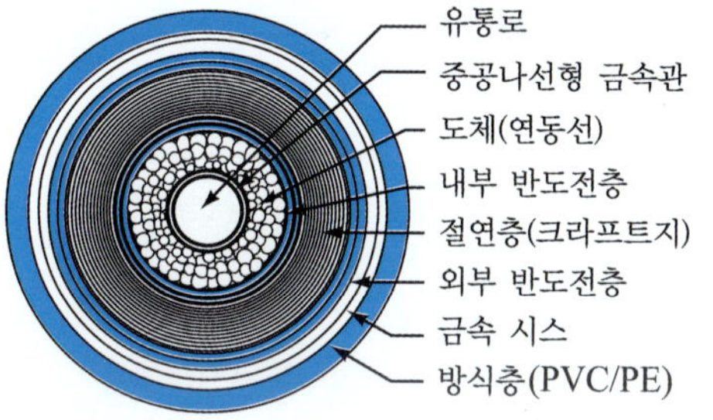

(a) 단심 OF 케이블

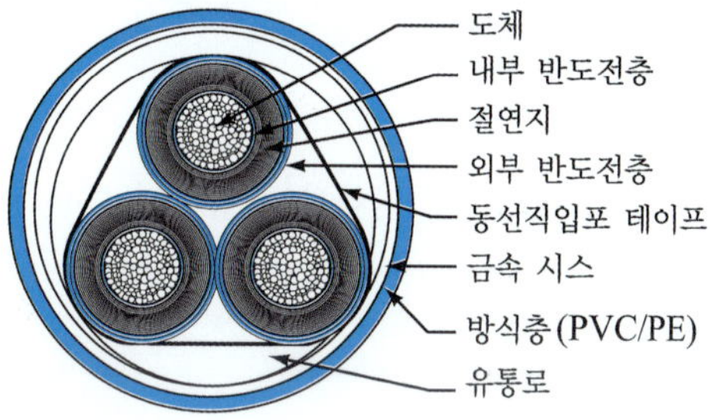

(b) 3심 OF 케이블

[그림 4-7] OF 케이블

우리나라에서는 66[kV] 이상의 지중 전선로에 대부분 OF 케이블을 사용하였으나, 최근 안정적인 계통 운전을 할 수 있는 345[kV]급 CV 케이블이 개발 및 설치되어 OF 케이블의 사용 빈도는 감소하고 있다.

OF 케이블의 특징은 다음과 같다.

- 절연유를 대기압 이상의 압력을 가해 충진하므로 공극이 발생하지 않는다.
- 온도 변화에 의한 팽창, 수축을 절연유 탱크에서 흡수한다.
- 절연유의 누출 사고 감지 기능이 있다.
- 외기의 침입이 방지되는 구조이다.
- 절연체의 두께를 얇게 할 수 있다.
- 사용 온도가 높아 송전용량을 증가시킬 수 있다.

POF 케이블

POF 케이블(Pipe Type Oil Filled Cable)은 강관 내에 세 가닥의 지절연 도체를 삽입하고 15 [kg/cm^3] 정도의 압력으로 절연유를 충전한 것이다. 이는 온도 상승에 의한 공극이 발생하지 않으므로 절연 성능이 안정적이다.

POF 케이블은 [그림 4-8]과 같이 도체 위에 내부 반도전층과 절연지를 감고 외부 반도전층을 입힌 후 연동 테이프 등으로 보강하여 스키드 와이어(skid wire)라는 반원형의 금속선을 나선형으로 감아 만든다. 이는 POF 케이블을 강관 내부로 넣을 때 마찰 저항을 작게 한 것으로 그 특징은 다음과 같다.

- 케이블의 중량이 가볍다.
- 케이블의 제조 과정이 용이하다.
- 기계적 강도가 강하다.
- OF 케이블에 비해 접속방법이 용이하다.
- 가압 장치의 규모가 커진다.
- 강관에 의한 전력손실이 있고 부식 방지 대책이 필요하다.

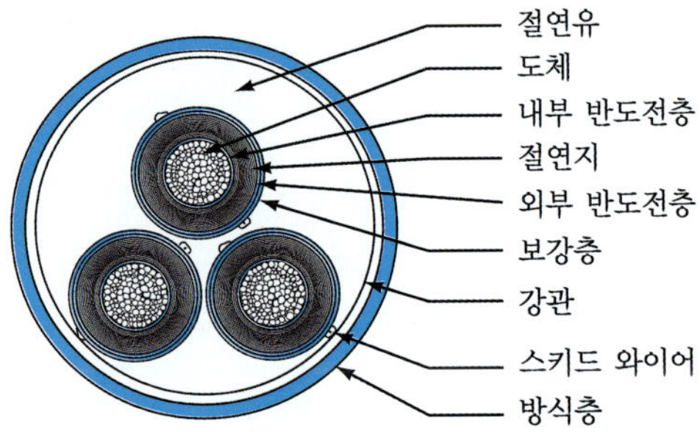

[그림 4-8] POF 케이블

우리나라에서는 154[kV]급을 일부 설치하여 사용하고 있으나, 현재 거의 사용하지 않는다.

관로기중 케이블

관로기중 케이블(gas insulated transmission line)은 파이프 모양의 강관 또는 알루미늄관 내부에 에폭시 수지제의 스페이서를 이용하여 동 또는 알루미늄 도체를 적당한 간격으로 배치하고 절연시킨 케이블로 그 구조는 [그림 4-9]와 같다. 시스와 도체 간에 절연 특성이 우수한 SF_6 가스를 충전한 케이블이며 그 특징은 다음과 같다.

- 가공 전선로와 같은 정도의 송전용량을 기대할 수 있다.
- 유전율이 거의 1이므로 OF 케이블에 비해 충전전류가 작다.
- 유전체 손실이 매우 작다.

관로기중 케이블은 일반 케이블과는 달리 공장에서의 제조 길이가 12 ~ 14[m]로 한정되어 현장에서 케이블을 접속하는 일이 많아 공사 기간이 길다. 또한 유지 보수가 어려워 발전소 인출과 같이 4000 ~ 8000[A] 정도의 대용량이 필요한 단거리 선로에 사용된다.

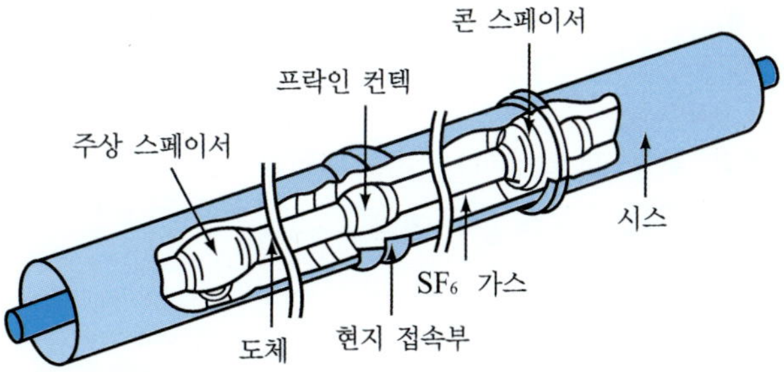

[그림 4-9] 관로기중 케이블

초전도 케이블

초전도 케이블은 어떤 물질이 일정 온도 이하에서 전기저항이 0이 되는 초전도 현상을 이용한 것이다. 즉 관로 내의 초전도 도체를 극저온 냉매를 이용하여 복합 절연 방식으로 절연함으로써 전기저항을 0으로 만드는 차세대 케이블이다. 초전도 케이블은 [그림 4-10]과 같이 케이블 코어와 케이블 코어를 저온으로 유지시켜 주는 극저온 관로로 구성되며 그 특징은 다음과 같다.

- 대용량 송전 및 저손실 전선로를 구성할 수 있다. 송전용량을 현재보다 수 배 증가시키면서도 전력손실은 기존 케이블의 $\frac{1}{20}$ 로 줄일 수 있다.
- 22.9[kV]의 전압으로 수용가까지 저전압, 대전류 송전이 가능하다.
- 저전압 송전이 가능하므로 절연 레벨을 낮출 수 있다.
- 장거리 송전이 가능하다.
- 케이블 및 관로의 소형화가 가능하다.

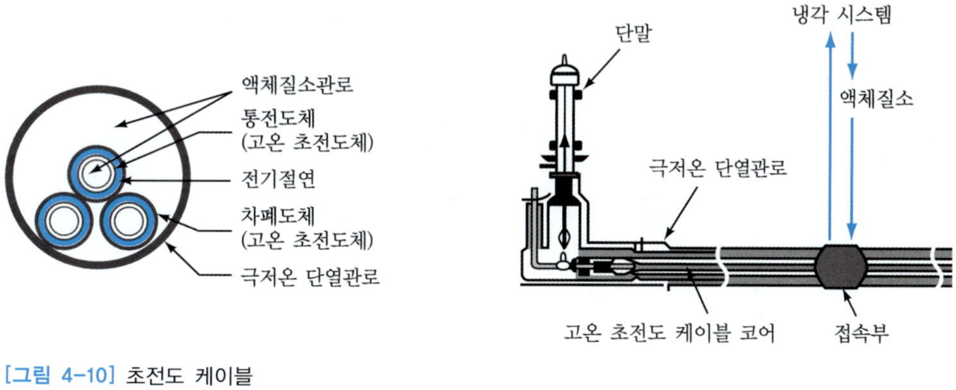

[그림 4-10] 초전도 케이블

우리나라에서는 2011년 경기도 이천 변전소에서 22.9[kV] 50[MVA] 500[m]의 초전도 케이블을 사용하여 배전용 전력설비 계통 운전에 성공함으로써 미국에 이어 세계 두 번째로 실제 전력망에 초전도 케이블 기술을 적용한 나라가 되었다. 향후 제주도에 154[kV] 초전도 케이블 시스템을 적용할 예정이다.

2 전력 케이블의 손실

전력 케이블에서 발생하는 손실로는 도선에 전류가 흐를 때 발생하는 열에 의한 손실인 저항손, 유전체에서 발생하는 유전체손, 외피에서 발생하는 손실인 시스손 등이 있다.

저항손

저항손은 도선에 전류가 흐를 때 발생하는 열에 의한 손실로, 전력 케이블에서 발생하는 전력손실의 대부분을 차지한다. 전류를 I, 저항을 R이라 할 때 도체 저항에 의한 손실은 I^2R로 나타나며, 도체 저항 R은 다음과 같다.

$$R=\frac{1}{58}\times\frac{100}{C}\times\frac{l}{A}[\Omega] \tag{4.1}$$

- C : 도전율[%](연동선 : 100[%], 알루미늄선 : 61[%])
- l : 케이블의 길이[m]
- A : 케이블의 단면적[mm^2]

저항손의 영향으로 케이블의 온도가 상승하고, 케이블에 흘릴 수 있는 전류량이 감소하게 된다. 따라서 저항손을 줄이려면 사용전압을 올리거나, 도전율이 좋고 단면적이 큰 도체를 사용해야 한다.

유전체손

유전체손은 전력 케이블의 유전체에서 발생하는 손실로, 절연체 전극 간에 교류전압을 인가하였을 때 발생하는 손실이다. [그림 4-11(b)]와 같이 전력 케이블에 전압을 인가할 때 흐르는 전류는 유전체의 정전용량에 의한 충전전류 I_c와 인가한 전압과 동상 성분인 누설저항에 의한 전류 I_R로 이루어지며, 유전체 손실은 EI_R로 나타난다.

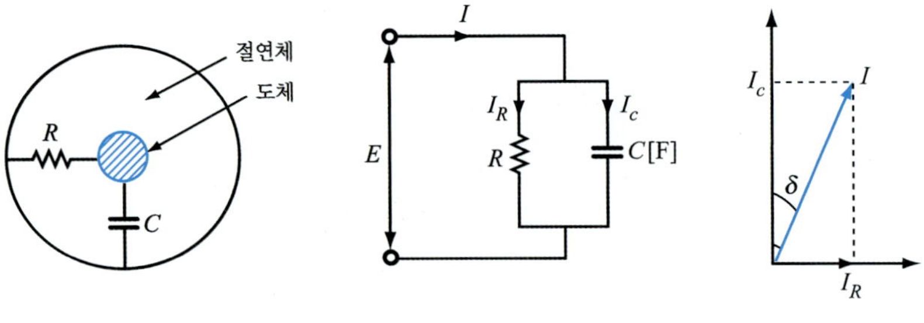

(a) 전력 케이블 (b) 등가회로 (c) 벡터도

[그림 4-11] 유전체손

단심 케이블의 유전체손은 다음과 같다.

$$W_d=EI_R=EI_c\tan\delta=2\pi fCE^2\tan\delta[\mathrm{W/m}] \tag{4.2}$$

3심 케이블의 유전체손은 다음과 같다.

$$\begin{aligned} W_{d3} &= 3EI_R \\ &= 3\times 2\pi f\, CE^2 \tan\delta \\ &= 3\times 2\pi f\, C\left(\frac{V}{\sqrt{3}}\right)^2 \tan\delta \\ &= 2\pi f\, CV^2 \tan\delta\,[\mathrm{W/km}] \end{aligned} \tag{4.3}$$

- f : 주파수[Hz]
- C : 작용 정전용량 [μF/km]
- E : 상전압[kV]
- V : 선간전압[kV]
- $\tan\delta$: 유전체 역률(CV 케이블 : 0.003, OF 케이블 : 0.005)

유전체손은 전압의 제곱에 비례하므로 배전전압과 송전전압에서는 유전체손을 반드시 고려해야 하며, 케이블의 온도가 상승할수록 유전체손이 증가하므로 케이블을 일정 온도 이하로 유지해야 한다. 또한 유전체손은 유전체 역률인 $\tan\delta$에 비례하므로 케이블 제작 시에 누설저항에 의한 전류 I_R을 줄일 수 있는 절연성이 우수한 물질을 사용해야 한다.

시스손(연피손)

시스손(sheath loss)은 전력 케이블의 시스가 연피, 알루미늄피 등 도전성을 갖는 경우 전자유도작용에 의해 전력 케이블의 외피에서 발생하는 손실로 케이블 발열의 원인이 된다. 시스손은 시스 와류손과 시스 회로손으로 구분할 수 있다. 시스 와류손은 전력 케이블의 시스 내부에서 발생하는 손실이고, 시스 회로손은 케이블의 양단을 접지할 때 케이블에 생기는 순환전류에 의한 손실이다.

시스손은 시스의 저항률이 작을수록, 전류의 크기나 주파수가 클수록, 단심 케이블의 이격거리가 클수록 큰 값을 나타낸다. 따라서 단심 케이블은 시스손을 줄이기 위해 가능한 한 근접해서 시공하고, 전력 케이블을 적당히 연가하거나 시스 자체를 접지한다. 시스는 전력 케이블의 길이에 따라 편단접지나 크로스본드 접지를 적용한다.

■ 편단접지

편단접지(single point bonding)는 발변전소 인출용 선로와 같이 전력 케이블의 길이가 짧은 구간에 적용하며, [그림 4-12(a)]와 같이 케이블의 한쪽에서 시스를 접지하고 다른 쪽은 개방하여 시스 회로손이 0이 되게 하는 방식이다. 전력 케이블의 양단을 접지하면 시스에 유기되는 전압이 현저히 감소하지만 시스에는 큰 전류가 흘러 시스 회로손이 커지게 되고 이에 따라 송전용량이 감소하므로 장거리 케이블에는 양단접지를 적용하지 않는다.

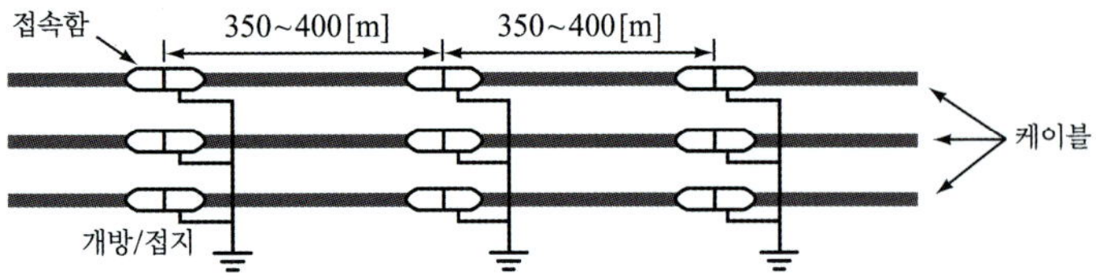

(a) 편단접지

(b) 편단접지 시 케이블 길이에 따른 시스 유기전압

[그림 4-12] 편단접지

■ 크로스본드 접지

크로스본드 접지(cross bonding)는 [그림 4-13(a)]와 같이 전력 케이블의 길이가 길어 편단접지의 효과가 없을 때 사용하는 방식으로 본딩선으로 3상을 연가한 후 접지하는 방식이다. 경제성이 좋고 유지 보수가 쉬워 대규모 지중 전선로에 가장 많이 사용하는 방식이다.

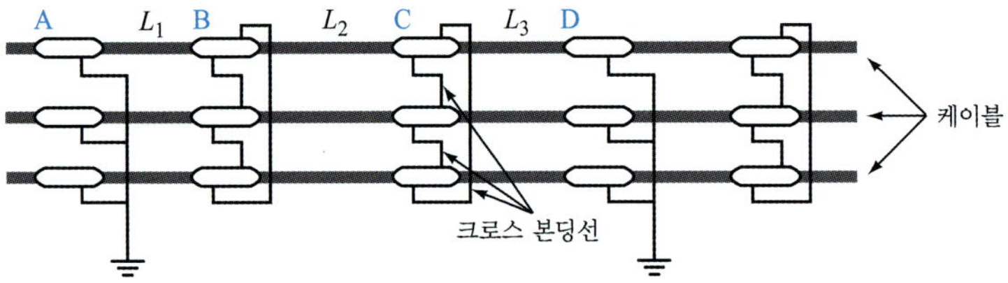

(a) 크로스본드 접지

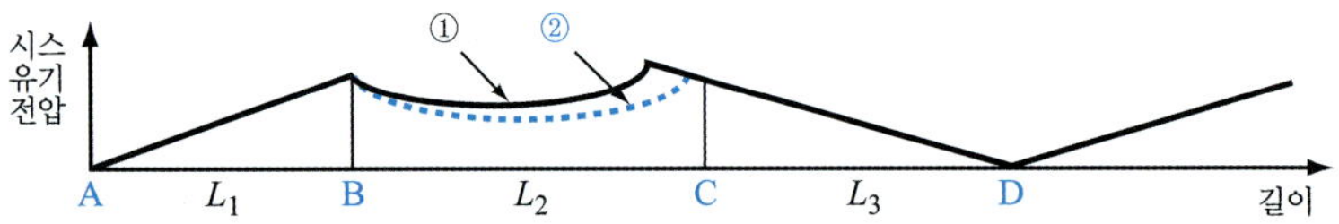

① 이상적인 유기 전압 : 시스의 연가 길이가 같을 때($L_1 = L_2 = L_3$)
② 실제 유기전압 : 시스의 연가 길이가 같지 않을 때($L_1 \fallingdotseq L_2 \fallingdotseq L_3$)

(b) 크로스본드 접지 시 케이블 길이에 따른 시스 유기전압

[그림 4-13] 크로스본드 접지

예제 4-4

케이블에서 발생하는 손실 중 전자유도작용에 의해 발생하는 손실은 무엇인가?

정답 시스손(연피손)

풀이 케이블에서 발생하는 손실은 저항손, 유전체손, 시스손이 있으며 시스손은 전자유도작용에 의해 발생한다.

3 전력 케이블의 포설

포설은 전력 케이블을 지하 관로, 해저, 벽체 등에 설치하는 것을 말한다. 특히 지중 전선로에서 전력 케이블을 포설하는 방법으로는 직접 매설식, 관로식, 암거식(전력구식)이 주로 사용되고 있다.

직접 매설식

직접 매설식은 전력 케이블을 직접 대지에 매설하는 방식이다. [그림 4-14]와 같이 대지에 매설되는 전력 케이블을 보호하기 위해 철근 콘크리트 트로프(trough) 내에 전력 케이블을 포설하는데, 철근 콘크리트 트로프 안에 모래를 채운 후 철근 콘크리트제 뚜껑을 덮고 그 위에 흙을 덮는다. 차량 및 중량물의 압력을 받는 곳의 흙의 깊이는 1.0[m], 그 외에는 0.6[m] 이상으로 해야 한다.

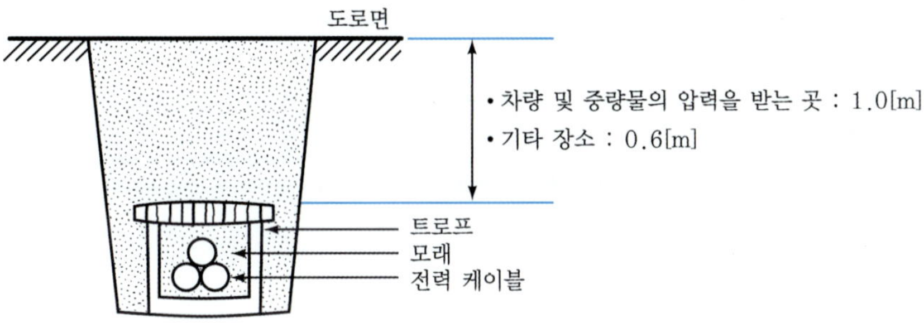

[그림 4-14] 직접 매설식 포설 방식

직접 매설식을 적용하는 경우는 다음과 같다.

- 전력 케이블 2회선 이하의 발·변전소
- 전력 케이블 헤드 부지
- 수용가 구내 등에서 장래 선로 증설 전망이 없는 경우
- 전력 케이블 포설 후 굴착이 곤란하지 않은 경우

직접 매설식은 전력 케이블의 열 방산이 좋아 전력 케이블에 흘릴 수 있는 허용전류가 크며, 관로식에 비해 공사비가 저렴하고, 전력 케이블의 접속이 용이하고 공사 기간이 짧다는 장점이 있으나 전력 케이블이 손상될 가능성이 크고 재시공이나 증설, 유지 보수가 어렵다는 단점이 있다.

관로식

관로식은 [그림 4-15]와 같이 100 ~ 300[m] 간격으로 맨홀을 만들고 맨홀 사이를 관(duct)으로 연결하여 관로를 만든 후, 관 내에는 전력 케이블을 포설하고 맨홀에서 전력 케이블을 접속하는 방식이다. 관로의 종류는 PE 파형관, PVC 직관, 강관, 흄관 등이 있으며 주로 PE 파형관 또는 PVC 직관을 사용한다. 이 경우에는 매설깊이를 1.0m 이상으로 하되, 매설 깊이가 충분하지 못한 장소

에는 견고하고 차량 및 기타 중량물의 압력에 견디는 것을 사용해야 한다. 다만 중량물의 압력을 받을 우려가 없는 곳은 0.6[m] 이상으로 한다.

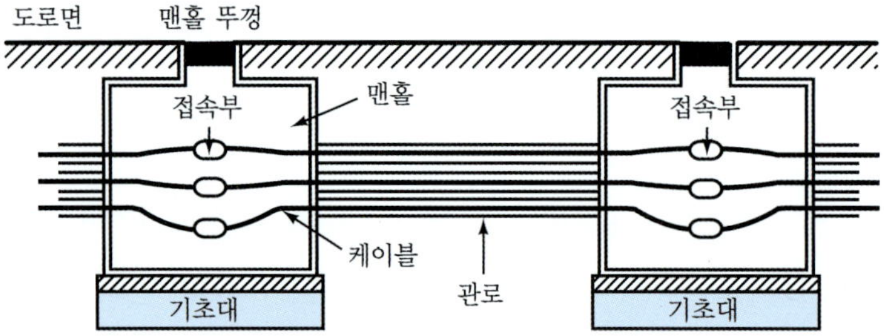

[그림 4-15] 관로식 포설 방식

관로식을 적용하는 경우는 다음과 같다.

- 4회선 이하 규모의 송전선로
- 장래 선로 증설이 예상되는 경우
- 도로가 설치될 예정 지역으로 도로 포장 계획이 있는 경우
- 직접 매설식이 불리한 경우

관로식은 직접 매설식과 비교하여 공사비가 많이 들고 공사 기간이 길어진다는 단점이 있지만 전력 케이블에서 발생하는 사고가 적고, 또 사고가 나더라도 땅을 굴착하지 않고 맨홀에서 전력 케이블을 교체할 수 있다는 장점이 있다.

암거식(전력구식)

암거식(**전력구식**, 공동구식)은 [그림 4-16]과 같이 사람이 통행할 수 있는 지하 구조물을 만들고 그 내부에 전력 케이블을 포설하는 방식으로, 견고하고 차량 및 기타 중량물의 압력에 견디는 것을 사용해야 한다. 암거식은 전력선 단독으로 사용할 수도 있지만 가스관, 상하수도관, 통신선 등과 공동으로 사용할 수도 있다.

[그림 4-16] 암거식 포설 방식

암거식을 적용하는 경우는 다음과 같다.

- 관로식으로 설치할 수 있는 회선수를 초과한 경우
- 도심지의 극심한 교통난으로 관로 시공이 불가능할 경우
- 345[kV] 전력 케이블이 수용되는 경우
- 발변전소의 케이블이 다회선으로 인출되는 경우

경제적인 전력구의 규모를 결정할 때에는 다음 사항을 고려해야 한다.

- 전력 케이블의 종류, 회선수 및 지지 방법
- 전력구의 배기 및 환기
- 도로 조건
- 화재 및 침수에 대비한 방재 대책
- 작업용 공간
- 출입구 및 분기구

암거식은 사람이 순시, 점검할 수 있어 설비 운영에 유리하다는 장점이 있지만, 직접 매설식이나 관로식에 비하여 건설비가 많이 든다는 단점이 있다. 암거식에 지중전선을 시설하는 경우 암거 내에 자동소화설비를 시설하거나 지중전선을 난연조치 해야 한다.

지중 전선의 난연조치는 다음과 같은 방법을 사용한다.

- 불연성 또는 자소성이 있는 난연성의 피복이 된 지중전선을 사용할 것
- 불연성 또는 자소성이 있는 난연성의 연소방지 테이프, 연소방지 시트, 연소방지 도료 등으로 지중전선을 피복할 것
- 불연성 또는 자소성이 있는 난연성의 관 또는 트라프에 넣어 지중전선을 시설할 것

예제 4-5

지중 전선로를 직접 매설식으로 공사를 하고자 한다. 지중 전선로가 도로를 횡단할 때 매설해야 하는 깊이를 구하라.

정답 1.0[m]

풀이 차량 및 중량물의 압력을 받는 곳의 흙의 깊이는 1.0[m], 그 외에는 0.6[m] 이상으로 해야 한다.

CHAPTER

04 연습문제

4.1 지중 전선로의 계통 구성 방식을 구분하고 특징을 간단히 열거하라.

4.2 CV 케이블의 특징을 열거하라.

4.3 CN-CV 케이블의 종류를 열거하고 특징을 설명하라.

4.4 전력 케이블을 포설하는 방법을 설명하고 특징을 설명하라.

4.5 케이블에서 발생하는 손실을 열거하라.

4.6 가공 전선로와 지중 전선로의 특징을 비교하라.

4.7 전력 케이블의 난연화 방법에 대하여 열거하라.

CHAPTER

05

선로정수와 코로나

이 장은 송배전선로의 전기적 특성을 계산하기 위해 사용하는 선로정수와 가공 전선로에서 발생하는 현상인 코로나에 대해 정확하게 이해하는 것을 목표로 한다. 선로정수를 구성하고 있는 저항, 인덕턴스, 정전용량, 컨덕턴스에 대해 살펴보고, 이를 회로와 전력 케이블에 적용해본다. 또한 코로나가 발생하는 원인과 코로나 장해를 최소화하는 대책에 대하여 학습한다.

CONTENTS

SECTION
5.1 선로정수

송배전선로는 매우 복잡하며, 전기적 특징이 매우 다양하다. 따라서 송배전선로의 전기적 특성을 표현할 수 있는 4개의 선로정수를 이용하여 선로의 전기적 특성을 표현한다. 이 절에서는 선로의 전기적 특성을 표현하는 선로정수에 대해 알아보자.

Keywords | 선로정수 | 저항 | 인덕턴스 | 정전용량 |

1 선로정수란?

발전소에서 수용가까지 전기를 공급할 때 사용하는 송배전선로를 등가회로로 나타내면 [그림 5-1]과 같이 저항 R, 인덕턴스 L, 정전용량 C, 누설 컨덕턴스 g라는 4개의 정수로 구성된 연속된 전기회로로 나타낼 수 있다. 이때 전기회로를 구성하는 네 정수를 선로정수라 한다.

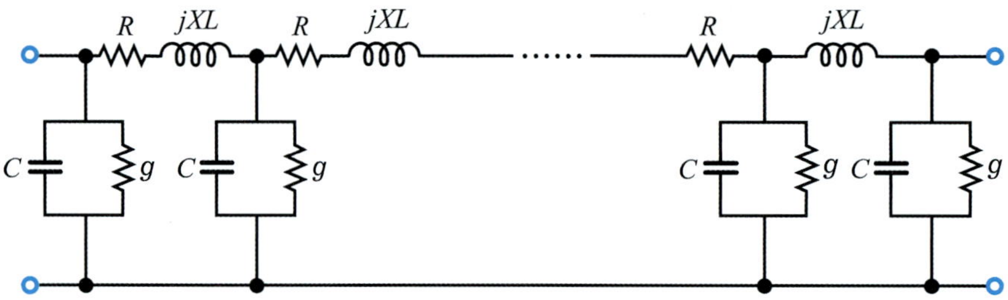

[그림 5-1] 송배전선로의 등가회로

송배전선로의 전기적 특성을 계산하려면 선로정수 R, L, C, g가 필요하다. 선로정수는 전선의 종류, 굵기, 배치 방법에 따라 정해지며, 전선로의 전압, 전류, 역률 등에는 영향을 받지 않는다.

예제 5-1

선로정수가 아닌 것은 무엇인가?

① 저항 ② 인덕턴스 ③ 임피던스 ④ 누설 컨덕턴스

정답 ③

풀이 선로정수에는 저항 R, 인덕턴스 L, 정전용량 C, 누설 컨덕턴스 g가 있다.

2 저항

저항(resistance)이란 전류의 흐름을 방해하는 전기적 성질을 말한다. 전선의 고유저항 ρ는 온도 20[℃], 전선의 길이 1[m], 전선의 단면적 1[mm^2]일 때 저항값을 의미한다. 예를 들어 연동선의 고유저항값은 다음과 같다.

$$\rho = \frac{1}{58} \times \frac{100}{C} [\Omega \cdot \mathrm{mm}^2/\mathrm{m}] \tag{5.1}$$

전선의 저항 R은 길이 ℓ[m]에 비례하고, 단면적 A[mm^2]에 반비례하므로 다음과 같다.

$$R = \rho \frac{l}{A} \equiv \frac{1}{58} \times \frac{100}{C} \times \frac{l}{A} [\Omega] \tag{5.2}$$

- ρ : 고유저항 [$\Omega \cdot \mathrm{mm}^2/\mathrm{m}$]
- l : 전선의 길이 [m]
- A : 전선의 단면적 [mm^2]
- C : 도전율 [%]

도전율 C는 고유저항 ρ의 역수로 표준연동선의 고유저항인 $\frac{1}{58}[\Omega \cdot \mathrm{mm}^2/\mathrm{m}]$을 100[%]로 한 백분율을 표시한 것이다. [표 5-1]에 표준도체의 고유저항과 도전율을 정리했다.

[표 5-1] 표준도체의 고유저항과 도전율

종류	고유저항[$\Omega \cdot \mathrm{mm}^2/\mathrm{m}$]	도전율[%]
연동선	$\frac{1}{58}$	100
경동선	$\frac{1}{55}$	97
알루미늄선	$\frac{1}{35}$	61

송배전선로에 사용하는 전선의 저항은 재료의 재질, 온도 변화 등에 따라 달라진다. 일반적으로 도체의 온도가 올라가면 전선의 저항 역시 증가한다. 온도가 t[℃]일 때 전선의 저항 R_T는 다음과 같다.

$$R_T = R_{t0} \left[1 + \alpha_t (t - t_0)\right] [\Omega] \tag{5.3}$$

- R_{t0} : 기준온도에서의 전선의 저항[Ω]
- R_T : 임의의 온도에서의 전선의 저항[Ω]
- t_0 : 기준온도[℃]
- t : 임의의 온도[℃]
- α_t : 기준온도에서의 저항 온도계수 $\alpha_t = \frac{\alpha_0}{1 - \alpha_0 t}$
- α_0 : 0[℃]에서 연동선의 저항 온도계수 $\alpha_0 = \frac{1}{234}$

이때 저항 온도계수(temperature coefficient)는 기준온도 20[℃]에서 온도가 1[℃] 증가할 때마다 저항이 증가하는 정도를 의미한다.

이 장에서 말하는 전선의 저항은 전류가 균등한 전류밀도로 도체의 단면에 흐르고 있을 때의 저항, 즉 직류에 대한 저항을 의미한다. 하지만 송배전선로에는 교류전류가 흐르고 있으므로 도체의 단면에는 전류가 균등하게 흐르지 않는다.

주파수가 있는 교류전류가 도체에 흐르면 도체 중심부에는 도체에 흐르는 전류에 의해 쇄교 자속수가 증가하므로 인덕턴스가 증가하게 된다. 이로 인하여 도체의 중앙부에는 전류가 흐르기 어려워 전선 표면으로 흐르게 되는데, 이 현상을 **표피효과**(skin effect)라 한다. 즉 표피효과는 도체의 가장자리 쪽으로 전류가 흐르는 현상이다. 표피효과는 주파수가 높을수록, 도체의 단면적이 클수록, 투자율이 클수록 두드러지게 나타난다.

표피효과는 전력손실을 증가시키고, 송전용량을 감소시키는 결과를 초래한다. 따라서 표피효과를 줄이기 위해 복도체 또는 중공도체(ACSR)를 사용한다.

현재 우리나라의 345[kV] 송전선로에서는 중공도체인 내열 강심 알루미늄 연선(TACSR)을 사용하고 있다.

예제 5-2

20[℃]에서 연동선의 저항이 10[Ω]이라고 할 때, 45[℃]에서 연동선의 저항을 구하라. 단, 20[℃]에서 연동선의 저항 온도계수는 0.00393이다.

정답 10.98[Ω]

풀이 임의의 온도에서의 저항은 식 (5.3)을 이용하여 구한다.

$$R_T = R_{t0}\left[1+\alpha_t(t-t_0)\right][\Omega]$$

이때 20[℃]에서의 저항 $R_{20}=10[\Omega]$, 연동선의 저항 온도계수 $\alpha_{20t}=0.00393$, 기준온도 $t=20[℃]$, 임의의 온도 $t_0=45[℃]$를 식에 대입하여 45[℃]일 때의 저항 R_{45}를 구할 수 있다.

$$\begin{aligned} R_{45} &= R_{20}\left[1+\alpha_{20t}(t_{45}-t_{20})\right] \\ &= 10\times\left[1+0.00393(45-20)\right] \\ &= 10.98\,[\Omega] \end{aligned}$$

즉 45[℃]에서의 연동선의 저항은 10.98[Ω]이다.

예제 5-3

교류회로에서 인덕턴스의 증가로 인하여 도체의 중앙부에는 전류가 흐르기 어렵다. 이때 전선 표면으로 전류가 흐르는 현상을 무엇이라 하는가?

① 표피효과 ② 페란티 현상 ③ 자기 여자현상 ④ 근접효과

정답 ①

풀이 주파수가 있는 교류전류가 도체에 흐르면 도체 중심부에는 도체에 흐르는 전류에 의해 쇄교자속수가 증가하므로 인덕턴스가 증가하게 된다. 이로 인하여 도체의 중앙부에는 전류가 흐르기 어려워 전선 표면으로 흐르게 되고, 이 현상을 표피효과라 한다.

3 인덕턴스

전류가 흐르는 전선 주위에는 자계가 형성된다. 이때 전선에 흐르는 전류와 쇄교하는 자속수의 비를 **인덕턴스**(inductance)라 한다. 인덕턴스는 한 도체에 흐르는 전류와 쇄교하는 자속수의 비를 의미하는 자기인덕턴스와 다른 도체와 쇄교하는 자속수의 비를 의미하는 상호인덕턴스로 구분된다. 기호는 L, 단위는 [H](헨리)를 사용한다. 송배전선로에서는 자기인덕턴스와 상호인덕턴스를 하나로 묶어서 전선 한 가닥당 인덕턴스라 부른다.

[그림 5-2]와 같이 전류가 흐르는 전선 주위에는 자계(magnetic field)가 형성되며, 이는 전선에 흐르는 전류와 쇄교한다.

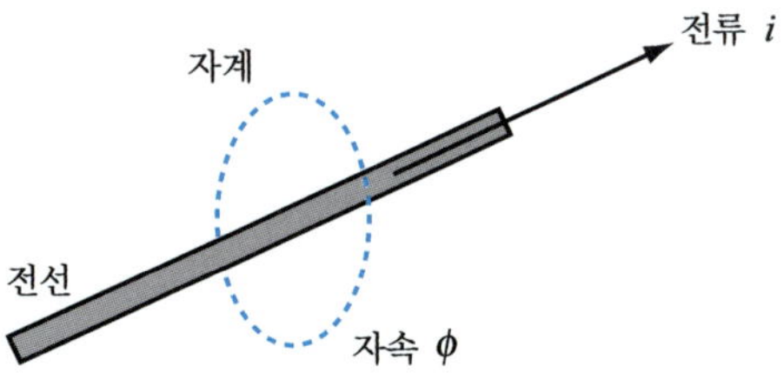

[그림 5-2] 전자유도법칙

이때 흐르는 전류를 시간과 함께 변화시키면 쇄교하는 자속수 또한 변하며, 전선에는 자속의 변화를 방해하는 기전력 e가 유도된다.

$$e = -\frac{d\phi}{dt} = -L\frac{di}{dt}[\mathrm{V}] \quad (5.4)$$

- ϕ : 자속 [Wb]
- i : 전류 [A]
- t : 시간 [s]
- L : 자기인덕턴스 [H]

식 (5.4)로부터 L을 구하면 다음과 같다.

$$L = -\frac{d\phi}{di}[\mathrm{H}] \tag{5.5}$$

즉 자기인덕턴스(self inductance)는 자속 ϕ와 전류 i와의 비를 나타내며, 1[H]는 매초 1[A]의 전류가 변할 때 1[V]의 기전력을 유도시키는 인덕턴스를 의미한다. [그림 5-3]에서와 같이 전선 a상과 b상이 인접하여 설치되어 있고, 여기에 전류 i_{a}, i_{b}가 흐른다고 가정해보자.

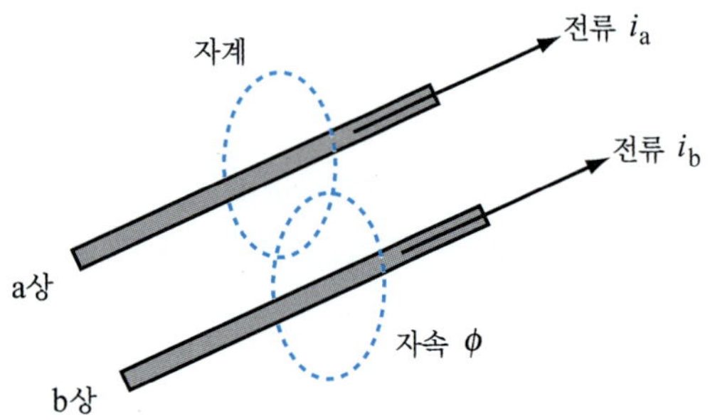

[그림 5-3] 상호인덕턴스

이때 전류 i_{b}에 의해 a상 전선에 유기되는 기전력 e_{a}와 전류 i_{a}에 의해 b상 전선에 유기되는 기전력 e_{b}는 다음과 같다.

$$e_{\mathrm{a}} = -M\frac{di_{\mathrm{b}}}{dt}[\mathrm{V}] \tag{5.6}$$

$$e_{\mathrm{b}} = -M\frac{di_{\mathrm{a}}}{dt}[\mathrm{V}] \tag{5.7}$$

여기서 M은 상호인덕턴스(mutual inductance)라 한다.

4 전선로의 인덕턴스

인덕턴스는 흐르는 전류와 쇄교하는 자속수의 비로 나타낸다. 송배전선로에 흐르는 전류와 쇄교하는 자속수는 다음과 같이 표현할 수 있다.

- 자기 자속에 의해 쇄교하는 자속수
  = 전선 내부에서 쇄교하는 자속수 + 전선 외부에서 쇄교하는 자속수
- 총 쇄교 자속수
  = 자기 자속에 의해 쇄교하는 자속수 + 외부 도체의 자속에 의해 쇄교하는 자속수

예를 들어 [그림 5-4]와 같이 반지름이 r[m]인 두 도선이 D[m]의 간격을 두고 평행으로 가선되어 있으며 여기에 각각 전류 $+I$[A], $-I$[A]가 흐르고 있다고 가정하면, 왕복 2도체의 인덕턴스는 다음과 같이 표현할 수 있다.

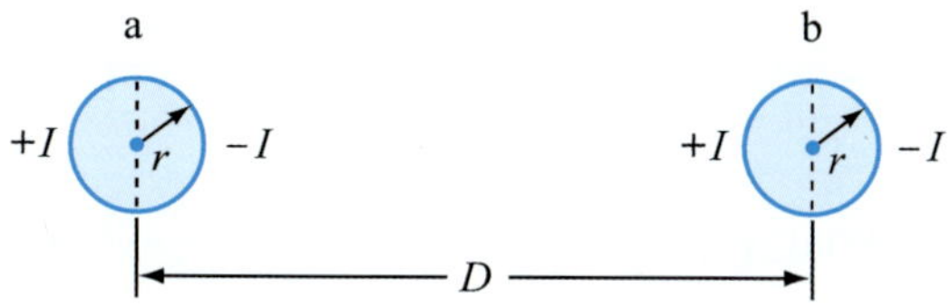

[그림 5-4] 왕복 2도체의 배치

$$L = \left(0.05 + 0.4605\log_{10}\frac{1}{r}\right) - \left(0.4605\log_{10}\frac{1}{D}\right)\ [\text{mH/km}]$$

- $0.4605\log_{10}\frac{1}{D}$ → 외부 도체의 자속에 의해 쇄교하는 자속수
- $0.4605\log_{10}\frac{1}{r}$ → 전선 외부에서 쇄교하는 자속수
- 0.05 → 전선 내부에서 쇄교하는 자속수

$$= 0.05 + 0.4605\log_{10}\frac{D}{r}\ [\text{mH/km}] \tag{5.8}$$

• D : 도체간 선간거리 [m] • r : 도체의 반지름 [m]

3상 1회선 정삼각형 배치에서의 인덕턴스

[그림 5-5]와 같이 정삼각형으로 배치된 3상 회로에 흐르는 전류는 항상 식 (5.9)와 같다.

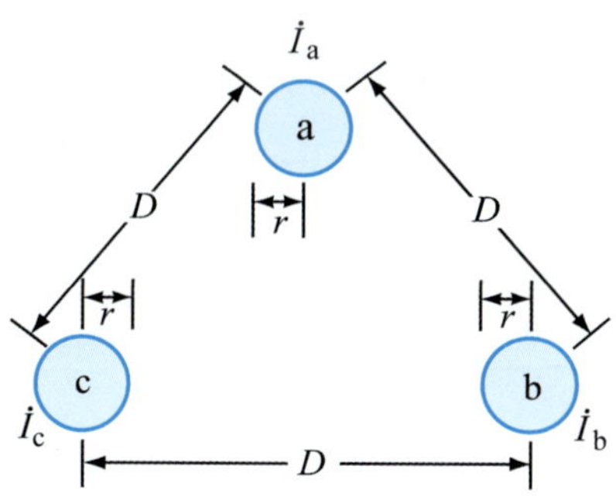

[그림 5-5] 3상 1회선 정삼각형 배치

$$\begin{aligned} \dot{I}_a + \dot{I}_b + \dot{I}_c &= 0 \\ \dot{I}_a &= -(\dot{I}_b + \dot{I}_c) \end{aligned} \tag{5.9}$$

[그림 5-5]에서 전선 b와 c는 전선 a로부터 등가거리 D만큼 떨어져 있고, 전선 a에 흐르는 전류 $\dot{I}_a$의 크기는 $-(\dot{I}_b + \dot{I}_c)$와 같다.

전류 I_b에 의해서 발생하는 자속과 I_a 와의 쇄교수와 전류 I_c에 의해서 발생하는 자속과 I_a 와의 쇄교수와의 합계는 전선 b 또는 전선 c 중 어느 한 가닥으로 $-(I_b+I_c)$의 전류가 집중적으로 흐른다고 가정했을 경우에 발생하는 자속과 I_a 와의 쇄교수가 같다고 볼 수 있으므로 전선 a의 단위길이당 인덕턴스는 왕복 2도체와 같이 계산할 수 있다.

$$
\begin{aligned}
L &= L_a = L_b = L_c \\
&= \left(0.05 + 0.4605\log_{10}\frac{1}{r}\right) + \left(0.4605\log_{10}\frac{1}{D}\right)\frac{I_b+I_c}{I_a} \qquad (5.10)\\
&= 0.05 + 0.4605\log_{10}\frac{D}{r}\,[\mathrm{mH/km}]
\end{aligned}
$$

• D : 도체 간 선간거리 [m] • r : 도체의 반지름 [m]

3상 1회선 비정삼각형 배치에서의 인덕턴스

실제 운용중인 송배전선로는 [그림 5-6]과 같이 각 전선의 선간거리가 같지 않고, 지표상 높이도 서로 다르므로 송전단에서 대칭 전압을 인가하더라도 수전단에서는 비대칭 전압이 된다.

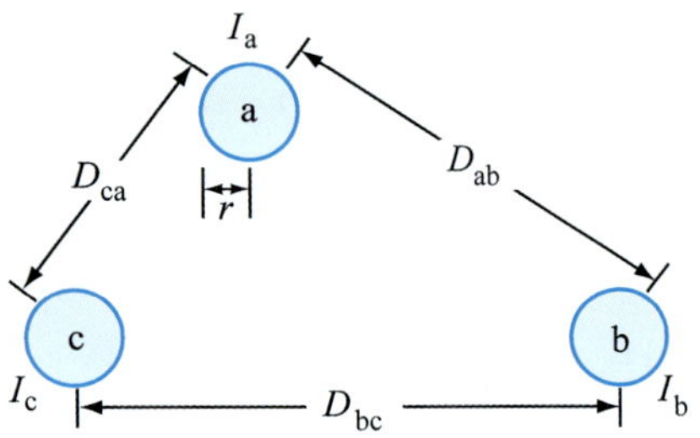

[그림 5-6] 3상 1회선 비정삼각형 배치

이때 송배전선로가 비대칭이 되는 것을 방지하기 위해 전선로의 도중에 개폐소나 연가용 철탑을 이용하여 선로 전체의 정수가 평형이 되도록 하는데 이것을 **연가**(transposition)라고 한다.

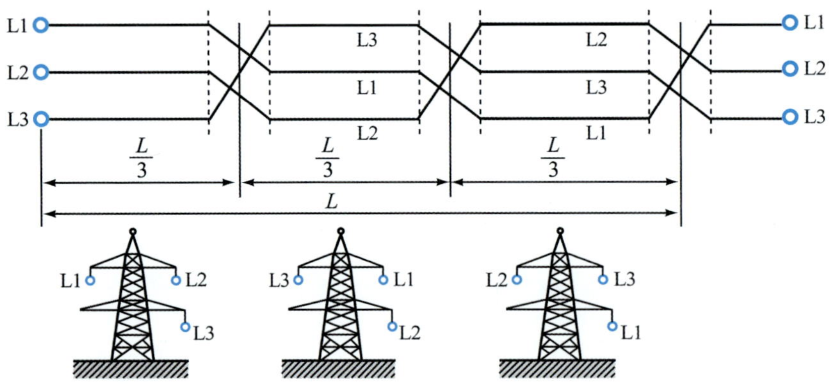

[그림 5-7] 전선로의 연가

송배전선로의 전체 선로의 길이를 3의 정수배로 나누어 연가를 하면 다음과 같은 효과가 있다.

- 각 상의 전압강하가 같아진다.
- 인근 통신선의 유도장해가 경감한다.
- 소호리액터접지 시 직렬공진에 의한 이상전압상승을 방지한다.

예제 5-4

송전선로에서 실시하는 연가의 효과가 아닌 것은 무엇인가?

① 선로정수가 같아진다. ② 각 상간의 전압강하는 다소 커진다.

③ 인근 통신선의 유도장해가 작아진다. ④ 직렬공진에 의한 전압상승을 방지한다.

정답 ②

풀이 연가를 하면 선로정수가 같아지며 인근 통신선의 유도장해를 줄일 수 있다. 또한 소호리액터 접지 시 직렬공진에 의한 전압상승을 방지할 수 있다. 하지만 각 상간의 전압강하와는 상관없다.

3상 1회선 비정삼각형 배치에서는 [그림 5-7]과 같이 연가를 통해 송배전선로의 선로정수를 평형으로 조정할 수 있다. 이때 전선의 작용인덕턴스를 구하려면 전선의 기하학적 평균거리를 적용해야 한다.

$$D_e = \sqrt[3]{D_{ab} D_{bc} D_{ca}} \tag{5.11}$$

$$\begin{aligned} L &= \left(0.05 + 0.4605 \log_{10} \frac{1}{r}\right) + \left(0.4605 \log_{10} \frac{1}{D_e}\right) \frac{I_b}{I_a} + \left(0.4605 \log_{10} \frac{1}{D_e}\right) \frac{I_c}{I_a} \\ &= 0.05 + 0.4605 \log_{10} \frac{D_e}{r} [\text{mH/km}] \end{aligned} \tag{5.12}$$

전선로의 배열에 따른 등가 선간거리는 [표 5-2]와 같다.

[표 5-2] 전선로의 배열에 따른 등가 선간거리

구분	수평배열	삼각배열	정사각배열
그림	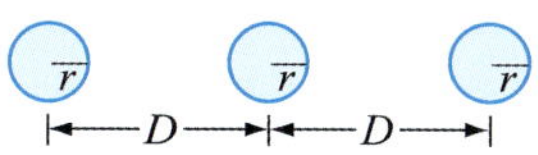	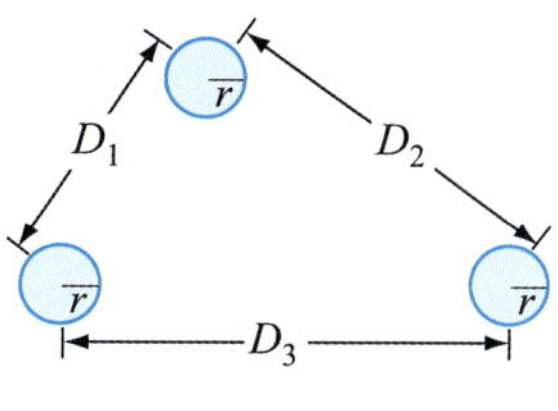	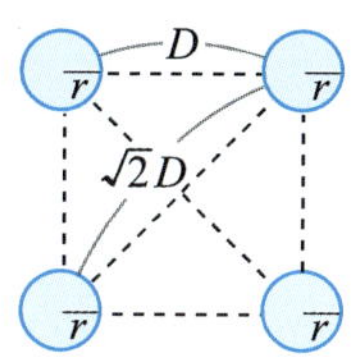
등가 선간거리	$D_e = \sqrt[3]{2}\, D$	$D_e = \sqrt[3]{D_1 D_2 D_3}$	$D_e = \sqrt[6]{2}\, D$

예제 5-5

지름이 d[m]이고 선간거리가 D[m]인 왕복 2도체에서 한 가닥의 작용인덕턴스[mH/km]를 구하라. 단, 투자율은 1이다.

① $0.4605\log_{10}\frac{D}{d}$ ② $0.03+0.4605\log_{10}\frac{D}{d}$

③ $0.05+0.4605\log_{10}\frac{D}{d}$ ④ $0.05+0.4605\log_{10}\frac{2D}{d}$

정답 ④

풀이 왕복 2도체의 인덕턴스를 표현한 식 (5.8)은 다음과 같다.

$$L=0.05+0.4605\log_{10}\frac{D}{r}[\text{mH/km}]$$

이 식에서 r은 반지름이지만 문제에서는 지름 d가 주어졌으므로 위 식을 다음과 같이 다시 표현할 수 있다.

$$L=0.05+0.4605\log_{10}\frac{2D}{d}$$

복도체에서의 인덕턴스

복도체는 송전선로 한 상당 2개 이상의 가닥으로 연결된 도체이다. 복도체에서 도체의 등가 반지름은 다음과 같다.

$$r_e=\sqrt[n]{r\cdot S^{n-1}} \tag{5.13}$$

- n : 소도체 수
- S : 소도체의 중심 간 간격[m]

복도체의 작용인덕턴스는 식 (5.12)에서 r을 r_e로 바꾼 결과와 같다.

$$L_n=\frac{0.05}{n}+0.4605\log_{10}\frac{D_e}{\sqrt[n]{r\cdot S^{n-1}}}[\text{mH/km}] \tag{5.14}$$

예제 5-6

등가 선간거리 9.37[m], 공칭 단면적 330[mm^2], 도체 바깥지름 25.3[mm], 소도체 수가 2개인 ACSR의 인덕턴스 L[mH/km]을 구하라. 단, 소도체의 간격은 40[cm]이다.

정답 1.001 [mH/km]

풀이 도체의 바깥지름, 즉 지름이 25.3[mm]이면 반지름은 $r = 12.65[\text{mm}] = 12.65 \times 10^{-3}[\text{m}]$이다. 또한 ACSR은 소도체 수가 2이므로 $n = 2$이고, 소도체의 간격은 $S = 0.4[\text{m}]$이다. 이를 식 (5.14)에 대입하면 다음과 같다.

$$L_n = \frac{0.05}{n} + 0.4605 \log_{10} \frac{D_e}{\sqrt[n]{r \cdot S^{n-1}}}$$

$$= \frac{0.05}{2} + 0.4605 \log_{10} \frac{9.37}{\sqrt{12.65 \cdot 10^{-3} \cdot 0.4}}$$

$$= 1.001\ [\text{mH/km}]$$

대지로 귀로하는 1회선 선로에서의 인덕턴스

[그림 5-8]과 같이 지표면으로부터 높이 h[m]에 설치된 반지름 r[m]인 전선을 왕로로 하고 대지를 귀로로 하여 전류를 흘리면 등가 대지면의 깊이 H_e[m]를 알 수 있다.

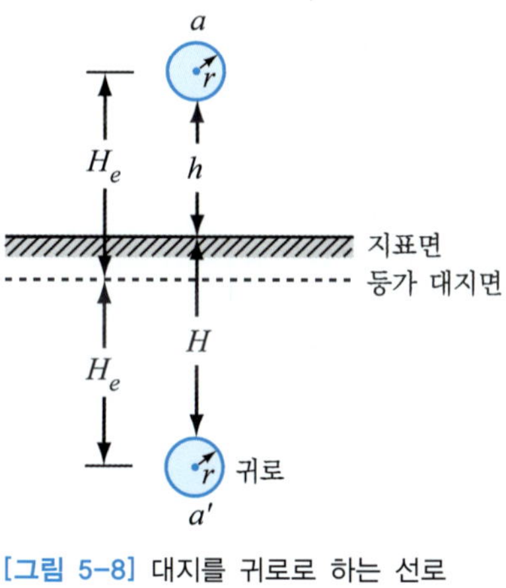

[그림 5-8] 대지를 귀로로 하는 선로

토양의 재질에 따라 다르지만 상용 주파수에서 개략적인 등가 대지면의 깊이 H_e[m]는 다음과 같다. 이 값은 평지에서 300[m], 산지에서 600[m], 산악에서 900[m]이다.

$$H_e = \frac{h+H}{2}[\text{m}] \tag{5.15}$$

대지로 귀로하는 1회선 선로에서 전선만의 인덕턴스는 다음과 같다.

$$L_e = 0.05 + 0.4605 \log_{10} \frac{2H_e}{r}[\text{mH/km}] \tag{5.16}$$

귀로에서는 $H \gg h$ 이고, $\dfrac{h+H}{H} \fallingdotseq 1$ 이므로 귀로의 인덕턴스는 다음과 같다.

$$L_e{}' = 0.05 + 0.4605\log_{10}\frac{h+H}{H} \fallingdotseq 0.05[\text{mH/km}] \tag{5.17}$$

대지를 귀로로 하는 1회선 선로의 총 인덕턴스, 즉 대지 영향을 고려한 전선의 인덕턴스는 다음과 같다.

$$L = L_e + L_e{}' = 0.1 + 0.4605\log_{10}\frac{2H_e}{r}[\text{mH/km}] \tag{5.18}$$

5 정전용량

여러 개의 전하가 존재할 경우 다른 모든 도체는 접지해서 0 전위로 만들고 어느 한 개의 도체에 전하 Q[C]를 인가할 때 나타나는 전위를 V[V]라 하자. 이때 전위 V를 전하 Q로 나눈 값을 어느 한 도체의 **정전용량**(커패시턴스, static capacitance)이라 한다.

$$C = \frac{Q}{V}[\text{F}] \tag{5.19}$$

가공 전선로에서는 전선 상호간 및 전선과 대지 사이에 공기를 유전체로 하는 정전용량이 발생한다. 이는 전선과 대지 사이의 정전용량인 대지정전용량(C_s, 자기정전용량)과 전선로의 전선 간의 정전용량인 상호정전용량(C_m), 이 두 정전용량을 병렬로 합성시킨 작용정전용량(C_n, working capacity)으로 구분하며 단위는 [F](패럿)을 쓴다.

[그림 5-9]와 같은 2도체에서 전위 V와 전하 q 사이에는 다음 관계가 성립한다.

$$\begin{aligned} V_1 &= p_{11}q_1 + p_{12}q_2[\text{V}] \\ V_2 &= p_{21}q_1 + p_{22}q_2[\text{V}] \end{aligned} \tag{5.20}$$

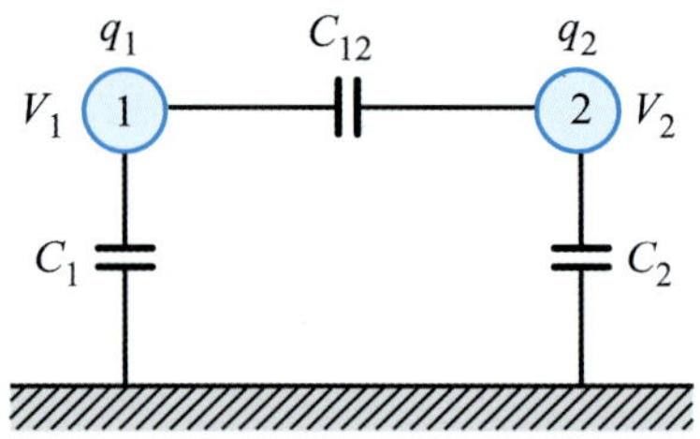

[그림 5-9] 2도체의 정전용량

이때 전위계수(coefficient of potential) p_{ij}는 각 도체의 모양과 상대적인 위치에 따라서 정해지는 정수로, 양의 값을 가진다. p_{11}은 도체 1에만 단위 전하를 인가할 때 도체 1의 전위를 나타내며, p_{22}는 도체 2에만 단위전하를 인가할 때 도체 2의 전위를 나타낸다. 또한 p_{12}는 도체 2에만 단위 전하를 인가할 때 도체 1의 전하를 나타내며 p_{21}과 같다.

식 (5.20)을 q에 대해 풀면 다음과 같다.

$$q_1 = k_{11} V_1 + k_{12} V_2 = -k_{12}(V_1 - V_2) + (k_{11} + k_{12}) V_1 \,[\mathrm{C/m}]$$
$$q_2 = k_{21} V_1 + k_{22} V_2 = -k_{21}(V_2 - V_1) + (k_{21} + k_{22}) V_2 \,[\mathrm{C/m}] \tag{5.21}$$

이때 k_{ii}는 정전용량계수(coefficient of static capacity)로 (+) 부호이며, k_{ij}는 정전유도계수(coefficient of static induction)로 (−) 부호이다.

[그림 5-9]에서 도체 2를 접지하여 0 전위($V_2 = 0$)로 만들면 식 (5.21)에서 V_1만 남아 $q_1 = k_{11} V_1$이 된다. 여기서 k_{11}은 도체 1의 정전용량으로 정전용량계수라 하고, 전하 $q_2 = k_{12} V_1$이 되는데 k_{12}는 V_1에 의해서 도체 2에 유도되는 정전용량으로 정전유도계수라 한다.

[그림 5-9]와 식 (5.21)에 따라서 2도체의 각 정전용량을 구하면 다음과 같다.

$$C_1 = k_{11} + k_{12} \,[\mathrm{F/m}]$$
$$C_2 = k_{21} + k_{22} \,[\mathrm{F/m}] \tag{5.22}$$
$$C_{12} = -k_{12} = -k_{21} \,[\mathrm{F/m}]$$

대지정전용량

전선과 대지 사이의 정전용량인 **대지정전용량**(C_s, 자기정전용량)은 가공 전선로의 연결 방식에 따라 계산하는 방법이 다르다.

■ 단상 1선식 가공 전선로

$$C_s = \frac{0.02413}{\log_{10}\dfrac{2h}{r}} \,[\mu\mathrm{F/km}] \tag{5.23}$$

- h : 전선의 지표상의 높이 [m]
- r : 전선의 반지름 [m]

■ **단상 2선식 가공 전선로**

$$C_s = \frac{0.02413}{\log_{10}\frac{(2h)^2}{rD}}[\mu\text{F/km}] \tag{5.24}$$

• D : 전선 간의 거리 [m]

■ **3상 3선식 가공 전선로**

$$C_s = \frac{0.02413}{\log_{10}\frac{D_e}{r}}[\mu\text{F/km}] \tag{5.25}$$

• D_e : 등가 선간거리 [m]

작용정전용량

전선과 대지 사이의 대지정전용량 C_s와 전선로의 전선 간의 상호정전용량 C_m을 병렬로 연결한 것을 **작용정전용량** C_n이라 하며 전선로의 전압이 평형일 때 선로의 충전전류를 계산하는 데 사용한다.

■ **단상 2선식 가공 전선로**

단상 2선식 가공 전선로의 작용정전용량은 [그림 5-10]과 같이 나누어 생각할 수 있으며, 다음과 같이 구한다.

$$C_n = C_s + 2C_m[\mu\text{F/km}] \tag{5.26}$$

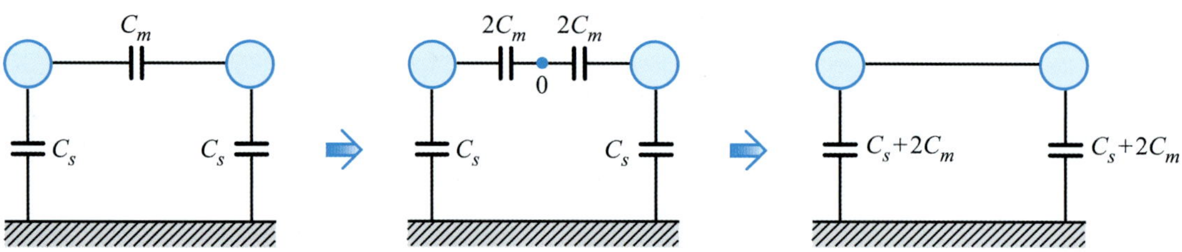

[그림 5-10] 단상 2선식 가공 전선로의 작용정전용량

■ 3상 3선식 가공 전선로

3상 3선식 가공 전선로의 작용정전용량은 [그림 5-11]과 같이 나누어 생각할 수 있으며, 다음과 같이 구한다.

$$C_n = C_s + 3C_m\,[\mu\text{F/km}] \tag{5.27}$$

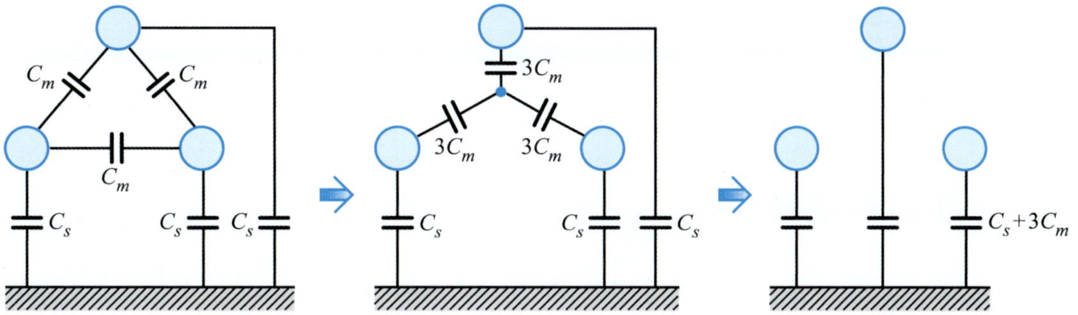

[그림 5-11] 3상 3선식 가공 전선로의 작용정전용량

예제 5-7

선간거리 $2D$[m], 지름 d[m]인 3상 3선식 가공 전선로의 단위 길이당 대지정전용량 C[μF/km]를 구하라.

① $\dfrac{0.02413}{\log_{10}\dfrac{4D}{d}}$　② $\dfrac{0.02413}{\log_{10}\dfrac{2D}{d}}$　③ $\dfrac{0.02413}{\log_{10}\dfrac{D}{d}}$　④ $\dfrac{0.02413}{\log_{10}\dfrac{4D}{2d}}$

정답 ①

풀이 3상 3선식 가공 전선로의 대지정전용량을 구하는 식은 다음과 같다.

$$C_s = \frac{0.02413}{\log_{10}\dfrac{D_e}{r}}\,[\mu\text{F/km}]$$

위 식에서 r은 반지름이므로, $r = \dfrac{d}{2}$와 선간거리 $D_e = 2D$를 대입하면 답은 ①이 된다.

누설 컨덕턴스

누설 컨덕턴스(leakage conductance)는 다른 선로정수에 비해 그 크기가 상대적으로 매우 작으므로 장거리 송전선 이외에는 실용상 무시한다.

SECTION
5.2 전력 케이블의 선로정수

전력을 전달하는 전력 케이블은 가공전선과 그 특징이 다르다. 특히 전력 케이블의 반지름과 도체 중심 간 거리 등에 따라 선로정수가 변한다. 이 절에서는 전력 케이블의 선로정수를 계산하는 방법을 살펴보자.

Keywords | 정전용량 | 충전전류 | 충전용량 |

1 전력 케이블의 구분

도체 위에 내열 비닐(PVC) 또는 저독성 난연 가교 폴리올레핀(polyolefin)을 절연 재료로 피복한 절연전선과는 달리 [그림 5-12]와 같이 도체 위에 가교 폴리에틸렌(XLPE)로 절연을 하고 그 위에 내열 비닐(PVC) 또는 저독성 난연 가교 폴리올레핀(polyolefin)을 절연 재료로 피복한 것을 **전력 케이블**이라 하며 도체(core)의 가닥 수에 따라 1C, 2C, 3C, 4C 케이블로 구분된다.

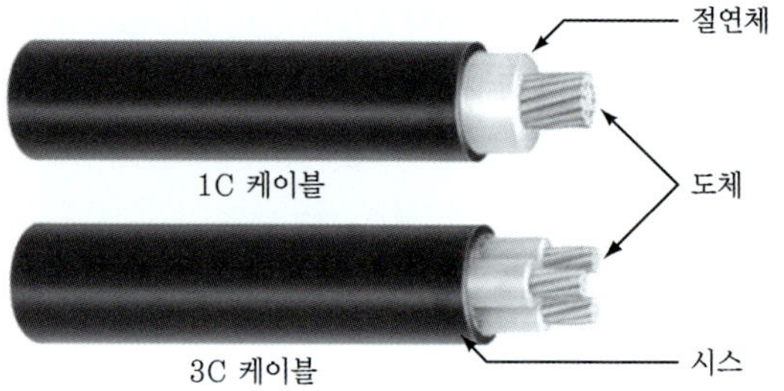

[그림 5-12] 전력 케이블의 구조 및 도체 가닥수에 따른 구분

2 전력 케이블의 정전용량

일반적으로 전력 케이블은 가공 전선로에 비해 인덕턴스는 수 배 작고 정전용량은 수십 배 크다는 특성이 있다. 가공 전선에서는 도체와 도체 사이의 선간거리가 있으나 전력 케이블은 절연체가 선간거리를 대신하기 때문이다.

1C 케이블의 인덕턴스는 다음과 같다.

$$L = 0.05 + 0.4605 \log_{10} \frac{D}{r} \ [\text{mH/km}] \qquad (5.28)$$

- r : 도체 반지름 [m]
- D : 도체 중심 간 거리 [m]

1C 케이블의 정전용량은 다음과 같다.

$$C = \frac{0.02413\,\varepsilon}{\log_{10}\dfrac{R}{r}}[\mu\mathrm{F/km}] \tag{5.29}$$

- r : 도체 반지름 [m]
- R : 절연체 반지름 [m]
- ε : 유전율

3 전력 케이블의 충전전류와 충전용량

송배전선로에서 사용하는 전압은 154[kV], 345[kV], 765[kV]로 점점 높아지고 있으며, 지중화 구간이 증가하고 있어 전력 케이블의 사용도 증가하고 있다. 전력 케이블은 정전용량 C가 크므로 충전전류 역시 커져서 송전용량을 감소시키는 원인이 되기도 한다. 3상 전선로에서 전력 케이블의 충전전류 I_c[A]와 충전용량 Q_c[kVA]는 다음과 같다.

$$I_c = \omega CE = 2\pi f C\frac{V}{\sqrt{3}}[\mathrm{A}] \tag{5.30}$$

$$Q_c = \sqrt{3}\,VI_c = 2\pi f CV^2\times 10^{-3}[\mathrm{kVA}] \tag{5.31}$$

- C : 정전용량 [F]
- E : 상전압 [V]
- V : 선간전압 [V]

SECTION

5.3 코로나

가공 전선로에는 전선 간 전위경도가 높아지면 공기의 절연이 일부 파괴되면서 낮은 소리와 함께 엷은 빛을 내는 코로나 현상이 발생한다. 이 절에서는 코로나가 발생하는 과정과 코로나로 인한 장해(피해)를 알아보고, 코로나를 방지하기 위한 대책에 대해 살펴보자.

Keywords | 코로나 | 코로나 장해 | 코로나 방지 대책 |

1 코로나란?

가공 전선로는 공기를 절연 매질로 하며, 적당한 이격거리를 두고 사용한다. 공기는 온도 20[℃], 기압 760[mmHg]에서 직류 30[kV/cm], 교류 21[kV/cm] 이상의 전압을 인가하면 절연이 파괴되는데 이것을 파열극한 전위경도라 한다. 가공 전선로에서 전선 상호간의 전위경도가 파열극한 전위경도 이상이 되면 공기의 절연이 국부적으로 파괴되어 낮은 소리와 엷은 빛을 내게 되는데 이러한 현상을 **코로나**라 한다. 이때 고전압으로 방전하며 오존이 발생한다.

코로나는 기상조건, 송전전압, 전선의 굵기, 전선 상호간의 거리 등에 따라 다르게 발생하며, 일반적으로 전압이 높을수록, 전선의 굵기가 가늘수록 발생 가능성이 높다. 최근 전력계통은 대전력 전송을 위하여 전압을 높여 송전한다. 전압이 높으면 코로나가 발생하기 쉬우므로 이에 대한 대책이 필요하다.

예제 5-8

코로나 현상이 일어날 때 발생하는 기체는 무엇인가?

① 산소 ② 수소 ③ 질소 ④ 오존

정답 ④

풀이 코로나 현상이 일어날 때 발생하는 기체는 오존이다.

가공 전선로에서 코로나가 발생하는 임계전압의 실험식은 다음과 같다.

$$E_0 = 24.3 \times m_0 \times m_1 \times \delta \times d \times \log_{10}\frac{D}{r}\,[\mathrm{kV}] \tag{5.32}$$

- m_0 : 전선 표면 상태 계수
- m_1 : 날씨 계수(맑은 날씨 : 1, 우천 시 : 0.8)
- δ : 상대 공기밀도
- r : 전선 반지름 [cm]
- d : 전선 지름 [cm]
- D : 등가 선간거리 [cm]

이때 기온 t[℃]에서의 기압을 P [mmHg]이라 하면 상대 공기밀도는 다음과 같다.

$$\delta = \frac{P}{760} \times \frac{273+20}{273+t} = \frac{0.386P}{273+t} \tag{5.33}$$

2 코로나 장해

코로나가 발생하면 다음과 같이 여러 장해가 발생한다.

코로나 손실

가공 전선로에서 코로나가 발생하면 전선 표면의 전위경도가 커져 코로나 손실이 발생하여 송전효율을 저하시킨다. 코로나 손실은 피크(F.W.Peek)의 실험식을 사용하여 계산한다.

$$P = \frac{241}{\delta}(f+25)\sqrt{\frac{d}{2D}}\,(E-E_0)^2 \times 10^{-5}\,[\mathrm{kW/km/line}] \tag{5.34}$$

- δ : 상대 공기밀도
- f : 주파수 [Hz]
- d : 전선 지름 [cm]
- D : 등가 선간거리 [cm]
- E : 전선의 대지전압 [kV]
- E_0: 코로나 임계전압 [kV]

코로나 잡음 및 통신선의 유도장해

가공 전선로에서 코로나가 발생하면 교류전압의 반파마다 발생하는 펄스 형태의 잡음이 낮은 소리로 발생한다. 또한 고조파에 의한 고조파 전류 중 제3고조파 전류는 중성점 직접접지 방식의 송배전선로 인근의 통신선에 유도장해를 일으킨다.

전선의 부식

가공 전선로에서 코로나가 발생하면 오존이 발생하는데, 이 오존과 산화질소와 수분이 만나 질산(HNO_3)이 되어 전선을 부식시킨다.

소호리액터의 소호 능력 감소

전력계통에서 고장의 대부분을 차지하는 1선 지락이 발생하면 유효접지계에서 건전상의 전위는 대지전압의 1.3배까지 상승하게 된다. 이러한 전압상승에 의해 코로나가 발생하면 고장점의 잔류 전류의 유효성분을 증가시켜 소호리액터접지계의 소호 능력을 저하시킨다.

예제 5-9

코로나 현상이 일어날 때 발생하는 현상이 아닌 것은 무엇인가?

① 전선 표면의 전위경도가 커져 송전효율을 상승시킨다.

② 인근의 통신선에 유도장해를 일으킨다.

③ 발생하는 오존과 산화질소와 수분이 만나 전선을 부식시킨다.

④ 소호리액터접지계의 소호 능력을 저하시킨다.

정답 ①

풀이 가공 전선로에서 코로나가 발생하면 전선 표면의 전위경도가 커져 코로나 손실이 발생하여 송전효율을 저하시킨다.

3 코로나 방지 대책

코로나 발생을 방지하려면 가공 전선로의 전압을 코로나 임계전압 이하로 유지해야 한다. 코로나 임계전압을 줄이려면 전선의 반지름을 크게 하거나 등가 선간거리를 크게 하면 된다.

- 전선의 바깥지름을 크게 하거나 굵은 전선을 사용한다(예 : 중공연선, ACSR 등).
- 복도체를 사용한다.
- 가선 금구의 개량 및 손상을 방지한다.

CHAPTER

05 연습문제

5.1 지름이 5[mm]인 경동선을 100[m] 간격의 정삼각형 모양으로 배치했을 때, 가공 전선의 1선 1[km]당 작용 인덕턴스 L[mH/km]의 크기를 구하라.

5.2 반지름 14[mm]인 ACSR로 구성된 완전 연가된 3상 1회선 송전선로가 있다. 각 상간의 등가 선간거리가 2800[mm]일 때, 이 선로의 1[km]당 작용 인덕턴스 L[mH/km]의 크기를 구하라.

5.3 선로에서 연가를 하는 주된 목적을 설명하라.

5.4 전선 4개의 도체가 정사각형 모양으로 배치되어 있을 때 기하 평균거리는 얼마인가? 이때 각 도체간의 거리는 d[m]이다.

5.5 소도체 두 개로 구성된 복도체 방식 3상 3선식 송전선로가 있다. 소도체 지름 2[cm], 소도체 간격 36[cm], 등가 선간거리 120[cm]일 때 복도체 1[km]의 인덕턴스 L[mH]을 구하라.

5.6 선간거리가 $2D$[m]이고 선로도선의 지름이 d[m]인 선로의 단위길이당 정전용량 C[μF/km]의 크기를 구하라.

5.7 단상 2선식 배전선로의 대지정전용량을 C_s, 상호정전용량을 C_m이라 할 때 작용정전용량 C_n을 구하라.

5.8 3상 3선식 송전선의 대지정전용량을 C, 상호정전용량을 C'이라 할 때 작용정전용량 C_n을 구하라.

5.9 소도체 두 개로 구성된 복도체 방식 3상 3선식 송전선로가 있다. 소도체의 지름 2[cm], 소도체 간격 16[cm], 등가 선간거리 200[cm]일 때 1상당 작용정전용량 C[μF/km]를 구하라.

5.10 전압 66000[V], 주파수 60[Hz], 길이 10[km], 심선 1선당 작용정전용량 0.3464[μF/km]인 3상 지중 전선로의 3상 무부하 충전전류 I[A]를 구하라. 단, 정전용량 이외의 선로정수는 무시한다.

5.11 대지정전용량 0.007[μF/km], 상호 정전용량 0.001[μF/km], 선로의 길이 $L = 100$[km]인 3상 송전선이 있다. 여기에 154[kV], 60[Hz]를 가했을 때 1선에 흐르는 충전전류는 몇 [A]인가?

5.12 3상 3선식 송전선로에서 코로나의 임계전압 E_0[kV]의 계산식을 설명하라. 단, $d = 2r =$ 전선의 지름[cm], $D =$ 전선(3선)의 평균 선간거리[cm]이며 전선 표면 상태 계수, 날씨계수, 상대 공기 밀도 등의 영향계수는 곱하지 않는 것으로 한다.

5.13 선로의 코로나 방지 대책에 대하여 설명하라.

CHAPTER

06

송전선로의 특성

송전선로는 길이에 따라 단거리, 중거리, 장거리 송전선로로 나눌 수 있다. 복잡한 회로를 간단히 변환하는 4단자 정수라는 개념을 도입하여 각 송전선로의 특징을 확인해보자. 또한 안정적으로 전력을 공급하기 위한 전압 조정법과 계통의 안정도를 향상시키는 방법을 알아보자.

CONTENTS

SECTION 6.1 송전선로의 특성

송전선로는 송전단과 수전단을 잇는 선로로, 여러 기기들이 접속되어 매우 복잡한 회로로 구성되어 있다. 따라서 4단자 정수라는 개념을 도입하여 복잡한 회로를 쉽게 해석한다. 또한 송전선로는 송전단과 수전단 사이의 거리에 따라 단거리 송전선로, 중거리 송전선로, 장거리 송전선로로 나누며, 각 송전선로의 특성과 해석하는 방법이 다르다.

Keywords | 4단자 정수 | 직렬 임피던스 회로 | 병렬 어드미턴스 회로 |

1 4단자 정수

일반적으로 송전선로를 해석할 때는 선로정수가 전선로에 균일하게 분포되어 있다고 가정하고 해석한다. 하지만 실제 송전선로는 송전단과 수전단 사이에 변전소, 변압기 등이 접속되어 있고, 선로 사이에는 분기선이 있기 때문에 선로정수가 서로 다른 선로가 연결되기도 하는 복잡한 회로가 된다.

이처럼 복잡한 회로를 해석할 때는 송전단과 수전단의 전압, 전류를 다루는 것보다 4단자 정수를 이용하여 해석하는 것이 편리하고 실용적이다. 4단자 정수회로는 송전단과 수전단 사이의 복잡한 회로를 4단자 정수로 바꾸어 송전단과 수전단의 특성을 알아보는 것이다.

4단자 정수는 송전단과 수전단 사이, 즉 송전선로의 특성을 해석하기 위해 사용한다. 4단자 정수를 이용한 4단자 정수회로는 [그림 6-1]과 같이 나타낸다.

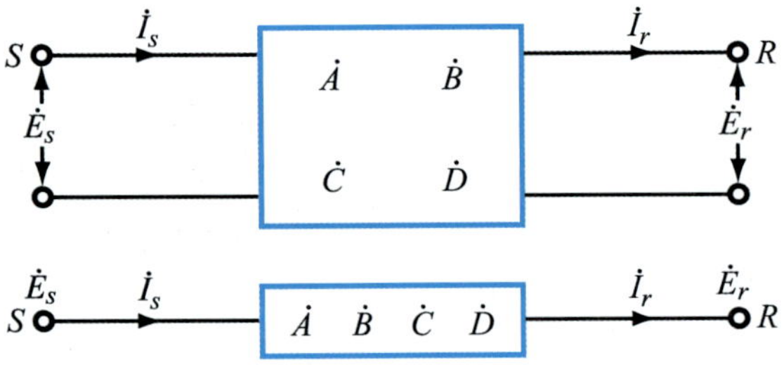

- $\dot{E}_s$: 송전단 전압 [V]
- $\dot{E}_r$: 수전단 전압 [V]
- $\dot{I}_s$: 송전단 전류 [A]
- $\dot{I}_r$: 수전단 전류 [A]

[그림 6-1] 4단자 정수회로

먼저 송전단과 수전단의 전압, 전류의 관계를 표현하면 다음과 같다.

$$\begin{aligned}\dot{E}_s &= \dot{A}\dot{E}_r + \dot{B}\dot{I}_r \\ \dot{I}_s &= \dot{C}\dot{E}_r + \dot{D}\dot{I}_r\end{aligned} \tag{6.1}$$

이를 행렬로 표현하면 다음과 같다.

$$\begin{bmatrix} \dot{E}_s \\ \dot{I}_s \end{bmatrix} = \begin{bmatrix} \dot{A} & \dot{B} \\ \dot{C} & \dot{D} \end{bmatrix} \begin{bmatrix} \dot{E}_r \\ \dot{I}_r \end{bmatrix} \tag{6.2}$$

여기서 $\dot{A}$, $\dot{B}$, $\dot{C}$, $\dot{D}$를 4단자 정수라 하며, 4단자 정수 사이에는 $\dot{A}\dot{D} - \dot{B}\dot{C} = 1$의 관계가 성립한다. $\dot{E}_s$에 대한 식 (6.1)에서 다음과 같이 정수 $\dot{A}$를 구할 수 있다.

$$\dot{A} = \frac{\dot{E}_s}{\dot{E}_r} - \dot{B}\dot{I}_r \tag{6.3}$$

여기에서 우변의 음(−)의 항을 소거하기 위해 $\dot{I}_r$을 0이라 하자. 그러면 $\dot{A}$는 수전단이 개방인 조건 $(\dot{I}_r = 0)$에서의 $\frac{\dot{E}_s}{\dot{E}_r}$로 구할 수 있다.

$$\dot{A} = \left. \frac{\dot{E}_s}{\dot{E}_r} \right|_{\dot{I}_r = 0} \tag{6.4}$$

같은 방법으로 4단자 정수 중 나머지를 구하면 다음과 같다. $\dot{A}$는 전압비(상수), $\dot{B}$는 임피던스, $\dot{C}$는 어드미턴스, $\dot{D}$는 전류비(상수)를 나타낸다.

$$\dot{B} = \left. \frac{\dot{E}_s}{\dot{I}_r} \right|_{\dot{E}_r = 0} \qquad \dot{C} = \left. \frac{\dot{I}_s}{\dot{E}_r} \right|_{\dot{I}_r = 0} \qquad \dot{D} = \left. \frac{\dot{I}_s}{\dot{I}_r} \right|_{\dot{E}_r = 0} \tag{6.5}$$

- $\dot{I}_r = 0$: 수전단이 개방인 조건
- $\dot{E}_r = 0$: 수전단이 단락인 조건

예제 6-1

송전선로에서 4단자 정수 $\dot{A}$, $\dot{B}$, $\dot{C}$, $\dot{D}$의 표현으로 옳은 것은 무엇인가?

① $\dot{A}$: 상수이며, 전류비를 나타낸다.
② $\dot{B}$: 수전단 개방상태에서의 임피던스를 나타낸다.
③ $\dot{C}$: 수전단 개방상태에서의 어드미턴스를 나타낸다.
④ $\dot{D}$: 상수이며, 전압비를 나타낸다.

정답 ③

풀이 $\dot{A}$는 전압비를 나타내는 상수이며, $\dot{D}$는 전류비를 나타내는 상수이다. $\dot{B}$는 수전단 단락상태에서의 임피던스를, $\dot{C}$는 수전단 개방상태에서의 어드미턴스를 나타낸다.

2 4단자 정수의 적용

송전선로는 선로정수 R, L, C, g와 변압기, 변전소와 같은 전력설비로 구성된다. 이를 임피던스나 어드미턴스로 대체하면 송전선로는 직렬 임피던스와 병렬 어드미턴스의 연속적인 분포가 되며, 이를 4단자 정수로 나타낼 수 있다.

직렬 임피던스 회로

송전선로에 변압기 등 기기가 직렬로 연결되어 있으면 [그림 6-2]와 같은 직렬 임피던스 회로로 나타낼 수 있다. 직렬 임피던스 회로를 4단자 정수로 표현하면 다음과 같다.

$$\begin{bmatrix} \dot{A} & \dot{B} \\ \dot{C} & \dot{D} \end{bmatrix} = \begin{bmatrix} 1 & \dot{Z} \\ 0 & 1 \end{bmatrix} \tag{6.6}$$

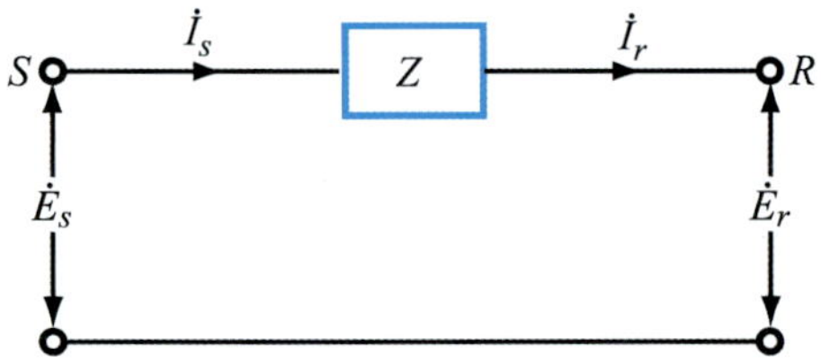

[그림 6-2] 직렬 임피던스 회로

병렬 어드미턴스 회로

송전선로에 분기선이 연결되어 있으면 병렬회로가 된다. 이때 병렬회로에서의 계산은 어드미턴스가 편리하므로 [그림 6-3]과 같은 병렬 어드미턴스 등가회로로 나타낼 수 있다. 병렬 어드미턴스 회로를 4단자 정수로 표현하면 다음과 같다.

$$\begin{bmatrix} \dot{A} & \dot{B} \\ \dot{C} & \dot{D} \end{bmatrix} = \begin{bmatrix} 1 & 0 \\ \dot{Y} & 1 \end{bmatrix} \tag{6.7}$$

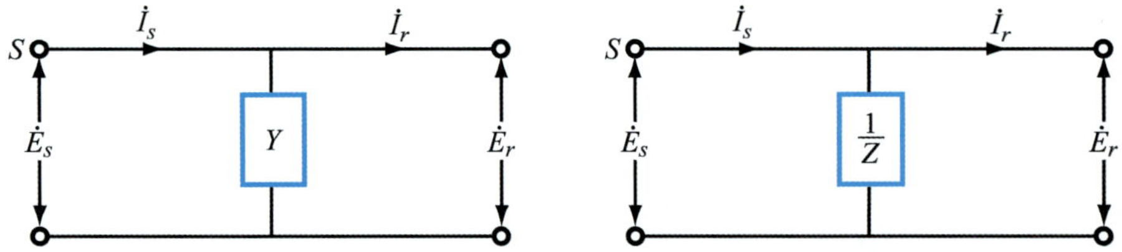

[그림 6-3] 병렬 어드미턴스 회로

★ 4단자 정수 ★

- 직렬 임피던스 회로 $\begin{bmatrix} \dot{A} & \dot{B} \\ \dot{C} & \dot{D} \end{bmatrix} = \begin{bmatrix} 1 & \dot{Z} \\ 0 & 1 \end{bmatrix}$
- 병렬 어드미턴스 회로 $\begin{bmatrix} \dot{A} & \dot{B} \\ \dot{C} & \dot{D} \end{bmatrix} = \begin{bmatrix} 1 & 0 \\ \dot{Y} & 1 \end{bmatrix}$

4단자 정수회로의 직렬연결

[그림 6-4]와 같이 2개의 4단자 정수회로가 직렬로 연결되어 있으면 합성 4단자 정수는 다음과 같이 행렬의 곱셈으로 구한다.

$$\begin{bmatrix} \dot{A} & \dot{B} \\ \dot{C} & \dot{D} \end{bmatrix} = \begin{bmatrix} \dot{A}_1 & \dot{B}_1 \\ \dot{C}_1 & \dot{D}_1 \end{bmatrix} \begin{bmatrix} \dot{A}_2 & \dot{B}_2 \\ \dot{C}_2 & \dot{D}_2 \end{bmatrix} = \begin{bmatrix} \dot{A}_1\dot{A}_2 + \dot{B}_1\dot{C}_2 & \dot{A}_1\dot{B}_2 + \dot{B}_1\dot{D}_2 \\ \dot{A}_2\dot{C}_1 + \dot{C}_2\dot{D}_1 & \dot{B}_2\dot{C}_1 + \dot{D}_1\dot{D}_2 \end{bmatrix} \tag{6.8}$$

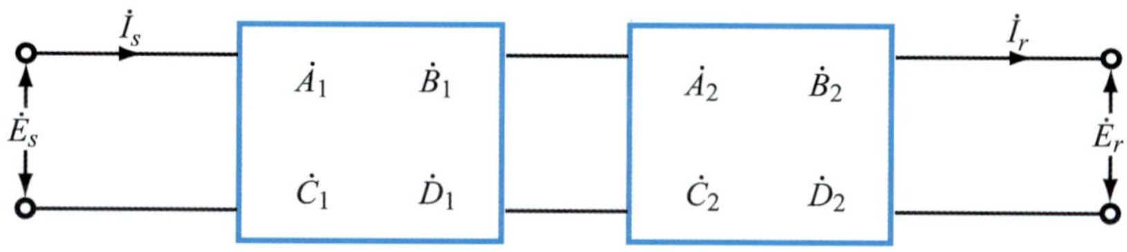

[그림 6-4] 4단자 정수회로의 직렬연결

수전단에 변압기가 연결된 경우

[그림 6-5]와 같이 송전선로의 수전단에 변압기 $\dot{Z}_{tr}$이 연결되어 있으면, $\dot{A}_1$, $\dot{B}_1$, $\dot{C}_1$, $\dot{D}_1$의 4단자 회로망과 $\dot{Z}_{tr}$이 직렬로 연결되어 있으므로 다음과 같이 행렬의 곱셈으로 구한다.

$$\begin{bmatrix} \dot{A} & \dot{B} \\ \dot{C} & \dot{D} \end{bmatrix} = \begin{bmatrix} \dot{A}_1 & \dot{B}_1 \\ \dot{C}_1 & \dot{D}_1 \end{bmatrix} \begin{bmatrix} 1 & \dot{Z}_{tr} \\ 0 & 1 \end{bmatrix} = \begin{bmatrix} \dot{A}_1 & \dot{A}_1\dot{Z}_{tr} + \dot{B}_1 \\ \dot{C}_1 & \dot{C}_1\dot{Z}_{tr} + \dot{D}_1 \end{bmatrix} \tag{6.9}$$

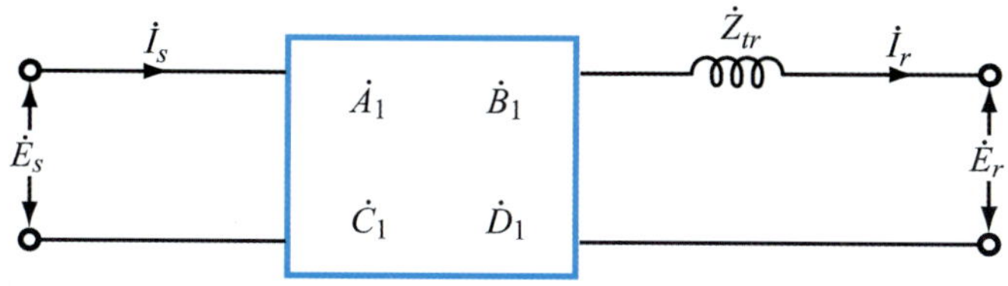

[그림 6-5] 4단자 회로와 직렬연결된 변압기 $\dot{Z}_{tr}$

전력계통에서 구성되는 다양한 회로에 대한 4단자 정수를 정리하면 [표 6-1]과 같다.

[표 6-1] 4단자 정수의 예

회로의 종류 (좌측 송전단, 우측 수전단)	4단자 정수			
	$\dot{A}$	$\dot{B}$	$\dot{C}$	$\dot{D}$
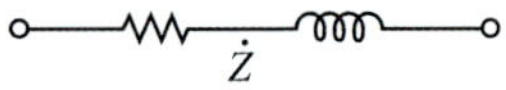	1	$\dot{Z}$	0	1
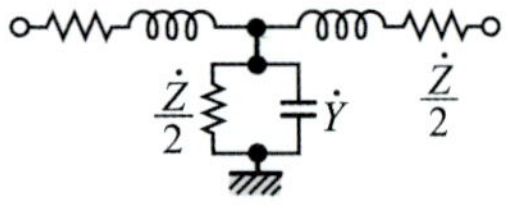	$1+\frac{\dot{Z}\dot{Y}}{2}$	$\dot{Z}\left(1+\frac{\dot{Z}\dot{Y}}{4}\right)$	$\dot{Y}$	$1+\frac{\dot{Z}\dot{Y}}{2}$
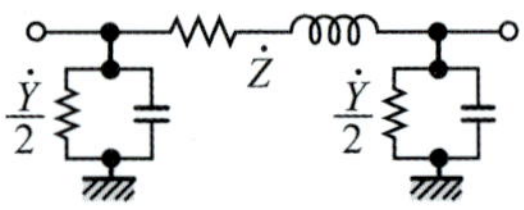	$1+\frac{\dot{Z}\dot{Y}}{2}$	$\dot{Z}$	$\dot{Y}\left(1+\frac{\dot{Z}\dot{Y}}{4}\right)$	$1+\frac{\dot{Z}\dot{Y}}{2}$
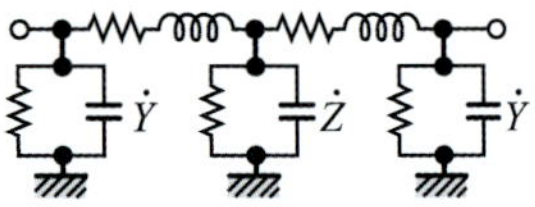	$\cosh\sqrt{\dot{Z}\dot{Y}}$	$\sqrt{\frac{\dot{Z}}{\dot{Y}}}\sinh\sqrt{\dot{Z}\dot{Y}}$	$\sqrt{\frac{\dot{Y}}{\dot{Z}}}\cosh\sqrt{\dot{Z}\dot{Y}}$	$\cosh\sqrt{\dot{Z}\dot{Y}}$
	$\dot{A}$	$\dot{B}$	$\dot{C}$	$\dot{D}$
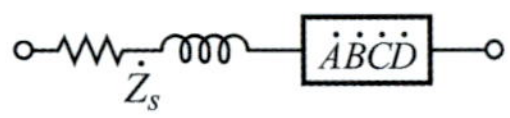	$\dot{A}+\dot{C}\dot{Z}_s$	$\dot{B}+\dot{D}\dot{Z}_s$	$\dot{C}$	$\dot{D}$
	$\dot{A}+\dot{C}\dot{Z}_s$	$\dot{B}+\dot{A}\dot{Z}_r+\dot{D}\dot{Z}_s$ $+\dot{C}\dot{Z}_s\dot{Z}_r$	$\dot{C}$	$\dot{D}+\dot{C}\dot{Z}_r$
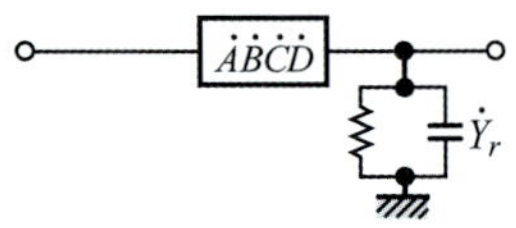	$\dot{A}+\dot{B}\dot{Y}_r$	$\dot{B}$	$\dot{C}+\dot{D}\dot{Y}_r$	$\dot{D}$
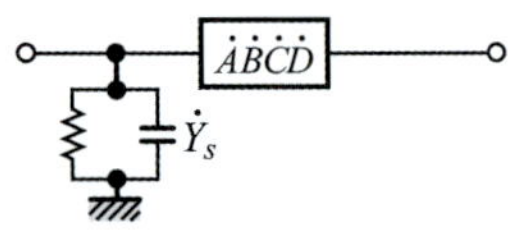	$\dot{A}$	$\dot{B}$	$\dot{C}+\dot{A}\dot{Y}_s$	$\dot{D}+\dot{B}\dot{Y}_s$
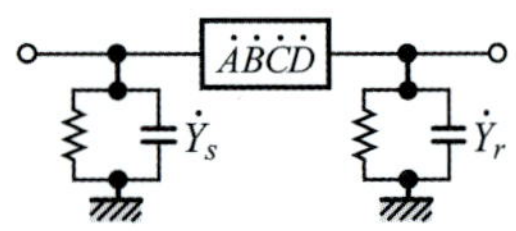	$\dot{A}+\dot{B}\dot{Y}_r$	$\dot{B}$	$\dot{C}+\dot{A}\dot{Y}_s+\dot{D}\dot{Y}_r$ $+\dot{B}\dot{Y}_s\dot{Y}_r$	$\dot{D}+\dot{B}\dot{Y}_s$
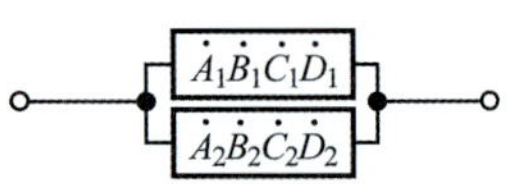	$\frac{\dot{A}_1\dot{B}_2+\dot{B}_1\dot{A}_2}{\dot{B}_1+\dot{B}_2}$	$\frac{\dot{B}_1\dot{B}_2}{\dot{B}_1+\dot{B}_2}$	$\dot{C}_1+\dot{C}_2+\frac{(\dot{A}_1-\dot{A}_2)(\dot{D}_2-\dot{D}_1)}{\dot{B}_1+\dot{B}_2}$	$\frac{\dot{B}_1\dot{D}_2+\dot{D}_1\dot{B}_2}{\dot{B}_1+\dot{B}_2}$
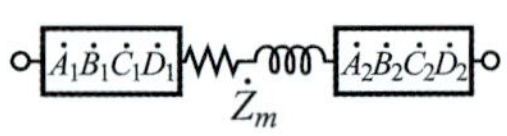	$\dot{A}_1\dot{A}_2+\dot{B}_1\dot{C}_2$ $+\dot{A}_1\dot{C}_2\dot{Z}_m$	$\dot{A}_1\dot{B}_2+\dot{B}_1\dot{D}_2$ $+\dot{A}_1\dot{D}_2\dot{Z}_m$	$\dot{C}_1\dot{B}_2+\dot{D}_1\dot{D}_2$ $+\dot{C}_1\dot{D}_2\dot{Z}_m$	$\dot{C}_1\dot{B}_2+\dot{D}_1\dot{D}_2$ $+\dot{C}_1\dot{D}_2\dot{Z}_m$
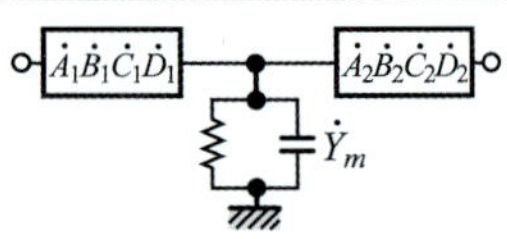	$\dot{A}_1\dot{A}_2+\dot{B}_1\dot{C}_2$ $+\dot{B}_1\dot{A}_2\dot{Y}_m$	$\dot{A}_1\dot{B}_2+\dot{B}_1\dot{D}_2$ $+\dot{B}_1\dot{B}_2\dot{Y}_m$	$\dot{C}_1\dot{A}_2+\dot{D}_1\dot{C}_2$ $+\dot{D}_1\dot{A}_2\dot{Y}_m$	$\dot{C}_1\dot{B}_2+\dot{D}_1\dot{D}_2$ $+\dot{D}_1\dot{B}_2\dot{Y}_m$

예제 6-2

다음과 같은 4단자 정수회로의 송전단에 변압기가 연결된 경우 변압기 임피던스 $\dot{Z}_s$를 포함하는 새로운 회로정수 $\dot{B}_0$는 무엇인가? 단, $\dot{E}_s$는 송전단 전압, $\dot{E}_r$은 수전단 전압, $\dot{I}_s$는 송전단 전류, $\dot{I}_r$은 수전단 전류이다.

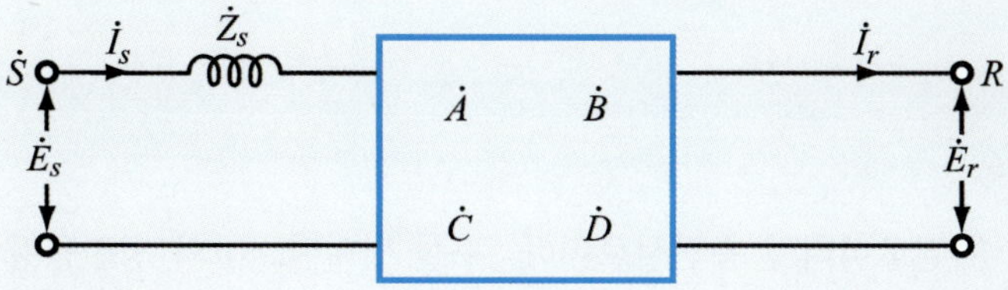

① $\dot{A}+\dot{C}\dot{Z}_s$ ② $\dot{B}+\dot{C}\dot{Z}_s$

③ $\dot{A}+\dot{D}\dot{Z}_s$ ④ $\dot{B}+\dot{D}\dot{Z}_s$

정답 ④

풀이 다음 회로는 송전단에 변압기가 직렬연결된 경우이므로 직렬 임피던스 $\dot{Z}_s$가 연결되었다고 생각할 수 있다. 따라서 직렬 임피던스 회로 $\begin{bmatrix} 1 & \dot{Z}_s \\ 0 & 1 \end{bmatrix}$와 4단자 정수 $\begin{bmatrix} \dot{A} & \dot{B} \\ \dot{C} & \dot{D} \end{bmatrix}$의 곱으로 구할 수 있다.

$$\begin{bmatrix} \dot{A}_0 & \dot{B}_0 \\ \dot{C}_0 & \dot{D}_0 \end{bmatrix} = \begin{bmatrix} 1 & \dot{Z}_s \\ 0 & 1 \end{bmatrix}\begin{bmatrix} \dot{A} & \dot{B} \\ \dot{C} & \dot{D} \end{bmatrix} = \begin{bmatrix} \dot{A}+\dot{C}\dot{Z}_s & \dot{B}+\dot{D}\dot{Z}_s \\ \dot{C} & \dot{D} \end{bmatrix}$$

3 송전선로의 해석

송전선로는 3상 교류를 사용하며, 각 상의 전선에 선로정수인 저항 R, 인덕턴스 L, 정전용량 C, 누설 컨덕턴스 g가 균일하게 분포되어 있는 회로이다.

실제 전선로의 길이가 길어질수록 인덕턴스와 정전용량의 영향이 저항의 영향보다 현저하게 커지기 때문에, 송전선로의 등가회로는 송전선로의 길이에 따라 서로 다르게 나타난다. 송전선로의 길이가 충분히 긴 경우에는 선로정수가 전선로에 균일하게 분포되어 있다고 가정하여 분포정수회로로 취급하지만, 송전선로의 길이가 짧으면 선로정수가 1개 또는 수 개에 집중된 집중정수회로로 취급해도 오차가 크지 않다.

송전선로는 송전단에서 수전단까지의 거리에 따라 단거리, 중거리, 장거리 송전선로로 구분한다. 이때 전선로의 전기적 특성은 송전단에서 수전단으로 전력을 전송할 때 영향을 미치는 인자와 송전선로의 등가회로를 적용하여 해석한다. 송전단과 수전단에 이르는 거리에 따라 구분한 송전선로의 특징을 [표 6-2]에 정리했다.

[표 6-2] 단거리, 중거리, 장거리 송전선로의 특징

구분	길이	선로정수	취급회로
단거리 송전선로	수[km]	R, L	집중정수회로
중거리 송전선로	수십[km]	R, L, C	집중정수회로
장거리 송전선로	수백[km] 이상	R, L, C, g	분포정수회로

4 단거리 송전선로

단거리 송전선로는 전선로의 길이가 수 킬로미터인 송전선로이다. 누설 컨덕턴스 g와 정전용량 C의 크기가 아주 작기 때문에 g, C를 무시한 집중정수회로로 취급한다.

등가회로

단거리 송전선로는 저항 R과 인덕턴스 L이 직렬연결된 회로로 표현하며, 등가회로는 [그림 6-6]과 같다.

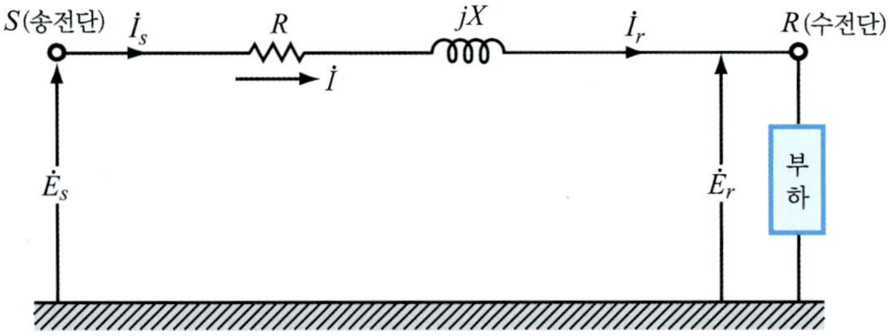

- $\dot{E}_s$: 송전단 전압(대지전압) [V]
- $\dot{E}_r$: 수전단 전압(대지전압) [V]
- $\dot{I}$: 선전류 [A]
- $\dot{I}_s$: 송전단 전류 [A]
- $\dot{I}_r$: 수전단 전류 [A]

[그림 6-6] 단거리 송전선로의 등가회로

전압강하

단거리 송전선로에서의 전기적 특성을 해석하려면 송전단 전압 $\dot{E}_s$와 수전단 전압 $\dot{E}_r$의 관계를 알아야 한다. $\dot{E}_s$와 $\dot{E}_r$의 관계는 선로의 저항과 인덕턴스에 의한 전압강하를 구하여 알 수 있다. 전압강하를 벡터도로 표현하면 [그림 6-7]과 같다.

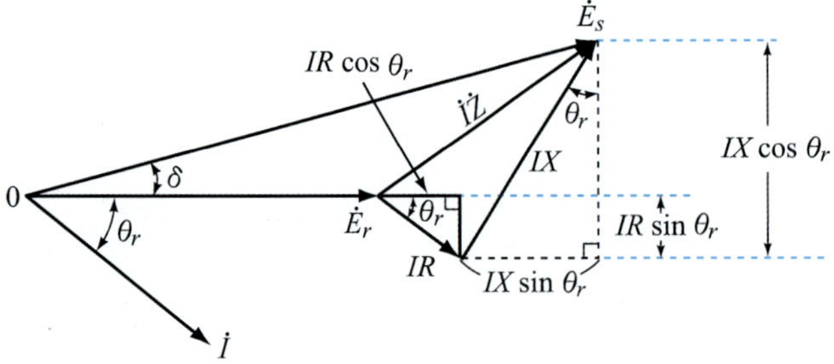

[그림 6-7] 전압강하 벡터도

[그림 6-7]의 벡터도는 수전단 전압 $\dot{E}_r$을 기준으로 나타낸 것이며, 수전단 전압 $\dot{E}_r$과 송전단 전류 $\dot{I}$ 사이에는 위상차 θ_r이 발생한다. 송전단 전류 $\dot{I}$와 선로의 전압강하 IR은 동상이며, 리액턴스 전압강하 IX는 90° 앞서므로 벡터 합은 $\dot{I}\dot{Z}$가 된다. 따라서 수전단 전압 $\dot{E}_r$과 전압강하 $\dot{I}\dot{Z}$의 벡터 합은 송전단 전압 $\dot{E}_s$가 된다. 이를 수식으로 표현하면 다음과 같다.

$$\dot{E}_s = \underbrace{\dot{E}_r + IR\cos\theta_r + IX\sin\theta_r}_{1\text{항}} + \underbrace{j(IX\cos\theta_r - IR\sin\theta_r)}_{2\text{항}} \tag{6.10}$$

송전단 전압 $\dot{E}_s$의 크기는 다음과 같다.

$$E_s = \sqrt{(E_r + IR\cos\theta_r + IX\sin\theta_r)^2 + (IX\cos\theta_r - IR\sin\theta_r)^2} \tag{6.11}$$

수전단 전압 $\dot{E}_r$에 비해 IR과 IX의 값은 아주 작기 때문에 식 (6.11)의 제곱근($\sqrt{\ }$) 내의 제2항을 무시할 수 있다. 따라서 다음과 같이 간략하게 나타낼 수 있다.

$$E_s \fallingdotseq E_r + I(R\cos\theta_r + X\sin\theta_r) \tag{6.12}$$

즉 전압강하 e는 다음과 같다.

$$e = E_s - E_r = I(R\cos\theta_r + X\sin\theta_r) \tag{6.13}$$

전압강하 e를 수전단 전압 E_r으로 나눈 값을 백분율로 나타낸 것을 전압강하율 ε이라 한다. 전압강하율 ε을 통해 송전단과 수전단 간 전압의 변화를 쉽게 알 수 있다.

★ 전압강하율 ★

$$\begin{aligned}\varepsilon &= \frac{E_s - E_r}{E_r} \times 100 = \frac{e}{E_r} \times 100 \\ &= \frac{I(R\cos\theta_r + X\sin\theta_r)}{E_r} \times 100 \\ &= \frac{P}{E_r^2}(R + X\tan\theta) \times 100\,[\%]\end{aligned} \tag{6.14}$$

예제 6-3

수전단 전압 66[kV], 전류 100[A], 선로 저항 10[Ω], 선로 리액턴스 15[Ω], 수전단 역률 0.8인 단거리 송전선로의 전압강하율 ε[%]을 구하라.

정답 2.57 [%]

풀이 수전단 역률이 0.8이므로, $\cos\theta = 0.8$이면 $\sin\theta = 0.6$이다. 송전선로의 전압강하율을 구하기 위해 $E_r = 66$[kV], $I = 100$[A], $R = 10$[Ω], $X = 15$[Ω], $\cos\theta_r = 0.8$, $\sin\theta_r = 0.6$을 식 (6.14)에 대입하면 다음과 같다.

$$\begin{aligned}\varepsilon &= \frac{I(R\cos\theta_r + X\sin\theta_r)}{E_r} \times 100 \\ &= \frac{100(10\times 0.8 + 15\times 0.6)}{66000} \times 100 \\ &= 2.57\,[\%]\end{aligned}$$

대지전압을 기준으로 한 수전단 전압 식 (6.12)를 선간전압으로 표현하기 위해 양변을 $\sqrt{3}$ 배하면 다음과 같다.

$$\begin{aligned}E_s &= E_r + I(R\cos\theta_r + X\sin\theta_r) \\ &= V_r + \sqrt{3}\,I(R\cos\theta_r + X\sin\theta_r)\end{aligned} \tag{6.15}$$

이때의 수전단 전력 P_r과 송전단 전력 P_s는 다음과 같다.

$$\begin{aligned}P_r &= \sqrt{3}\,V_r I\cos\theta_r \\ P_s &= \sqrt{3}\,V_r I\cos\theta_r + 3I^2R = P_r + 3I^2R\end{aligned} \tag{6.16}$$

즉 송전단 전력은 수전단 전력과 전력손실의 합으로 나타낼 수 있다. 이때 전력손실 P_l은 다음과 같다.

$$P_l = 3I^2R = 3\left(\frac{P}{\sqrt{3}\,V\cos\theta}\right)^2 R = \frac{P^2}{V^2\cos^2\theta}R \tag{6.17}$$

무부하 시 수전단 전압 E_{ro}와 전부하 시 수전단 전압 E_r의 차를 수전단 전압으로 나눈 값을 백분율로 나타낸 값을 전압변동률이라 한다. 전압변동률은 부하 변화에 따른 수전단 전압의 변동 정도를 나타낸다.

★ 전압변동률 ★

$$\text{전압변동률} = \frac{E_{ro} - E_r}{E_r} \times 100\,[\%] \tag{6.18}$$

예제 6-4

수전단 전압 60000[V], 수전단 전류 100[A], 선로 저항 10[Ω], 선로 리액턴스 15[Ω], 수전단 역률 0.8인 3상 1회선 송전선로의 송전단 전압을 구하라.

정답 62944 [V]

풀이 먼저 수전단 역률이 0.8이므로, $\cos\theta = 0.8$이면 $\sin\theta = 0.6$이다. $E_r = 60000$[V], $I = 100$[V], $R = 10$[Ω], $X = 15$[Ω], $\cos\theta_r = 0.8$, $\sin\theta_r = 0.6$을 식 (6.15)에 대입하여 송전단 전압을 구하면 다음과 같다.

$$\begin{aligned} E_s &= E_r + \sqrt{3}\,I(R\cos\theta_r + X\sin\theta_r) \\ &= 60000 + \sqrt{3} \times 100(10 \times 0.8 + 15 \times 0.6) \\ &= 62944\,[\text{V}] \end{aligned}$$

예제 6-5

송전단 전압 66[kV], 수전단 전압 60[kV]인 송전선로에서 수전단의 부하를 끊었더니 수전단 전압이 63[kV]가 되었다. 이때의 전압변동률[%]을 구하라.

정답 5 [%]

풀이 무부하 시 수전단 전압은 $E_{ro} = 63$[kV]이고, 전부하 시 수전단 전압은 $E_r = 60$[kV]이므로 식 (6.18)을 이용하여 다음과 같이 전압변동률[%]을 구할 수 있다.

$$\text{전압변동률} = \frac{E_{ro} - E_r}{E_r} \times 100 = \frac{63 - 60}{60} \times 100 = 5\,[\%]$$

4단자 정수

단거리 송전선로는 저항 R과 인덕턴스 L이 직렬연결된 회로로 나타낼 수 있다. 단거리 송전선로의 등가회로와 4단자 정수회로는 [그림 6-8]과 같이 나타낼 수 있다.

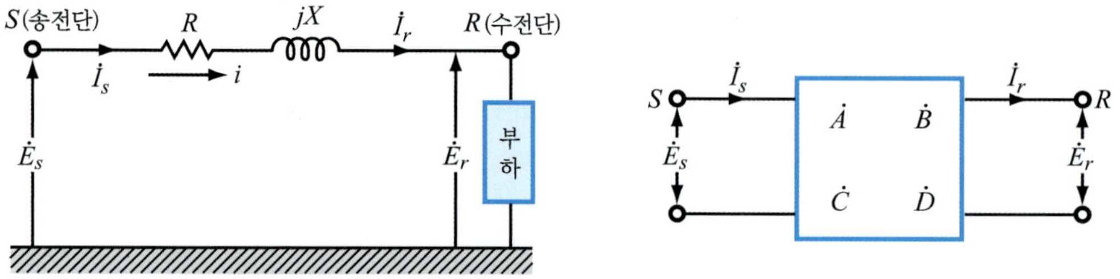

(a) 등가회로 (b) 4단자 정수회로

[그림 6-8] 단거리 송전선로의 등가회로와 4단자 정수회로

따라서 송전단과 수전단 사이의 전압과 전류의 관계를 표현하면 다음과 같다.

$$\begin{aligned} \dot{E}_s &= \dot{A}\dot{E}_r + \dot{B}\dot{I}_r = \dot{E}_r + \dot{Z}\dot{I}_r \\ \dot{I}_s &= \dot{C}\dot{E}_r + \dot{D}\dot{I}_r = \dot{I}_r \end{aligned} \tag{6.19}$$

★ 단거리 송전선로의 4단자 정수 ★

$$\begin{bmatrix} \dot{A} & \dot{B} \\ \dot{C} & \dot{D} \end{bmatrix} = \begin{bmatrix} 1 & \dot{Z} \\ 0 & 1 \end{bmatrix} \tag{6.20}$$

예제 6-6

단거리 송전선로에서 4단자 정수 B는 무엇을 의미하는가?

① 전압비 ② 임피던스

③ 어드미턴스 ④ 전류비

정답 ②

풀이 식 (6.20)에서 단거리 송전선로의 4단자 정수 B는 임피던스를 의미한다.

5 중거리 송전선로

중거리 송전선로는 전선로의 길이가 수십 킬로미터인 송전선로이다. 길이가 길면 정전용량의 영향이 증가하므로 중거리 송전선로에서는 반드시 정전용량을 고려해야 한다. 따라서 중거리 송전선로는 보통 단거리 송전선로와 같이 선로 전체에 분포하는 선로정수 R, L, C를 모두 결합하여 집중정수회로로 간단히 나타낸다. 즉 [그림 6-9]와 같이 저항 R과 인덕턴스 L을 합쳐 임피던스 Z로 표현하고, 정전용량 C는 어드미턴스 Y로 표현할 수 있다.

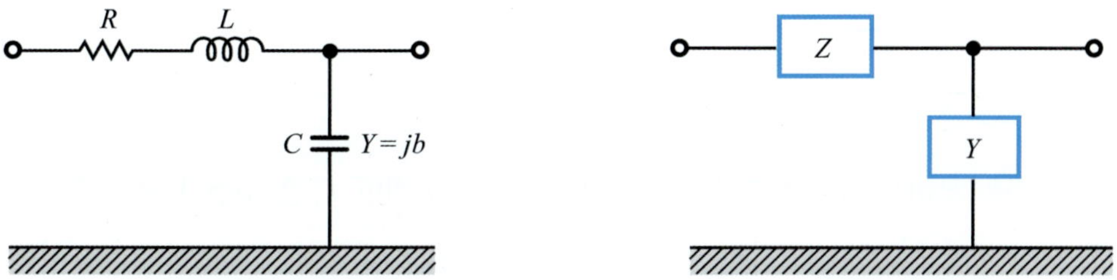

(a) 집중정수회로 (b) 등가회로

[그림 6-9] 중거리 송전선로의 등가회로

중거리 송전선로는 임피던스 Z와 어드미턴스 Y를 배치하는 방법에 따라 T형 회로와 π형 회로로 구분한다. T형 회로는 임피던스 Z를 2등분하여 어드미턴스 Y의 양쪽에 배치한 회로이며, π형 회로는 어드미턴스 Y를 2등분하여 송전단과 수전단에 각각 병렬로 배치한 회로이다.

T형 회로

T형 회로는 [그림 6-10(a)]와 같이 중거리 송전선로의 임피던스를 2등분하여 송전단과 수전단에 각각 직렬로 배치한 회로이다. T형 회로의 등가회로는 [그림 6-10(b)]와 같다.

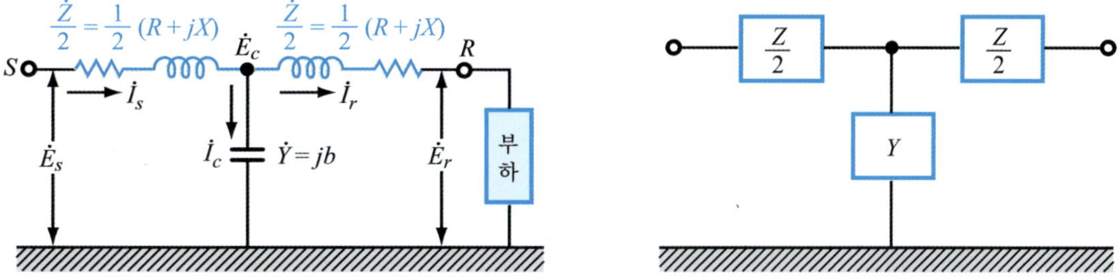

(a) T형 회로 (b) T형 회로의 등가회로

[그림 6-10] T형 회로와 T형 회로의 등가회로

[그림 6-11]에 나타낸 T형 회로의 벡터도를 이용하여 전압과 전류의 관계를 알아보자.

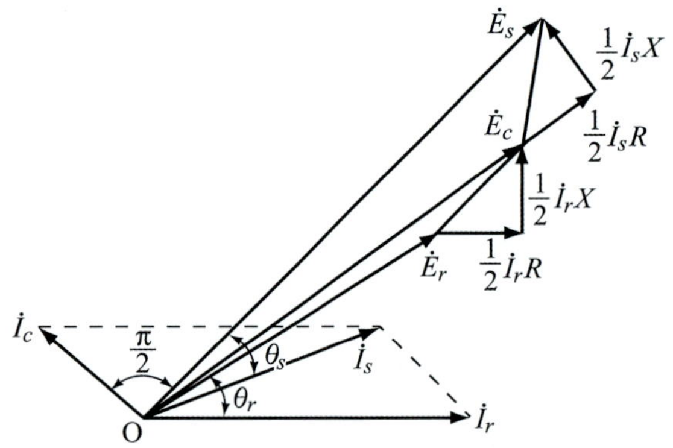

[그림 6-11] T형 회로의 벡터도

전력계통에서 사용하는 부하는 대부분 유도성 부하이므로 수전단 전압 $\dot{E}_r$은 수전단 전류 $\dot{I}_r$보다 θ_r만큼 앞선다. 또한 저항에 의한 전압강하 $\frac{1}{2}\dot{I}_r R$은 수전단 전류 $\dot{I}_r$과 동상이며 리액턴스에 의한 전압강하 $\frac{1}{2}\dot{I}_r X$는 수전단 전류 $\dot{I}_r$보다 90° 앞선다. 이때 두 전압강하의 벡터합은 $\dot{E}_c$가 된다. 같은 방법으로 송전단 전압 $\dot{E}_s$도 나타낼 수 있다.

T형 회로에서 송전단 전압 $\dot{E}_s$와 송전단 전류 $\dot{I}_s$는 다음과 같다.

$$\begin{aligned} \dot{E}_s &= \dot{E}_c + \frac{1}{2}\dot{Z}\dot{I}_s \\ \dot{I}_s &= \dot{I}_r + \dot{I}_c \end{aligned} \tag{6.21}$$

등가회로 병렬접속점의 전압 $\dot{E}_c$와 전류 $\dot{I}_c$는 다음과 같다.

$$\begin{aligned} \dot{E}_c &= \dot{E}_r + \frac{1}{2}\dot{Z}\dot{I}_r \\ \dot{I}_c &= \dot{Y}\dot{E}_c \end{aligned} \tag{6.22}$$

수전단 전압 $\dot{E}_r$과 수전단 전류 $\dot{I}_r$을 대입하여 송전단 전압 $\dot{E}_s$와 송전단 전류 $\dot{I}_s$를 구하면 다음과 같다.

$$\begin{aligned} \dot{E}_s &= \left(1+\frac{\dot{Z}\dot{Y}}{2}\right)\dot{E}_r + \dot{Z}\left(1+\frac{\dot{Z}\dot{Y}}{4}\right)\dot{I}_r \\ \dot{I}_s &= \dot{Y}\dot{E}_r + \left(1+\frac{\dot{Z}\dot{Y}}{2}\right)\dot{I}_r \end{aligned} \tag{6.23}$$

T형 회로를 4단자 정수회로로 나타내면 4단자 정수 $\dot{A}$, $\dot{B}$, $\dot{C}$, $\dot{D}$는 다음과 같다.

★ T형 회로의 4단자 정수 ★

$$\begin{bmatrix} \dot{A} & \dot{B} \\ \dot{C} & \dot{D} \end{bmatrix} = \begin{bmatrix} 1+\dfrac{\dot{Z}\dot{Y}}{2} & \dot{Z}\left(1+\dfrac{\dot{Z}\dot{Y}}{4}\right) \\ \dot{Y} & 1+\dfrac{\dot{Z}\dot{Y}}{2} \end{bmatrix} \tag{6.24}$$

예제 6-7

다음과 같은 T형 회로의 4단자 정수에서 B는 무엇을 의미하는가?

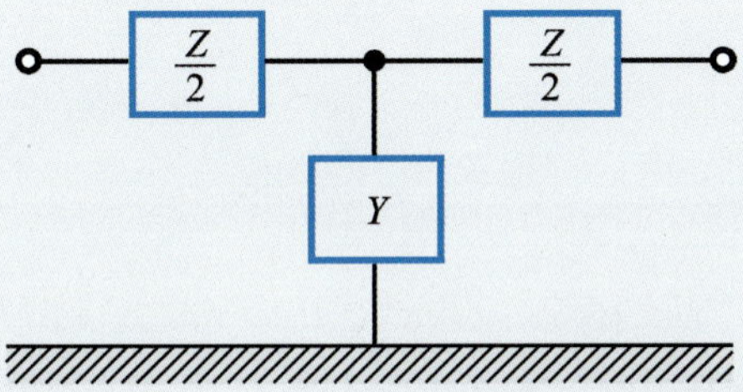

① $1+\dfrac{ZY}{2}$ ② $Z\left(1+\dfrac{ZY}{4}\right)$ ③ Y ④ $1+\dfrac{ZY}{4}$

정답 ②

풀이 식 (6.24)에서 T형 회로의 4단자 정수 B는 $Z\left(1+\dfrac{ZY}{4}\right)$이다.

π형 회로

π형 회로는 [그림 6-12(a)]와 같이 어드미턴스를 2등분하여 송전단과 수전단에 각각 병렬로 배치한 회로이다. π형 회로의 등가회로는 [그림 6-12(b)]와 같다.

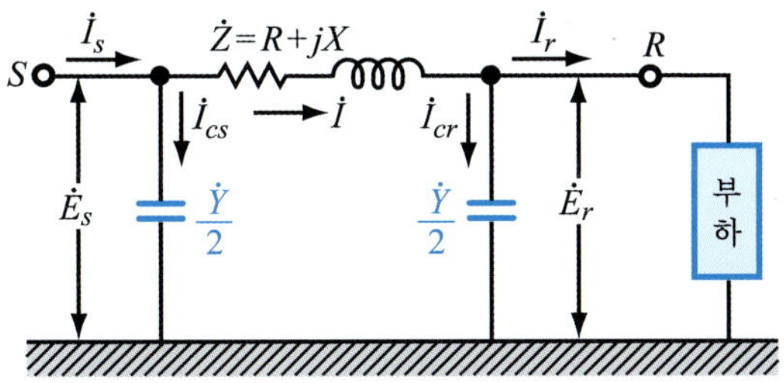

(a) π형 회로

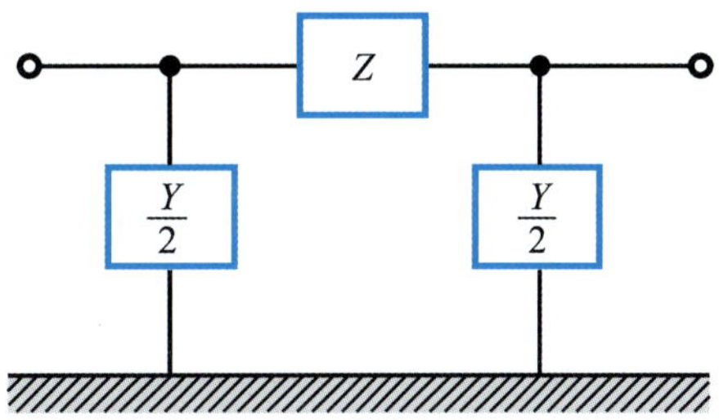

(b) π형 회로의 등가회로

[그림 6-12] π형 회로와 π형 회로의 등가회로

[그림 6-13]에 나타낸 π형 회로의 벡터도를 이용하여 전압과 전류의 관계를 알아보자.

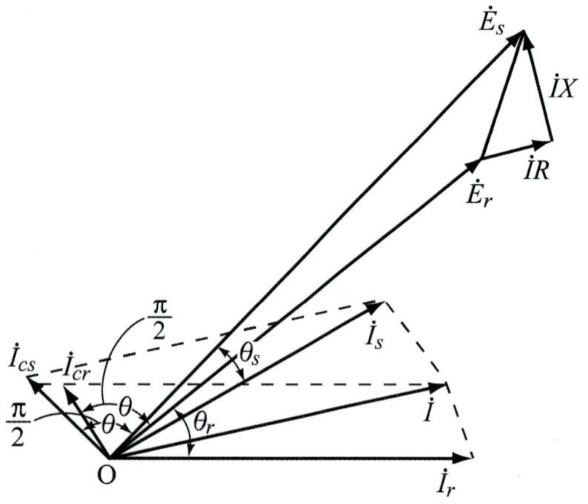

[그림 6-13] π형 회로의 벡터도

수전단 전압 $\dot{E}_r$은 수전단 전류 $\dot{I}_r$보다 θ_r만큼 앞서며, 어드미턴스에 흐르는 전류 $\dot{I}_{cr}$은 충전전류이므로 수전단 전압 $\dot{E}_r$보다 90° 앞서게 된다. 이때 어드미턴스에 흐르는 전류 $\dot{I}_{cr}$과 수전단 전류 $\dot{I}_r$의 벡터 합으로 송전선로에 흐르는 전류 $\dot{I}$를 구할 수 있다. 또한 송전단 측 어드미턴스에 흐르는 전류 $\dot{I}_{cs}$는 송전단 전압 $\dot{E}_s$보다 90° 앞서며, $\dot{I}$와 $\dot{I}_{cs}$의 벡터 합으로 송전단 전류 $\dot{I}_s$를 구할 수 있다. 선로의 저항에 의한 전압강하 $\dot{I}R$은 전류 $\dot{I}$와 동상이며 리액턴스에 의한 전압강하 $\dot{I}X$는 전류 $\dot{I}$보다 90° 앞서게 되므로 이 두 전압강하의 벡터 합이 송전단 전압 $\dot{E}_s$가 된다.

π형 회로에서 송전단 전압 $\dot{E}_s$와 송전단 전류 $\dot{I}_s$는 다음과 같다.

$$\begin{aligned} \dot{E}_s &= \dot{E}_r + \dot{Z}\dot{I} \\ \dot{I}_s &= \dot{I}_{cs} + \dot{I} \end{aligned} \tag{6.25}$$

π형 회로에서 각 부분의 전류를 구하면 다음과 같다.

$$\begin{aligned} \dot{I}_{cr} &= \frac{\dot{Y}}{2}\dot{E}_r \\ \dot{I}_{cs} &= \frac{\dot{Y}}{2}\dot{E}_s \\ \dot{I} &= \dot{I}_{cr} + \dot{I}_r = \frac{\dot{Y}}{2}\dot{E}_r + \dot{I}_r \end{aligned} \tag{6.26}$$

수전단 전압 $\dot{E}_r$ 과 수전단 전류 $\dot{I}_r$ 을 대입하면 송전단 전압 $\dot{E}_s$ 와 송전단 전류 $\dot{I}_s$ 는 다음과 같다.

$$\begin{aligned} \dot{E}_s &= \left(1+\frac{\dot{Z}\dot{Y}}{2}\right)\dot{E}_r + \dot{Z}\dot{I}_r \\ \dot{I}_s &= \dot{Y}\left(1+\frac{\dot{Z}\dot{Y}}{4}\right)\dot{E}_r + \left(1+\frac{\dot{Z}\dot{Y}}{2}\right)\dot{I}_r \end{aligned} \tag{6.27}$$

π형 회로를 4단자 정수회로로 나타내면 4단자 정수 $\dot{A}$, $\dot{B}$, $\dot{C}$, $\dot{D}$는 다음과 같다.

★ π형 회로의 4단자 정수 ★

$$\begin{bmatrix} \dot{A} & \dot{B} \\ \dot{C} & \dot{D} \end{bmatrix} = \begin{bmatrix} 1+\dfrac{\dot{Z}\dot{Y}}{2} & \dot{Z} \\ \dot{Y}\left(1+\dfrac{\dot{Z}\dot{Y}}{4}\right) & 1+\dfrac{\dot{Z}\dot{Y}}{2} \end{bmatrix} \tag{6.28}$$

예제 6-8

다음과 같은 π형 회로에서 4단자 정수 C 는 무엇을 의미하는가?

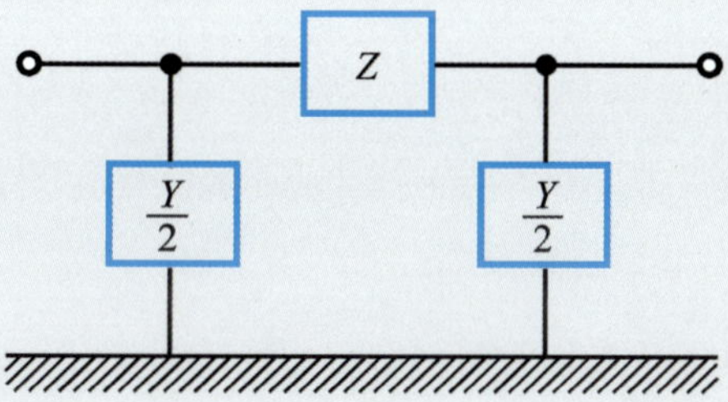

① $1+\dfrac{ZY}{2}$　　② $Y\left(1+\dfrac{ZY}{4}\right)$　　③ Y　　④ $1+\dfrac{ZY}{4}$

정답 ②

풀이 식 (6.28)에서 π형 회로의 4단자 정수 C 는 $Y\left(1+\dfrac{ZY}{4}\right)$ 이다.

6 장거리 송전선로

장거리 송전선로는 중거리 송전선로의 길이인 100[km]를 초과하는 송전선로를 의미하며, 선로정수 R, L, C, g가 균일하게 분포된 분포정수회로로 취급한다. 장거리 송전선로를 집중정수회로로 취급하면 선로의 전압과 전류의 오차가 커지기 때문이다. 송전선로의 단위길이당 직렬 임피던스 $\dot{z}$와 병렬 어드미턴스 $\dot{y}$는 다음과 같다.

$$\dot{z} = r + j\omega L = r + jx[\Omega/\text{km}]$$
$$\dot{y} = g + j\omega C = g + jb[\mho/\text{km}] \tag{6.29}$$

직렬 임피던스 $\dot{z}$와 병렬 어드미턴스 $\dot{y}$는 송전선로 전체에 연속적으로 균등하게 분포한다. 장거리 송전선로의 미소부분을 떼어 내 등가회로로 나타내면 [그림 6-14]와 같다. 또한 송전선로에 흐르는 각 부분의 전압과 전류를 나타내면 [그림 6-15]와 같다.

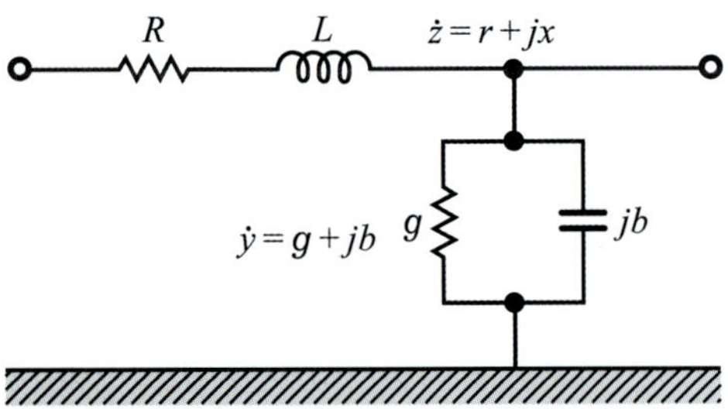

[그림 6-14] 장거리 송전선로에서 미소부분 등가회로

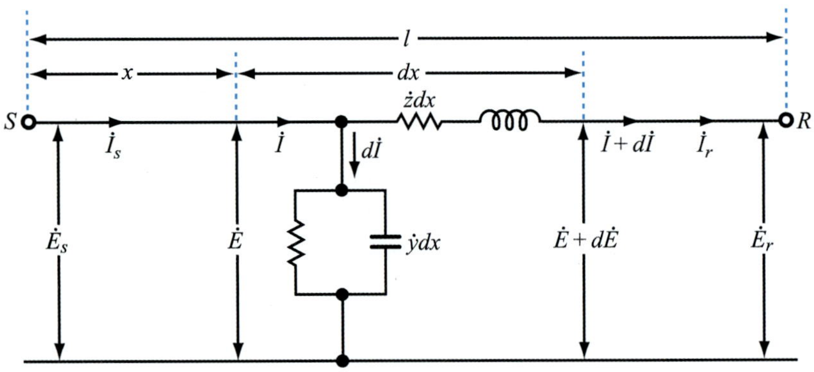

[그림 6-15] 송전선로 각 부분의 전압과 전류

송전단에서 수전단으로 전류가 흐르는 방향을 x 방향이라 할 때, 송전단으로부터 x만큼 떨어진 곳에서의 전선 미소부분 dx의 전압 $d\dot{E}$와 전류 감소분 $d\dot{I}$를 계산하면 다음과 같다.

$$
\begin{aligned}
d\dot{E} &= -\dot{I}\dot{z}\,dx \\
d\dot{I} &= -\dot{E}\dot{y}\,dx
\end{aligned}
\tag{6.30}
$$

양변을 $-dx$로 나누면 다음과 같다.

$$
\begin{aligned}
-\frac{d\dot{E}}{dx} &= \dot{I}\dot{z} \\
-\frac{d\dot{I}}{dx} &= \dot{E}\dot{y}
\end{aligned}
\tag{6.31}
$$

이는 미소부분으로 유입하는 전압 $\dot{E}$와 전류 $\dot{I}$가 송전단에서 수전단 방향으로 미소거리를 진행할 때, 직렬 임피던스와 병렬 어드미턴스에 의해 전압과 전류가 감소됨을 나타낸다.

식 (6.31)의 양변을 x에 대하여 미분하면 다음과 같다.

$$
\begin{aligned}
\frac{d^2\dot{E}}{dx^2} &= \dot{z}\dot{y}\dot{E} \\
\frac{d^2\dot{I}}{dx^2} &= \dot{z}\dot{y}\dot{I}
\end{aligned}
\tag{6.32}
$$

이제 $\dot{\gamma} = \sqrt{\dot{z}\dot{y}}$로 두고 식 (6.31)에서 $\dot{I}$에 대한 일반해를 구하면 다음과 같다.

$$
\dot{I} = \underbrace{\dot{A}_1 e^{-\dot{\gamma}x}}_{\text{진행파}} - \underbrace{\dot{A}_2 e^{\dot{\gamma}x}}_{\text{반사파}}
\tag{6.33}
$$

식 (6.33)을 살펴보자. 송전단에서 수전단으로 전류가 흐를 때 미소부분 dx로 들어오는 전류 $\dot{I}$는 송전단에서 수전단 방향으로 흐르는 진행파와 수전단에서 송전단 방향으로 흐르는 반사파로 구성된다. 이때 전류의 진행파는 송전단에서 수전단으로 갈수록 감소하고, 전류의 반사파는 수전단에서 송전단으로 갈수록 증가함을 알 수 있다.

식 (6.33)을 식 (6.31)의 $-\dfrac{d\dot{I}}{dx} = \dot{E}\dot{y}$에 대입하여 $\dot{E}$의 일반해를 구하면 다음과 같다.

$$
\dot{E} = \frac{\dot{\gamma}}{\dot{y}}\left(\dot{A}_1 e^{-\dot{\gamma}x} + \dot{A}_2 e^{\dot{\gamma}x}\right)
\tag{6.34}
$$

이때 $\dot{A}_1$과 $\dot{A}_2$는 경계조건에 따라 정해지는 적분 상수이며, 전압 $\dot{E}$는 전류의 진행파와 반사파의 합에 정수 $\frac{\dot{\gamma}}{\dot{y}}$를 곱한 값이다.

[그림 6-15]를 살펴보면 수전단의 전압은 $\dot{E}_r$, 수전단의 전류는 $\dot{I}_r$ 이고, 수전단은 송전단으로부터 x 방향으로 l[km] 만큼 떨어져 있다. 즉 식 (6.33)과 식 (6.34)에 $x = l$을 대입하면 다음과 같다.

$$\begin{aligned} \dot{I} &= \dot{I}_r = \dot{A}_1 e^{-\dot{\gamma} l} - \dot{A}_2 e^{\dot{\gamma} l} \\ \dot{E} &= \dot{E}_r = \frac{\dot{\gamma}}{\dot{y}}(\dot{A}_1 e^{-\dot{\gamma} l} + \dot{A}_2 e^{\dot{\gamma} l}) \end{aligned} \tag{6.35}$$

두 식을 정리하여 적분 상수 $\dot{A}_1$과 $\dot{A}_2$를 구하면 다음과 같다.

$$\begin{aligned} \dot{A}_1 &= \frac{1}{2}\left(\dot{I}_r + \frac{\dot{y}}{\dot{\gamma}}\dot{E}_r\right)e^{\dot{\gamma} l} \\ \dot{A}_2 &= -\frac{1}{2}\left(\dot{I}_r - \frac{\dot{y}}{\dot{\gamma}}\dot{E}_r\right)e^{-\dot{\gamma} l} \end{aligned} \tag{6.36}$$

구한 적분 상수 $\dot{A}_1$, $\dot{A}_2$를 식 (6.33)과 식 (6.34)에 대입하여 정리하면 다음과 같다.

$$\begin{aligned} \dot{I} &= \frac{1}{2}\left(\dot{I}_r + \frac{\dot{y}}{\dot{\gamma}}\dot{E}_r\right)e^{\dot{\gamma} l}e^{-\dot{\gamma} x} + \frac{1}{2}\left(\dot{I}_r - \frac{\dot{y}}{\dot{\gamma}}\dot{E}_r\right)e^{-\dot{\gamma} l}e^{\dot{\gamma} x} \\ &= \dot{I}_r\frac{e^{\dot{\gamma}(l-x)} + e^{-\dot{\gamma}(l-x)}}{2} + \frac{\dot{y}}{\dot{\gamma}}\dot{E}_r\frac{e^{\dot{\gamma}(l-x)} - e^{-\dot{\gamma}(l-x)}}{2} \end{aligned} \tag{6.37}$$

$$\begin{aligned} \dot{E} &= \frac{\dot{\gamma}}{\dot{y}}\left[\frac{1}{2}\left(\dot{I}_r + \frac{\dot{y}}{\dot{\gamma}}\dot{E}_r\right)e^{\dot{\gamma} l}e^{-\dot{\gamma} x} - \frac{1}{2}\left(\dot{I}_r - \frac{\dot{y}}{\dot{\gamma}}\dot{E}_r\right)e^{-\dot{\gamma} l}e^{\dot{\gamma} x}\right] \\ &= \dot{E}_r\frac{e^{\dot{\gamma}(l-x)} + e^{-\dot{\gamma}(l-x)}}{2} + \frac{\dot{\gamma}}{\dot{y}}\dot{I}_r\frac{e^{\dot{\gamma}(l-x)} - e^{-\dot{\gamma}(l-x)}}{2} \end{aligned} \tag{6.38}$$

위 식에서 $\dot{I}$와 $\dot{E}$는 송전단으로부터 임의의 거리 x에서의 전류와 전압이므로 식 (6.39)의 쌍곡선 함수를 적용하여 $\dot{I}_x$, $\dot{E}_x$로 나타내면 식 (6.40)과 같다.

$$\begin{aligned} \sinh x &= \frac{e^x - e^{-x}}{2} \\ \cosh x &= \frac{e^x + e^{-x}}{2} \end{aligned} \tag{6.39}$$

$$\dot{I}_x = \dot{I}_r \cosh\dot{\gamma}(l-x) + \frac{\dot{y}}{\dot{\gamma}}\dot{E}_r \sinh\dot{\gamma}(l-x)$$
$$\dot{E}_x = \dot{E}_r \cosh\dot{\gamma}(l-x) + \frac{\dot{\gamma}}{\dot{y}}\dot{I}_r \sinh\dot{\gamma}(l-x) \tag{6.40}$$

송전단에서 $x=0$이므로, 식 (6.40)에 $x=0$을 대입하여 송전단 전압 $\dot{E}_s$와 송전단 전류 $\dot{I}_s$를 구하면 다음과 같다.

$$\dot{E}_s = \dot{E}_r \cosh\dot{\gamma}l + \dot{I}_r\dot{Z}_w \sinh\dot{\gamma}l$$
$$\dot{I}_s = \dot{E}_r \frac{1}{\dot{Z}_w}\sinh\dot{\gamma}l + \dot{I}_r \cosh\dot{\gamma}l \tag{6.41}$$

이 식을 **전파 방정식**이라 하며, 송전선로나 통신선에서 전선로에 전해지는 교류전압 및 전류의 성질을 나타내는 기본식이 된다. 이때 특성 임피던스 $\dot{Z}_w$와 전파 정수 $\dot{\gamma}$는 다음과 같다.

$$\dot{Z}_w = \sqrt{\frac{\dot{z}}{\dot{y}}}$$
$$\dot{\gamma} = \sqrt{\dot{z}\dot{y}} \tag{6.42}$$

식 (6.41)로부터 장거리 송전선로에 대한 4단자 정수 $\dot{A}$, $\dot{B}$, $\dot{C}$, $\dot{D}$를 구하면 다음과 같다.

$$\begin{bmatrix} \dot{A} & \dot{B} \\ \dot{C} & \dot{D} \end{bmatrix} = \begin{bmatrix} \cosh\dot{\gamma}l & \dot{Z}_w \sinh\dot{\gamma}l \\ \frac{1}{\dot{Z}_w}\sinh\dot{\gamma}l & \cosh\dot{\gamma}l \end{bmatrix} \tag{6.43}$$

4단자 정수를 정확하게 계산하려면 삼각함수표와 쌍곡선 함수표를 사용해야 한다. 하지만 송전선로의 길이가 수백[km]이더라도 $\dot{\gamma}l$은 1에 비해 매우 작으므로 처음 3항까지만 취급해도 된다.

$$\dot{A} = \dot{D} = \cosh\dot{\gamma}l = 1 + \frac{\dot{Z}\dot{Y}}{2} + \frac{(\dot{Z}\dot{Y})^2}{24} + \cdots$$
$$\dot{B} = \dot{Z}_w \sinh\dot{\gamma}l = \dot{Z}\left[1 + \frac{\dot{Z}\dot{Y}}{6} + \frac{(\dot{Z}\dot{Y})^2}{120} + \cdots\right] \tag{6.44}$$
$$\dot{C} = \frac{1}{\dot{Z}_w}\sinh\dot{\gamma}l = \dot{Y}\left[1 + \frac{\dot{Z}\dot{Y}}{6} + \frac{(\dot{Z}\dot{Y})^2}{120} + \cdots\right]$$

★ 장거리 송전선로의 4단자 정수 ★

- 송전선로 150[km] 이상

$$\begin{bmatrix} \dot{A} & \dot{B} \\ \dot{C} & \dot{D} \end{bmatrix} = \begin{bmatrix} 1+\dfrac{\dot{Z}\dot{Y}}{2}+\dfrac{(\dot{Z}\dot{Y})^2}{24} & \dot{Z}\left(1+\dfrac{\dot{Z}\dot{Y}}{6}+\dfrac{(\dot{Z}\dot{Y})^2}{120}\right) \\ \dot{Y}\left(1+\dfrac{\dot{Z}\dot{Y}}{6}+\dfrac{(\dot{Z}\dot{Y})^2}{120}\right) & 1+\dfrac{\dot{Z}\dot{Y}}{2}+\dfrac{(\dot{Z}\dot{Y})^2}{24} \end{bmatrix} \quad (6.45)$$

- 송전선로 150[km] 이하

$$\begin{bmatrix} \dot{A} & \dot{B} \\ \dot{C} & \dot{D} \end{bmatrix} = \begin{bmatrix} 1+\dfrac{\dot{Z}\dot{Y}}{2} & \dot{Z}\left(1+\dfrac{\dot{Z}\dot{Y}}{6}\right) \\ \dot{Y}\left(1+\dfrac{\dot{Z}\dot{Y}}{6}\right) & 1+\dfrac{\dot{Z}\dot{Y}}{2} \end{bmatrix} \quad (6.46)$$

7 특성 임피던스와 전파 정수

장거리 송전선로에서는 L과 C의 영향이 증가하므로 저항 r과 누설 컨덕턴스 g를 무시할 수 있다. 즉 전파 방정식의 식 (6.41)에서 $\dot{Z}_w$는 다음과 같이 나타낼 수 있다.

$$\dot{Z}_w = \sqrt{\frac{\dot{z}}{\dot{y}}} = \sqrt{\frac{r+jx}{g+jb}} \fallingdotseq \sqrt{\frac{j\omega L}{j\omega C}} = \sqrt{\frac{L}{C}}\,[\Omega] \quad (6.47)$$

여기서 $\dot{Z}_w$는 **송전선의 특성 임피던스** 또는 **파동 임피던스**라 한다. 이는 송전선을 이동하는 진행파에 대한 전압과 전류의 비를 의미하며, 단위는 [Ω]이다. 즉 특성 임피던스는 선로정수인 L과 C에 의해 결정됨을 알 수 있다.

동일한 방법으로 전파 방정식 (6.41)에서 $\dot{\gamma}$는 다음과 같이 나타낼 수 있다.

$$\dot{\gamma} = \sqrt{\dot{z}\dot{y}} = \sqrt{(r+jx)(g+jb)} \fallingdotseq \sqrt{(j\omega L)(j\omega C)} = j\omega\sqrt{LC}\,[\text{rad}] \quad (6.48)$$

여기서 $\dot{\gamma}$는 **전파 정수**라 한다. 전파 정수는 전압과 전류가 송전단에서 수전단으로 진행할 때 진폭과 위상이 변하는 특성을 나타내며 $\dot{\gamma} = \alpha + j\beta$[rad/km]로 표현된다. 이 식에서 α는 전압과 전류의 진폭 변화를 나타내는 감쇠 정수이고, β는 전압과 전류의 위상에 대한 변화를 나타내는 위상 정수이다.

예제 6-9

장거리 송전선로에서 전파 정수 γ와 특성 임피던스 Z_w를 바르게 나타낸 것은 무엇인가? 단, Z는 임피던스이며, Y는 어드미턴스이다.

① $\gamma = \sqrt{ZY}$, $Z_w = \sqrt{\dfrac{Z}{Y}}$　　② $\gamma = \sqrt{ZY}$, $Z_w = \sqrt{\dfrac{Y}{Z}}$

③ $\gamma = \sqrt{\dfrac{1}{ZY}}$, $Z_w = \sqrt{ZY}$　　④ $\gamma = \sqrt{\dfrac{1}{ZY}}$, $Z_w = \sqrt{\dfrac{Z}{Y}}$

정답 ①

풀이 장거리 송전선로에서 전파 정수와 특성 임피던스는 다음과 같다.

$$\dot{\gamma} = \sqrt{\dot{z}\dot{y}} = \sqrt{(r+jx)(g+jb)} \fallingdotseq \sqrt{(j\omega L)(j\omega C)} = j\omega\sqrt{LC}$$

$$\dot{Z}_w = \sqrt{\frac{\dot{z}}{\dot{y}}} = \sqrt{\frac{r+jx}{g+jb}} \fallingdotseq \sqrt{\frac{j\omega L}{j\omega C}} = \sqrt{\frac{L}{C}}\ [\Omega]$$

예제 6-10

장거리 송전선로에서 특성 임피던스 Z_w를 바르게 설명한 것은 무엇인가?

① 송전선로의 길이가 길수록 특성 임피던스 Z_w는 커진다.

② 송전선로의 길이가 길수록 특성 임피던스 Z_w는 작아진다.

③ 송전선로의 길이가 짧을수록 특성 임피던스 Z_w는 커진다.

④ 특성 임피던스 Z_w는 송전선로의 길이와 무관하다.

정답 ④

풀이 식 (6.47)에서 특성 임피던스 $\dot{Z}_w = \sqrt{\dfrac{\dot{z}}{\dot{y}}} = \sqrt{\dfrac{r+jx}{g+jb}} \fallingdotseq \sqrt{\dfrac{j\omega L}{j\omega C}} = \sqrt{\dfrac{L}{C}}\ [\Omega]$이므로 특성 임피던스와 송전선로의 길이는 무관하다.

SECTION
6.2 전압 조정

전력계통을 안정적으로 운영하려면 전력을 일정하게 유지해야 한다. 먼저 교류전력의 벡터 표시 방법을 알아보고, 송전단의 전력과 수전단의 전력의 관계를 표현한 전력 원선도에 대해 배운다. 또한 전력계통의 전력을 일정하게 유지하기 위한 방법을 살펴보자.

Keywords | 전력 원선도 | 조상설비 | 동기조상기 | 전력용 콘덴서 | 분로 리액터 | 정지형 무효전력 보상장치 | | 페란티 현상 |

1 전력 계산

교류전력의 벡터 표시

전압 $\dot{E}$, 전류 $\dot{I}$, 역률 $\cos\theta$일 때, 유효전력 P와 무효전력 Q는 다음과 같다.

$$\begin{aligned} P &= EI\cos\theta \\ Q &= EI\sin\theta \end{aligned} \qquad (6.49)$$

[그림 6-16]에서와 같이 θ는 전압과 전류 벡터의 위상차를 말하며 $\dot{E} = \dot{E}\angle\theta_1$, $\dot{I} = \dot{I}\angle\theta_2$, $\theta = \theta_1 - \theta_2$로 나타낸다.

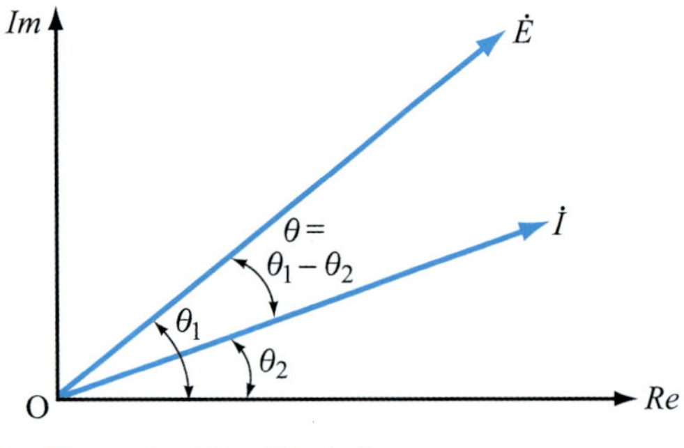

[그림 6-16] 전압, 전류 벡터도

유도성 부하의 경우 $\theta_1 > \theta_2$로 전류 벡터가 전압 벡터보다 뒤지는 지상이며, 용량성 부하의 경우에는 $\theta_1 < \theta_2$로 전류 벡터가 전압 벡터보다 앞서는 진상이다.

$$\dot{W} = \dot{E}\dot{I} = E\angle\theta_1 \times I\angle\theta_2 = EI\angle\theta_1 + \theta_2 \qquad (6.50)$$

식 (6.50)은 전력 벡터를 나타낸 것으로, 위상차는 $\theta_1+\theta_2$이다. 하지만 대부분의 기기는 유도성 부하이므로, 전압과 전류 벡터의 위상차는 $\theta=\theta_1-\theta_2$가 되어야 한다. 즉 식 (6.50)의 전력 벡터로는 올바르게 표현하지 못하므로, 전압 벡터나 전류 벡터 중 어느 한쪽에 반드시 공액(conjugate)을 취하여 계산해야 한다. 전압 벡터 $\dot{E}$에 공액을 취해서 $\dot{E}^*$로 전력 벡터를 구하면 다음과 같다.

$$\begin{aligned}\dot{W} &= \dot{E}^*\ \dot{I} = E\angle{-\theta_1} \times I\angle{\theta_2} = EI\angle{\theta_2-\theta_1} \\ &= EI\cos(\theta_2-\theta_1)+jEI\sin(\theta_2-\theta_1) \\ &= EI\cos\theta - j\dot{E}\dot{I}\sin\theta \\ &= P-jQ\,(\text{진상})\end{aligned} \tag{6.51}$$

반대로 전류 벡터 $\dot{I}$에 공액을 취해서 $\dot{I}^*$로 전력 벡터를 구하면 다음과 같다.

$$\begin{aligned}\dot{W} &= \dot{E}\ \dot{I}^* = E\angle{\theta_1} \times I\angle{-\theta_2} = EI\angle{\theta_1-\theta_2} \\ &= EI\cos(\theta_1-\theta_2)+jEI\sin(\theta_1-\theta_2) \\ &= EI\cos\theta + jEI\sin\theta \\ &= P+jQ\,(\text{지상})\end{aligned} \tag{6.52}$$

일반적으로 사용되는 변압기를 비롯한 대부분의 기기는 유도성(지상) 부하이므로 지상 무효전력을 정(+)으로 규약하고 있다.

송전단 전력과 수전단 전력

전력계통에서 전압은 항상 일정하게 유지해야 한다. 송전단 전압과 송전단 전류를 4단자 정수로 표현하면 다음과 같다.

$$\begin{aligned}\dot{E}_s &= \dot{A}\dot{E}_r + \dot{B}\dot{I}_r \\ \dot{I}_s &= \dot{C}\dot{E}_r + \dot{D}\dot{I}_r\end{aligned} \tag{6.53}$$

식 (6.53)을 송전단 전류 $\dot{I}_s$, 수전단 전류 $\dot{I}_r$에 대하여 정리하면 다음과 같다. 단, $\dot{E}_s$, $\dot{E}_r$은 상전압이다.

$$\begin{aligned}\dot{I}_s &= \frac{\dot{D}}{\dot{B}}\dot{E}_s - \frac{1}{\dot{B}}\dot{E}_r \\ \dot{I}_r &= \frac{1}{\dot{B}}\dot{E}_s - \frac{\dot{A}}{\dot{B}}\dot{E}_r\end{aligned} \tag{6.54}$$

송전단 전압 $\dot{E}_s$는 수전단 전압 $\dot{E}_r$보다 θ만큼 위상이 앞선다. 이를 정리하면 다음과 같다.

$$\begin{aligned}\dot{E}_r &= E_r \angle 0 \\ \dot{E}_s &= E_s \angle \theta\end{aligned} \tag{6.55}$$

임피던스의 크기를 b, 저항과 리액턴스에 의한 임피던스 각을 β라 할 때, 4단자 정수의 $\dot{B}$는 직렬 임피던스를 나타내므로 $\dot{B} = b \angle \beta$이다. 4단자 정수의 실수부와 허수부 계수는 식 (6.56)과 같다.

$$\begin{aligned}\frac{\dot{A}}{\dot{B}} &= m - jn \\ \frac{\dot{D}}{\dot{B}} &= m' - jn' \\ \frac{1}{\dot{B}} &= \frac{1}{b} \angle -\beta\end{aligned} \tag{6.56}$$

송전단 전압 $\dot{I}_s$와 수전단 전류 $\dot{I}_r$을 구하면 식 (6.57)과 같다.

$$\begin{aligned}\dot{I}_s &= (m' - jn')E_s \angle \theta - \frac{E_r}{b} \angle -\beta \\ \dot{I}_r &= \frac{1}{b} E_s \angle \theta - \beta - (m - jn)E_r\end{aligned} \tag{6.57}$$

여기서 m과 n은 각각 어드미턴스 차원인 계수 $\frac{\dot{A}}{\dot{B}}$의 실수부와 허수부이고, m'과 n'은 계수 $\frac{\dot{D}}{\dot{B}}$의 실수부와 허수부이다.

식 (6.51)에서 유도성 부하의 전력 벡터는 전류 벡터 $\dot{I}$에 공액을 취하여 $\dot{I}^*$로 구하며 $W = P + jQ$의 형태로 규약한다. 여기서 식 (6.54), 식 (6.56)으로부터 송전단 전력을 구하면 다음과 같다.

$$\begin{aligned}\dot{W}_s &= \dot{E}_s \dot{I}_s^* = E_s \angle \theta \times \left[(m' + jn')E_s \angle -\theta - \frac{E_r}{b} \angle \beta \right] \\ &= (m' + jn')E_s^2 - \frac{E_s E_r}{b} \angle \theta + \beta \\ &= (m' + jn')E_s^2 - \rho \angle \theta + \beta\end{aligned} \tag{6.58}$$

위 식에 $\rho = \frac{E_s E_r}{b}$을 대입하면 이는 다음에 설명할 전력 원선도의 반지름이 된다. 식 (6.58)을 실수부(유효전력)와 허수부(무효전력)로 나누어 풀면 다음과 같다.

$$
\begin{aligned}
P_s &= m' E_s^2 - \rho \cos(\theta + \beta) \\
&= m' E_s^2 - \rho \sin(90° - \theta - \beta) \qquad (6.59)\\
&= \rho \sin(\theta - 90° + \beta) + m' E_s^2
\end{aligned}
$$

$$
\begin{aligned}
Q_s &= n' E_s^2 - \rho \sin(\theta + \beta) \\
&= n' E_s^2 - \rho \cos(90° - \theta - \beta) \qquad (6.60)\\
&= -\rho \cos(\theta - 90° + \beta) + n' E_s^2
\end{aligned}
$$

같은 방법으로 수전단 전력을 구하면 다음과 같다.

$$
\begin{aligned}
\dot{W}_r &= \dot{E}_r \dot{I}_r^* = E_r \angle 0 \times \left[\frac{1}{b} E_s \angle \beta - \theta - (m + jn) E_r \right] \\
&= \frac{E_s E_r}{b} \angle \beta - \theta - (m + jn) E_r^2 \qquad (6.61)\\
&= \rho \angle \beta - \theta - (m + jn) E_r^2
\end{aligned}
$$

$$
\begin{aligned}
P_r &= \rho \cos(\theta - \beta) - m E_r^2 \\
&= \rho \cos(\beta - \theta) - m E_r^2 \qquad (6.62)\\
&= \rho \sin(\theta + 90° - \beta) - m E_r^2
\end{aligned}
$$

$$
\begin{aligned}
Q_r &= -\rho \sin(\theta - \beta) - n E_r^2 \\
&= \rho \sin(\beta - \theta) - n E_r^2 \qquad (6.63)\\
&= \rho \cos(\theta + 90° - \beta) - n E_r^2
\end{aligned}
$$

송전단 전력 P_s, Q_s와 수전단 전력 P_r, Q_r은 전력 원선도를 그리기 위한 기본 자료가 된다.

2 전력 원선도

전력 원선도(power circle diagram)란 송전단과 수전단의 전력에 대한 수식을 원의 방정식 형태로 나타낸 것이다. 이는 송전단과 수전단의 전압의 크기가 일정하다는 전제하에 송전전력과 수전전력 사이의 관계, 최대 송전전력과 최대 수전전력의 크기, 필요한 전력을 수전하기 위해 어떠한 조치가 필요한지를 나타낸 것이다.

전력 원선도는 송전단과 수전단의 피상전력, 유효전력, 무효전력, 역률, 무효전력 공급 등 전력과 관련된 파라미터들을 파악하는 데 도움이 된다. 송전단과 수전단을 개략적으로 나타내면 [그림 6-17]과 같다.

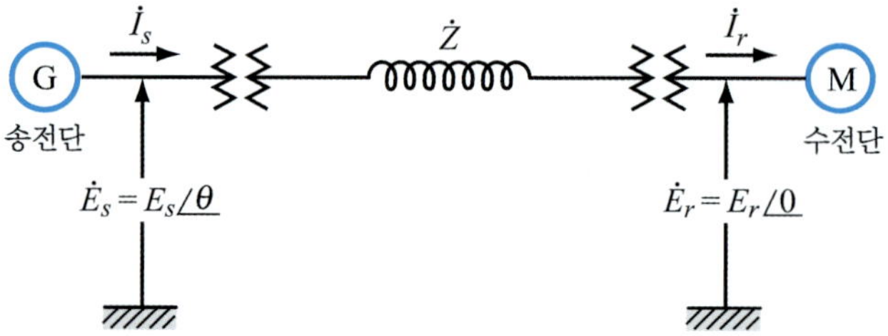

[그림 6-17] 송전단과 수전단의 개략도

전력계통에서는 언제나 일정한 전압을 유지하는 것이 바람직하나 수전단의 부하가 증가하면 전압 강하 역시 증가하게 된다. 또한 수전단의 부하가 변하면 송전단 전압 $\dot{E}_s$와 수전단 전압 $\dot{E}_r$ 사이의 상차각 θ를 조정하여 송전단 전압 $\dot{E}_s$와 수전단 전압 $\dot{E}_r$을 일정하게 유지한다. 이를 정전압 송전 방식이라 한다.

전력 원선도는 원의 형태이므로 송전단 전력 $\dot{W}_s$와 수전단 전력 $\dot{W}_r$에 대한 표현식을 원의 방정식 형태로 나타내면 다음과 같다.

$$\begin{aligned} \dot{W}_s &= P_s + jQ_s = (m' + jn')E_s^2 - \rho\angle\theta+\beta \\ \dot{W}_r &= P_r + jQ_r = -(m+jn)E_r^2 + \rho\angle\beta-\theta \end{aligned} \tag{6.64}$$

식 (6.64)를 유효전력과 무효전력으로 표현하면 다음과 같다.

$$\begin{aligned} (P_s - m'E_s^2) + j(Q_s - n'E_s^2) &= -\rho\angle\theta+\beta \\ (P_r + mE_r^2) + j(Q_r + nE_r^2) &= \rho\angle\beta-\theta \end{aligned} \tag{6.65}$$

식 (6.65)를 유효전력과 무효전력의 크기에 대해서 나타내려면 다음과 같이 양변을 제곱한다.

$$\begin{aligned} (P_s - m'E_s^2)^2 + (Q_s - n'E_s^2)^2 &= \rho^2 \\ (P_r + mE_r^2)^2 + (Q_r + nE_r^2)^2 &= \rho^2 \end{aligned} \tag{6.66}$$

원의 방정식 형태인 식 (6.66)에서 원의 중심과 반지름을 찾아서 전력 원선도를 나타낼 수 있다.

★ 전력 원선도의 중심과 반지름 ★

- 송전단 전력 원선도의 중심 : $(m'E_s^2,\ n'E_s^2)$, 반지름 : $\rho = \dfrac{E_s E_r}{b}$
- 수전단 전력 원선도의 중심 : $(-mE_r^2,\ -nE_r^2)$, 반지름 : $\rho = \dfrac{E_s E_r}{b}$

예제 6-11

다음 중 4단자 정수 A, B, C, D를 이용하여 전력 원선도의 반지름을 나타낸 것은 무엇인가? 단, E_s는 송전단 전압이며, E_r은 수전단 전압이다.

① $\frac{E_s E_r}{A}$ ② $\frac{E_s E_r}{B}$ ③ $\frac{E_s E_r}{C}$ ④ $\frac{E_s E_r}{D}$

정답 ②

풀이 송전단 전력 원선도의 반지름과 수전단 전력 원선도의 반지름은 $\rho = \frac{E_s E_r}{b}$ 로 같다.

식 (6.66)을 그림으로 나타낸 전력 원선도는 [그림 6-18]과 같다. 그중 위쪽 원은 송전단 전력 원선도이고, 아래쪽 원은 수전단 전력 원선도이다. 또한 가로축은 유효전력, 세로축은 무효전력이다. 전력계통은 정전압 송전방식을 사용하므로 송전전압이 결정되면 자연스레 수전단 전압이 결정된다. 즉 항상 전력 원선도의 반지름 ρ가 일정하므로 송전단 전력과 수전단 전력은 언제나 전력 원선도의 원주 상에 존재하게 된다.

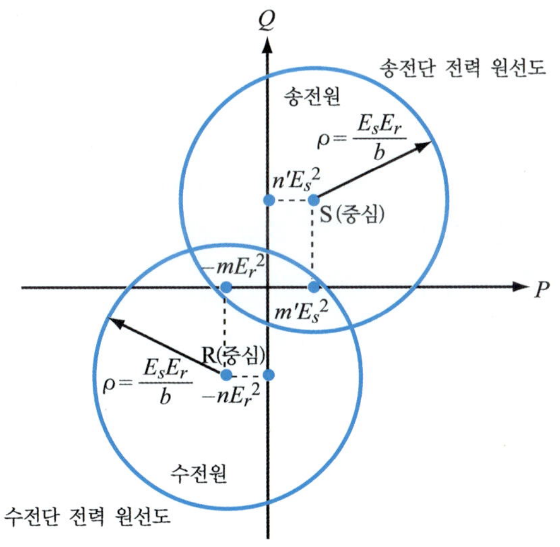

[그림 6-18] 전력 원선도

★ 전력 원선도에서 알 수 있는 사항 ★

- 필요한 전력을 공급하기 위한 송전단 전압 $\dot{E}_s$와 수전단 전압 $\dot{E}_r$ 사이의 상차각
- 송전 또는 수전할 수 있는 최대전력
- 선로손실과 송전효율
- 조상용량을 공급받아 조정된 수전단의 역률
- 부하전력을 안정적으로 공급하기 위해 수전단에서 필요한 조상용량

예제 6-12

전력 원선도에서 알 수 있는 사항이 아닌 것은 무엇인가?

① 과도 안정 극한 전력 ② 선로손실

③ 송전효율 ④ 수전단 역률

정답 ①

풀이 전력 원선도에서는 선로손실, 송전효율, 수전단 역률을 모두 알 수 있지만, 과도 안정 극한 전력은 알 수 없다.

3 조상설비

조상설비는 계통의 부하가 전력계통에 항상 일정한 전압을 유지하는 데 필요한 무효전력을 공급하여 정전압 송전을 가능하게 하고, 지상 전류와 진상 전류에 의한 전압변동을 보상하는 설비이다.

조상설비에는 동기조상기, 전력용 콘덴서, 분로 리액터가 있으며, 전력계통에서는 회전기인 동기조상기를 사용하기보다는 경제적이고 유지 보수가 간편한 전력용 콘덴서와 분로 리액터를 많이 사용한다.

부하의 수전전력과 조상용량의 관계를 [그림 6-19]에 나타냈다. [그림 6-19]에서 a점은 조상용량이 0이 되는 점으로 유효전력이다. a점을 기준으로 수전전력이 감소하면 지상 성분의 무효전력을 공급해야 하며, 수전전력이 증가하면 진상 성분의 무효전력을 공급해야 한다.

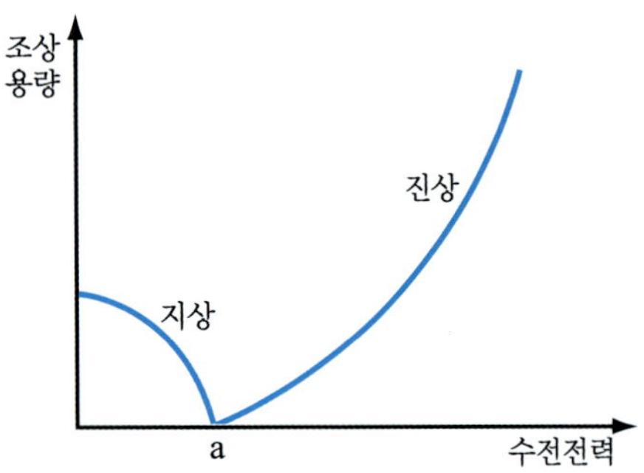

[그림 6-19] 부하의 수전전력과 조상용량과의 관계

동기조상기

동기조상기는 [그림 6-20]과 같이 동기전동기를 무부하로 운전하여 계자전류 I_f의 크기를 조정하여 무효전력을 제어한다. 즉 무부하로 운전되는 동기조상기가 손실이 없다고 가정하면 전기자에 흐르는 전류는 전압과 90°의 위상차를 가지는 무효분만 있다.

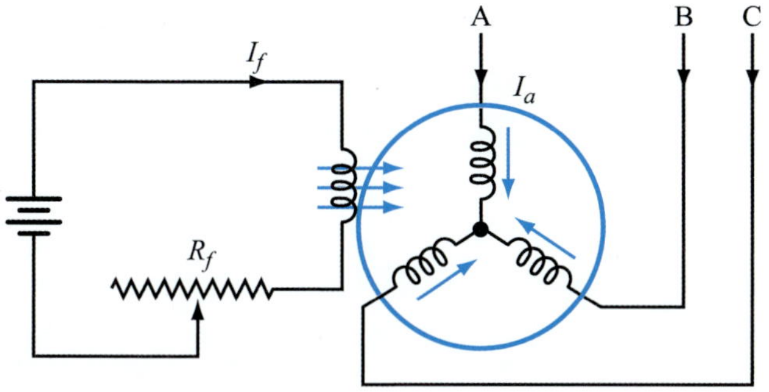

[그림 6-20] 동기조상기

계자전류 I_f에 따른 동기조상기의 전기자전류 I_a의 변화를 [그림 6-21]에 나타냈으며, 이 곡선을 동기조상기의 V곡선이라 한다. 동기조상기의 계자전류 I_f를 증가시켜 과여자 상태가 되면 진상 전류가 흐르고, 계자저항 R_f를 증가시켜 부족여자가 되면 지상 전류가 흘러 송전선로의 무효전력을 제어한다.

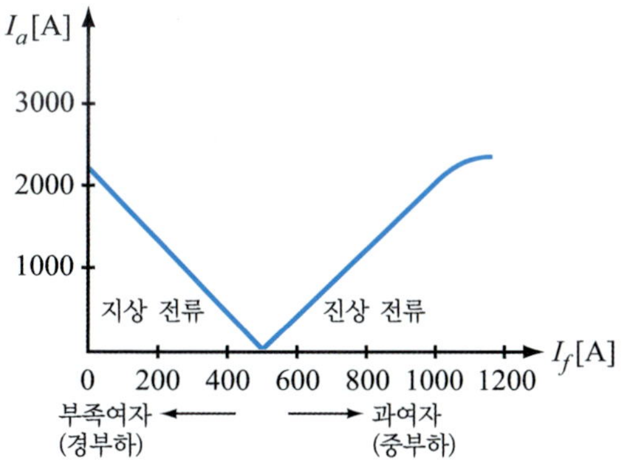

[그림 6-21] 동기조상기의 V곡선

부하가 증가하는 중부하는 동기조상기의 계자전류를 증가시켜 과여자 상태로 운전하므로 진상 전류를 공급해야 한다. 반면 부하가 감소하는 경부하는 동기조상기의 계자전류를 감소시켜 부족여자 상태로 운전하여 지상 전류를 공급해야 한다.

동기조상기는 전선로의 시충전이 가능하며, 전력계통의 안정도 향상에도 유효하게 사용할 수 있다. 하지만 회전기이기 때문에 현재는 거의 사용하지 않는다.

전력용 콘덴서

전력용 콘덴서는 진상 전류를 공급하여 무효전력을 제어하는 설비이다. 정지형 기기인 전력용 콘덴서는 회전기인 동기조상기에 비하여 가격이 저렴하고, 손실이 적고, 소음이 작다는 장점이 있다. 하지만 회전기인 동기조상기처럼 무효전력을 연속적으로 조정하기 어렵기 때문에 [그림 6-22]와 같이 전력용 콘덴서 뱅크(용량군)를 여러 개 두고 단계적으로 투입하여 무효전력을 조정한다.

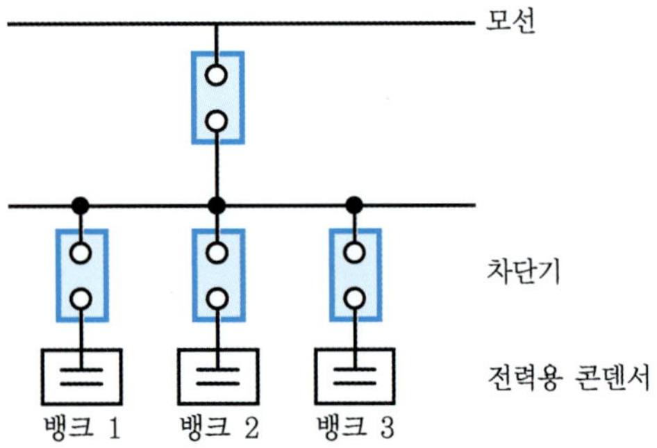

[그림 6-22] 전력용 콘덴서 뱅크

전력용 콘덴서는 부하에 직렬 또는 병렬로 접속하여 사용한다. 선로의 전압강하를 보상할 때는 전력용 콘덴서를 직렬로 접속하고, 부하에 진상 전류를 공급할 때는 병렬로 접속한다.

만약 용량군(뱅크)을 차단하면 전력용 콘덴서에는 잔류 전하가 남아 있는 상태이므로 반드시 전력용 콘덴서에 방전코일(discharge coil)을 설치하여 잔류 전하를 방전시킴으로써 전력용 콘덴서의 단자전압을 5초 이내에 50[V] 이하로 낮춰야 한다.

예제 6-13

방전 코일은 전원을 차단한 후 전력용 콘덴서의 단자전압을 (   ) 이내 (   ) 이하로 낮추어야 한다. 이때 빈칸에 들어갈 값으로 가장 알맞은 것은 무엇인가?

① 3초, 30[V]　② 3초, 50[V]　③ 5초, 30[V]　④ 5초, 50[V]

정답 ④

풀이 전력용 콘덴서에는 반드시 방전코일을 설치하여 잔류 전하를 방전시킴으로써 전력용 콘덴서의 단자전압을 5초 이내에 50[V] 이하로 낮춰야 한다.

분로 리액터

분로 리액터는 지상 전류를 공급하여 무효전력을 제어하는 설비로, [그림 6-23]과 같이 부하에 병렬로 접속하여 사용한다. 최근 지중 케이블의 사용이 증가하고 수용가에 역률 개선용 콘덴서가 많이 설치되어 있어 경부하 시에는 진상 무효전력으로 인해 변전소의 모선전압이 상승하는 경향이 있다. 이때 분로 리액터는 부하에 유도성 전류를 공급하여 전압 상승을 억제함으로써 수전단 전압을 일정하게 유지하는 역할을 한다.

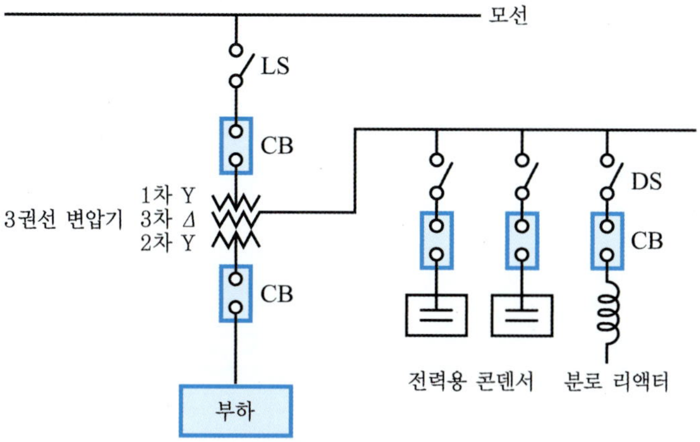

[그림 6-23] 전력용 콘덴서와 분로 리액터의 설치 예

정지형 무효전력 보상장치

정지형 무효전력 보상장치(SVC : Static Var Compensator)는 반도체 소자인 사이리스터를 사용하여 전력용 콘덴서와 리액터를 연결된 회로의 진상 및 지상 무효전력을 신속하게 제어하는 장치로, TCR(Thyristor Controlled Reactor) 방식과 TSC(Thyristor Switched Capacitor) 방식이 있다.

부하의 무효전력 Q_F를 조정하려면 검출회로에서는 계기용 변압기(PT)와 변류기(CT)에 흐르는 무효전력을 검출하고, 사이리스터의 제어회로를 통하여 분로 리액터의 지상 무효전력 Q_L을 조정하며, 콘덴서 진상 무효전력 Q_C와 함께 SVC 무효전력 Q_R을 연속적으로 제어한다. 정지형 무효전력 보상장치의 제어 개념도는 [그림 6-24]와 같다.

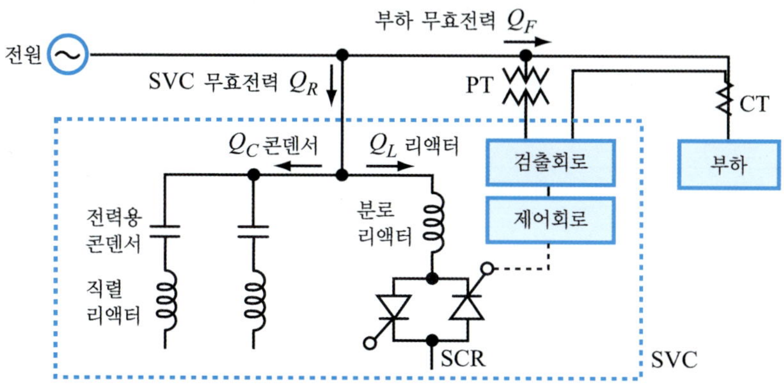

[그림 6-24] 정지형 무효전력 보상장치의 제어 개념도

정지형 무효전력 보상장치는 아크로나 제철공장의 압연설비로 인한 전압 변동 방지 대책으로 개발되었으나 대용량 반도체 소자가 개발됨에 따라 전력계통의 안정화를 위하여 전력계통에도 적용하고 있다.

정지형 무효전력 보상장치의 특징은 다음과 같다.

- 응답특성이 0.04초 정도로 매우 빠르다.
- 조작에 제한이 없다.
- 신뢰성이 높다.
- 유지 보수가 간단하다.
- 조작성이 뛰어나다.

예제 6-14

다음 중 조상설비가 아닌 것은 무엇인가?

① 정지형 무효전력 보상장치　　② 자동고장구분개폐기

③ 분로 리액터　　④ 전력용 콘덴서

정답 ②

풀이 조상설비에는 동기조상기, 분로 리액터, 전력용 콘덴서, 정지형 무효전력 보상장치(SVC) 등이 있다.

조상설비 비교

조상설비인 동기조상기, 전력용 콘덴서, 분로 리액터의 특징을 비교하여 [표 6-3]에 정리했다.

[표 6-3] 조상설비의 비교

항목	동기조상기	전력용 콘덴서	분로 리액터
가격	비싸다	싸다	싸다
공급 무효전력	진상, 지상	진상	지상
무효전력 조정	연속적	계단적	계단적
전력손실	크다	작다	작다
시충전	불가능	불가능	가능

4 페란티 현상

전력계통에서는 수전단에서 사용하는 부하가 지상 역률의 유도성 부하이므로 [그림 6-25]에서와 같이 전류의 위상이 전압의 위상보다 뒤진다. 따라서 전선로에 지상 전류가 흐르면 송전단 전압이 수전단 전압보다 높아진다.

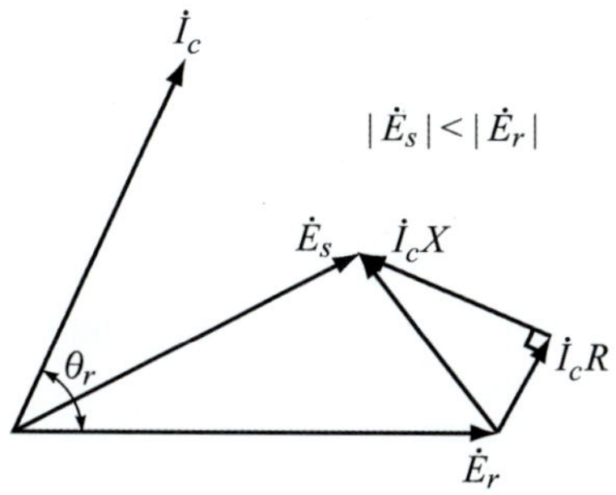

[그림 6-25] 진상 전류에 대한 벡터도

케이블을 사용하는 전선로에서는 무부하 시 선로의 정전용량 때문에 전압보다 위상이 90° 앞서는 충전전류의 영향으로 [그림 6-26]에서와 같이 전선로에 흐르는 전류가 진상이 될 수 있는데, 이때 수전단 전압이 송전단 전압보다 높아진다. 이처럼 수전단 전압이 송전단 전압보다 높아지는 현상을 **페란티 현상**(ferranti effect)이라 한다.

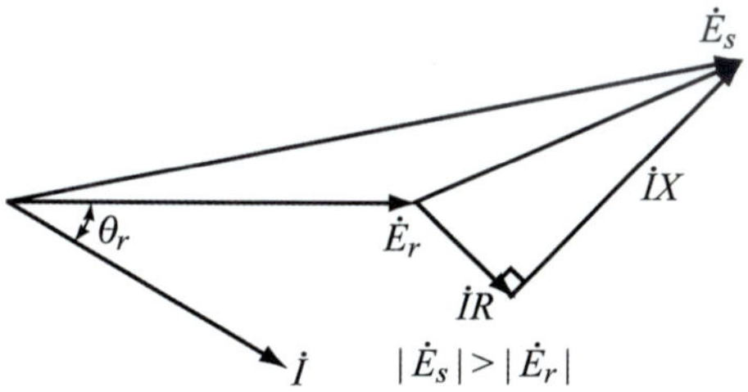

[그림 6-26] 지상 전류에 대한 벡터도

페란티 현상은 송전선로의 단위길이당 정전용량이 클수록, 송전선로의 길이가 길수록 현저해지고, 송전선로에서 무부하나 경부하처럼 정전용량의 영향이 커지는 경우에 나타난다.

페란티 현상의 방지 대책으로는 수전단에 분로 리액터를 설치하거나 동기조상기의 계자전류를 감소시켜 부족여자 상태로 운전함으로써 지상 전류를 공급하는 방법이 있다.

예제 6-15

케이블을 사용하는 전선로에서는 무부하 시 선로의 정전용량 때문에 전선로에 흐르는 전류가 진상이 될 수 있는데, 이때 수전단 전압이 송전단 전압보다 높아질 수 있다. 이처럼 수전단 전압이 송전단 전압보다 높아지는 현상은 무엇인가?

① 페란티 현상 ② 발전기 여자 현상

③ 표피효과 ④ 제벡 효과

정답 ①

풀이 케이블을 사용하는 전선로에서는 무부하 시 선로의 정전용량 때문에 전압보다 위상이 90° 앞서는 충전전류의 영향으로 전선로에 흐르는 전류가 진상이 될 수 있는데, 이때 수전단 전압이 송전단 전압보다 높아질 수 있다. 이처럼 수전단 전압이 송전단 전압보다 높아지는 현상을 페란티 현상이라 한다.

예제 6-16

송전선로에서 분로 리액터를 설치하는 목적은 무엇인가?

① 진상 전류의 공급 ② 선로의 시충전

③ 페란티 현상 방지 ④ 콘덴서의 잔류 전하 방지

정답 ③

풀이 분로 리액터는 부하에 유도성 전류를 공급하여 전압상승을 억제함으로써 수전단 전압을 일정하게 유지하는 역할을 한다.

SECTION 6.3

안정도

전력계통을 안정적으로 운전할 수 있는 능력을 안정도라 한다. 이 절에서는 안정도가 무엇인지 살펴보고, 안정도를 저해하는 원인과 안정도 향상 대책에 대하여 알아보자.

Keywords | 안정도 | 정태 안정도 | 과도 안정도 | 동태 안정도 | 안정도 향상 대책 | 발전기 가속 억제 대책 |

1 안정도란?

전력계통에서 송전선로로 보낼 수 있는 전력은 전선로의 임피던스와 전선로에 접속된 기기의 임피던스 등에 의해서 제한된다. 즉 송전전력을 증가시키면 선로에 접속된 발전기와 전동기의 유도 기전력 간의 위상차가 발생하여 두 기기 간의 동기를 유지할 수 없게 된다. 이처럼 발전기와 전동기 간의 유도 기전력의 위상차가 벌어져 동기화를 유지할 수 없게 되는 현상을 탈조라 한다.

주어진 조건에서 송전단에서 수전단으로 보내는 전력은 항상 최대가 되도록 운전하는 것이 좋으며, 이때 보낼 수 있는 최대전력을 극한전력이라 한다. 전력계통의 주어진 조건에서 정상적인 운전 상태로 안정하게 운전을 계속할 수 있는 능력을 **안정도**(stability)라 한다. 즉 주어진 계통의 조건에서 고장 및 이상 현상 없이 수전단으로 최대전력을 안정하게 전송하는 정도를 말한다.

안정도는 정태 안정도, 과도 안정도, 동태 안정도로 구분할 수 있다.

- **정태 안정도** : 정태 안정도란 정상적인 운전 상태에서 부하를 서서히 증가시키는 경우 안정적으로 운전을 지속할 수 있는 정도를 말하며, 이때의 극한전력을 정태 안정 극한전력이라 한다.
- **과도 안정도** : 과도 안정도란 부하가 갑자기 크게 변동하거나 계통에 사고가 발생하여 계통에 큰 충격을 주는 경우에도 선로에 접속된 발전기와 전동기가 동기화를 계속 유지하면서 운전이 가능한 정도를 의미한다. 이때의 극한전력을 과도 안정 극한전력이라 한다.
- **동태 안정도** : 동태 안정도란 계통에서 자동 전압 조정장치(AVR)의 제어효과까지 고려한 안정도이다.

일반적으로 전력계통에서는 부하 변동과 사고의 정확한 예측이 어렵기 때문에, 운전 상태를 극한전력보다 더 낮게 운용하고 있으며, 보통 극한전력의 약 50[%] 범위로 운전하도록 하고 있다. 전력계통에 적정한 송전용량은 과도 안정도를 기준으로 정한다.

2 안정도 향상 대책

전력계통의 안정도가 높다는 것은 송전용량의 증대를 의미한다. 즉 송전전력 식 (6.67)에서 리액턴스 X를 감소시키거나 송전단 전압 E_s, 수전단 전압 E_r의 전압 변동을 억제하여 일정하게 유지하면 전력계통의 증대 및 과도 안정도가 향상된다.

$$P = \frac{E_s E_r}{X} \sin\theta = P_m \sin\theta \tag{6.67}$$

■ 전력계통의 직렬 리액턴스 X 감소

- **계통에 접속된 변압기, 발전기의 리액턴스를 감소시킨다.**
  발전기의 리액턴스를 작게 하면 단락비가 큰 기기가 되어 관성정수도 커지므로 과도 안정도가 향상된다.

- **송전선로를 다회선화하거나 복도체를 사용한다.**
  송전선로를 다회선화하거나 복도체를 사용하면 병렬연결이 되므로 선로의 리액턴스가 작아진다. 또한 복도체는 전선로에서 발생하는 코로나를 방지하는 데에도 도움이 되므로 안정도 향상에 유리하다.

- **선로에 직렬 콘덴서를 삽입하여 선로 리액턴스를 보상한다.**
  지상 전류가 흐르는 송전선로에 직렬로 콘덴서를 삽입하면 $X = X_L - X_C$가 되므로 송전선로의 유도성 리액턴스는 감소한다. 즉 송전선로의 직렬 리액턴스를 보상시켜 선로의 전압강하를 감소시킨다.

■ 전력계통의 전압 변동 억제

- **발전기의 속응 여자 방식을 채용한다.**
  송전선로에서 사고가 발생하면 사고전류로 인하여 발전기의 단자전압이 감소하게 된다. 발전기의 단자전압이 감소하기 시작할 때 발전기의 여자를 증가시켜 발전기의 단자전압을 일정 수준까지 유지하면, 안정도를 향상시킬 수 있다.

- **중간 조상기 및 계통 안정화 장치를 채용한다.**
  [그림 6-27]과 같이 전력계통의 송전선로 중간에 조상기를 설치하여 무효전력을 공급하면 송전선로 중간점의 전압을 일정하게 유지할 수 있어 안정도가 향상된다.

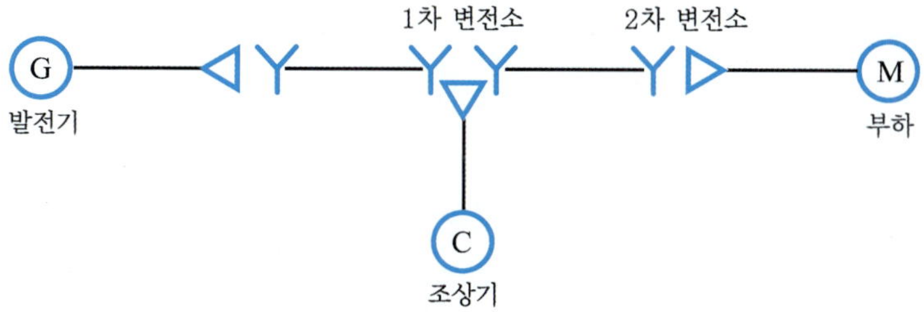

[그림 6-27] 중간 조상기 설치 예

또한 자동 전압 조정장치(AVR)는 발전기의 단자전압을 일정하게 유지시킬 뿐만 아니라 발전기 회전자의 속도 변화, 발전기의 출력 변화에도 대처할 수 있어 안정도 향상에 유용하다.

- **전력계통을 연계시킨다.**

여러 전력계통을 연계하면 사고가 발생할 경우 전압 변동과 주파수 변동이 작아지므로 안정도가 향상된다.

■ 고장 중 전력 변동 억제

- **발전기의 조속기 동작을 신속하게 한다.**

전력계통의 송전선로에서 사고가 발생하여 발전기 단자전압이 저하되는 시간은 1초 이내이나 발전기의 조속기 동작시간은 일반적으로 2~5초 정도이므로 과도 동요에 대하여 억제 효과가 작다. 따라서 발전기의 조속기 응동시간(반응시간)이 빠른 것을 채용하여 신속하게 동작시키면 안정도가 향상된다.

- **제동 저항을 채용한다.**

전력계통의 송전선로에서 사고가 발생할 경우 고속 차단기를 사용하여 사고를 신속히 차단함과 동시에 직렬로 저항을 연결하여 발전기의 입출력 불평형을 완화시키면 발전기의 가속을 방지할 수 있어 안정도가 향상된다.

■ 전력계통에 주는 충격 경감

- **고장전류를 최소화할 수 있는 적당한 중성점 접지 방식을 채용한다.**

송전선로에서 사고가 발생했을 때 전력계통에 주는 충격을 최소화하기 위해 고장전류를 작게 할 수 있는 중성점 접지 방식을 채용하면 안정도가 향상된다.

• **재폐로 방식 및 고속 차단 방식을 채용한다.**

전력계통 사고의 80[%] 정도가 1선 지락과 같은 일시적인 사고이므로, 사고 구간을 순시에 차단하고 일정시간 이후 재송전하면 송전선로는 정상적으로 송전이 가능해져 안정도가 향상된다. 한편 지속적으로 사고가 발생했을 때 사고의 차단시간이 늦어지면 동기기 간의 상차각이 벌어져 과도 안정도가 나빠진다. 따라서 지속적으로 사고가 발생할 때는 사고 구간을 신속하게 고속 차단하면 전력계통의 안정도가 향상된다.

예제 6-17

전력계통의 안정도 향상 대책이 아닌 것은 무엇인가?

① 전력계통의 직렬 리액턴스의 감소 ② 전력계통의 전압 변동 억제

③ 전력계통에 주는 충격 경감 ④ 전력계통의 전압 승압

정답 ④

풀이 송전전력의 식에서 리액턴스 X를 감소시키거나 송전단 전압 E_s, 수전단 전압 E_r의 전압 변동을 억제하여 일정하게 유지하면, 전력계통의 증대 및 과도 안정도가 향상된다.

$$P = \frac{E_s E_r}{X}\sin\theta = P_m \sin\theta$$

3 발전기 가속 억제 대책

전력계통에서 사고가 발생하면 발전기는 가속해서 탈조를 일으킨다. 따라서 과도 안정도를 향상시키려면 발전기의 가속을 억제하는 대책을 마련해야 한다.

먼저 발전기가 탈조를 일으킬 때의 동작을 살펴보자. 발전기의 탈조에 대한 발전기의 운동방정식은 다음과 같다.

$$\frac{d^2\theta}{dt^2} = \frac{\omega}{M}(P_i - P_n) = \frac{\omega}{M}\left(P_i - \frac{\dot{E}_1\dot{E}_2}{X}\sin\theta\right) \tag{6.68}$$

• θ : $\dot{E}_1 \sim \dot{E}_2$ 간 상차각

• ω : 각속도[rad]

• M : 관성계수

• P_i : 발전기로부터 공급되는 기계적 입력[W]

• P_n : 전기적 출력[W]

• E_1 : 발전기 내부전압[V]

• E_2 : 무한대 모선전압[V]

• X : 기기의 리액턴스와 선로 리액턴스의 합[Ω]

발전기가 가속되어 탈조하게 된다는 것은 식 (6.68)에서 우변이 급격히 커지는 것을 의미하므로 식 (6.68)에서 우변의 값이 작아지면 발전기가 가속되어 탈조에 이르는 것을 방지할 수 있고 안정도는 향상된다. 발전기의 가속을 억제하는 대책은 다음과 같다.

- 전기적 출력 P_n 증대
- 발전기로부터 공급되는 기계적 입력 P_i 감소
- 관성계수 M 증대

CHAPTER

06 연습문제

6.1 송전단 전압 66[kV]이고, 수전단 전압 61[kV]인 송전선로에서 수전단의 부하를 끊는 경우의 수전단 전압이 63[kV]라 할 때, 전압강하율을 구하라.

6.2 3상 3선식 송전선의 1선당 저항이 8[Ω], 리액턴스는 12[Ω]이며, 수전단 전력이 1000[kW], 수전단 전압이 10[kV], 역률이 0.8일 때, 이 송전선의 전압강하율을 구하라.

6.3 1선의 저항이 10[Ω], 리액턴스가 15[Ω]인 3상 송전선이 있다. 수전단 전압이 60[kV], 부하 역률이 0.8이고, 부하전류는 100[A]라고 할 때 송전단 전압[V]을 구하라.

6.4 3상 3선식 송전선에서 1선의 저항이 15[Ω], 리액턴스가 20[Ω]이고, 수전단의 선간전압은 30[kV], 부하역률이 0.8라고 하자. 전압강하율을 10[%]라 할 때 이 송전선로가 수전할 수 있는 용량을 구하라.

6.5 중거리 송전선로의 T형 회로에서 송전단 전류 I_s를 구하라. 단 Z, Y는 선로의 직렬 임피던스와 병렬 임피던스이고 E_r은 수전단 전압, I_r은 수전단 전류이다.

6.6 송전선로의 수전단을 단락한 경우 송전단에서 본 임피던스는 300[Ω]이고, 수전단을 개방한 경우 수전단에서 본 임피던스는 1200[Ω]일 때 이 선로의 특성 임피던스[Ω]를 구하라.

6.7 송전단 전압 154[kV], 수전단 전압 134[kV], 상차각 60°, 리액턴스 39.8[Ω]일 때, 선로손실을 무시한 전송전력[MW]을 구하라.

6.8 다음 물음에 답하라.

(a) 전력 원선도의 가로축과 세로축은 무엇을 나타내는가?

(b) 전력 원선도에서 구할 수 있는 사항은 무엇인가?

6.9 직렬 콘덴서의 장단점에 대하여 설명하라.

CHAPTER

07

중성점 접지 방식

이 장은 변압기의 결선 방법, 중성점 접지 방식의 종류와 특징, 계통 운영 중에 발생할 수밖에 없는 고조파에 대해 정확하게 이해하는 것을 목표로 한다. 또한 각 접지 방식의 장단점을 알아보고 실무에서 어떻게 적용되는지 살펴본 후 고조파 대책에 대하여 학습한다.

CONTENTS

SECTION

7.1 중성점 접지 방식

우리나라 송전계통은 3상 3선식 선로와 변압기의 중성점을 접지하여 사용한다. 이 절에서는 변압기의 중성점을 접지하는 목적을 이해하고, 중성점 접지 방식의 종류와 종류별 특징을 살펴보자.

Keywords | 중성점 접지 | 비접지 방식 | 직접접지 방식 | 저항접지 방식 | 소호리액터접지 방식 |

1 변압기의 중성접 접지

우리나라의 송전계통은 3상 3선식 선로와 변압기의 중성점을 접지하여 사용하고 있다. 일반적으로 변압기는 1차 측을 Δ 결선으로, 2차 측을 Y 결선으로 사용하는데, 2차 측 Y 결선의 중성점을 어떻게 접지하는가에 따라 송전선로 및 설비들의 절연 레벨, 계통의 안정도, 인근 통신선의 유도장해, 차단기의 차단용량, 보호계전기의 동작 등에 영향을 미친다.

전력계통에서 발생하는 고장은 단락사고와 지락사고가 대부분이다. **단락**(short)은 전력선이 서로 접촉하여 스파크가 발생하는 것을 의미하며, 2상 단락과 3상 단락이 있다. **지락**(grounding)은 전류가 흐르는 상태에서 전선이 끊어지거나 절연 부분이 열화되거나 손상됨에 따라 충전부가 다른 물체와 접촉되어 대지로 전류가 흐르는 것을 말하며 1선 지락, 2선 지락, 3선 지락이 있다.

전력계통에서 변압기의 중성점을 접지하는 목적은 다음과 같다.

- 전력계통 고장의 대부분을 차지하는 1선 지락사고 시 건전상의 대지전위 상승을 억제하여 전선로 및 계통 설비의 절연 레벨을 낮춘다. 우리나라에서는 변압기의 중성점을 대지에 직접접지하는 직접접지 방식의 하나인 유효접지(effective grounding)를 채택하고 있는데, 유효접지는 전선로에서 1선 지락사고가 발생하였을 때 건전상의 전위 상승이 정상 상태의 대지전압의 1.3배를 넘지 않도록 한다.
- 지락사고 시 지락계전기를 확실하게 동작시킨다. 1선 지락사고가 발생하였을 때 사고 조치를 하지 않을 경우, 계통의 안정도를 저하할 뿐만 아니라 3상 단락사고로 확대되어 막대한 피해를 가져온다. 그러므로 1선 지락사고가 발생하였을 경우 이를 신속히 제거해야 한다. 소호리액터접지 방식을 적용할 경우에는 1선 지락 시의 아크를 신속히 소호하여 정전 없이 그대로 송전할 수 있다.
- 뇌 서지, 아크 등 이상전압의 경감 및 발생을 방지한다.

- 계통의 안정도를 증진시킨다.
- 피뢰기의 효과를 증진시킨다.
- 인근 통신선의 유도장해를 경감시킨다.

★ 중성점 접지 방식의 목적 ★

- 이상전압 발생 방지
- 건전상의 전위 상승 억제
- 선로 및 기기의 절연 절감
- 보호계전기 동작 보장
- 소호리액터접지 방식에서 1선 지락사고점의 아크를 소멸

변압기의 중성점 접지의 종류는 [그림 7-1]과 같이 중성점의 접지 임피던스 $Z_N[\Omega]$의 크기에 따라 나누어진다.

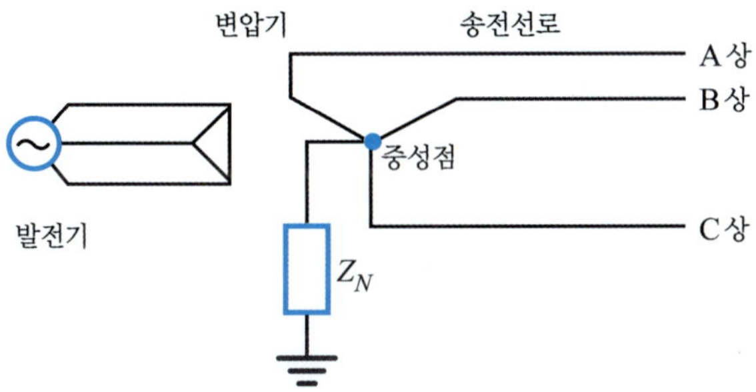

- $Z_N = 0[\Omega]$: 직접접지
- $Z_N = R[\Omega]$: 저항접지
- $Z_N = L[\Omega]$: 리액터접지
- $Z_N = \infty[\Omega]$: 비접지

[그림 7-1] 변압기의 중성점 접지

이때 저항접지와 리액터접지는 저항과 리액턴스의 크기에 따라 고저항접지와 저저항접지, 소호 리액터접지와 리액터접지(리액턴스 값이 작음)로 구분된다.

예제 7-1

송전선로의 중성점을 접지시키는 목적은 무엇인가?

① 동량 절감　　② 송전용량 증가
③ 이상전압 방지　　④ 전압강하 감소

정답 ③

풀이 중성점 접지를 함으로써 지락사고 시 건전상 전압의 이상전압 발생을 억제시킨다.

2 변압기의 중성점 접지 방식

비접지 방식

비접지 방식은 [그림 7-2]와 같이 변압기 결선을 $\Delta - \Delta$ 결선으로 하고 중성점을 접지하지 않는 방식으로, 중성점의 접지 임피던스는 $\infty[\Omega]$이 된다. 전선로의 길이가 짧거나 비교적 전압이 낮은 33[kV] 이하 계통에 적용하였으나 최근에는 송전선로가 장거리, 고전압화 되어 거의 적용하지 않고 일부 자가용 수용가에서 구내 배전선로에 이용하고 있다.

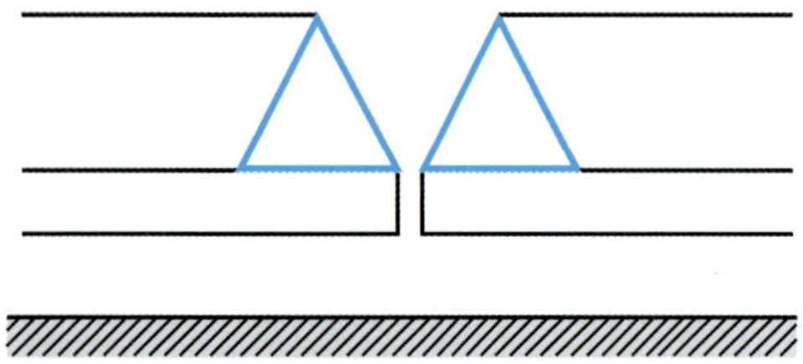

[그림 7-2] 비접지 방식

비접지 방식의 전선로에서 1선 지락사고가 발생하면 다음과 같은 영향이 있다.

- 대지정전용량에 의한 용량 리액턴스가 매우 큰 값이므로 지락전류가 아주 작다. 따라서 지락전류가 0점을 지나는 순간 자연스레 소멸되므로 정전 없이 그대로 송전할 수 있으나 지락 계전기의 동작이 불확실하다.
- 다른 접지 방식에 비해 건전상의 전위가 높게 상승하여 전선로 및 계통 설비의 절연레벨을 높여야 한다.

비접지 방식에서 각 전선로와 대지 간에는 대지정전용량이 있다. 이 대지정전용량의 크기는 전선로의 길이, 전선의 굵기, 전선로의 가설 방법에 따라 다르다.

[그림 7-3]과 같이 D/L ❷의 C상에서 1선 지락사고가 발생하면 C상의 전위는 대지 전위와 같아져 전류가 흐르지 않는다. 즉 충전전류만 건전상으로 흘러 순환하는데, 이 전류는 매우 작아 [그림 7-8]의 직접접지 방식에서 사용하는 잔류회로 방식으로는 지락과전류계전기(OCGR)의 동작이 어렵다. 따라서 [그림 7-4(a)]와 같이 1선 지락사고 시 발생하는 영상전압을 검출하기 위한 접지 계기용 변압기(GPT)와 지락 과전압 계전기(OVGR)을 사용하거나, [그림 7-4(b)]와 같이 영상 변류기(ZCT)와 지락 계전기(GR)를 사용한다. 또한 여러 개의 급전선(feeder)이 있는 경우 선택 지락 계전기(SGR) 등 보호계전기를 사용한다.

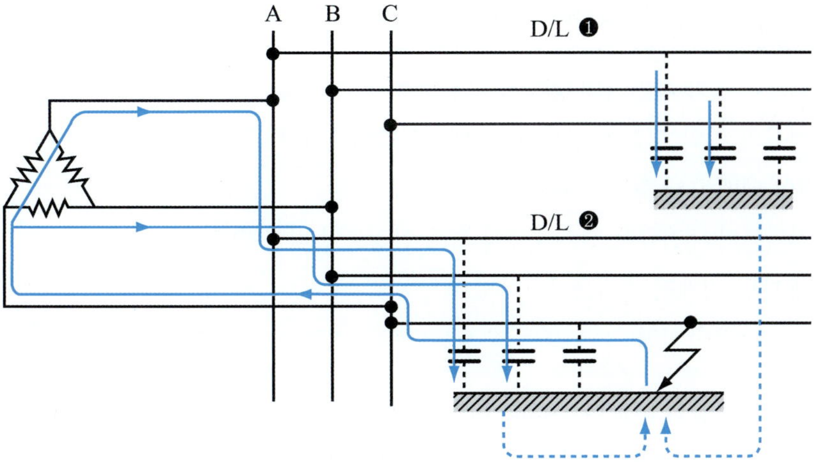

[그림 7-3] 비접지 방식에서의 지락전류의 흐름

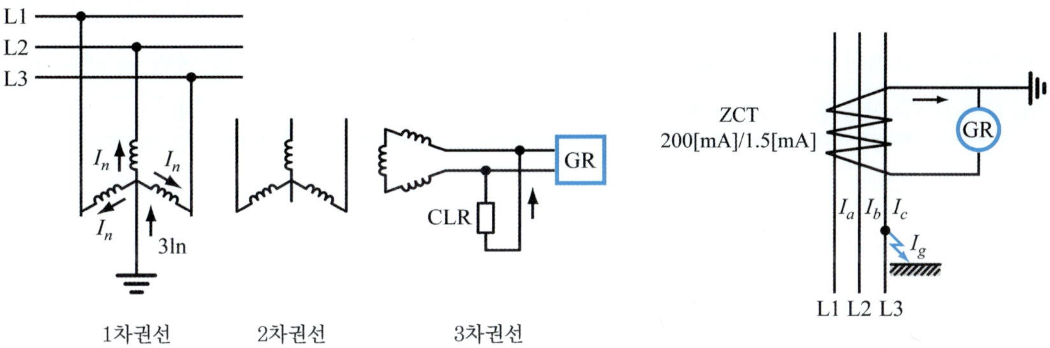

[그림 7-4] 비접지 방식에서의 지락전류 검출 방법

직접접지 방식

직접접지 방식은 [그림 7-5]와 같이 변압기의 중성점을 도선으로 직접 대지에 접지하는 방식으로, 중성점의 접지 임피던스는 0[Ω]이 된다.

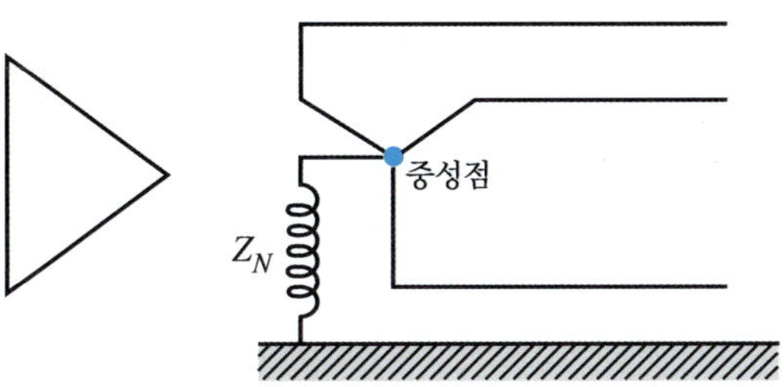

[그림 7-5] 직접접지 방식

1선 지락사고가 발생할 때 직접접지 방식을 사용한 전선로는 다음과 같은 특징이 있다.

- 지락전류가 커지기 때문에 지락 계전기의 동작을 확실하게 할 수 있다.
- 1선 지락사고 시 건전상의 전위 상승을 정상 상태 대지전압의 1.3배 이하로 유지하므로 전선로 및 계통 설비의 절연 레벨을 낮출 수 있다.
- 지락전류가 유도성 저역률의 대전류이므로 계통의 과도 안정도가 나빠진다.
- 지락전류가 커 설비에 대한 기계적 충격을 줄 수 있다.
- 인근 통신선에 전자유도장해가 커진다.

직접접지 방식은 우리나라의 송배전선로에 적용하고 있으며 변압기의 중성점은 도선으로 직접 대지에 접지하므로 전위는 항상 0이다. 따라서 단절연 변압기를 사용할 수 있으며 전절연 변압기에 비해 변압기의 중량을 줄이고 가격을 낮출 수 있다.

[그림 7-6]과 같이 공칭전압이 22.9[kV]인 배전선로에서 중성점과 R상 전선과의 전위 분포는 중성점이 0[V]이고 R상 충전부는 13.2[kV]가 된다. 이때 변압기 권선의 절연을 전위 분포에 따라 차등할 수 있는데 이를 단절연이라 한다.

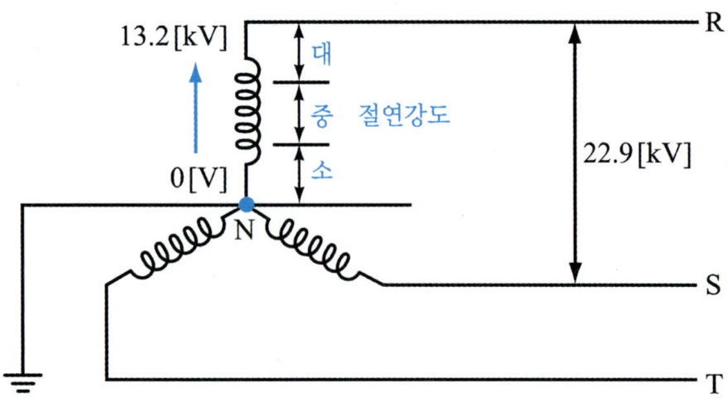

[그림 7-6] 변압기의 단절연

직접접지 방식에서 [그림 7-7]과 같이 D/L ❷의 C상에서 1선 지락이 발생하면 지락전류는 대지를 통하여 전원측으로 귀환한다. 이때 지락전류의 크기는 매우 크므로 지락전류를 검출할 때는 [그림 7-8]과 같이 잔류회로 방식을 사용한다.

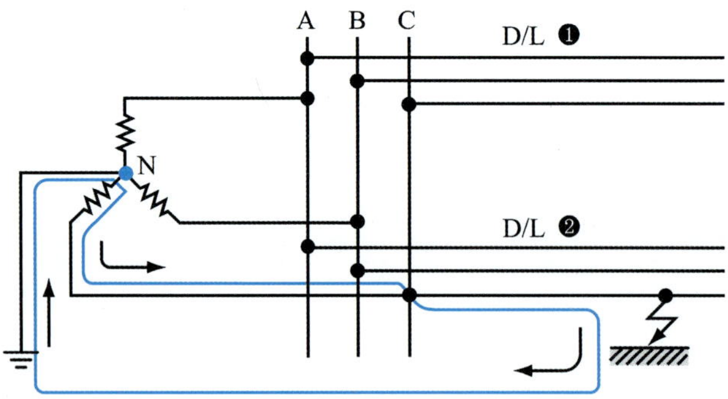

[그림 7-7] 직접접지 방식에서의 지락전류 흐름

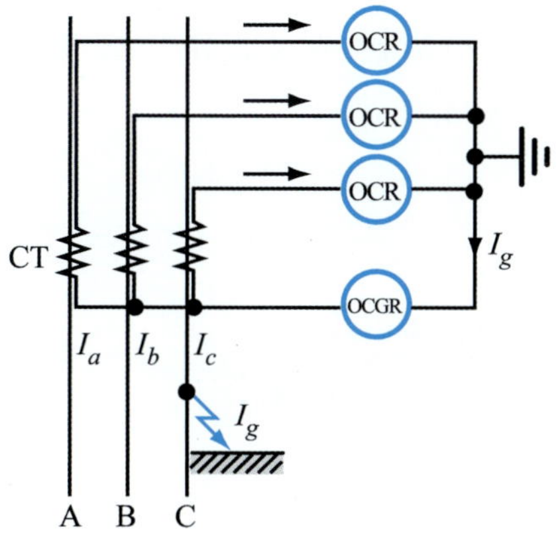

[그림 7-8] 직접접지 방식에서의 지락전류 검출(잔류회로 방식)

★ 직접접지 방식의 장단점 ★

- **장점**
  1. 1선 지락 시에 건전상의 대지전압이 거의 상승하지 않는다.
  2. 피뢰기의 효과를 증진시킬 수 있다.
  3. 단절연이 가능하다.
  4. 계전기의 동작이 확실하다.

- **단점**
  1. 송전계통의 과도 안정도가 나빠진다.
  2. 통신선의 유도장해가 발생한다.
  3. 기기에 영향을 주어 손상시킨다.
  4. 대용량 차단기가 필요하다.

예제 7-2

중성점 직접접지 방식에 대한 설명으로 틀린 것은 무엇인가?

① 지락 시 지락전류가 크다.

② 계통의 절연을 낮게 할 수 있다.

③ 지락고장 시 중성점 전위가 높다.

④ 변압기의 단절연을 할 수 있다.

정답 ③

풀이 직접접지 방식을 사용하면 중성점을 도선으로 직접 대지에 접지하므로 전위는 항상 0이다.

저항접지 방식

저항접지 방식은 [그림 7-9]와 같이 변압기의 중성점을 저항으로 연결하여 대지에 접지하는 방식으로, 접지 임피던스에 따라 고저항 접지와 저저항 접지로 나누어진다.

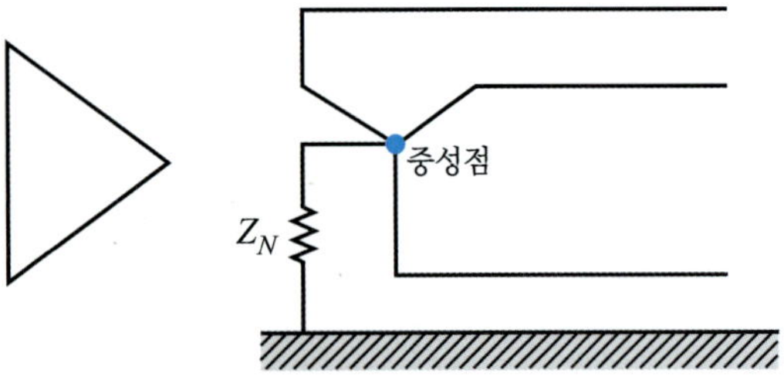

- 저저항접지 : $Z_N = 30[\Omega]$
- 고저항접지 : $Z_N = 100 \sim 1000[\Omega]$

[그림 7-9] 저항접지 방식

저저항접지는 직접접지와 특성이 유사하며, 고저항접지는 비접지와 특성이 유사하다. 접지 임피던스 Z_N값이 너무 낮으면 1선 지락 시 계통의 과도 안정도가 나빠지고 인근 통신선에 전자유도장해가 커진다. 반면 고저항접지에서는 지락전류의 크기가 작아 지락 계전기의 동작이 불확실하다. 저항접지 방식은 일부 자가용 수용가 외에는 거의 적용하지 않으며 대부분 직접접지 방식을 적용하고 있다.

소호리액터접지 방식

소호리액터접지 방식은 [그림 7-10]과 같이 변압기의 중성점을 송전선로의 대지정전용량과 병렬 공진하는 리액터를 연결하여 대지에 접지하는 방식으로, 발명자의 이름을 붙여 페테센 코일(Petersen coil : P·C접지)이라고도 한다.

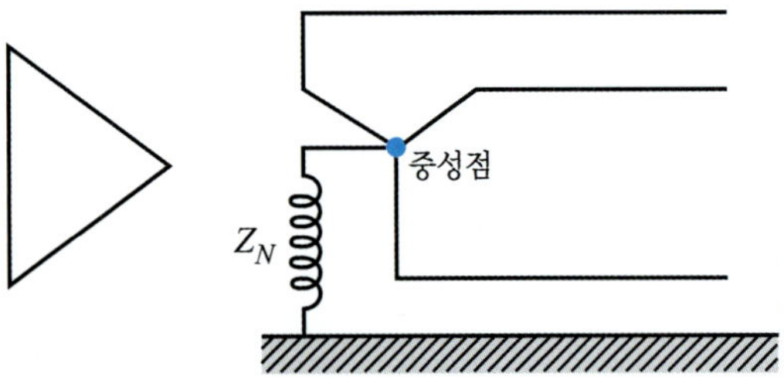

[그림 7-10] 소호리액터접지 방식

1선 지락사고가 발생할 때 소호리액터접지 방식을 사용한 전선로는 다음과 같은 특징이 있다.

- 지락전류의 크기가 거의 0이므로 전류 0점에서 자연스레 소멸되어 정전 없이 송전할 수 있다.
- 건전상의 전압이 대지전압의 $\sqrt{3}$ 배까지 상승하므로 전선로 및 계통 설비의 절연 레벨을 낮추기 어렵다.
- 지락전류가 접지 방식 중 가장 작아 인근 통신선에 미치는 유도장해가 작고 계통의 안정도가 높다.

소호리액터접지 방식에서 1선 지락사고 시 흐르는 전류가 0이 되려면 계통의 용량성 정전용량과 설치하는 유도성 소호리액터의 용량이 같아야 한다.

$$\omega L = \frac{1}{3\omega C}\,[\Omega] \tag{7.1}$$

$$L = \frac{1}{3\omega^2 C}\,[\mathrm{H}] \tag{7.2}$$

실제 전선로에서는 [그림 7-11]과 같이 철손, 저항손, 선로 저항, 누설 컨덕턴스 등 여러 손실들이 있으며, 일기 상태에 따라 대지정전용량이 달라지므로 일반적으로 소호리액터에 여러 개의 탭을 설치하여 선로의 환경에 따라 탭을 변경함으로써 항상 정전용량과 공진할 수 있도록 한다.

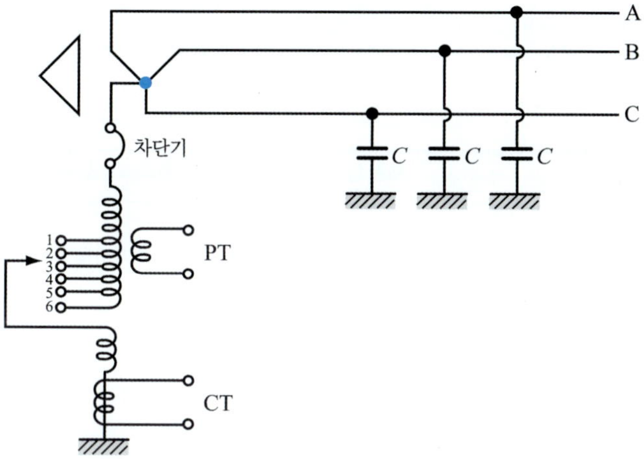

[그림 7-11] 소호리액터의 탭

소호리액터의 탭이 공진상태를 벗어난 정도를 **합조도** P라 하며 다음과 같이 구한다. 합조도는 유도성의 소호리액터 용량과 용량성의 정전용량에 따라 [표 7-1]과 같이 구분한다.

$$P = \frac{I - I_C}{I_C} \times 100\,[\%] \tag{7.3}$$

- I : 사용 탭 전류 [A]
- I_C : 대지 충전전류 [A]

[표 7-1] 합조도의 표현

상태	합조도 값	표현방법
$\omega L = \frac{1}{3\omega C}$	0	공진 상태
$\omega L > \frac{1}{3\omega C}$	−	부족보상 상태
$\omega L < \frac{1}{3\omega C}$	+	과보상 상태

소호리액터접지 방식에서 소호리액터의 탭을 사용할 경우 합조도가 부족보상 상태로 운전하면 1선 지락사고 발생 시 건전상의 대지전압이 과도하게 상승할 우려가 있기 때문에 위험하다. 따라서 소호리액터의 탭은 절대 부족보상 상태로 운전하면 안 된다.

소호리액터접지 방식에서 소호리액터의 탭을 사용할 때 소호리액터의 용량은 다음과 같다.

$$\begin{aligned} \text{리액터 용량} &= \text{상전압} \times \text{충전전류} \\ &= \frac{V}{\sqrt{3}} \times 3\omega C \frac{V}{\sqrt{3}} = \omega C V^2 \times 10^{-3} [\mathrm{kVA}] \end{aligned} \tag{7.4}$$

변압기의 중성점 접지 방식 비교

이제까지 설명한 변압기의 중성점 접지 방식을 정리하면 [표 7-2]와 같다.

[표 7-2] 변압기의 중성점 접지의 장단점

구분	비접지	직접접지	저항접지	소호리액터접지
지락전류 크기	작음 (전선로 길이가 길면 커짐)	큼 최대 크기	비접지와 직접접지의 중간 정도	최소 0에 가까움
보호계전기 동작	곤란	가장 확실	확실	불가능
고장 중 운전	가능	불가능	불가능	가능
1선 지락 시 건전상 전위 상승	큼	작음 (1.3배 이하)	약간 큼	가장 큼 ($\sqrt{3}$ 배 이상)
1선 지락 시 유도장해	작음	최대 고속 차단으로 고장 계속 시간 최소화 가능 (0.1초 차단)	비접지와 직접접지의 중간 정도	최소
과도 안정도	큼	최소 고속도 재폐로 방식으로 향상 가능	큼	최대로 큼
절연레벨	감소 불가능 전절연	감소 단절연 가능	감소 불가능 비접지보다 낮출 수 있음	감소 불가능 비접지보다 낮출 수 있음

★ 우리나라 송전선로의 중성점 접지 방식 ★

- 345[kV] : 직접접지 방식
- 154[kV] : 직접접지 방식
- 66[kV] : 소호리액터접지 방식
- 22[kV] : 비접지 방식

SECTION
7.2

고조파의 발생과 대책

고조파는 기본 주파수의 정수배 주파수를 가진 전류나 전압을 의미한다. 변압기에 흐르는 전류에는 자화특성으로 인해 고조파가 포함된다. 이 절에서는 고조파의 영향과 이를 방지하기 위한 대책을 알아보자.

Keywords | 고조파 | 제3고조파와 변압기 결선 | 제5고조파와 전력용 콘덴서 |

1 고조파란?

고조파(harmonic)란 기본 주파수의 정수배의 주파수를 가진 전류 또는 전압을 말한다. 기본파(정현파)와 복수의 고조파를 합성한 것을 **왜형파**라 하는데, 이는 푸리에 급수로 분해할 수 있다. 일반적으로 50조파까지를 고조파로 취급하고 그 이상은 노이즈로 취급한다.

변압기 철심의 자화특성인 히스테리시스 특성으로 인해 변압기의 여자전류는 기본파와 홀수 고조파, 즉 제3고조파, 제5고조파, 제7고조파 등 무수한 고조파를 포함한 왜형파가 된다. 변압기 철심의 재질에 따라 다르나 일반적으로 제3고조파는 기본파의 약 50[%], 제5고조파는 약 25[%] 정도를 차지하며 고조파의 차수가 높을수록 그 크기는 작아진다. 전력계통에서의 송배전선로는 3상 3선식을 채택하고 있으며 변압기를 이용하여 전압을 높이거나 낮춰서 전력을 공급하므로 제3고조파, 제5고조파가 문제가 된다.

[그림 7-12]는 왜형파를 분해하여 왜형파에 포함된 기본파와 제3고조파, 제5고조파를 나타낸 것이다.

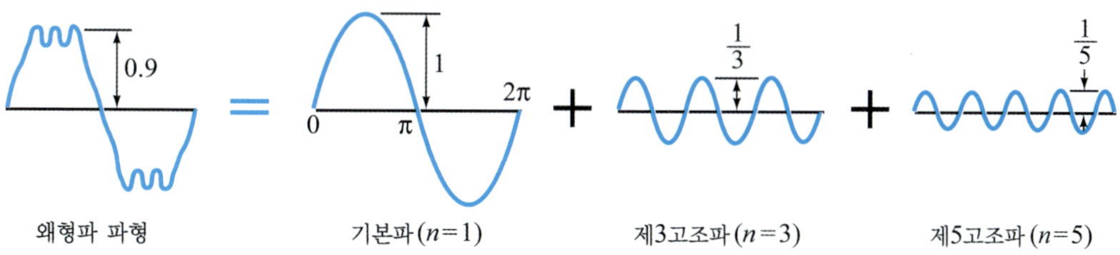

[그림 7-12] 왜형파의 분해

전기사업자로부터 전력을 공급받는 수용가에서는 변압기, 회전기, 아크로, 전력변환 장치 등 고조파 발생 기기들을 이용하고 있다. 이러한 기기에서 발생한 고조파들은 전원 측으로 흘러 전력의 품질을 저하하는 요인이 되므로 고조파에 대한 대책이 필요하다.

2 전력계통에서의 고조파 방지 대책

제3고조파와 변압기 결선

전력계통에서 공급하는 전원전압은 기본파와 제3고조파, 제5고조파 등의 합성으로 이루어지는데, 변압기를 Y 결선하여 사용하면 제3고조파는 각 상간에 위상차가 없는 영상성분의 단상전압이 된다.

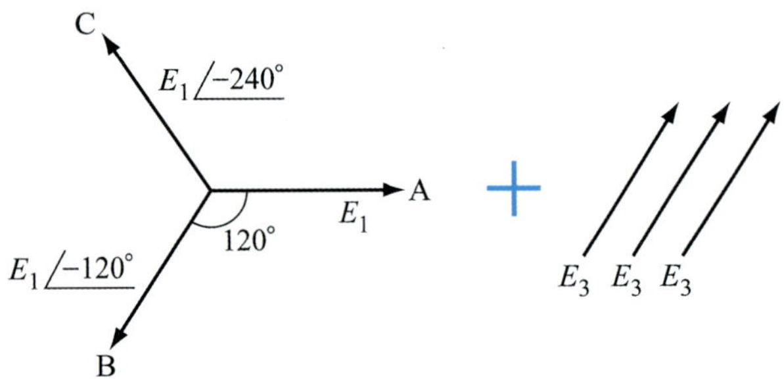

[그림 7-13] 전압 벡터도

[그림 7-14]와 같이 변압기를 Y-Y 결선하면 제3고조파는 선로의 대지정전용량을 통해 제3고조파 단락전류가 흐른다. 이 전류는 부하와 관계없이 선로의 대지정전용량을 통해서 항상 대지로 흐르기 때문에 인근 통신선에 유도장해를 일으킨다.

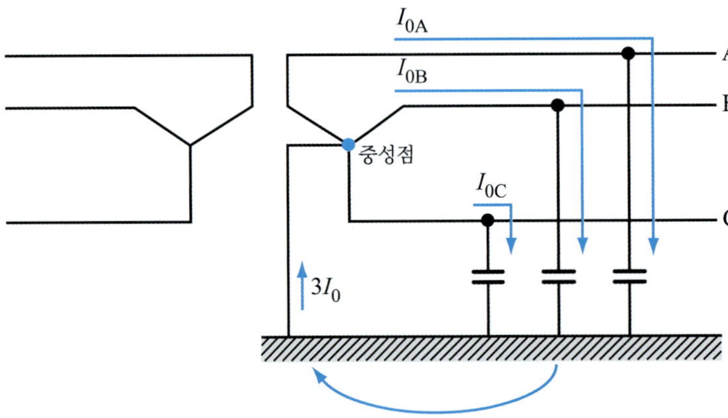

[그림 7-14] Y-Y 결선한 변압기의 제3고조파 전류 흐름

변압기를 Δ 결선하여 사용하면 기본파 전압 E의 벡터 합은 0이 되고, 제3고조파 전압을 위상차가 없는 단상전압으로 합성하면 $3E_3$가 되어 변압기 Δ 결선 내를 순환하게 된다.

$$\dot{E}_a + \dot{E}_b + \dot{E}_c = 0 \tag{7.5}$$

[그림 7-15]와 같이 변압기를 $\Delta-\Delta$ 결선하면 변압기 권선을 순환하는 제3고조파에 의해 발생하는 자속 $\phi I_3'$ 와 권선의 포화로 만들어진 자속 ϕ_3는 서로 상쇄되어 없어지므로 변압기의 철심 중에는 정현파만 남게 된다. 즉 제3고조파는 변압기의 Δ 결선 내에서 상시 순환하므로 선로에는 제3고조파 순환전류로 인한 악영향을 미치지 않는다.

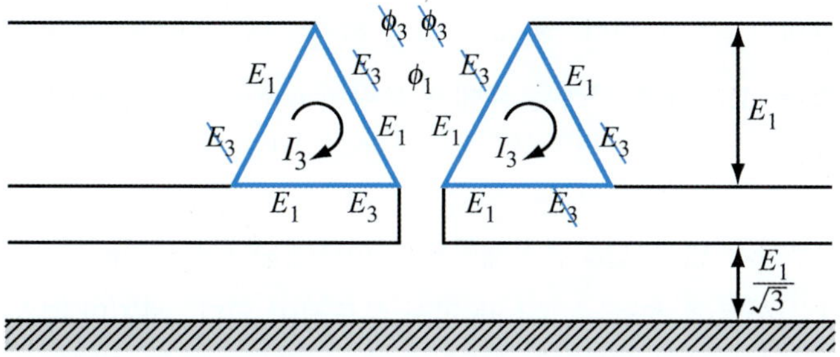

[그림 7-15] $\Delta-\Delta$ 결선한 변압기의 제3고조파 전류 흐름

전력계통에서는 변압기의 권선을 Y-Y-Δ, Y-Δ로 결선하여 제3고조파 순환전류를 변압기의 Δ 결선으로 흐르게 함으로써 제3고조파 순환전류에 의한 파형의 왜곡, 인근 통신선에 대한 유도장해를 방지한다. 또한 변압기의 Y 결선을 통해 중성점을 접지하여 계통의 절연 계급을 낮추도록 하고 있다.

제5고조파와 전력용 콘덴서

전력계통에서 공급하는 전원전압에는 변압기의 자기포화 현상에 의한 고조파가 포함되어 있다. 고조파 중 제3고조파는 변압기의 Δ 결선에서 순환하여 흡수되므로 전선로 밖으로는 나오지 않는다. 즉 전력용 콘덴서 회로에서 문제가 되는 것은 제5고조파 이상의 고조파이다.

전력계통과 수용가에서는 역률 개선을 위해 전력용 콘덴서를 사용한다. 전력용 콘덴서에 직렬로 리액터를 연결하면 [그림 7-16]과 같이 콘덴서와 리액터의 직렬공진 원리를 이용한 동조필터(passive filter)가 된다. 고조파 전류를 흡수함으로써 계통의 고조파 전류를 제거하고 역률을 개선한다.

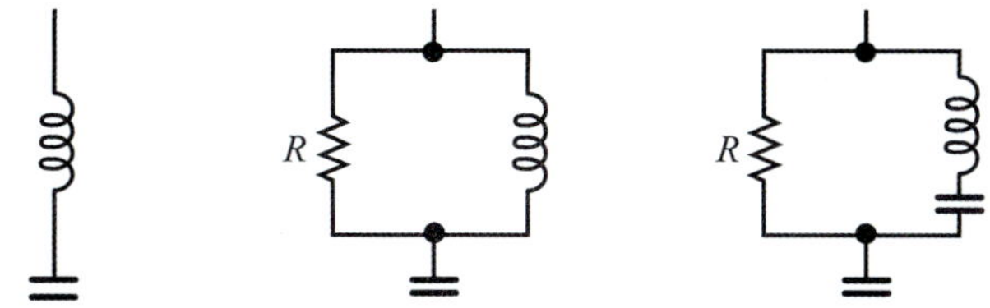

(a) Band-Pass 동조 (b) High-Pass 고차 (c) C-Type Pass 3차형

[그림 7-16] 동조필터의 종류

역률을 개선하기 위해 직렬로 연결하는 리액터의 용량을 계산하면 다음과 같다.

$$5\omega L = \frac{1}{5\omega C}$$

$$\omega L = \frac{1}{5^2 \omega C} = \frac{1}{25} \times \frac{1}{\omega C} [\mathrm{kVA}] \tag{7.6}$$

즉 리액터의 용량은 전력용 콘덴서 용량의 4[%]가 된다. 하지만 실제 현장에서는 계통의 주파수 저하, 계통에서의 잔류 고조파의 영향 등을 고려하여 전력용 콘덴서 용량의 6[%] 정도의 직렬 리액터를 설치하는 것을 표준으로 하고 있다.

일반적으로 부하는 지상 역률의 유도성 부하가 많으므로 전력계통의 전선로에는 지상 전류, 즉 유도성 전류가 흐른다. 따라서 전력계통의 전선로에 흐르는 고조파 역시 유도성이 된다. 하지만 부하 측의 고조파는 용량성일 수 있다. 이때 고조파 전류가 전원 측으로 확대될 가능성이 있는데 이를 고조파 확대 현상이라 한다. 특히 [그림 7-17]과 같이 전력계통의 변압기 및 전선로와 역률 개선을 위한 전력용 콘덴서에 병렬공진이 발생하면 고조파 확대 현상이 가장 심하게 나타나 전원 측의 전력 품질을 저하시킨다.

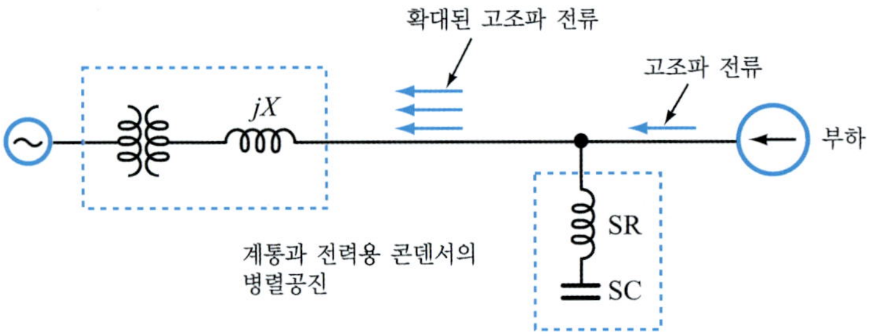

[그림 7-17] 병렬공진에 의한 고조파 확대 현상

고조파 제한 기준

고조파에 대한 제한 및 허용 기준은 각 나라마다 다르며, 최근에는 고조파를 발생시키는 전력변환기기, 가전제품 등의 기기에서의 고조파 발생을 제한하려는 방향으로 변하고 있다. 우리나라에서는 한국전력공사의 전기공급약관, KS C IEC 61000, KS C 4310, KS C 8100 기준 등을 통하여 고조파에 대한 제한 규정을 두고 있다.

[표 7-3] 고조파 전압왜형 및 등가 방해 전류 제한값(출처 : 한국전력공사 전기공급약관)

구분	지중선로가 있는 S/S에서 공급		가공선로만 있는 S/S에서 공급	
	전압 왜형율[%]	등가 방해 전류[A]	전압 왜형율[%]	등가 방해 전류[A]
66[kV] 이하	3	–	3	–
154[kV] 이하	1.5	3.8	1.5	–

■ 총합 고조파 왜형률

전원전압(전류)에 포함되어 있는 총합 고조파 왜형률(THD : Total Harmonic Distortion)은 고조파 전압(전류) 실효값과 기본파 전압(전류)의 실효값의 비로 다음과 같다.

$$THD = \frac{\sqrt{V_2^2 + V_3^2 + V_4^2 + \cdots + V_n^2}}{V_1} \times 100\,[\%] \tag{7.7}$$

- V_1 : 기본파 전압 [V]
- V_2, V_3, V_4, V_n : 각 차수별 고조파 전압 [V]

■ 등가 방해 전류

전력계통에서 발생하는 고조파는 인근 통신선에 유도장해를 일으킨다. 이때 인근 통신선에 영향을 주는 고조파 전류의 한계를 등가 방해 전류(EDC : Equivalent Disturbing Current)로 규제한다.

$$EDC = \sqrt{\sum_{n=1}^{\infty}\left(S_n^2 \times I_n^2\right)}\,[\mathrm{A}] \tag{7.8}$$

- S_n : 통신 유도계수
- I_n : 고조파 영상전류 [A]

CHAPTER

07 연습문제

7.1 송전선로에서 중성점 접지를 하는 목적을 설명하라.

7.2 Δ 결선한 3상 3선식 배전선로가 있다. 1선 지락사고가 발생하면 건전상의 전위는 지락 전의 몇 배로 상승하는가?

7.3 송전계통에서 1선 지락고장 시 인접 통신선의 유도장해가 가장 큰 중성점 접지 방식은 무엇인가?

① 비접지 ② 직접접지 ③ 고저항접지 ④ 소호리액터접지

7.4 직접접지 방식에서 변압기에 단절연을 할 수 있는 이유를 설명하라.

7.5 소호리액터를 송전계통에 사용할 때, 리액터의 인덕턴스와 선로의 정전용량은 어떤 상태가 되어 지락전류를 소멸시키는가?

① 병렬공진 ② 직렬공진 ③ 고임피던스 ④ 저임피던스

7.6 3상 1회선 송전선에서 1선의 대지정전용량을 C_o, 주파수 f라 하자. 이때 소호리액터의 인덕턴스를 구하라.

7.7 3상 3선식 소호리액터접지 방식에서 1선의 대지정전용량을 $C[\mu\mathrm{F}]$, 상전압 $E[\mathrm{kV}]$, 주파수 $f[\mathrm{Hz}]$라 할 때, 소호리액터의 용량$[\mathrm{kVA}]$을 구하라.

7.8 소호리액터접지 방식에서 사용되는 탭의 크기로 바른 것은 무엇인가?

① $\omega L > \dfrac{1}{3\omega C}$　　② $\omega L < \dfrac{1}{3\omega C}$　　③ $\omega L > \dfrac{1}{3\omega^2 C}$　　④ $\omega L < \dfrac{1}{3\omega^2 C}$

7.9 중성점 비접지 방식에서 사용되는 변압기의 결선 방법은 무엇인가?

① $\Delta - \Delta$　　② Δ−Y　　③ Y−Y　　④ Y−V

7.10 변압비 $\dfrac{6600}{\sqrt{3}} / \dfrac{110}{\sqrt{3}}$ [V]인 GPT 3차 오픈델타 결선에서 L1상이 완전 지락인 경우 나타나는 영상전압은 몇 [V]인지 구하시오.

7.11 비접지 선로의 L1상에서 1선 완전지락이 발생할 경우 접지표시등 L_1, L_2, L_3의 점멸과 밝기를 비교하시오.

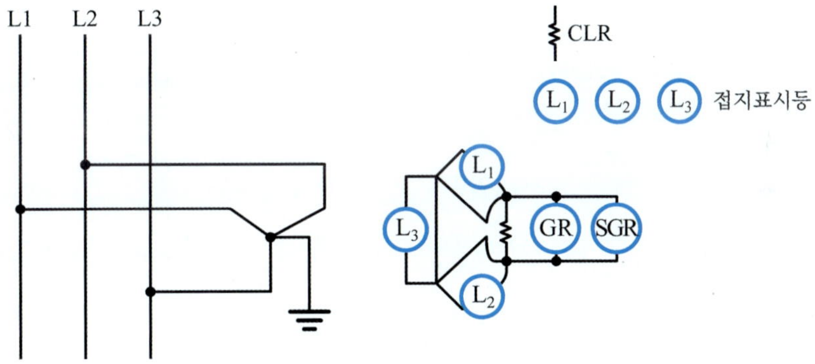

GPT 결선

CHAPTER 08

고장계산과 유도장해

이 장에서는 전력계통의 송전선로에서 단락사고나 지락사고, 3상 발전기의 고장이 발생했을 때 고장전류의 크기와 건전상의 전위 상승을 계산하는 방법을 알아본다. 또한 통신선과 가까운 송전선로의 유도전압에 의해 발생하는 유도장해에 대하여 알아보자.

CONTENTS

SECTION
8.1 고장계산

가공 전선로에서 사고가 발생했을 때 흐르는 고장전류를 빠르게 차단하지 못하면 계통 전체에 문제가 발생할 수 있다. 따라서 고장전류를 빠르게 차단하기 위해 사고가 발생했을 때 흐르는 고장전류, 고장전압, 고장전력 등을 미리 계산하여, 이를 차단할 수 있는 차단기를 설치해야 한다.

Keywords | 옴법 | %Z법 | 대칭좌표법 | 발전기 기본식 | 3상 교류발전기의 고장계산 |

1 고장계산의 필요성

가공 전선로에서 지락사고나 단락사고가 발생할 때를 대비하여 미리 지락전류 또는 단락전류의 크기를 알고 있는 것이 좋다. 왜냐하면 사고가 발생했을 때 이를 신속히 차단하는 차단기의 용량을 결정하고, 차단기의 동작을 위해 보호계전기를 정정하는 데 사고(고장)전류값을 적용할 수 있기 때문이다.

전력계통의 가공 전선로는 외부 환경에 노출되어 있어 직접적으로 환경의 영향을 받는다. 전력계통의 사고 중 70 ~ 80[%]는 1선 지락사고이며, 2선 지락사고, 3선 지락사고, 선간 단락사고, 단선사고 등이 발생하기도 한다.

특히 1선 지락사고를 초기에 차단하지 못하면 2상 또는 3상 단락사고로 확산되므로 지락사고 시 확실한 보호가 전력계통의 신뢰도 향상과 기기의 열화 방지의 기본이 된다. 지락사고의 영향에 대해 [그림 8-1]에 나타냈다.

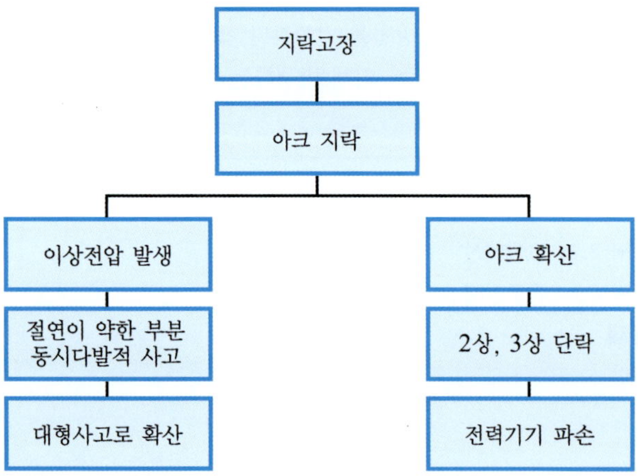

[그림 8-1] 지락사고의 영향

2 3상 단락사고 시 고장계산법

전력계통에서 단락사고가 발생할 때 흐르는 고장전류의 계산법으로는 **옴(Ω)법**, **% 임피던스법**, **p.u 법**, **대칭좌표법**, **KSC IEC 60909에 따른 방식** 등이 있다. 이 중 옴(Ω)법과 대칭좌표법은 단위 환산과 적용이 번거로워 실무에서는 거의 사용하지 않는다. 이 장에서는 옴(Ω)법, % 임피던스법, 대칭좌표법을 설명하고 KSC IEC 60909(KEC 규정)에 따른 방식은 12장에서 자세히 다룬다.

옴(Ω)법

옴(Ω)법은 주로 3상 단락사고에 사용하는 고장계산법이다. 3상 단락사고는 거의 발생하지 않지만, 3상 단락사고가 발생하면 가장 큰 고장전류가 흐르므로 꼭 알아두어야 한다.

3상 단락사고는 평형 고장이므로, 단락전류는 고장점의 대지전압을 고장점에서 전원 측을 본 계통의 임피던스 $Z[\Omega]$로 나누어 구한다. 3상 단락전류 I_s와 3상 단락용량 P_s는 다음과 같다.

$$I_s = \frac{E}{Z} = \frac{E}{\sqrt{R^2 + X^2}}[\mathrm{A}] \tag{8.1}$$

$$P_s = 3EI_s = \sqrt{3}\,VI_s[\mathrm{kVA}] \tag{8.2}$$

- E : 고장 직전 고장점에서의 대지전압(상전압)[V]
- Z : 고장점에서 전원 측을 본 계통의 임피던스[Ω]
- V : 고장점의 선간전압[kV] $(=\sqrt{3}E)$

이와 같이 대지전압을 임피던스로 나누어서 단락전류를 구하는 방법을 옴(Ω)법이라고 하며, 임피던스의 환산이 번거로워 거의 사용하지 않는다.

% 임피던스(%Z)법

고장계산을 위해 사용하는 % 임피던스의 개념을 명확하게 알아보고, % 임피던스를 이용하여 고장계산하는 방법을 알아보자.

■ 변압기에서의 % 임피던스(%Z)의 개념

먼저 [그림 8-2]와 같이 변압기의 2차 측은 단락하고 1차 측에는 전압을 인가한 후 전압값을 서서히 증가시킨다. 변압기 2차 측에 정격전류가 흐를 때의 1차 전압을 임피던스 전압이라 한다. 이때 전력량계에 나타나는 전력은 동손을 나타낸다.

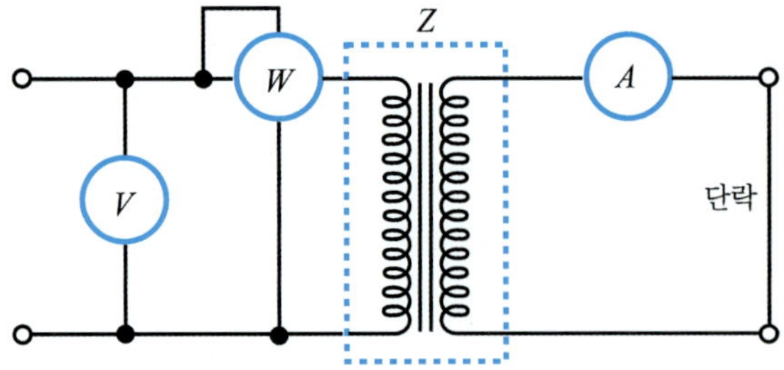

- V : 임피던스 전압[V]
- W : 동손[Ω]
- Z : 변압기 1, 2차 합성 임피던스[Ω]

[그림 8-2] 변압기의 단락시험

합성 임피던스 Z에 정격전압 E를 인가하면 정격전류 I_n이 흐른다. 이때 Z 양단에는 I_n에 의한 전압강하 $V = I_n Z$가 발생한다. 전압강하를 정격전압 E로 나눈 후 백분율로 나타낸 것을 % **임피던스**(%Z)라 하며 다음과 같이 계산한다.

★ 변압기에서의 % 임피던스(%Z) ★

$$\%Z = \frac{Z I_n}{E} \times 100\,[\%]$$

$$Z = \frac{\%Z \times E}{100\, I_n}\,[\Omega] \quad (8.3)$$

% 임피던스는 전압변동, 전압강하, 단락전류 등 고장전류를 계산하는 데 이용되며 옴(Ω)법처럼 전압에 대해 환산하지 않고도 기준용량으로 환산하여 적용할 수 있다.

■ 가공 전선로에서의 % 임피던스(%Z)의 개념

[그림 8-3]과 같이 가공 전선로에 정격전압 E와 정격전류 I_n이 흐를 때 가공 전선로의 전선에는 저항 R과 임피던스 X에 의한 선로의 전압강하 ZI_n이 발생한다.

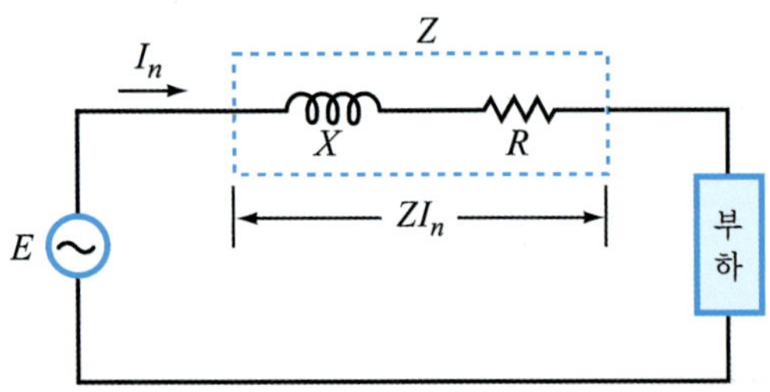

[그림 8-3] 가공 전선로에서의 % 임피던스 개념

이 전압강하 ZI_n을 정격전압 E로 나눈 후 백분율로 나타낸 것을 % 임피던스라 하며 다음과 같이 계산한다.

★ 전선로에서의 % 임피던스($\%Z$) ★

$$\%Z = \frac{Z\,I_n}{E} \times 100\,[\%]$$

$$Z = \frac{\%Z \times E}{100\,I_n}\,[\Omega] \qquad (8.4)$$

■ % 임피던스($\%Z$)법

$\%Z$를 활용하여 고장계산을 하는 % **임피던스법**은 다음과 같다. 먼저 3상 단락전류 I_s를 구하기 위해 식 (8.4)를 식 (8.1)에 대입하면 다음과 같다.

$$I_s = \frac{E}{Z} = \frac{E}{\dfrac{\%Z \times E}{100 \times I_n}} = \frac{100}{\%Z} \times I_n\,[\mathrm{A}] \qquad (8.5)$$

식 (8.5)의 양변에 $\sqrt{3}\,V$를 곱하여 단락용량을 구하면 다음과 같다.

$$P_s = \frac{100}{\%Z} \times \sqrt{3}\,VI_n = \frac{100}{\%Z} \times P_n\,[\mathrm{kVA}] \qquad (8.6)$$

• $P_s = \sqrt{3}\,VI_s$: 3상 단락용량[kVA] • $P_n = \sqrt{3}\,VI_n$: 3상 정격용량[kVA]

$\%Z$법을 사용하면 단락전류 I_s가 정격전류 I_n의 몇 배인지를 쉽게 알 수 있다. 더 정확히 말하면 정격전류의 크기를 모르더라도 고장점에서 본 전 계통의 $\%Z$를 얻을 수 있다면 단락전류가 정격전류의 몇 배인지를 쉽게 파악할 수 있다.

예를 들어 [그림 8-4]와 같이 전원 측 임피던스는 무시하고 $\%Z$가 5[%]인 변압기의 단락전류를 계산해보자.

이때 변압기 2차 측 F 점에서 3상 단락이 발생한다면 흐르는 단락전류의 크기를 식 (8.5)로 계산할 수 있다. 그 결과는 식 (8.7)과 같이 정격전류의 20배가 된다.

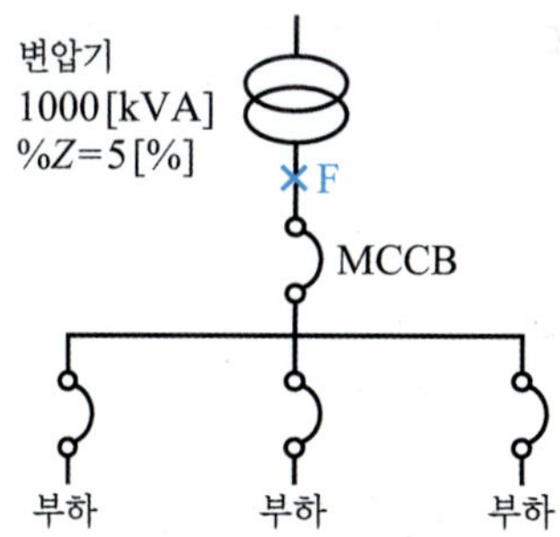

[그림 8-4] 고장점의 단락전류 계산 예

$$I_s = \frac{100}{\%Z} \times I_n = \frac{100}{5} \times I_n = 20\,I_n \qquad (8.7)$$

예제 8-1

어느 수용가에서 합성 임피던스가 4[%]일 때 설치해야 할 차단기 차단용량의 최솟값[MVA]을 구하라. 단, 기준용량은 100[MVA]이다.

정답 2500[MVA]

풀이 식 (8.6)에 $\%Z=4[\%]$, $P_n=100[\text{MVA}]$를 대입하여 구하면 다음과 같다.

$$P_s = \frac{100}{\%Z} \times P_n = \frac{100}{4} \times 100 \times 10^6 = 2500[\text{MVA}]$$

$\%Z$법을 사용할 때 발전소나 변전소에서의 발전기, 변압기, 조상기, 선로 등 각 부분의 용량이 서로 다르면 $\%Z$로 더할 수 없다. 따라서 $\%Z$를 더하려면 식 (8.8)을 이용하여 기준용량에 대한 $\%Z$ 값으로 환산해야 한다. 이때 특별한 설명이 없으면 기준용량은 100[MVA]로 한다.

$$\text{환산 } \%Z = \frac{\text{기준용량}}{\text{자체용량}} \times \text{자체 } \%Z \tag{8.8}$$

배수 펌프장의 단선결선도에서 케이블을 무시하고 수전변압기를 간략하게 나타낸 [그림 8-5]에 식 (8.8)을 적용해보자. 배수장의 기준용량은 100[MVA], 펌프장의 변압기 TR 1의 용량은 1500[kVA], 변압기 TR 2의 용량은 100[kVA]로 모두 용량이 다르므로 식 (8.8)을 이용하여 기준용량 100[MVA]로 환산한 $\%Z$를 계산해야 한다.

$$\begin{aligned} \text{TR 1} &= \frac{100000}{1500} \times 6 = 400[\%] \\ \text{TR 2} &= \frac{100000}{100} \times 4 = 4000[\%] \end{aligned} \tag{8.9}$$

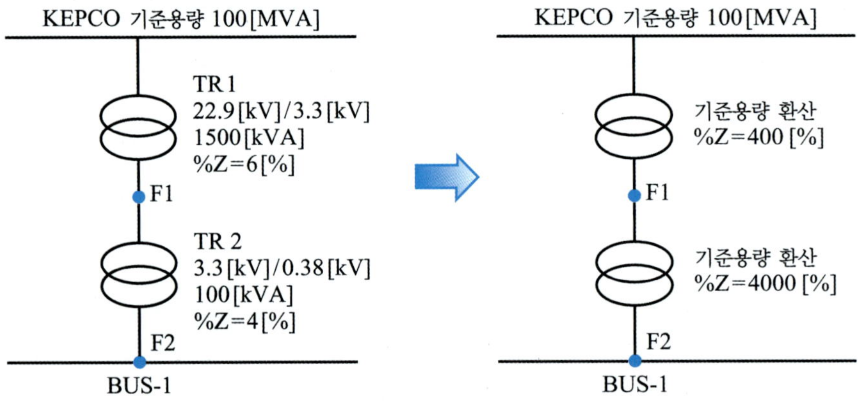

[그림 8-5] 자체 $\%Z$를 기준용량 $\%Z$으로 환산한 예

기준용량 100[MVA]으로 환산한 $\%Z$와 식 (8.7)을 이용하여 단락전류를 계산하면 다음과 같다.

- 고장점 F_1에서 TR 1의 2차 전압 3.3[kV]를 적용한 경우

$$\%ZF_1 = \text{TR } 1\%Z = 400\,[\%]$$

$$I_s = \frac{100}{\%Z} \times I_n = \frac{100}{400} \times \frac{100 \times 10^6}{\sqrt{3} \times 3.3 \times 10^3} = 4374\,[\text{A}]$$

- 고장점 F_2에서 TR 2의 2차 전압 0.38[kV]를 적용한 경우

$$\%ZF_2 = \text{TR } 1\%Z + \text{TR } 2\%Z = 400 + 4000 = 4400\,[\%]$$

$$I_s = \frac{100}{\%Z} \times I_n = \frac{100}{4400} \times \frac{100 \times 10^6}{\sqrt{3} \times 0.38 \times 10^3} = 3453\,[\text{A}]$$

예제 8-2

어느 수용가에 설치되어 있는 3상 차단기의 정격전압은 24[kV]이고, 정격 차단용량은 520[MVA]일 때 차단기의 정격 차단전류[kA]를 구하라.

정답 12.5[kA]

풀이 차단기의 정격 차단용량은 $P_s = \sqrt{3}\,VI$[MVA]이므로, 식을 변형하여 정격 차단전류를 구하면 다음과 같다.

$$I_s = \frac{P_s}{\sqrt{3}\,V} = \frac{520}{\sqrt{3} \times 24} = 12.5\,[\text{kA}]$$

22.9[kV] 배전에 사용하는 차단기의 정격 차단용량은 520[MVA]이고, 정격 차단전류는 12.5[kA]이다.

3 대칭좌표법

전력계통에서 발생하는 사고의 대부분은 1선 지락, 2선 지락, 선간 단락과 같은 불평형 고장이며, 불평형 고장이 발생하면 송전선로에 불평형 전류가 흐른다. 이때 대칭좌표법을 이용하면 쉽게 불평형 전류를 해석할 수 있다.

직접 3상 불평형 전류나 불평형 전압을 계산하는 것은 매우 복잡하다. 따라서 [그림 8-6]과 같이 불평형 전류나 불평형 전압을 분해해 대칭적인 성분인 영상, 정상, 역상 성분으로 나누어 계산한 후, 이를 다시 각 상에 흐르는 불평형 전류나 불평형 전압으로 합성하는 **대칭좌표법**을 사용한다.

즉 계산 과정에서는 평형회로라고 가정한 후 대칭성분인 영상, 정상, 역상 성분을 계산하고, 계산이 끝나면 값을 합성하여 불평형 전압이나 불평형 전류값을 얻는다.

(a) 불평형 고장을 직접 계산하는 방법

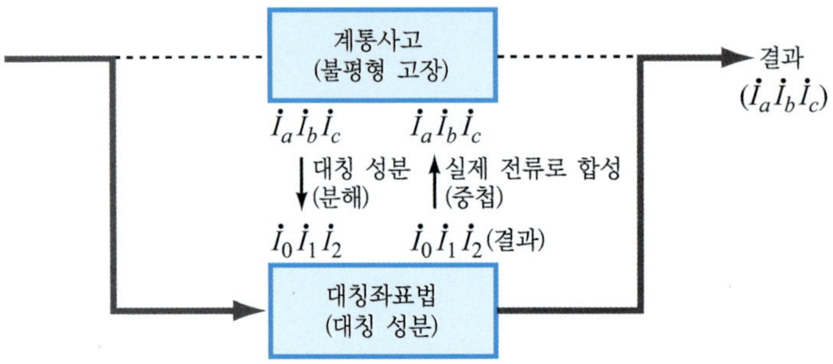

(b) 대칭좌표법을 이용하여 불평형 고장을 계산하는 방법

[그림 8-6] 불평형 전류를 계산하는 방법

대칭분 전류

대칭분 전류는 선로를 평형회로라고 가정한 후 구한 전류의 대칭성분을 의미하며, 이는 영상전류, 정상전류, 역상전류 성분으로 나뉜다. 선로정수가 평형된 3상 회로와 불평형 3상 교류전류의 벡터도는 [그림 8-7]과 같다.

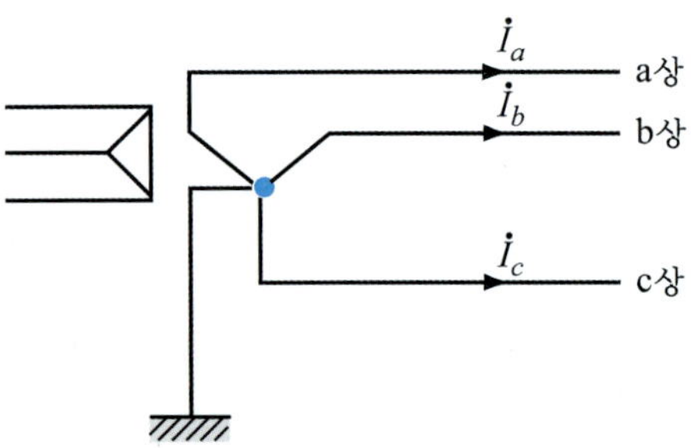

(a) 선로정수가 평형된 3상 회로

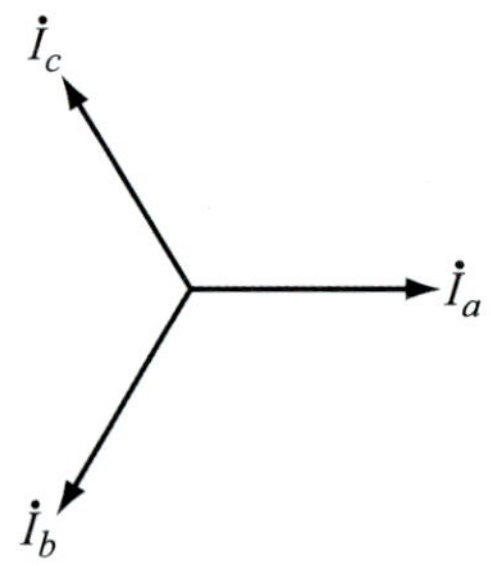

(b) 불평형 3상 교류전류의 벡터도

[그림 8-7] 불평형 전류의 개념도

[그림 8-7(a)]와 같이 선로정수가 평형된 3상 회로에 불평형 3상 교류전류 $\dot{I}_a$, $\dot{I}_b$, $\dot{I}_c$가 흐르고 있을 때, 다음과 같이 a상에 흐르는 전류 $\dot{I}_a$를 기준으로 한 대칭분 전류로 나타낼 수 있다.

★ 대칭분 전류 ★

- 영상전류 성분 $\dot{I}_0 = \frac{1}{3}(\dot{I}_a + \dot{I}_b + \dot{I}_c)$
- 정상전류 성분 $\dot{I}_1 = \frac{1}{3}(\dot{I}_a + a\dot{I}_b + a^2\dot{I}_c)$ (8.10)
- 역상전류 성분 $\dot{I}_2 = \frac{1}{3}(\dot{I}_a + a^2\dot{I}_b + a\dot{I}_c)$

여기서 a는 벡터인자로, 120°를 의미한다. 벡터인자를 이용한 전류 벡터의 벡터도는 [그림 8-8]과 같이 표현하며, 벡터인자는 다음과 같이 계산한다.

$$
\begin{aligned}
a &= 1\angle 120° = -\frac{1}{2} + j\frac{\sqrt{3}}{2} \\
a^2 &= a \cdot a = 1\angle 240° = -\frac{1}{2} - j\frac{\sqrt{3}}{2} \\
a^3 &= a \cdot a^2 = 1\angle 360° = 1 \\
1 &+ a + a^2 = 0
\end{aligned}
\tag{8.11}
$$

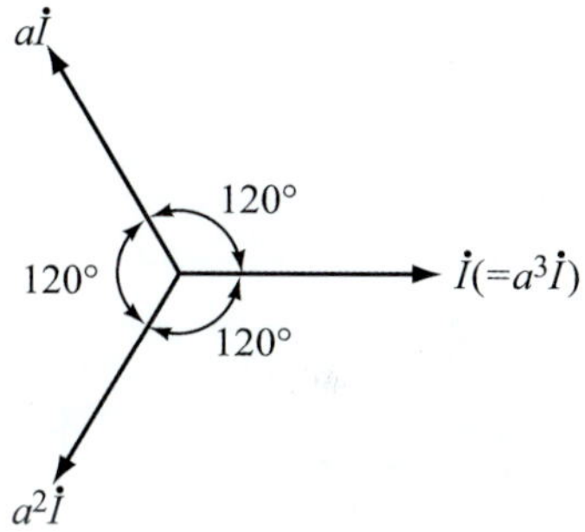

[그림 8-8] 전류 벡터

여기서 a, a^2은 모두 벡터이므로 a를 곱한다는 것은 벡터의 크기는 변하지 않고 위상을 120° 만큼 앞서게 한다는 것이고 a^2을 곱하면 위상을 240° 만큼 앞서게 한다는 것이다.

이제 반대로 $\dot{I}_0$, $\dot{I}_1$, $\dot{I}_2$라는 가상적인 전류가 주어졌을 때, 실제로 회로에 흐르고 있는 전류 $\dot{I}_a$, $\dot{I}_b$, $\dot{I}_c$를 구하는 방법을 생각해보자. 식 (8.10)의 연립방정식에 식 (8.11)을 대입하여 풀면 다음과 같다.

$$
\begin{aligned}
\dot{I}_a &= \dot{I}_0 + \dot{I}_1 + \dot{I}_2 \\
\dot{I}_b &= \dot{I}_0 + a^2\dot{I}_1 + a\dot{I}_2 \\
\dot{I}_c &= \dot{I}_0 + a\dot{I}_1 + a^2\dot{I}_2
\end{aligned}
\tag{8.12}
$$

식 (8.12)를 행렬로 나타내면 다음과 같다.

$$
\begin{bmatrix} \dot{I}_a \\ \dot{I}_b \\ \dot{I}_c \end{bmatrix} = \begin{bmatrix} 1 & 1 & 1 \\ 1 & a^2 & a \\ 1 & a & a^2 \end{bmatrix} \begin{bmatrix} \dot{I}_0 \\ \dot{I}_1 \\ \dot{I}_2 \end{bmatrix} \tag{8.13}
$$

식 (8.12)에서 불평형 전류 $\dot{I}_a$, $\dot{I}_b$, $\dot{I}_c$는 대칭전류인 영상, 정상, 역상전류 $\dot{I}_0$, $\dot{I}_1$, $\dot{I}_2$의 합으로 구성됨을 알 수 있다. 1선 지락고장과 같은 불평형 고장이 발생하였을 때, 흐르는 불평형 전류를 각각의 대칭분 전류로 분해하면 [그림 8-9]와 같다.

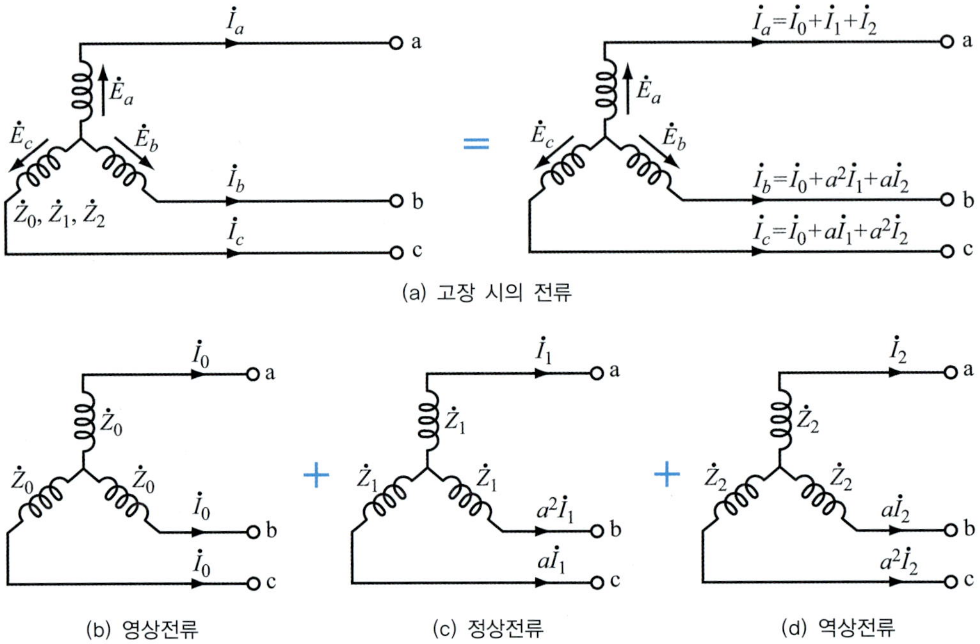

[그림 8-9] 각 상전류의 분해

식 (8.13)에서 1열의 $\dot{I}_0$는 같은 크기와 같은 위상각을 가지는 단상전류로 **영상전류**(zero phase current)라 한다. 영상전류는 지락고장 시 지락(접지) 계전기를 동작시키는 전류이지만 전력선 인근 통신선에 전자유도장해를 일으키는 전류이다.

식 (8.13)에서 2열의 $\dot{I}_1$은 각 상 가운데 $a^2 I_1$, I_1, aI_1 의 형태로 전원전류와 상회전 방향이 같은 전류로 **정상전류**(positive phase current)라 한다. 정상전류는 전동기의 회전 토크를 발생시킨다.

식 (8.13)에서 3열의 $\dot{I}_2$는 각 상 가운데 $\dot{I}_2$, $a\dot{I}_2$, $a^2\dot{I}_2$ 의 형태로 전원전류와 상회전 방향이 반대인 전류로 **역상전류**(negative phase current)라 한다. 역상전류는 전동기에 제동 작용을 하여 전동기의 출력을 감소시킨다.

1선 지락고장과 같은 불평형 고장 상태에서 각 상에 대한 대칭분 전류를 분해하면 영상, 정상, 역상 성분으로 나뉜다. 이때 각 상에 대한 대칭분 전류를 벡터로 나타내면 [그림 8-10]과 같다.

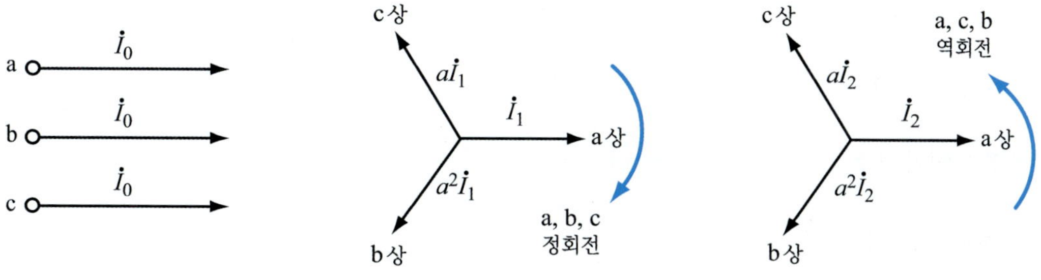

[그림 8-10] 각 상에 대한 대칭분 전류

예제 8-3

22.9[kV] 가공 전선로의 각 상에 불평형 전류가 흐른다고 가정할 때, 정상전류 성분 I_1의 관계식으로 옳은 것은 무엇인가?

① $\dot{I}_1 = \frac{1}{3}(\dot{I}_a + \dot{I}_b + \dot{I}_c)$ ② $\dot{I}_1 = \frac{1}{3}(\dot{I}_a + a\dot{I}_b + a^2\dot{I}_c)$

③ $\dot{I}_1 = \frac{1}{3}(\dot{I}_a + a^2\dot{I}_b + a\dot{I}_c)$ ④ $\dot{I}_1 = \frac{1}{3}(a\dot{I}_a + a^2\dot{I}_b + \dot{I}_c)$

정답 ②

풀이 불평형 전류는 계산하기가 어려우므로 영상전류 성분, 정상전류 성분, 역상전류 성분으로 분해하여 계산한다.

$$\text{영상전류 성분} \quad \dot{I}_0 = \frac{1}{3}(\dot{I}_a + \dot{I}_b + \dot{I}_c)$$

$$\text{정상전류 성분} \quad \dot{I}_1 = \frac{1}{3}(\dot{I}_a + a\dot{I}_b + a^2\dot{I}_c)$$

$$\text{역상전류 성분} \quad \dot{I}_2 = \frac{1}{3}(\dot{I}_a + a^2\dot{I}_b + a\dot{I}_c)$$

대칭분 전압

대칭분 전압은 평형회로라고 가정한 후 구한 전압의 대칭성분인 영상전압, 정상전압, 역상전압 성분을 의미한다. 대칭분 전압도 대칭분 전류와 같은 방법으로 구할 수 있다.

★ 대칭분 전압 ★

- 영상전압 성분 $\dot{V}_0 = \frac{1}{3}(\dot{V}_a + \dot{V}_b + \dot{V}_c)$
- 정상전압 성분 $\dot{V}_1 = \frac{1}{3}(\dot{V}_a + a\dot{V}_b + a^2\dot{V}_c)$ (8.14)
- 역상전압 성분 $\dot{V}_2 = \frac{1}{3}(\dot{V}_a + a^2\dot{V}_b + a\dot{V}_c)$

식 (8.14)를 행렬로 나타내면 다음과 같다.

$$\begin{bmatrix} \dot{V}_0 \\ \dot{V}_1 \\ \dot{V}_2 \end{bmatrix} = \frac{1}{3}\begin{bmatrix} 1 & 1 & 1 \\ 1 & a & a^2 \\ 1 & a^2 & a \end{bmatrix}\begin{bmatrix} \dot{V}_a \\ \dot{V}_b \\ \dot{V}_c \end{bmatrix} \tag{8.15}$$

반대로 $\dot{V}_0$, $\dot{V}_1$, $\dot{V}_2$의 대칭분 전압을 이용하여 구한 실제 상전압 $\dot{V}_a$, $\dot{V}_b$, $\dot{V}_c$는 다음과 같다.

$$\begin{aligned} \dot{V}_a &= \dot{V}_0 + \dot{V}_1 + \dot{V}_2 \\ \dot{V}_b &= \dot{V}_0 + a^2\dot{V}_1 + a\dot{V}_2 \\ \dot{V}_c &= \dot{V}_0 + a\dot{V}_1 + a^2\dot{V}_2 \end{aligned} \tag{8.16}$$

$$\begin{bmatrix} \dot{V}_a \\ \dot{V}_b \\ \dot{V}_c \end{bmatrix} = \begin{bmatrix} 1 & 1 & 1 \\ 1 & a^2 & a \\ 1 & a & a^2 \end{bmatrix}\begin{bmatrix} \dot{V}_0 \\ \dot{V}_1 \\ \dot{V}_2 \end{bmatrix} \tag{8.17}$$

4 발전기 기본식

[그림 8-11]과 같이 무부하 유도전압 $\dot{E}_a$, $\dot{E}_b$, $\dot{E}_c$가 평형인 3상 발전기에서 임의의 불평형 전류 $\dot{I}_a$, $\dot{I}_b$, $\dot{I}_c$가 흐른다고 하자.

a, b, c상의 단자전압 $\dot{V}_a$, $\dot{V}_b$, $\dot{V}_c$를 각 상의 전압강하 $\dot{v}_a$, $\dot{v}_b$, $\dot{v}_c$와 각 상의 발전기 무부하 유도전압 $\dot{E}_a$, $\dot{E}_b$, $\dot{E}_c$를 이용하여 나타내면 다음과 같다.

$$\begin{aligned} \dot{V}_a &= \dot{E}_a - \dot{v}_a \\ \dot{V}_b &= \dot{E}_b - \dot{v}_b = a^2\dot{E}_a - \dot{v}_b \\ \dot{V}_c &= \dot{E}_c - \dot{v}_c = a\dot{E}_a - \dot{v}_c \end{aligned} \tag{8.18}$$

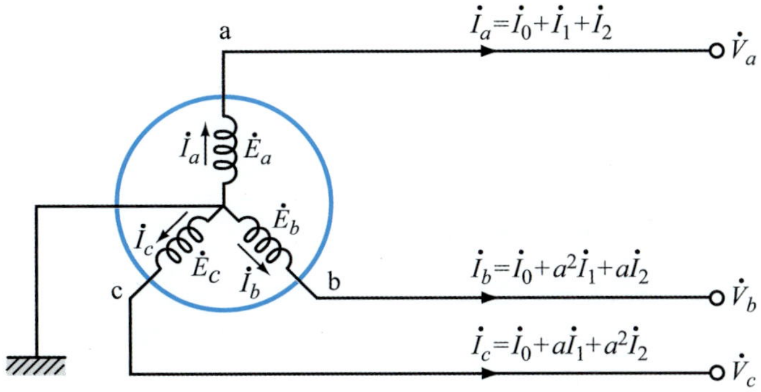

- $\dot{E}_a$, $\dot{E}_b$, $\dot{E}_c$: 무부하 유도전압[V]
- $\dot{I}_a$, $\dot{I}_b$, $\dot{I}_c$: 불평형 전류[A]
- $\dot{V}_a$, $\dot{V}_b$, $\dot{V}_c$: 단자전압[V]
- $\dot{v}_a$, $\dot{v}_b$, $\dot{v}_c$: 전압강하[V]

[그림 8-11] 발전기에 불평형 전류가 흐르는 경우

각 상의 단자전압 $\dot{V}_a$, $\dot{V}_b$, $\dot{V}_c$는 불평형 전압이므로 식 (8.18)과 식 (8.11)의 $1+a+a^2=0$, $a^3=1$을 이용하여 대칭분 성분(영상, 정상, 역상)으로 나타내면 다음과 같다.

$$\begin{aligned}\dot{V}_0 &= -\frac{1}{3}(\dot{v}_a + \dot{v}_b + \dot{v}_c)\\ \dot{V}_1 &= E_a - \frac{1}{3}(\dot{v}_a + a\dot{v}_b + a^2\dot{v}_c)\\ \dot{V}_2 &= -\frac{1}{3}(\dot{v}_a + a^2\dot{v}_b + a\dot{v}_c)\end{aligned} \tag{8.19}$$

[그림 8-11]에서 발전기에 흐르는 각 상의 불평형 전류 $\dot{I}_a$, $\dot{I}_b$, $\dot{I}_c$에는 대칭분 전류인 영상, 정상, 역상전류가 중첩되어 흐르고 있다. 하지만 전압강하를 계산하기 위해 영상전류, 정상전류, 역상전류가 각각 흐른다고 가정하여 다음과 같이 계산할 수 있다,

먼저 영상전류 $\dot{I}_0$만 흐르는 경우 각 상의 전압강하는 $\dot{Z}_0\dot{I}_0$로 동일하다. 여기서 $\dot{Z}_0$는 발전기에 $\dot{I}_0$인 동상의 전류가 각 상에 흐를 때의 임피던스로 발전기의 영상임피던스라 한다. 단, $\dot{Z}_0$ 이외의 임피던스는 $\dot{I}_0$에 의한 전압강하가 발생하지 않는다고 가정한다.

두 번째로 정상전류 $\dot{I}_1$, $a^2\dot{I}_1$, $a\dot{I}_1$이 흐르는 경우 각 상의 전압강하는 $\dot{Z}_1\dot{I}_1$, $a^2\dot{Z}_1\dot{I}_1$, $a\dot{Z}_1\dot{I}_1$이 된다. 여기서 $\dot{Z}_1$은 정상전류가 흐를 때의 임피던스로 발전기의 정상임피던스라 한다.

마지막으로 역상전류 $\dot{I}_2$, $a\dot{I}_2$, $a^2\dot{I}_2$가 흐르는 경우 각 상의 전압강하는 $\dot{Z}_2\dot{I}_2$, $a\dot{Z}_2\dot{I}_2$, $a^2\dot{Z}_2\dot{I}_2$가 된다. 여기서 $\dot{Z}_2$는 역상전류가 흐를 때의 임피던스로 발전기의 역상임피던스라 한다.

대칭분 전류 영상, 정상, 역상전류가 각각 흐를 때 발생하는 전압강하를 중첩하면 각 상에 발생하는 전압강하를 다음과 같이 구할 수 있다.

$$\begin{aligned} \dot{v}_a &= \dot{Z}_0\dot{I}_0 + \dot{Z}_1\dot{I}_1 + \dot{Z}_2\dot{I}_2 \\ \dot{v}_b &= \dot{Z}_0\dot{I}_0 + a^2\dot{Z}_1\dot{I}_1 + a\dot{Z}_2\dot{I}_2 \\ \dot{v}_c &= \dot{Z}_0\dot{I}_0 + a\dot{Z}_1\dot{I}_1 + a^2\dot{Z}_2\dot{I}_2 \end{aligned} \tag{8.20}$$

식 (8.20)을 정리하면 다음과 같다.

$$\begin{aligned} \frac{1}{3}(\dot{v}_a + \dot{v}_b + \dot{v}_c) &= \dot{Z}_0\dot{I}_0 \\ \frac{1}{3}(\dot{v}_a + a\dot{v}_b + a^2\dot{v}_c) &= \dot{Z}_1\dot{I}_1 \\ \frac{1}{3}(\dot{v}_a + a^2\dot{v}_b + a\dot{v}_c) &= \dot{Z}_2\dot{I}_2 \end{aligned} \tag{8.21}$$

식 (8.21)을 식 (8.19)에 대입하여 정리하면 식 (8.22)가 되고, 이를 **발전기의 기본식**이라 한다.

★ 발전기의 기본식 ★

$$\begin{aligned} \dot{V}_0 &= -\dot{Z}_0\dot{I}_0 \\ \dot{V}_1 &= \dot{E}_a - \dot{Z}_1\dot{I}_1 \\ \dot{V}_2 &= -\dot{Z}_2\dot{I}_2 \end{aligned} \tag{8.22}$$

★ 불평형 전류가 주어졌을 때, 단자전압 계산 순서 ★

❶ 각 상의 불평형 전류 $\dot{I}_a$, $\dot{I}_b$, $\dot{I}_c$로부터 대칭분 전류인 영상전류 $\dot{I}_0$, 정상전류 $\dot{I}_1$, 역상전류 $\dot{I}_2$를 구한다.

❷ 이를 발전기의 기본식에 대입하여 발전기 단자전압의 대칭분 전압 $\dot{V}_0$, $\dot{V}_1$, $\dot{V}_2$를 구한다.

❸ 대칭분 전압을 식 (8.16)에 대입하여 각 단자에서의 전압 $\dot{V}_a$, $\dot{V}_b$, $\dot{V}_c$를 구한다.

발전기의 단자에 불평형 전압이 주어진 경우에도 발전기 기본식을 사용하면 발전기에 흐르는 불평형 전류도 계산할 수 있다.

예제 8-4

발전기의 기본식에서 영상전압 $\dot{V}_0$의 관계식으로 옳은 것은 무엇인가?

① $\dot{V}_0 = -\dot{Z}_0\dot{I}_0$　② $\dot{V}_0 = \dot{Z}_0\dot{I}_0$

③ $\dot{V}_0 = \dot{E}_a - \dot{Z}_1\dot{I}_1$　④ $\dot{V}_0 = -\dot{Z}_2\dot{I}_2$

정답 ①

풀이 식 (8.22)에 따라 발전기의 기본식에서 영상전압은 $\dot{V}_0 = -\dot{Z}_0\dot{I}_0$이다.

5 3상 교류발전기의 고장계산

3상 교류발전기의 1선 지락고장, 2선 지락고장, 3선 지락고장 시 지락전류와 단자전압을 고장계산을 통해 구할 수 있다. 그중 1선 지락고장 시 지락전류와 단자전압을 구하는 방법을 알아보자.

무부하 상태인 발전기의 a상이 지락(접지)된 경우 a상으로 흐르는 지락전류 $\dot{I}_a$의 크기와 개방단자 b, c 상의 단자전압을 구하려면 먼저 [그림 8-12]에서 알 수 있는 조건을 파악해야 한다. 이때 [그림 8-12]에서 $\dot{I}_b = \dot{I}_c = 0$, $\dot{V}_a = 0$임을 알 수 있고, $\dot{I}_a$, $\dot{V}_b$, $\dot{V}_c$를 구해야 함을 알 수 있다.

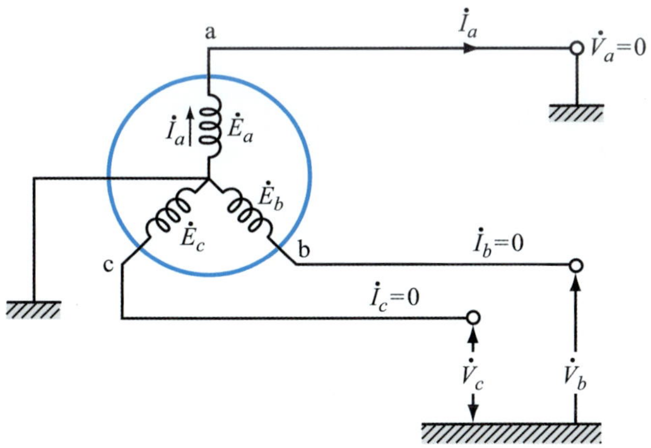

[그림 8-12] 무부하 상태의 1선 지락고장

[그림 8-12]에 나타난 조건 $\dot{I}_b = \dot{I}_c = 0$을 이용하여 각 상에 흐르는 전류 $\dot{I}_a$, $\dot{I}_b$, $\dot{I}_c$를 영상, 정상, 역상의 대칭분 전류로 나타내면 다음과 같다.

$$
\begin{aligned}
\text{영상전류 } \dot{I}_0 &= \frac{1}{3}(\dot{I}_a + \dot{I}_b + \dot{I}_c) = \frac{1}{3}\dot{I}_a \\
\text{정상전류 } \dot{I}_1 &= \frac{1}{3}(\dot{I}_a + a\dot{I}_b + a^2\dot{I}_c) = \frac{1}{3}\dot{I}_a \\
\text{역상전류 } \dot{I}_2 &= \frac{1}{3}(\dot{I}_a + a^2\dot{I}_b + a\,\dot{I}_c) = \frac{1}{3}\dot{I}_a
\end{aligned}
\tag{8.23}
$$

식 (8.23)에서 영상, 정상, 역상전류는 크기와 위상이 모두 같음을 알 수 있다.

$$
\dot{I}_0 = \dot{I}_1 = \dot{I}_2 = \frac{1}{3}\dot{I}_a \Rightarrow \dot{I}_a = 3\,\dot{I}_0
$$

또한 a상이 접지되어 있으므로 $\dot{V}_a = 0$이며 다음과 같다.

$$
\dot{V}_a = \dot{V}_0 + \dot{V}_1 + \dot{V}_2 = 0 \tag{8.24}
$$

위 식에 식 (8.22)의 발전기의 기본식을 대입하면 다음과 같다.

$$
\begin{aligned}
\dot{V}_a &= -\dot{Z}_0\dot{I}_0 + \dot{E}_a - \dot{Z}_1\dot{I}_1 - \dot{Z}_2\dot{I}_2 \\
&= \dot{E}_a - (\dot{Z}_0 + \dot{Z}_1 + \dot{Z}_2)\dot{I}_0 = 0
\end{aligned}
\tag{8.25}
$$

이를 영상전류에 대한 식으로 정리하면 다음을 얻는다.

$$
\dot{I}_0 = \frac{\dot{E}_a}{\dot{Z}_0 + \dot{Z}_1 + \dot{Z}_2} = \dot{I}_1 = \dot{I}_2 \tag{8.26}
$$

식 (8.23)과 식 (8.26)으로부터 a상으로 흐르는 지락전류 $\dot{I}_a$를 구하면 다음과 같다.

$$
\dot{I}_a = \dot{I}_0 + \dot{I}_1 + \dot{I}_2 \Rightarrow \frac{3\,\dot{E}_a}{\dot{Z}_0 + \dot{Z}_1 + \dot{Z}_2} \tag{8.27}
$$

식 (8.26)의 대칭분 전류를 발전기의 기본식에 대입하여 대칭분 전압 $\dot{V}_0$, $\dot{V}_1$, $\dot{V}_2$를 구하면 다음과 같다.

$$
\begin{aligned}
\dot{V}_0 &= -\dot{Z}_0\dot{I}_0 = -\frac{\dot{Z}_0}{\dot{Z}_0 + \dot{Z}_1 + \dot{Z}_2}\dot{E}_a \\
\dot{V}_1 &= \dot{E}_a - \dot{Z}_1\dot{I}_1 = \dot{E}_a - \frac{\dot{Z}_1}{\dot{Z}_0 + \dot{Z}_1 + \dot{Z}_2}\dot{E}_a = \frac{\dot{Z}_0 + \dot{Z}_2}{\dot{Z}_0 + \dot{Z}_1 + \dot{Z}_2}\dot{E}_a \\
\dot{V}_2 &= -\dot{Z}_2\dot{I}_2 = -\frac{\dot{Z}_2}{\dot{Z}_0 + \dot{Z}_1 + \dot{Z}_2}\dot{E}_a
\end{aligned}
\tag{8.28}
$$

또한 식 (8.28)의 각 상의 대칭성분을 사용하여 건전상의 전압 $\dot{V}_b$와 $\dot{V}_c$를 계산하면 다음과 같다.

$$\begin{aligned} \dot{V}_b &= \dot{V}_0 + a^2\dot{V}_1 + a\dot{V}_2 = \frac{(a^2-1)\dot{Z}_0 + (a^2-a)\dot{Z}_2}{\dot{Z}_0 + \dot{Z}_1 + \dot{Z}_2}\dot{E}_a \\ \dot{V}_c &= \dot{V}_0 + a\dot{V}_1 + a^2\dot{V}_2 = \frac{(a-1)\dot{Z}_0 + (a-a^2)\dot{Z}_2}{\dot{Z}_0 + \dot{Z}_1 + \dot{Z}_2}\dot{E}_a \end{aligned} \tag{8.29}$$

무부하 3상 교류발전기에서 발생할 수 있는 고장의 종류와 계산식을 [표 8-1]에 정리했다.

[표 8-1] 3상 교류발전기의 고장 종류와 계산식

고장 종류	고장 조건	계산식
1선 지락고장	1단자(a상) 지락 $\dot{V}_a = 0$ $\dot{I}_b = \dot{I}_c = 0$	• $\dot{I}_a = \dfrac{3\dot{E}_a}{\dot{Z}_0 + \dot{Z}_1 + \dot{Z}_2}$ • $\dot{V}_b = \dfrac{(a^2-1)\dot{Z}_0 + (a^2-a)\dot{Z}_2}{\dot{Z}_0 + \dot{Z}_1 + \dot{Z}_2}\dot{E}_a$ • $\dot{V}_c = \dfrac{(a-1)\dot{Z}_0 + (a-a^2)\dot{Z}_2}{\dot{Z}_0 + \dot{Z}_1 + \dot{Z}_2}\dot{E}_a$
2선 지락고장	2단자(b, c상) 지락 $\dot{I}_a = 0$ $\dot{V}_b = \dot{V}_c = 0$	• $\dot{I}_b = \dfrac{(a^2-1)\dot{Z}_0 + (a^2-1)\dot{Z}_2}{\dot{Z}_0(\dot{Z}_1 + \dot{Z}_2) + \dot{Z}_1\dot{Z}_2}\dot{E}_a$ • $\dot{I}_c = \dfrac{(a-a^2)\dot{Z}_0 + (a-1)\dot{Z}_2}{\dot{Z}_0(\dot{Z}_1 + \dot{Z}_2) + \dot{Z}_1\dot{Z}_2}\dot{E}_a$ • $\dot{V}_a = \dfrac{3\dot{Z}_0\dot{Z}_2}{\dot{Z}_0(\dot{Z}_1 + \dot{Z}_2) + \dot{Z}_1\dot{Z}_2}\dot{E}_a$
선간 단락고장	2단자(b, c상) 단락 $\dot{I}_a = 0$ $\dot{I}_b + \dot{I}_c = 0$ $\dot{V}_b = \dot{V}_c$	• $\dot{I}_b = \dfrac{(a^2-a)\dot{E}_a}{\dot{Z}_1 + \dot{Z}_2} = \dfrac{\dot{E}_{bc}}{\dot{Z}_1 + \dot{Z}_2}$ • $\dot{V}_a = \dfrac{2\dot{Z}_2\dot{E}_a}{\dot{Z}_1 + \dot{Z}_2}$ • $\dot{V}_b = \dot{V}_c = -\dfrac{\dot{Z}_2\dot{E}_a}{\dot{Z}_1 + \dot{Z}_2}$
3상 단락고장	3단자 단락 $\dot{V}_a = \dot{V}_b = \dot{V}_c = 0$ $\dot{I}_a + \dot{I}_b + \dot{I}_c = 0$	• $\dot{I}_a = \dfrac{\dot{E}_a}{\dot{Z}_1}$ • $\dot{I}_b = \dfrac{a^2\dot{E}_a}{\dot{Z}_1}$ • $\dot{I}_c = \dfrac{a\dot{E}_a}{\dot{Z}_1}$

SECTION
8.2 유도장해

송전선로와 통신선이 가까우면 송전선로에 흐르는 전류와 전압이 통신선에 문제를 일으키는데 이를 유도장해라 한다. 이 절에서는 유도장해의 종류와 유도장해를 줄이기 위한 방법에 대해 알아보자.

Keywords | 정전유도장해 | 전자유도장해 | 유도장해 경감 대책 |

1 유도장해란?

우리나라의 경우 가공 전선로와 통신선이 근접하여 설치되는 경우가 많다. 전력계통의 송전선로와 통신선이 근접하는 경우 송전선로의 전압과 전류가 유도되어 통신선에 악영향을 미치는데 이를 **유도장해**라 한다.

유도장해에는 **정전유도**(electro static induction)**장해**와 **전자유도**(electro magnetic induction) **장해**가 있다. 정전유도장해는 송전선로와 통신선의 정전용량 결합에 의해 발생하며, 전자유도장해는 송전선로와 통신선의 상호인덕턴스의 유도결합에 의해 발생한다.

정전유도장해는 고장 시뿐만 아니라 정상 운전 시에도 통신선에 영향을 미치고, 전자유도장해는 송전선로의 1선 지락고장 시 흐르는 영상전류로 인해 큰 영향을 미친다.

예제 8-5

송전선로와 가까이 설치된 통신선에 전자유도장해가 발생하는 원인은 무엇인가?

① 정상전류 ② 역상전류 ③ 영상전류 ④ 부하전류

정답 ③

풀이 전자유도장해는 송전선로의 1선 지락고장 시 흐르는 영상전류로 인해 발생한다.

2 정전유도장해

정전유도장해는 송전선로와 통신선의 정전용량이 결합하여 발생한다. 정전유도장해로 인해 발생하는 **정전유도전압**은 [그림 8-13]과 같이 송전선로와 통신선과의 상호정전용량을 통하여 송전선로의 전압이 통신선에 유도되는 전압이다.

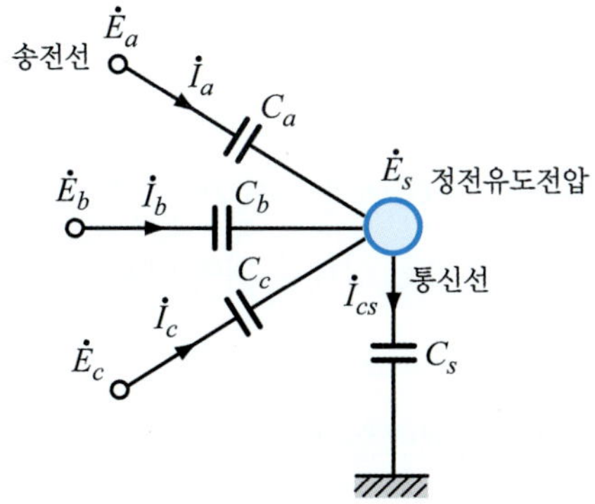

- $\dot{E}_a$, $\dot{E}_b$, $\dot{E}_c$: 3상 송전선로 각 상의 대지전압[V]
- $\dot{E}_s$: 송전선로에 의한 통신선의 유도전압[V]
- $\dot{C}_a$, $\dot{C}_b$, $\dot{C}_c$: 송전선로와 통신선 사이의 정전용량[F]
- $\dot{C}_s$: 통신선의 대지정전용량[F]

[그림 8-13] 정전유도

이때 통신선의 대지정전용량 $\dot{C}_s$를 통해 대지로 흐르는 전류 $\dot{I}_{cs}$는 다음과 같다.

$$\dot{I}_{cs} = \dot{I}_a + \dot{I}_b + \dot{I}_c \,[\mathrm{A}] \tag{8.30}$$

전류는 $I = \omega C\dot{E}$ 이므로 식 (8.30)은 다음과 같이 표현할 수 있다.

$$\omega\, C_s \dot{E}_s = \omega\, C_a\left(\dot{E}_a - \dot{E}_s\right) + \omega\, C_b\left(\dot{E}_b - \dot{E}_s\right) + \omega\, C_c\left(\dot{E}_c - \dot{E}_s\right) \tag{8.31}$$

식 (8.31)을 정리하여 통신선에 유도되는 전압 $\dot{E}_s$를 구하면 다음과 같다.

$$\dot{E}_s = \frac{C_a \dot{E}_a + C_b \dot{E}_b + C_c \dot{E}_c}{C_a + C_b + C_c + C_s}\,[\mathrm{V}] \tag{8.32}$$

[그림 8-14]와 같이 송전선로의 전압이 3상 평형이면 $\dot{E}_a = E$, $\dot{E}_b = a^2 E$, $\dot{E}_c = aE$ 이다.

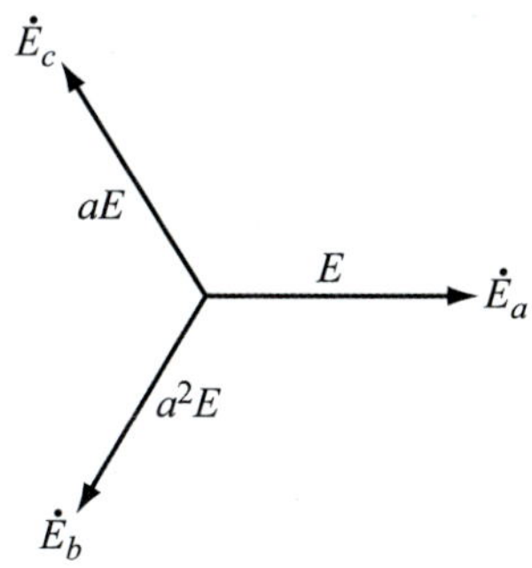

[그림 8-14] 3상 평형 전압

이때 통신선에 유도되는 전압 $\dot{E}_s$의 크기(절댓값)는 다음과 같다.

$$|E_s| = \frac{\sqrt{C_a(C_a - C_b) + C_b(C_b - C_c) + C_c(C_c - C_a)}}{C_a + C_b + C_c + C_s} \times E\,[\mathrm{V}] \tag{8.33}$$

여기서 E는 송전선로의 대지전압이므로, 정전유도전압은 선로의 길이나 주파수 등 다른 영향을 받지 않고 송전선로의 대지전압에만 비례함을 알 수 있다.

만약 식 (8.32)에서 송전선로와 통신선 사이의 정전용량이 $C_a = C_b = C_c$면 송전선로에 의한 통신선의 유도전압 E_s는 0이 된다. 이때 $C_a = C_b = C_c$는 송전선로가 연가된 상태를 의미한다. 이 부분의 자세한 설명은 5장을 참고하기 바란다.

즉 송전선로를 연가하면 각 상의 상호정전용량이 같아지므로 정전유도전압을 방지할 수 있다. 또한 송전선로 자체의 선로정수의 평형을 이루기 위해서도 반드시 필요하다.

통신선로에는 금속 피복으로 감싼 차폐 케이블을 사용한다. 차폐 케이블의 금속 피복을 접지하면 송전선로에서 유도되는 전하가 금속 피복을 통해 대지로 흐르기 때문에 통신선에는 정전유도장해가 발생하지 않는다.

3 전자유도장해

전자유도장해는 송전선로와 통신선의 상호인덕턴스의 유도결합에 의해 발생한다. 전력선 근처에 통신선이 있을 때, 전력선에 전류가 흐르고 전력선과 통신선간의 상호인덕턴스가 발생함에 따라 **전자유도전압**이 발생한다. 전자유도전압이 발생하는 모습을 [그림 8-15]에 나타냈다.

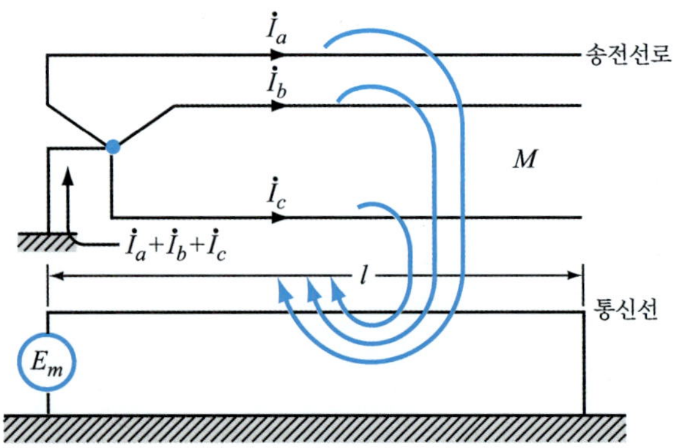

- $\dot{I}_a$, $\dot{I}_b$, $\dot{I}_c$: 각 전력선에 흐르는 전류[A]
- M : 단위길이당 상호인덕턴스[H/km]
- l : 송전선로와 통신선의 병행 거리[km]

[그림 8-15] 전자유도전압의 발생

[그림 8-15]와 같이 송전선로의 각 전력선에 전류 $\dot{I}_a$, $\dot{I}_b$, $\dot{I}_c$가 흐를 때, 송전선로와 병행한 통신선이 받는 전자유도전압 $\dot{E}_m$은 다음과 같다.

$$\begin{aligned}\dot{E}_m &= -j\omega M l\left(\dot{I}_a + \dot{I}_b + \dot{I}_c\right) \\ &= -j\omega M l\left(3\dot{I}_0\right)\text{[V]}\end{aligned} \tag{8.34}$$

예제 8-6

송전전압이 66[kV]인 3상 3선식 송전선에 1선 지락사고로 영상전류 $I_0 = 70$[A]가 흐를 때 통신선에 유기되는 전자유도전압[V]을 구하라. 단, 상호인덕턴스 $M = 0.05$[mH/km], 병행 거리 $l = 50$[km], 주파수 f는 60[Hz]이다.

정답 197.9[V]

풀이 식 (8.34)에 $\omega = 2\pi \times f$, $M = 0.05$[mH/km], $l = 50$[km], $I_0 = 70$[A]를 대입하여 전자유도전압을 구하면 다음과 같다.

$$\begin{aligned} \dot{E}_m &= -j\omega Ml\left(\dot{I}_a + \dot{I}_b + \dot{I}_c\right) \\ &= -j\omega Ml\left(3\dot{I}_0\right) \\ &= -j2\pi \times 60 \times 0.05 \times 10^{-3} \times 50 \times (3 \times 70) \\ &= 197.9\,[\mathrm{V}] \end{aligned}$$

이때 유도전압은 크기를 나타내므로 (−)부호는 의미가 없다.

정상 운전 중인 전력계통의 송전선로에서는 각 상의 전류가 대체로 평형을 이루고 있기 때문에 영상전류 $\dot{I}_0$ 또한 아주 작은 값이다. 따라서 송전선로와 병행하는 통신선에 미치는 전자유도전압은 거의 없다. 그러나 직접접지한 송전선로에서 지락사고가 발생하면 아주 큰 지락전류 $3\dot{I}_0$가 대지로 흐르므로 송전선로와 병행하는 통신선에 악영향을 일으키게 된다.

전자유도전압 식 (8.33)에서 송전선로와 통신선과의 단위길이당 상호인덕턴스 M은 송전선로와 병행하는 통신선의 설치조건, 대지전류의 깊이 등이 서로 달라 계산하기 어렵다.

4 유도장해 경감 대책

유도장해를 줄이려면 정전유도장해와 전자유도장해를 줄여야 한다. 즉 정전유도전압과 전자유도전압을 최소로 해야 한다. 전력계통의 송전선로와 통신선에 차폐선을 가설하거나 통신선을 차폐 케이블로 사용하고 차폐 케이블의 금속 피복을 접지하면 정전유도장해는 거의 발생하지 않는다.

또한 전자유도전압을 줄이기 위해서는 전자유도전압 $E_m = -j\omega Ml\left(3\dot{I}_0\right)$에서 송전선로의 지락사고 시에 발생하는 지락전류 $3\dot{I}_0$, 송전선로와 통신선과의 단위길이당 상호인덕턴스 M 또는 송전선로와 통신선의 병행 거리 l을 줄여야 한다. 또한 전력계통의 송전선로에서 지락사고가 발생할 경우 이를 신속히 차단하여 전자유도장해를 받는 시간을 줄여야 한다.

송전선로(전력선) 측의 전자유도 방지 대책

통신선에 전자유도를 방지하기 위한 송전선로(전력선) 측의 대책은 다음과 같다.

■ 지락전류 $3\dot{I}_0$ 의 저감

저항접지를 채용할 경우 접지 저항값을 크게 하여 지락전류의 크기를 작게 하고, 직접접지 방식을 채용할 경우 지락전류의 분포를 조절할 수 있는 접지 장소를 선정한다.

■ 상호인덕턴스 M의 저감

상호인덕턴스 M을 줄이기 위해 전력계통의 송전선로와 병행하는 통신선을 멀리 떨어뜨려 건설하거나 전력계통의 송전선로와 병행하는 통신선 사이에 차폐선을 설치한다. 이때 차폐선은 [그림 8-16]과 같이 송전선로와 병행하는 통신선 사이에 설치함으로써 대지와 단락시키는 전선이다.

[그림 8-16]에서 송전선로에 흐르는 전류 I_e와 양쪽이 단락되어 있는 차폐선에 흐르는 단락전류 I_s는 서로 반대 방향으로 흐른다. I_s에 의해 발생하는 자속 M'과 I에 의해 발생하는 자속 M 역시 서로 위상이 180° 달라 상쇄되므로 병행하는 통신선에 미치는 전자유도전압 역시 반 정도로 줄어든다.

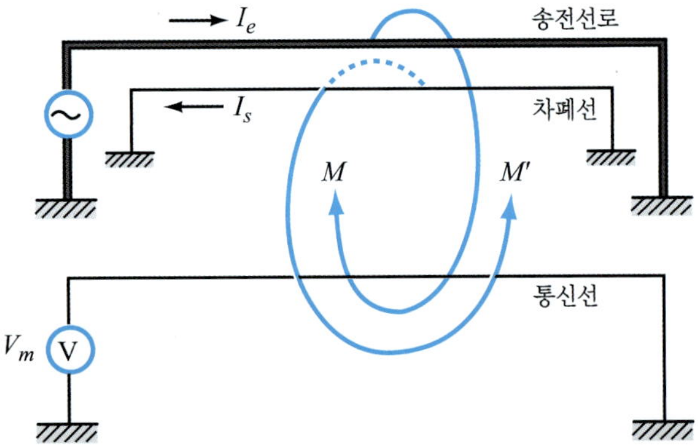

[그림 8-16] 차폐선 설치로 인한 상호인덕턴스 저감

■ 전자유도장해를 받는 시간 단축

고속도 지락 보호계전 방식을 채용함으로써 전력계통의 송전선로에서 지락사고가 발생하면 신속하게 차단시켜 전자유도장해를 받는 시간을 줄인다.

통신선로 측의 전자유도 방지 대책

통신선의 전자유도를 방지하기 위한 통신선로 측의 대책은 다음과 같다.

- 지락전류 $3\dot{I}_0$를 줄이기 위해 통신선로 측에 피뢰기를 설치하여 전자유도전압을 대지로 방류시킨다.
- 상호인덕턴스 M을 줄이기 위해 통신선로에 연피 케이블을 사용한다.
- 송전선로와 통신선의 병행 거리 l을 줄이기 위해 통신선에 중계 코일을 넣어서 통신선로의 구간을 줄인다.
- 통신 잡음을 줄이기 위해 통신선로를 배류 코일, 중화 코일 등으로 접지시켜 저주파수의 전자유도전류를 대지로 흐르도록 한다.

예제 8-7

송전선로와 인접하여 설치된 통신선에 전자유도장해가 발생하였을 때 전력선 측에서의 대책이 아닌 것은 무엇인가?

① 지락전류의 크기를 줄인다.
② 상호인덕턴스의 크기를 줄이기 위해 차폐선을 사용한다.
③ 피뢰기를 설치하여 전자유도전압을 대지로 방류시킨다.
④ 고속도 차단기를 사용하여 지락사고 시 고장 차단시간을 가능한 짧게 한다.

정답 ③

풀이 ③은 통신선로 측의 대책이다.

예제 8-8

송전선로와 인접하여 설치된 통신선에 전자유도장해가 발생하였을 때 통신선로 측에서의 대책이 아닌 것은 무엇인가?

① 피뢰기를 설치하여 전자유도전압을 대지로 방류시킨다.
② 연피 케이블을 사용한다.
③ 중계 코일을 넣어서 통신선로의 구간을 줄인다.
④ 고속도 차단기를 사용하여 지락사고 시 고장 차단시간을 가능한 짧게 한다.

정답 ④

풀이 ④는 전력선 측의 대책이다.

차폐선 효과

[그림 8-17]과 같이 차폐선을 설치하면 송전선로와 통신선 사이의 상호인덕턴스가 저감되는데 이를 **차폐선 효과**라 한다.

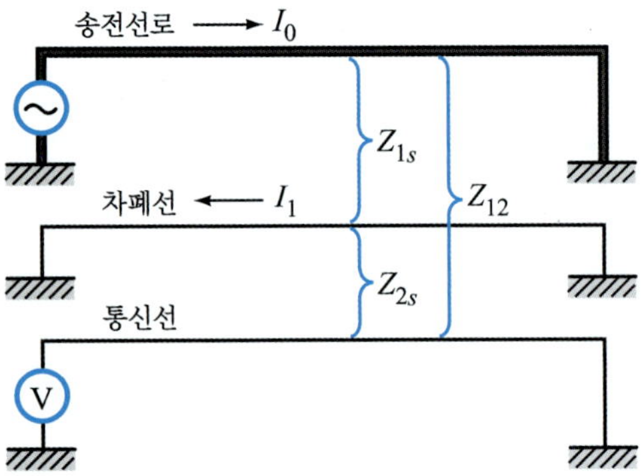

- Z_{12} : 전력선과 통신선간의 상호임피던스 [Ω]
- Z_{1s} : 전력선과 차폐선간의 상호임피던스 [Ω]
- Z_{2s} : 통신선과 차폐선간의 상호임피던스 [Ω]
- Z_s : 차폐선의 자기임피던스 [Ω]
- I_0 : 전력선의 영상전류 [A]
- I_1 : 차폐선의 유도전류 [A]

[그림 8-17] 차폐선 효과

차폐선의 양단이 접지되어 있을 때 전력계통의 송전선로에서 병행하는 통신선에 유도되는 전압 V_2는 다음과 같다.

$$\begin{aligned} V_2 &= -Z_{12}I_0 + Z_{2s}I_1 \\ &= -Z_{12}I_0 + Z_{2s}\frac{Z_{1s}I_0}{Z_s} \\ &= -Z_{12}I_0\left(1-\frac{Z_{1s}Z_{2s}}{Z_sZ_{12}}\right)[\mathrm{V}] \end{aligned} \tag{8.35}$$

- $-Z_{12}I_0$: 차폐선 설치 전 유도전압
- $1-\dfrac{Z_{1s}Z_{2s}}{Z_sZ_{12}}$: 차폐선 설치 후 유도전압의 저감 비율(차폐계수)

차폐선 설치 후 유도전압의 저감 비율인 차폐계수 λ를 구하면 다음과 같다.

$$\lambda = \left|1-\frac{Z_{1s}Z_{2s}}{Z_sZ_{12}}\right| \tag{8.36}$$

차폐선을 전력선에 근접하여 설치하거나 통신선에 근접하여 설치할 경우의 유도전압과 차폐계수를 [표 8-2]에 정리했다.

[표 8-2] 차폐선 설치 위치에 따른 유도전압 및 차폐계수

구분	차폐선 설치 위치	
	전력선에 근접하여 설치	통신선에 근접하여 설치
유도전압	$V_2' = -Z_{12}I_0\left(1-\frac{Z_{1s}}{Z_s}\right)$	$V_2'' = -Z_{12}I_0\left(1-\frac{Z_{2s}}{Z_s}\right)$
차폐계수	$\lambda' = \left\|1-\frac{Z_{1s}}{Z_s}\right\|$	$\lambda'' = \left\|1-\frac{Z_{2s}}{Z_s}\right\|$

[표 8-2]의 전력선에 근접하여 차폐선을 설치할 경우의 유도전압 식에서 알 수 있듯이 차폐선의 자기임피던스 Z_s를 상호임피던스 Z_{1s}와 거의 같아지게 하면 유도전압이 작아지므로 차폐효과가 더 커짐을 알 수 있다. 이것은 차폐선의 자기임피던스 Z_s를 작게 하여 차폐선에 많은 전류가 흐르게 하면 차폐효과가 더 커진다는 의미이다.

또한 송전선로에서 차폐선은 송전 철탑 가장 위쪽, 즉 가공지선을 설치하는 곳에 설치하는 것이 보통이며, 가공지선의 재질을 송전선의 재질과 같은 동 또는 알루미늄을 사용하여 유도전압의 경감과 가공지선으로서의 역할을 동시에 하도록 하고 있다. 유도장해의 방지 대책으로 차폐선을 사용할 경우 30 ~ 50[%] 정도의 유도전압을 감소시킬 수 있다.

예제 8-9

유도장해의 방지 대책으로 차폐선을 사용할 경우 몇 [%] 정도의 유도전압을 감소시킬 수 있는가?

① 10 ~ 30　② 30 ~ 50　③ 50 ~ 70　④ 70 ~ 90

정답 ②

풀이 유도장해의 방지 대책으로 차폐선을 사용할 경우 30 ~ 50[%] 정도의 유도전압을 감소시킬 수 있다.

CHAPTER

08 연습문제

8.1 발전기의 정격이 13.2[kV], 93000[kVA], 95% Z일 때, 이 발전기의 임피던스[Ω]를 구하라.

8.2 66[kV] 3상 1회선 송전선로 1선의 리액턴스가 30[Ω], 전류가 200[A]일 때, % 리액턴스를 구하라.

8.3 변압기의 용량이 20000[kVA]이고 % 임피던스가 8[%]인 3상 변압기가 2차 측에서 3상 단락되었을 때 단락용량[kVA]를 구하라.

8.4 대칭좌표법에서 대칭분 전압과 대칭분 전류를 구하라.

8.5 송전전압 345[kV]의 송전선에서 인근 통신선에 미치는 정전유도전압[V]을 구하라. 단, $C_a = 0.001$[μF/km], $C_b = 0.0006$[μF/km], $C_c = 0.004$[μF/km], $C_s = 0.0052$[μF/km]이다.

8.6 송전선로에 근접한 통신선에 유도장해가 발생하였다. 이때 전자유도의 원인을 설명하라.

8.7 송전전압이 66[kV]인 3상 3선식 송전선에서 1선 지락사고로 영상전류 $I_0 = 70$[A]가 흐를 때 통신선에 유기되는 전자유도전압[V]을 구하라. 단, 상호인덕턴스 $M = 0.05$[mH/km], 병행 거리 $l = 50$[km], 주파수는 60[Hz]이다.

8.8 유도장해를 방지하기 위한 전력선 측의 대책을 열거하라.

CHAPTER
09

이상전압

이 장은 가공 전선로에서 발생하는 이상전압과 이에 대한 방지 대책을 정확하게 이해하는 것을 목표로 한다. 먼저 전력계통에서 발생하는 이상전압이 무엇인지 살펴보고, 이상전압의 종류와 발생과정을 알아본다. 또한 이상전압의 발생을 방지하는 대책을 살펴보고, 이때 사용하는 기기인 피뢰기와 서지흡수기에 대해 살펴본다.

CONTENTS

SECTION 9.1

이상전압

전력계통에서는 내부적인 요인과 외부적인 요인에 의해 원치 않는 전압이 발생하는데, 이를 이상전압이라 한다. 이 절에서는 이상전압이 무엇인지 알아보고 이상전압의 종류와 발생 과정에 대해 알아보자.

Keywords | 이상전압 | 내부 이상전압 | 외부 이상전압 |

1 이상전압이란?

이상전압이란 정상전압과는 별도로 전기회로에 발생하는 과전압을 말한다. 전력계통의 가공 전선로는 직접 자연에 노출되어 있어 천둥과 벼락에 의한 이상전압이 자주 발생할 뿐 아니라 염진해, 설해, 조류(鳥類)에 의한 섬락사고도 자주 발생한다. 또 안정적으로 전력을 공급하기 위해 전력용량이 커지고, 송배전계통이 복잡해지면서 이상전압이 발생하게 되어 선로의 절연과 기기의 절연이 발생하기도 한다. 전력계통에 나타나는 이상전압은 다음과 같이 두 가지로 나뉜다.

- **내부 이상전압** : 전력계통의 고장 발생 및 개폐 서지에 의한 것(과도 진동 전압, 상용 주파 지속 전압)
- **외부 이상전압** : 뇌 방전과 같은 외적요인에 의한 것(유도뢰, 직격뢰)

2 내부 이상전압

내부 이상전압은 전력계통에서 발생한 고장과 개폐 서지에 의해 발생한다. 즉 전력계통의 개폐 조작, 고조파 전압, 기기의 배치와 변압기 중성점의 접지 방식 등에 따라 내부 이상전압이 발생하게 된다. 발생 시기에 따른 내부 이상전압의 종류를 [표 9-1]에 정리했다.

[표 9-1] 내부 이상전압의 종류

파형 \ 발생 시기	계통 조작 시	고장 시
과도 진동 이상전압	• 무부하 선로 개폐 이상전압 • 유도성 소전류 차단 시의 이상전압 • 변압기 3상 비동기 투입 시의 전압	• 영구 지락에 따른 과도 진동 전압 • 충격성 지락에 따른 과도 진동 전압 • 고장전류의 차단
상용 주파 지속 이상전압	• 무부하 송전선의 페란티 효과 • 수차 발전기의 부하 차단 • 발전기의 자기여자현상	• 기본파 공진전압 • 고조파 공진전압 • 소호리액터계 1선 단선 이상전압 • 소호리액터계 이계통 병가

이상전압의 크기는 상전압(대지전압) 파고값에 대한 배수로 나타낼 수 있다. 내부 이상전압의 크기를 [표 9-2]에 나타냈다.

[표 9-2] 내부 이상전압의 크기

계통 이상전압		유효접지계		저항, 리액터 접지계		비접지계	
		개폐 서지	상용 주파 과전압	개폐 서지	상용 주파 과전압	개폐 서지	상용 주파 과전압
A	이상전압의 대지 최대전압에 대한 배수	2.8	1.3	3.3	1.82	4.0	1.82
B	페란티 효과	1.05	1.05	1.05	1.05	1.05	1.05
C	개폐 서지의 충격파에 대한 배수	1.1	–	1.1	–	1.1	–
D	개폐 서지의 파고율	$\sqrt{2}$	–	$\sqrt{2}$	–	$\sqrt{2}$	–
A×B×C×D		4.57	1.365	5.39	1.91	6.53	1.91

내부 이상전압은 파형에 따라 다음과 같이 나뉜다.

- **과도 진동 이상전압** : 차단기의 개폐 또는 무부하 가공 전선로의 충전전류 차단 시 재점호 서지와 같이 전압의 파고값도 비교적 높으므로 과도 진동 이상전압은 피뢰기에 의한 보호 대상이 된다. 즉 정상 운전 상태에서 계통 조작 시 발생하는 개폐 서지[1](switching surge)를 말한다.
- **상용 주파 지속 이상전압** : 지락사고 시 공진 이상전압 등과 같이 비교적 장시간 계속되므로 계통의 절연은 상용 주파 지속 이상전압에 견딜 수 있도록 설계되어야 한다.

무부하 가공 전선로에 차단기를 투입할 때 발생하는 이상전압

무부하 가공 전선로에 차단기를 투입할 때 발생하는 이상전압의 개념도를 [그림 9-1]에 나타냈다.

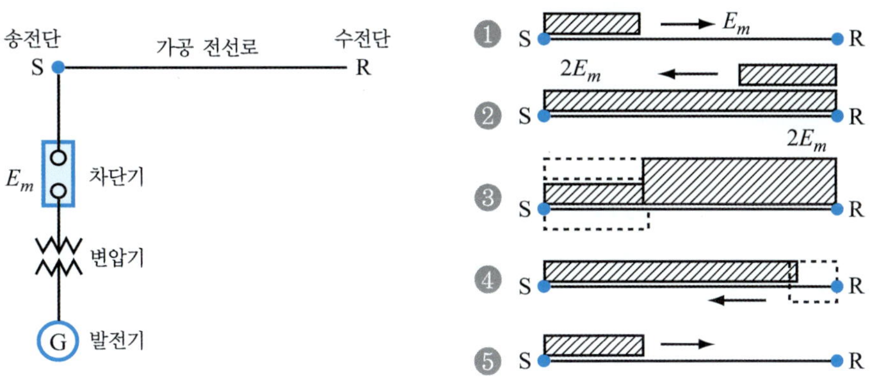

[그림 9-1] 차단기 투입 시 이상전압 발생 개념도

1 개폐 서지는 투입 서지와 개방 서지로 나눌 수 있다. 투입 서지는 건전한 가공 전선로를 차단기로 투입하였을 때 발생하는 이상전압이며, 개방 서지는 건전한 가공 전선로를 차단기로 차단하였을 때 발생하는 이상전압이다.

❶ 차단기를 투입함과 동시에 가공 전선로를 통하여 전압파 및 전류파의 최댓값 E_m 이 송전단에서 수전단으로 진행한다.

❷ 이때 수전단의 끝 부분이 개방되어 있으면 전압파는 정(正)반사하여 $2E_m$ 이 송전단을 향해 진행한다. 여기서 정반사는 파형이 서로 더해지는 반사이다.

❸ 송전단에서의 전압은 $2E_m$ 에서 E_m 이 되어야 하므로 수전단 방향으로 $-E_m$ 의 반사파를 진행시켜야 한다.

❹ 전압파가 선로를 진행하며, $2E_m$ 으로 충전된 가공 전선로의 최댓값은 E_m 이 된다. 하지만 수전단에서는 $-E_m$ 이 정반사되어 송전단으로 되돌아간다. 따라서 가공 전선로의 전압 E_m 이 상쇄되어 0이 된다.

❺ 왕복 진동이 되풀이되는 사이에 왕복 과도 진동 전류에 의해 발생하는 손실 I^2R과 전압 $2E_m$ 에 의한 코로나손 등으로 인해 과도 진동 전압은 급속하게 감쇄하여 정상 상태가 된다.

무부하 가공 전선로의 차단기를 개방할 때 발생하는 이상전압

[그림 9-2]와 같은 무부하 가공 전선로에서 차단기를 개방하기 전에는 발전기 단자전압보다 90° 앞선 충전전류가 흐르고 있다. 이때 차단기를 개방하면 이상전압이 발생하는데 이를 개방 서지라 한다.

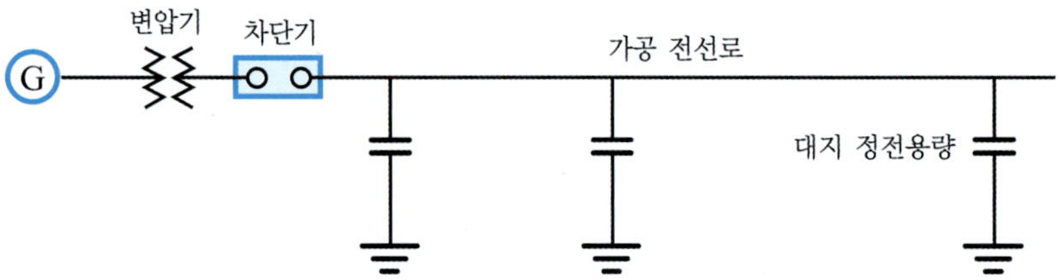

[그림 9-2] 무부하 가공 전선로 충전전류의 계통도

무부하 가공 전선로의 차단기를 개방할 때의 개념도를 [그림 9-3]에 나타냈다.

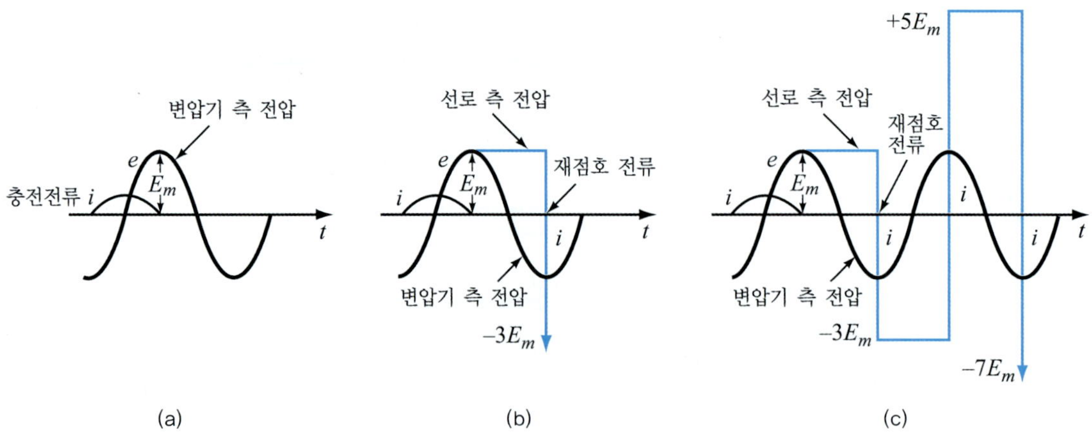

[그림 9-3] 무부하 가공 전선로의 차단기 개방 시 이상전압 발생 개념도

❶ [그림 9-3(a)]를 보면 충전전류가 0이 되는 순간에 차단기를 개방하면 충전전류는 차단되나, 가공 전선로에는 E_m 으로 충전된 상태로 잔류하게 된다. 또한 차단하는 순간의 변압기 측 전압은 E_m 이지만 $\frac{1}{2}$ 사이클 이후 변압기 측 전압은 $-E_m$ 이 되므로 차단기 전극 간의 전압은 $2E_m$ 이 된다. 차단기의 전극간의 절연이 $2E_m$ 을 견디지 못하면 절연이 파괴되어 차단기 전극 간이 아크로 연결되는데 이를 재점호(reignition)라 한다.

❷ 재점호가 발생하면 차단기의 전극은 전기적으로 연결되어 있는 상태이므로 전원 측 전압과 가공 전선로의 전압은 같아져야 한다. 따라서 가공 전선로의 전압은 E_m 에서 $-E_m$ 으로 급변하게 된다. 이 순간 과도 진동 전압이 나타나 $-E_m$ 을 중심으로 $2E_m$ 을 진폭으로 하는 고주파 진동을 발생시켜 [그림 9-3(b)]와 같은 $3E_m$ 의 이상전압이 발생하게 된다.

❸ $\frac{1}{2}$ 사이클 이후에도 절연이 불충분하면 또다시 고주파 진동하여 [그림 9-3(c)]와 같이 $5E_m$, $7E_m$ 의 이상전압이 발생한다.

그러나 실제 가공 전선로에는 저항, 코로나 등에 의한 제동 작용이 있고, 차단기 성능이 우수하여 재점호 우려가 없어 대부분 최대 상규대지전압의 3.5배 이하인 이상전압이 발생한다. 실제 무부하 개방 시 개폐 서지의 지속시간은 $\frac{1}{2}$ 사이클 이내이다.

내부 이상전압은 일반적으로 가공 전선로를 투입할 때보다도 개방하는 쪽에서, 또 부하가 있는 가공 전선로를 개방하는 것보다 무부하의 가공 전선로를 개방하는 쪽에서 더 높은 이상전압이 발생한다. 그러므로 이상전압이 가장 큰 경우는 무부하 가공 전선로의 충전전류를 차단할 경우이다.

3 외부 이상전압

외부 이상전압은 자연 현상을 포함한 외적 요인에 의해 발생한다. 자연 현상에 의해 가공 전선로에 발생하는 장해로는 뇌운이 가공 전선로에 직접 방전하는 직격뢰가 가장 많고, 그 밖에 애자나 케이블 등의 결합에 의한 장해, 동물이나 수목 등 외부적인 장해, 빙해나 홍수 등에 의한 장해를 들 수 있다.

직격뢰에 의한 이상전압은 파고값이 아주 높고 발생 빈도가 높기 때문에 이상전압 중 가장 심각하다. 그 밖에 뇌운의 유도에 의해서 이상전압이 발생하는 유도뢰가 있는데, 유도뢰에 의한 이상전압은 뇌운 상호간 또는 뇌운과 대지 사이에서 방전이 일어났을 경우에 뇌운 밑에 있는 송전 가공 전선로에 이상전압이 발생하는 것을 말한다. 일반적으로 유도뢰는 발생 횟수는 많지만 그 위험성은 적은 편이다. 외뢰에 의한 이상전압의 파고값은 절연강도 이상이 되므로 적절한 보호장치가 필요하다.

일반적으로 뇌전압 또는 뇌전류의 파형은 [그림 9-4]와 같은 충격파이다. 이러한 충격파를 **서지**(surge)라고 부르기도 하는데, 이는 극히 짧은 시간에 파고값에 도달하고 극히 짧은 시간에 소멸한다.

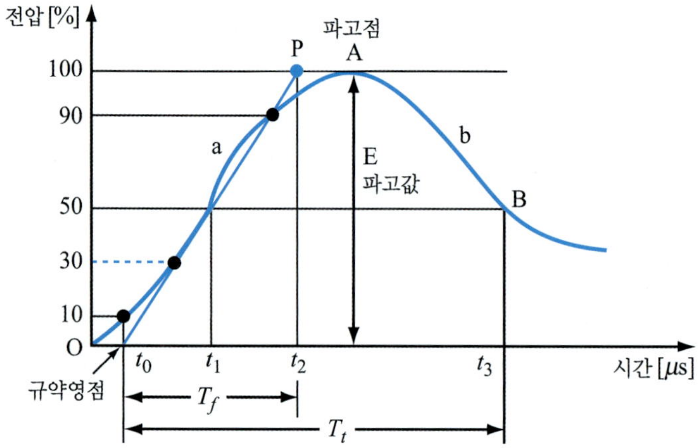

[그림 9-4] 표준 뇌 임펄스 전압 파형

[그림 9-4]에서 A 점을 파고점, E 를 파고값, OA 를 파두, AB 를 파미라고 한다. 표준 뇌 임펄스 전압 파형에서 사용하는 용어를 정리하면 다음과 같다.

- 규약영점 : 파고값의 30[%](전류의 경우에는 10[%]로 한다)와 90[%]의 점을 맺는 직선이 시간축과 교차하는 점으로, 시간의 기준점
- 파두길이 $T_f[\mu s]$: 규약영점에서 파고값에 도달하기까지의 시간
- 파미길이 $T_t[\mu s]$: 규약영점으로부터 파미 부분에서 파고값의 $\frac{1}{2}$로 내려가는 점까지의 시간

예를 들어 충격파의 크기가 10000[kV]이고 표준 충격 파형이 $1.2 \times 50[\mu s]$라고 하면, [그림 9-4]는 $E = 1000[kV]$, $T_f = 1.2[\mu s]$, $T_t = 50[\mu s]$의 충격전압파를 나타낸다. 우리나라에서 충격전압 시험을 할 때 사용하는 **표준 충격 파형**은 $T_f = 1.2[\mu s]$, $T_t = 50[\mu s]$, 즉 $1.2 \times 50[\mu s]$이다.

예제 9-1

우리나라에서 시행하는 충격전압 시험을 할 때 사용하는 표준 충격 파형은 무엇인가?

① $1.2 \times 50[\mu s]$ ② $1.5 \times 50[\mu s]$

③ $1.2 \times 40[\mu s]$ ④ $1.5 \times 40[\mu s]$

정답 ①

풀이 우리나라의 경우 충격전압 시험을 할 때 사용하는 표준 충격 파형은 $T_f = 1.2[\mu s]$, $T_t = 50[\mu s]$, 즉 $1.2 \times 50[\mu s]$이다.

SECTION
9.2 이상전압 방지 대책

가공 전선로에서 발생하는 이상전압은 원치 않는 전압 성분이기 때문에, 이를 방지하는 대책이 필요하다. 이 절에서는 이상전압을 방지하는 방법과 이상전압을 방지하기 위해 사용하는 기기를 알아본다.

Keywords | 피뢰기 | 서지흡수기 | 가공지선 | 절연협조 |

1 피뢰기에 의한 기기 보호

피뢰기는 가공 전선로에서 발생되는 뇌 서지, 개폐 서지 등 이상전압을 신속하게 대지로 방전시킴으로써 일정 전압 이하로 저감시켜 계통 기기 간에 절연협조를 이루게 하는 장치이다. 피뢰기는 이상전압을 억제하는 기능과 방전 후에 흐르는 속류[2]를 신속히 차단하여 계통을 정상적으로 복귀시키는 기능을 가지고 있다.

피뢰기와 퓨즈를 비교해 보면, 퓨즈는 과전류가 흐르면 스스로 녹아 끊어져 회로를 보호하지만 피뢰기는 과전류가 흐르면 스스로 단락되어 과전류를 대지로 흘려보냄으로써 기기를 보호한다.

피뢰기 관련 용어

피뢰기에서 사용하는 용어를 정리하면 다음과 같다.

■ 충격 방전 개시 전압

충격 방전 개시 전압은 피뢰기 단자 간에 충격전압을 인가하였을 때 방전을 개시(시작)하는 전압으로 피뢰기 단자전압의 최고전압이다.

■ 상용 주파 방전 개시 전압

상용 주파 방전 개시 전압은 상용 주파수에서 피뢰기가 방전할 때 상용 주파 전압의 파고값으로, 실효값으로 표현한다. 보통 이 값은 피뢰기 정격전압의 1.5배 이상이다.

2 속류란 피뢰기의 방전전류에 이어서 전원으로부터 공급되는 상용 주파수의 전류를 말한다.

■ 충격비

충격비는 충격 방전 개시 전압과 상용 주파 방전 개시 전압의 비이다.

$$\text{충격비} = \frac{\text{충격 방전 개시 전압}}{\text{상용 주파 방전 개시 전압의 파고값}} \tag{9.1}$$

■ 제한전압

제한전압은 다음과 같이 정의한다.

- 방전으로 저하되어 피뢰기 단자 간에 남게 되는 충격전압의 파고값
- 방전 중에 피뢰기 단자 사이에 걸리는 전압
- 공칭 방전전류에서의 피뢰기 단자전압

■ 정격전압

정격전압은 피뢰기의 선로단자와 접지단자에 전압을 인가한 상태에서 피뢰기의 동작책무를 반복 수행할 수 있는 정격주파수에서 상용 주파 전압의 최고한도를 말하며 실효값으로 나타낸다. 피뢰기의 정격전압은 다음과 같이 구할 수 있다.

- 공칭전압에 의한 계산 방법

$$\text{피뢰기의 정격전압} = \text{공칭전압} \times \frac{1.4}{1.1}\,[\mathrm{kV}] \tag{9.2}$$

- 접지계수 및 여유도와 계통의 최고 허용전압을 고려한 계산 방법

$$\text{피뢰기의 정격전압} = \alpha\beta\, V_m\,[\mathrm{kV}] \tag{9.3}$$

  - α : 접지계수(0.65 ~ 0.8)
  - β : 여유도(1.04 ~ 1.15)
  - V_m : 최고 허용전압(상전압)[kV]

- 공칭전압과 중성점 접지 방식을 이용한 계산 방법
  - 직접접지 방식 : 0.8 ~ 1.0 × 공칭전압[kV]
  - 저항접지 방식, 소호리액터접지 방식 : 1.4 ~ 1.6 × 공칭전압[kV]

예제 9-2

피뢰기의 정격전압이란 무엇인가?

① 상용 주파수에서 피뢰기가 방전할 때의 전압

② 피뢰기 단자에 충격전압을 인가하였을 때 방전을 개시하는 전압

③ 속류가 차단되는 최고의 교류전압

④ 방전 중에 피뢰기 단자 사이에 걸리는 전압

정답 ③

풀이 ①은 상용 주파 방전 개시 전압, ②는 충격 방전 개시 전압, ④는 제한전압에 대한 설명이다. 피뢰기의 정격전압은 피뢰기의 선로단자와 접지단자에 전압을 인가한 상태에서 피뢰기의 동작책무를 반복 수행할 수 있는 정격주파수에서 상용 주파 전압의 최고한도를 말하며, 실효값으로 나타낸다.

■ 방전내량

피뢰기가 방전했을 때 피뢰기를 통해 흐르는 전류가 수백[A] 이상인 대(大)전류면 피뢰기가 파괴되거나 손상을 입게 되어 그 역할을 할 수 없게 되는데, 이때 최대로 흘릴 수 있는 전류를 공칭방전전류라 하며 이 한도를 방전내량이라 한다. [표 9-3]에 설치 장소별 피뢰기의 공칭방전전류를 정리했다.

[표 9-3] 설치 장소별 피뢰기의 공칭방전전류

공칭방전전류	설치 장소	적용 조건
10,000[A]	발전소	• 전체 발전소
	변전소	• 154[kV] 이상 계통 • 66[kV] 및 그 이하 계통에서 뱅크 용량이 3000[kVA]를 초과하거나 특히 중요한 곳 • 단거리 송전선 케이블 및 정전 축전기 뱅크를 개폐하는 곳 • 배전선로 인출 측(배전 피더 인출용 장거리 케이블은 제외)
5,000[A]	변전소	• 66[kV] 및 그 이하 계통에서 뱅크 용량이 3000[kVA] 이하인 곳
2,500[A]	선로	• 배전선로

예제 9-3

154[kV] 변전소에 사용하는 피뢰기의 공칭방전전류[kA]를 구하라.

정답 10[kA]

풀이 [표 9-3]의 설치 장소별 피뢰기의 공칭방전전류를 참고하면, 154[kV] 변전소에 사용하는 피뢰기의 공칭방전전류는 10[kA]이다.

피뢰기의 종류와 구조

피뢰기는 구조에 따라 구분하면 갭형 피뢰기와 갭리스 피뢰기로 구분하고, 절연 프레임에 따라 구분하면 자기형과 폴리머형으로 구분한다. [그림 9-5]와 같이 직렬 갭이 있는 것은 갭형 피뢰기이며 직렬 갭이 없는 것은 갭리스 피뢰기이다.

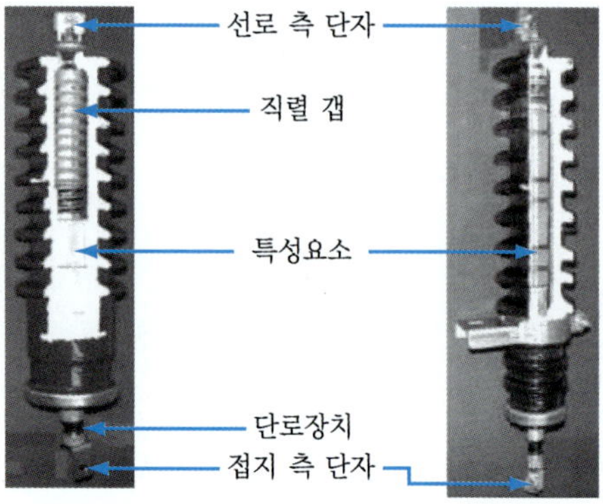

(a) 갭형 피뢰기 (b) 갭리스 피뢰기

[그림 9-5] 피뢰기의 종류

■ 갭형 피뢰기

갭형 피뢰기(SiC 피뢰기)는 [그림 9-6]과 같이 직렬 갭과 특성요소로 구성되어 있다.

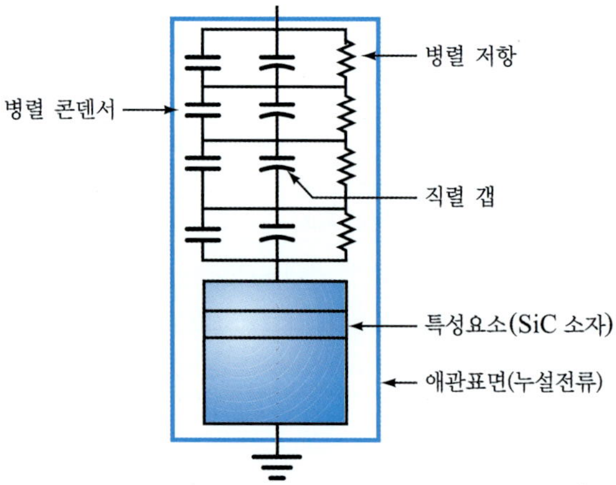

[그림 9-6] 갭형 피뢰기의 구조

직렬 갭(series gap)은 평상시에는 피뢰기 회로를 열린 상태로 유지하다가 과전압이 인가될 때 피뢰기 회로를 단락시키는 역할을 한다. **특성요소**는 탄화규소(SiC)가 주성분인 저항성분으로 직렬 갭에 의해 인가되는 과전압을 일정 전압 이하로 제한하여 속류를 차단한다. **병렬 저항**은 아크를 소호하는 역할을 하며 속류 크기의 제한을 돕는다. 또한 직렬 갭과 병렬로 저항을 연결함으로써 피뢰기의 누설전류를 줄인다. **병렬 콘덴서**는 직렬 갭의 전압 분포를 균일하게 유지하는 역할을 한다.

■ 갭리스 피뢰기

갭리스 피뢰기(gapless type, ZnO 피뢰기)는 산화아연(ZnO)을 주성분으로 하는 특성요소를 사용하며, [그림 9-7]과 같이 정격전압 이하에서는 거의 전류가 흐르지 않는다. 전선로 교류전압의 최대 순시값을 피뢰기의 정격전압보다 작게 하면 직렬 갭을 사용하여 속류를 차단할 필요가 없어진다.

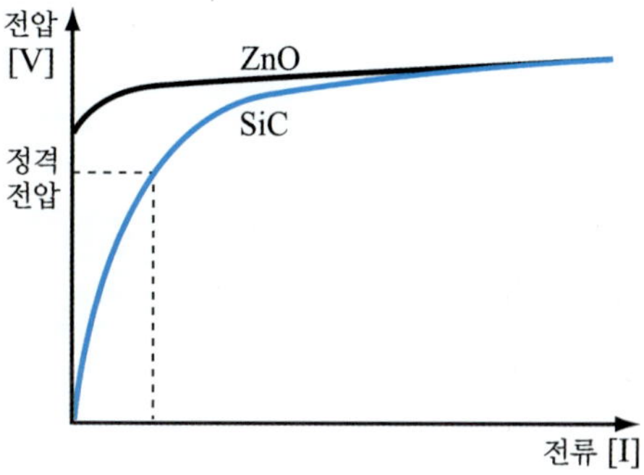

[그림 9-7] 피뢰기의 특성요소에 따른 전압-전류 곡선

직렬 갭이 없는 갭리스 피뢰기는 다음과 같은 특징이 있다.

- 갭이 없으므로 소손의 위험이 적고 피뢰기의 성능이 좋다.
- 피뢰기가 간단하고 소형이며, 경량이다.
- 급준파에 대한 응답이 뛰어나다.
- 속류가 없으므로 빈번한 작동에도 잘 견디며 속류에 따른 특성요소의 열화가 없다.

예제 9-4

피뢰기에서 속류를 차단하는 역할을 하는 것은 무엇인가?

① 직렬 갭　　② 특성요소
③ 병렬 콘덴서　　④ 접지 및 입력 측 단자

정답 ②

풀이 특성요소는 탄화규소(SiC)가 주성분인 저항성분으로 직렬 갭에 의해 인가되는 과전압을 일정 전압 이하로 제한하여 속류를 차단하는 역할을 한다.

예제 9-5

갭리스 피뢰기의 특징이 아닌 것은 무엇인가?

① 소손의 위험이 적다.

② 피뢰기가 간단하고 소형이며, 경량이다.

③ 속류에 따른 특성요소의 열화에 대한 대책이 필요하다.

④ 급준파에 대한 응답이 뛰어나다.

정답 ③

풀이 갭리스 피뢰기는 속류가 없어 속류에 따른 특성요소의 열화가 발생하지 않는다.

피뢰기의 동작 원리 및 유효 거리

[그림 9-8]과 같이 가공 전선로에 직격뢰에 의한 과전압이 유입되면 서지전류는 변압기로 흘러 들어온다. 이때 직격뢰에 의한 과전압 때문에 피뢰기가 동작하는데 피뢰기는 선로와 대지 사이를 단락시키고 서지전류를 대지로 방전시킴으로써 변압기 방향으로 흐르는 과전류를 차단하여 변압기를 보호한다. 피뢰기의 주보호대상은 변압기이며, 피뢰기는 피보호기기와 가까운 곳에 설치하는 것이 바람직하다.

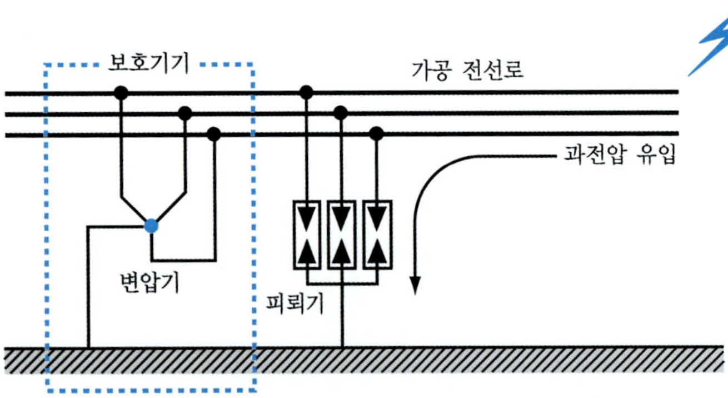

[그림 9-8] 피뢰기의 동작 원리

[그림 9-8]과 같이 가공 전선로에 직격뢰에 의한 과전압이 유입되면 과전압은 변압기 단자에 도달하였을 때 정(正)반사하고 다시 피뢰기에 되돌아와서는 부(負)반사하여 변압기를 향하게 된다.

피뢰기와 변압기가 멀리 설치된 경우에는 뇌 서지에 의한 과전압의 왕복 진동 때문에 변압기 단자에 걸리는 과전압 e_t는 변압기의 제한전압 e_a보다 커지게 된다. 과전압 e_t는 다음과 같다.

$$e_t = e_a + \frac{2Sl}{v} = e_a + 2St \ [kv] \tag{9.4}$$

- e_a : 제한전압
- l : 피뢰기와 피보호기기와의 거리[m]
- S : 파두준도[3](차폐선로 : 500[kV/μs], 일반선로 : 200[kV/μs])
- v : 진행파의 전파속도(가공선로 : 300[m/μs], 케이블 : 150[m/μs])
- t : 진행파의 전파시간[μs]

피뢰기와 피보호기기의 유효 거리를 정리하여 [표 9-4]에 나타냈다.

[표 9-4] 피뢰기의 유효 거리

선로		변압기 BIL [kV]	피뢰기		유효 이격거리[m]
전압[kV]	애자 수		정격전압[kV]	공칭방전전류[A]	
345	20	1050	288	10,000	85
154	10	650	138(144)	10,000	65
66	4	350	75	10,000	45
22	2	150	24	10,000	20
22.9	2	150	21,18	10,000	20

예제 9-6

154[kV]에서 사용하는 피뢰기의 정격전압[kV]과 유효 이격거리[m]를 구하라.

① 138[kV], 65[m]　　② 138[kV], 45[m]

③ 154[kV], 65[m]　　④ 154[kV], 45[m]

정답 ①

풀이 [표 9-4]를 참고하면, 154[kV]에서 사용하는 피뢰기의 정격전압은 138[kV]이고 유효 이격거리는 65[m]이다.

3 파두준도는 전압/전류가 얼마나 급상승하는지를 나타내는 척도이다.

피뢰기의 구비 조건

피뢰기는 침입하는 서지전류로부터 피보호기기를 보호하는 기기로, 구비 조건은 다음과 같다.

- **시간 지연이 적을 것**

  피뢰기는 충격 방전 개시 전압이 낮으며 상용 주파 방전 개시 전압이 높아야 한다. 상용 주파 방전 개시 전압과 충격 방전 개시 전압과의 시간 지연이 너무 길면 선로전압을 낮추는 것이 늦어져서 피뢰기의 역할을 할 수 없기 때문이다. 피뢰기는 충격 방전 개시 전압이 충분히 낮아서 보호능력이 있어야 하며, 상용 주파 방전 개시 전압은 선로전압보다 높으므로 상용 주파수에서는 방전을 하지 않아야 한다.

- **제한전압을 어느 정도 이내로 유지할 것**

  과전압을 인가하였을 때 피뢰기의 방전으로 전압이 낮아져서 피뢰기의 단자 간에 남는 충격전압을 제한전압이라고 한다. 이는 피뢰기 동작 중 계속해서 걸리고 있는 단자전압의 파고값을 의미하는데, [그림 9-9]는 피뢰기 제한전압의 파형을 보인 것이다.

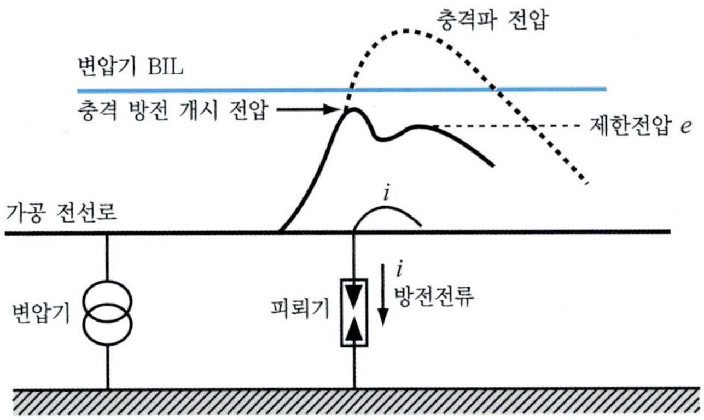

[그림 9-9] 피뢰기 제한전압

- **속류 차단 능력이 충분할 것**

  방전전류에 이어서 전원으로부터 공급되는 상용 주파수의 전류를 속류(follow current)라고 한다. 속류가 연속하여 계속 흐르면 전력계통 전체를 요란시키고 정전의 원인이 되므로 속류를 신속히 차단시켜야 한다.

- **내구성이 클 것**

  피뢰기의 방전에 따라 피뢰기를 통해서 대지로 흐르는 충격전류를 피뢰기의 방전전류라 하고 허용 가능한 최대치를 피뢰기의 방전내량이라고 한다. 규정의 방전내량 이내에서 수 회 동작시킬 경우 파괴되거나 특성이 변질되어서는 안 된다.

예제 9-7

피뢰기의 구비 조건으로 옳지 않은 것은 무엇인가?

① 충격 방전 개시 전압이 높아야 한다.

② 상용 주파 방전 개시 전압은 선로의 전압보다 높아야 한다.

③ 속류를 신속히 차단해야 한다.

④ 규정의 조건에서 동작시킬 경우 파괴하거나 특성이 변질되어서는 안된다.

정답 ①

풀이 피뢰기의 충격 방전 개시 전압은 낮아야 한다. 왜냐하면 상용 주파 방전 개시 전압과 충격 방전 개시 전압과의 시간 지연이 너무 길면 선로전압을 낮추는 것이 늦어져서 피뢰기의 역할을 할 수 없기 때문이다.

배전계통에서 피뢰기 설치 장소

배전계통에서 피뢰기를 설치하는 장소는 다음과 같다. 각 장소를 [그림 9-10]에 나타냈다.

❶ 발·변전소 혹은 이에 준하는 장소의 인입구 및 인출구

❷ 고압 또는 특고압 가공 전선로에서 공급받는 수용장소의 인입구

❸ 가공 전선로와 지중 전선로가 만나는 곳

❹ 가공 전선로에 접속하는 배전 변압기의 특고압 및 고압 측

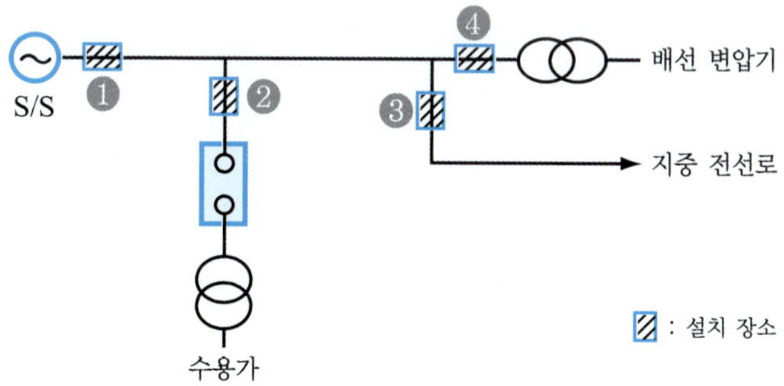

[그림 9-10] 피뢰기 설치 장소

2 서지흡수기에 의한 기기 보호

전력계통에서 설치기기를 조작할 때 발생하는 개폐 서지는 [표 9-5]에서와 같이 뇌 서지에 비하여 크기는 작지만 지속시간이 길다. 뇌 서지에 의한 이상전압을 방지하기 위해서는 피뢰기(LA)를 설치한다. 또한 개폐 서지에 의한 이상전압을 방지하기 위해 기기 보호용으로 피뢰기를 설치하거나 **서지흡수기**(SA : Surge Arrester)를 설치한다.

[표 9-5] 뇌 서지와 개폐 서지의 비교

구분	뇌 서지	개폐 서지
파고값	높다	낮다
파두장 및 파미장	짧다(1.2×50[μs])	길다(50~500[ms])

대표적인 서지흡수기인 CR Suppressor와 산화아연 서지흡수기는 다음과 같다.

- **CR Suppressor**
  CR Suppressor는 산화 금속형 서지흡수기가 개발되기 이전에 사용되었다. 콘덴서와 저항을 직렬접속하여 사용하며, 고압 전동기 보호용으로 최적이다.

- **산화아연 서지흡수기**
  산화아연(ZnO) 서지흡수기는 방전 특성이 우수한 산화아연 소자를 사용하여 개폐 서지를 흡수하는 능력과 속류를 차단하는 능력이 뛰어나다. 고압 전동기나 변압기 보호용으로 적합하며 피뢰기보다 제한전압이 낮아 적용하기 전 충분히 검토해야 한다.

예제 9-8

뇌 서지와 개폐 서지에 대한 설명으로 옳은 것은 무엇인가?

① 뇌 서지는 개폐 서지에 비하여 파고값이 작다.
② 뇌 서지는 개폐 서지보다 파두장 및 파미장이 짧다.
③ 뇌 서지는 개폐 서지에 비하여 지속 시간이 길다.
④ 뇌 서지에 의한 이상전압의 방지 대책으로 서지흡수기(SA)를 사용한다.

정답 ②

풀이 개폐 서지는 뇌 서지에 비하여 크기는 작으나 지속 시간이 길다. 뇌 서지에 의한 이상전압을 방지하려면 방지 피뢰기(LA)를 설치해야 한다. 또한 개폐 서지에 의한 이상전압을 방지하려면 기기 보호용 피뢰기를 설치하거나 서지흡수기를 설치해야 한다.

서지흡수기 설치 장소

배전계통에서는 함께 사용하는 기기에 따라 서지흡수기를 설치하는 장소가 다르다. 서지흡수기를 설치해야 하는 장소는 [그림 9-11]과 같다.

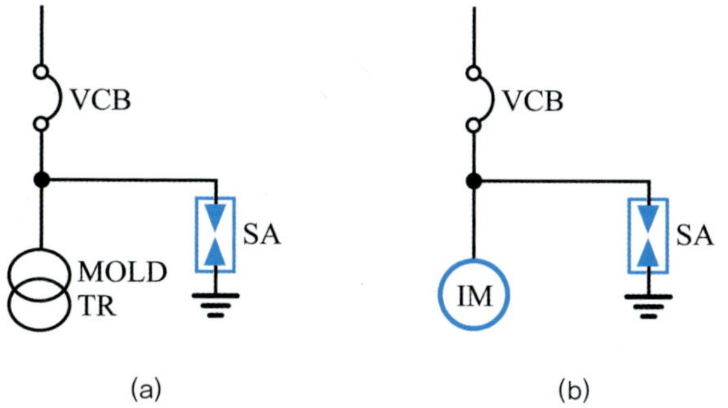

- VCB : 진공 차단기
- SA : 서지흡수기
- MOLD TR : 몰드 변압기
- IM : 고압 전동기

[그림 9-11] 서지흡수기 설치 장소

■ 진공 차단기와 건식 또는 몰드 변압기를 사용할 경우

배전계통에서 진공 차단기는 동작 시에 발생하는 개폐 서지의 크기가 크다. 또한 유입 변압기의 기준 충격 절연강도(BIL)는 150[kV]이고, 몰드 변압기의 기준충격절연강도(BIL)는 95[kV]이다. 따라서 몰드 변압기와 진공 차단기를 조합하여 사용할 경우에는 [그림 9-11(a)]와 같이 반드시 서지 흡수기를 설치해야 한다.

■ 진공 차단기와 고압 전동기를 조합하여 사용할 경우

6.6[kV] 고압 전동기의 경우 상용 주파 내전압은 14.2[kV]이나 진공 차단기를 사용할 경우 개폐 서지의 크기는 약 16 ~ 18[kV]로 상용 주파 내전압보다 크다. 따라서 고압 전동기와 진공 차단기를 조합하여 사용할 때도 반드시 [그림 9-11(b)]와 같이 서지흡수기를 설치해야 한다. [표 9-6]에 차단기 종류에 따른 서지흡수기의 적용을 나타냈다.

[표 9-6] 서지흡수기의 적용

차단기 종류		VCB				
2차보호기기 \ 전압등급		3[kV]	6[kV]	10[kV]	20[kV]	30[kV]
전동기		적용	적용	적용	–	–
변압기	유입식	불필요	불필요	불필요	불필요	불필요
	몰드식	적용	적용	적용	적용	적용
	건식	적용	적용	적용	적용	적용
커패시터		불필요	불필요	불필요	불필요	불필요
변압기와 유도기기와의 혼용 사용		적용	적용	–	–	
비고		정격전압은 4.5[kV], 9[kV], 18[kV], 27[kV]가 있고 공칭방전전류는 100[A]이다.				

가공지선에 의한 뇌 차폐

가공 전선로의 뇌격[4]에 대한 차폐용[5]으로 **가공지선**을 사용한다. 가공지선은 뇌격으로부터 철탑과 전선을 보호하기 위해 가공전선 위쪽에 전선을 가설한 후 대지에 직접 접지시킨 전선이다. 가공지선은 통신선에 대한 전자유도의 경감과 진행파를 감쇠시키는 역할을 한다. 보통 가공지선으로는 단면적이 22 ~ 100[mm^2]인 아연도 강연선이나 ACSR선을 사용한다.

우리나라에서는 송전선로나 배전선로에 가공지선을 설치하는 것을 원칙으로 한다. 송전선에는 [그림 9-12]와 같이 가공지선의 내부에 광섬유 복합가공지선(OPGW)을 많이 사용한다. 2회선 철탑의 2조 가공지선 중 1조는 OPGW를, 나머지 1조는 일반 ACSR을 사용한다.

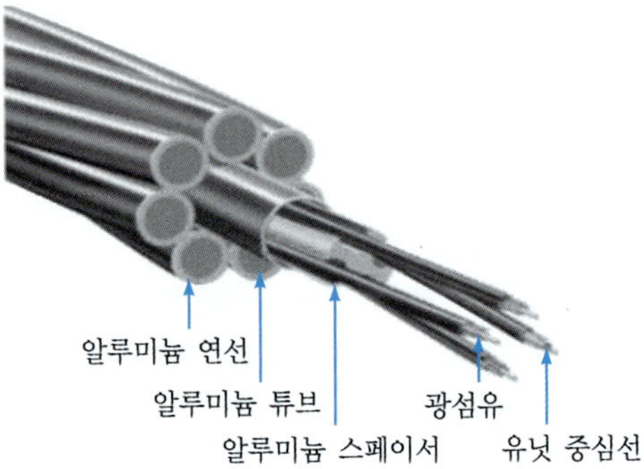

[그림 9-12] 복합가공지선의 구조

한편 일반지역에서는 단면적이 22[mm^2] 이상인 아연도 강연선을 배전선로의 가공지선으로 사용하며, 염진해 등이 발생할 우려가 있는 지역에서는 22[mm^2] 이상인 나경동연선을 사용한다.

또한 우리나라의 배전선로에서는 [그림 9-13]과 같이 가공지선의 보호각 θ는 45°를 기준으로 한다. 보호각 θ가 작을수록 낙뢰에 대한 보호 효율이 높지만, 보호각 θ가 작아지려면 가공지선을 높게 가선해야 하기 때문에 철탑의 높이가 높아지는 단점이 발생한다.

---

4 뇌격이란 벼락과 같은 낙뢰 방전을 의미한다. 보통 송전선로에서 뇌격이 발생하면 선로에 전압이 유기되며, 서지전류가 생긴다.

5 차폐란 외부로부터 전기적/자기적 영향을 받지 않도록 보호하는 것을 의미한다.

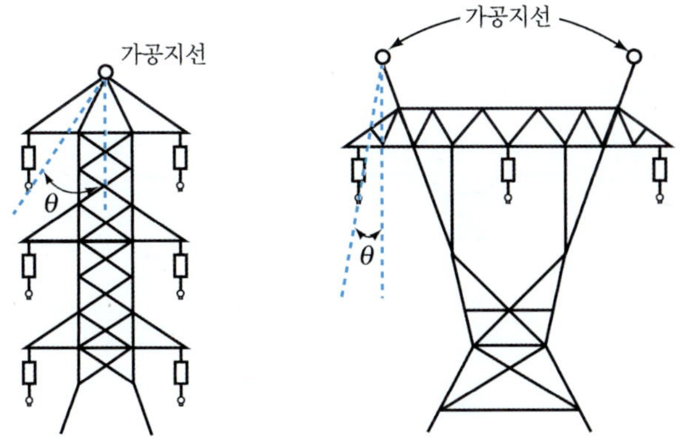

(a) 4각 철탑에서의 가공지선　　　(b) 우두 철탑에서의 가공지선

[그림 9-13] 가공지선과 차폐각

매설지선

매설지선은 철탑에 침입한 뇌전류를 대지로 방류시키기 위하여 땅 속에 매설한 전선이다. 직격뢰가 철탑의 최상부 또는 가공지선에 침입할 경우, 뇌전류는 철탑을 통해서 직접 대지로 빠져나가기도 하지만, 가공지선에도 일부 진행파로 흐른다. 이처럼 뇌전류가 철탑으로부터 대지로 흐를 경우 철탑 전위의 파고값 e는 철탑 뇌전류의 파고값 $i[\mathrm{A}]$와 탑각 접지저항 $r[\Omega]$의 곱에 비례한다.

이와 같이 뇌격 시에는 $i \times r$에 의하여 철탑의 전위가 올라가고, 이때의 전압 e가 전선을 절연하고 있는 애자련의 절연파괴 전압보다 커지면 철탑으로부터 전선방향으로 섬락을 일으키게 되는데 이를 **역섬락**(reverse flashover)이라고 한다. 이를 방지하려면 탑각 접지저항 r을 작게 해야 한다.

철탑의 접지저항이 낮으면 철탑의 역섬락 현상을 줄이고 진행파를 감쇠시킴으로써 애자의 섬락을 방지한다. 토지의 고유저항이 큰 곳에서는 탑각 접지저항을 $10[\Omega]$ 이하로 시공하기 어렵다. 이런 경우에는 매설지선을 사용하여 접지저항[6]을 낮춰야 한다.

- 배전선 철탑의 접지저항 : $40[\Omega]$ 이하
- 송전선 철탑의 A급 접지저항 : $10 \sim 15[\Omega]$ 이하(토지의 고유저항이 낮은 논, 습지 지대)
- 송전선 철탑의 B급 접지저항 : $25[\Omega]$ 이하(토지의 고유저항이 높은 하천 상류의 강가, 산악 지대)

6 매설지선 접지저항은 과도접지저항측정기를 사용한다.

일반적으로 매설지선은 1조가 30 ~ 50[m]이다. 평지에서는 80[cm] 깊이에 매설하고, 산악지대에서는 50[cm] 이상 깊이에 방사형으로 매설한다. 매설지선은 [그림 9-14]와 같이 시공한다.

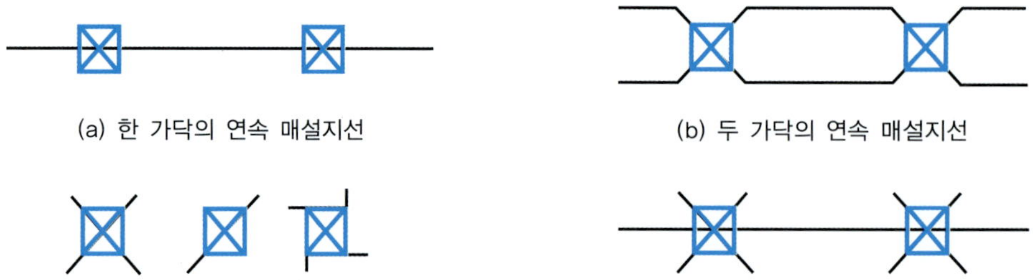

(a) 한 가닥의 연속 매설지선

(b) 두 가닥의 연속 매설지선

(c) 방사상 매설지선

(d) 연속 및 방사상 매설지선의 조합

[그림 9-14] 매설지선의 시공 방식

예제 9-9

154[kV] 송전선로에 직격뢰로 인하여 45[kA]의 뇌전류가 철탑에 흐를 때, 역섬락을 일으키지 않는 탑각 접지저항[Ω]을 구하라. 단, 현수 애자 1련의 섬락전압은 860[kV]이다.

정답 19[Ω] 이하

풀이 뇌전류가 철탑에 흐를 때 철탑의 전위는 현수 애자 1련의 섬락전압보다 낮아야 절연파괴가 발생하지 않는다.

$$45[\mathrm{kA}] \times \mathrm{r}[\Omega] < 860[\mathrm{kV}]$$

$$r < \frac{860}{45} = 19[\Omega]$$

그러므로 탑각 접지저항은 19[Ω]보다 작아야 한다.

3 절연협조

전력계통에는 선로를 비롯해서 발전기, 변압기, 차단기, 개폐기 등 많은 기기와 공작물이 접속되어 있다. 이때 기기마다 절연강도가 다르다면 계통 전체의 신뢰도가 낮아진다.

따라서 계통의 각 기기는 자체에서 필요한 절연강도뿐만 아니라 사고 범위를 최소한으로 억제함으로써 계통 전체의 신뢰도를 높여야 한다. 또한 경제적이고 합리적인 절연강도가 되도록 기기 간에 절연협조를 도모해야 한다. 이와 같이 계통 내의 각 기기, 기구 및 애자 등이 상호간의 절연강도가 적절하도록 합리적이고 경제적으로 설계하는 것을 절연협조라고 한다. 절연협조에서는 뇌전압 이외의 이상전압에서 섬락(flashover)이나 절연파괴가 일어나지 않도록 고려해야 한다.

이와 같이 기기의 절연을 표준화하고 또 통일된 절연체계를 구성한다는 목적에서 절연계급을 설정하고, 각 절연계급에 대응해서 **기준 충격 절연강도**(BIL : Basic Impulse Insulation Level)를 사용한다. 실제 22.9[kV] 유효접지계에서 유입 변압기의 기준 충격 절연강도는 다음과 같다.

$$\text{BIL} = \text{절연계급} \times 5 + 50[\text{kV}] = 20 \times 5 + 50 = 150[\text{kV}]$$

여기서 절연계급이란 공칭전압을 1.1로 나눈 값으로, 전기기기와 전기설비의 절연강도를 표시한 계급을 의미한다. 현재 우리나라 전력계통에서 채택하고 있는 절연협조는 [그림 9-15]와 같다. 이때 절연협조의 기준은 피뢰기의 제한전압이다.

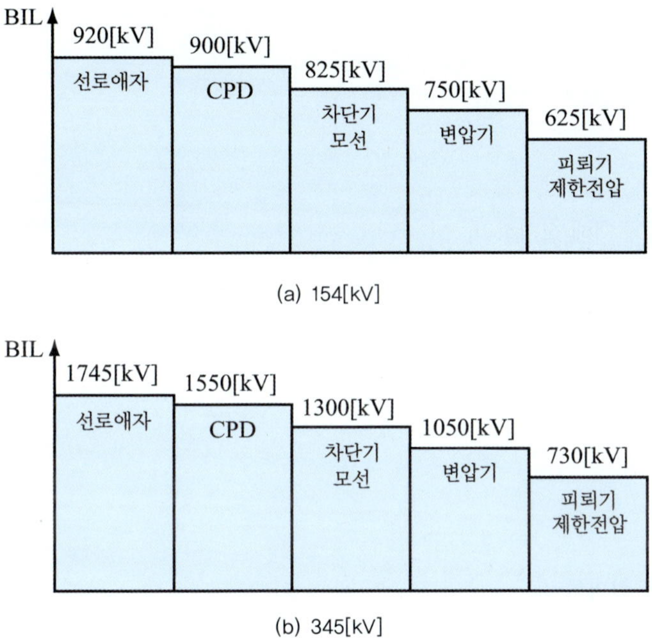

[그림 9-15] 절연협조의 예

CHAPTER

09 연습문제

9.1 송전선로에 매설지선을 설치하는 목적을 설명하라.

9.2 우리나라에서 기기의 충격전압 시험을 할 때 채용하는 표준충격전압파의 파두장 및 파미장을 구하라.

9.3 송전선로에 가공지선을 설치하는 목적을 설명하라.

9.4 피뢰기의 구성 요소 및 구비 조건에 대해 설명하라.

9.5 전력용 피뢰기에서 직렬 갭의 주된 사용 목적을 설명하라.

9.6 피뢰기의 정격전압을 설명하라.

9.7 배전계통에서 피뢰기 설치 장소를 설명하라.

9.8 서지흡수기를 설치해야 하는 이유와 장소를 설명하라.

9.9 BIL에 대하여 간략하게 설명하라.

9.10 다음 피뢰기의 용어에 대하여 간단하게 설명하라.

(a) 충격 방전 개시 전압

(b) 상용 주파 방전 개시 전압

(c) 충격비

(d) 제한전압

CHAPTER 10

보호계전 시스템

이 장은 전력계통 및 수용가에서 단락, 지락 등의 고장이 발생하였을 경우 고장을 신속히 검출 및 제거하는 보호계전 시스템을 정확하게 이해하는 것을 목표로 한다. 또한 배전계통에서 적용하는 보호계전기의 종류를 알아보고, 적용 방법 등 실무에서 어떻게 적용되는지 학습한다.

CONTENTS

SECTION 10.1

보호계전 시스템

전력계통에서 고장이 발생했을 때, 고장을 신속하게 검출하고 제거함으로써 고장의 파급을 최소한으로 줄여야 한다. 이때 신속한 복구를 위하여 각종 보호계전 시스템을 적용한다. 이 절에서는 보호계전 시스템이 무엇인지 살펴보고, 보호계전 방식의 종류에 대해 알아보자.

Keywords | 보호계전 시스템 | 주보호 및 후비보호 방식 | 한시차 보호 방식 | 구간 보호 방식 |

1 보호계전 시스템이란?

전력계통의 가공 전선로는 직접 자연에 노출되어 있어 항상 사고의 위험이 있다. 따라서 전력계통에서는 발생한 고장을 신속하게 검출하고 제거함으로써 전력계통의 전선로 및 전력설비의 파괴와 고장의 파급을 최소한으로 줄여야 한다. 이때 신속한 복구를 위하여 각종 **보호계전 시스템**을 적용한다. 전력계통 보호를 위해 보호계전기를 사용하는데, 전력계통의 안전운전을 위해서는 보호계전 시스템 구축이 매우 중요하다.

보호계전 시스템의 목적

보호계전 시스템은 다음과 같은 목적으로 구축된다.

- 전력계통의 고장에 대해 보호 대상물을 완전히 보호하고 전력설비에 주는 손상을 최소화한다.
- 고장 지점 또는 구간을 신속, 정확하게 선택하고 차단하여 파급 사고를 최소화한다.
- 불필요한 정전 시간을 최소화하여 전력계통의 안정도를 향상시킨다.

보호계전 시스템의 구성

보호계전 시스템은 [그림 10-1]과 같이 검출부, 판정부, 동작부로 구성되어 있다.

- **검출부** : 보호 구간의 고장전류 / 전압을 검출하는 역할을 하는 부분으로 CT, PT, ZCT, GPT 등의 변성기류가 있다.
- **판정부** : 검출부에서 검출한 데이터를 판단하여 보호장치의 동작 여부를 결정하는 부분으로 억제코일, 전압탭, 전류탭 등 릴레이류로 구성된다.
- **동작부** : 고장전류 및 전압이 검출, 판정을 거쳐 보호계전기의 정정(setting)[1] 값에 도달한 경우 차단장치의 트립코일을 여자시키는 부분으로 가동코일, 가동철심, 유도원판 등으로 구성된다.

1 정정이란 보호계전기가 보호할 구간에서 이상상태가 발생했을 때 적절히 동작하도록 계전기의 탭, 레버 등 조정 장치에 의하여 동작 기준치를 정하는 것을 말한다.

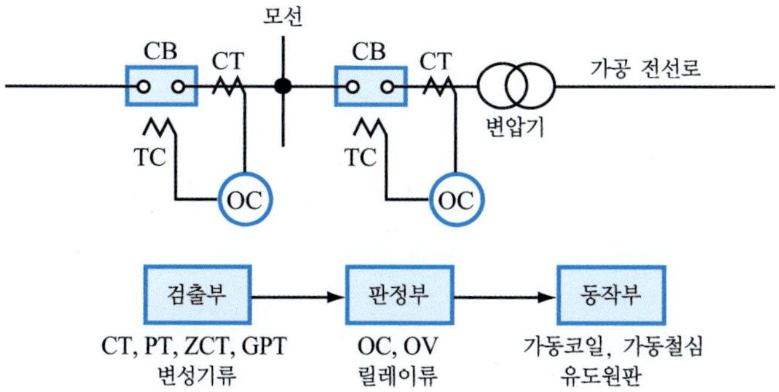

[그림 10-1] 보호계전 시스템의 구성

- CB : 차단기
- CT : 계기용 변류기
- TC : 트립코일
- OC : 과전류 계전기

예제 10-1

보호계전 시스템의 구성 요소가 아닌 것은 무엇인가?

① 검출부　　② 동작부　　③ 판정부　　④ 제어부

정답 ④

풀이 보호계전 시스템은 검출부, 판정부, 동작부로 구성되어 있다.

보호계전 시스템의 기능

보호계전 시스템은 기본적으로 다음과 같은 기능이 충족되어야 한다.

- **정확성** : 이상 상태를 정확하게 검출하며 오작동을 방지한다.
- **신속성** : 이상 상태를 신속하게 파악하여 고장 구간을 제거한다.
- **선택성** : 고장 구간을 선택 차단하여 파급 사고를 최소화한다.

예제 10-2

보호계전 시스템이 갖춰야 할 기본 기능이 아닌 것은 무엇인가?

① 확장성　　② 정확성　　③ 신속성　　④ 선택성

정답 ①

풀이 보호계전 시스템은 정확성, 신속성, 선택성을 갖춰야 한다.

2 보호계전 방식

보호계전 방식은 전력계통에서 사고가 발생했을 때 이를 신속하게 제거하기 위해 적용하는 방법을 의미한다. 보호계전 방식에는 주보호 및 후비보호 방식, 한시차 보호 방식, 구간 보호 방식 등이 있다. 보호계전 방식에 사용하는 보호계전기의 구비 조건과 각 방식에 대해 알아보자.

보호계전기의 구비 조건

보호계전 시스템의 목적에서도 언급하였듯이 전력계통에서 단락, 지락 등의 고장이 발생하면 고장구간만을 선택하여 신속하게 차단해야 한다. 이때 보호계전기의 구비 조건은 다음과 같다.

- 고장회선 또는 고장 구간을 선택하여 신속하게 차단할 수 있어야 한다.
- 전력계통의 과도 안정도를 유지하는 범위 내에서의 동작 시한을 가져야 한다.
- 적절한 후비보호 능력이 있어야 한다.
- 경제적이고 계전기의 소비전력이 적어야 한다.
- 사고전류에 열적·기계적으로 견딜 수 있어야 한다.
- 장시간 사용해도 특성의 변화가 없어야 한다.

예제 10-3

보호계전기의 구비 조건이 아닌 것은 무엇인가?

① 경제적이고 계전기의 소비전력이 커야 한다.
② 사고 전류에 열적, 기계적으로 견뎌야 한다.
③ 장기간 사용해도 특성의 변화가 없어야 한다.
④ 고장회선 또는 고장 구간을 신속, 정확하게 차단할 수 있어야 한다.

정답 ①

풀이 보호계전기의 소비전력이 크면 경제적이지 못하므로, 보호계전기는 소비전력이 작아야 한다.

주보호 및 후비보호 방식

■ 주보호

주보호는 전력계통에서 구분되는 개소마다 설치하여 단락, 지락 등의 고장 발생 시 고장점에서 가장 가까운 위치의 차단기가 동작하여 고장을 제거하는 것으로, 고장 부분을 최소 범위로 분리하는 것이다.

만약 [그림 10-2]의 F1점에서 단락이 발생하면 비율차동계전기(87) 또는 과전류 계전기 OC3가 동작하여 고장 구간을 제거한다. 또는 F2점에서 단락이 발생하면 과전류 계전기 OC5 또는 OC7이 동작하여 고장 구간을 제거한다.

■ 후비보호

후비보호는 주보호가 오·부동작하여 고장 구간 차단에 실패했을 경우 어느 정도의 시간을 두고 동작하는 것이다. 즉 백업(back-up)동작을 한다.

만약 [그림 10-2]의 F1점에서 고장이 발생하였을 때 비율차동계전기(87) 또는 과전류 계전기 OC3의 주보호가 동작하지 않았을 경우 과전류 계전기 OC2가 동작하여 고장 구간을 제거한다. 또는 F2점에서 지락고장이 발생했을 때 과전류 계전기 OC5 또는 OC7의 주보호가 동작하지 않았을 경우 과전류 계전기 OC3 또는 OC6가 동작하여 고장 구간을 제거한다.

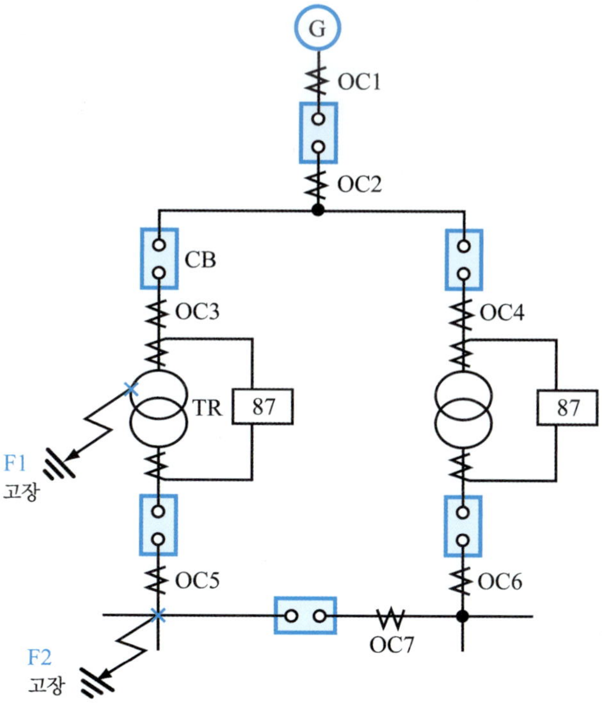

고장점	주보호	후비보호
F1	87	OC2
	OC3	
F2	OC5	OC3
	OC7	OC6

[그림 10-2] 주보호 및 후비보호 방식의 구성 예

한시차 보호 방식

[그림 10-3(a)]의 F1점에서 단락이 발생했다고 가정했을 때 과전류 계전기 OC1이 동작하여 차단기를 트립[2]시키면 선로 자체는 모두 정전상태가 되어 피해가 커진다. 그러나 F1점에서 가장 가까운 과전류 계전기 OC3에 의해 차단기가 트립되도록 하면 정전으로 인한 피해를 최소로 줄일 수 있다.

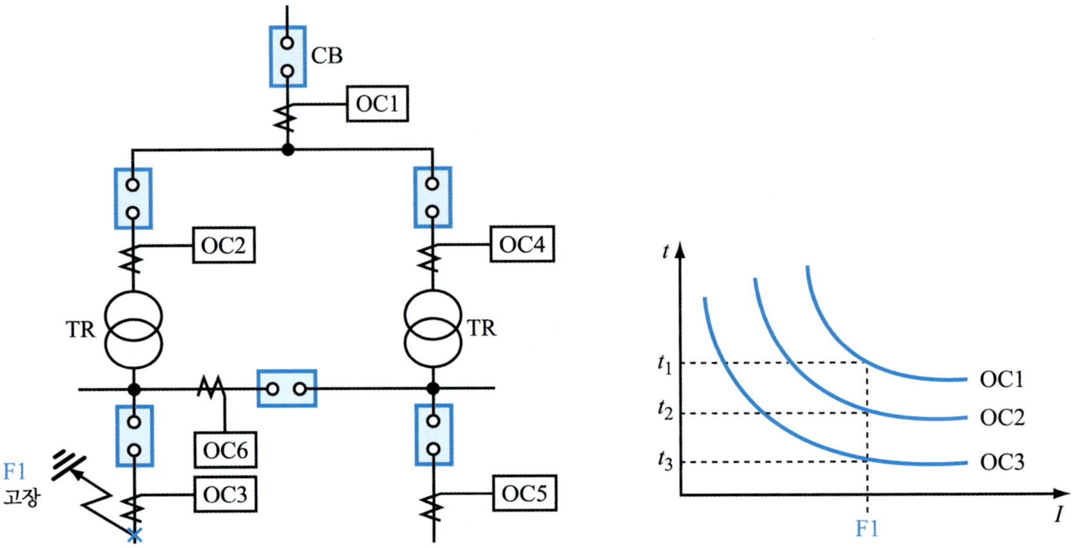

[그림 10-3] 한시차 보호 방식의 구성 예

[그림 10-3]의 F1점에서 단락이 발생하면 과전류 계전기 OC1, OC2, OC3의 원판은 모두 회전하지만 과전류 계전기 OC3의 원판이 회전하는 속도가 가장 빨라 차단기를 트립시키고 나머지 과전류 계전기 OC1, OC2의 원판은 복귀된다. 이처럼 각 계전기 간의 동작 시간 차이를 이용하는 것을 **한시차 보호 방식**이라 한다.

한시차 보호 방식의 특징은 다음과 같다.

- 계전기 간의 동작 시간 차로 고장 구간을 차단한다.
- 방사상 계통에서의 단락 보호에 적합하다.
- 주보호와 후비보호를 동시에 할 수 있어 경제적이다.
- 보호 시간이 길어진다.

2 트립(trip)은 과부하가 유입되어 과전류 계전기 등 동작 차단기가 개방되는 현상이다.

구간 보호 방식

구간 보호 방식은 보호하고자 하는 구간의 시작부분과 끝부분에 각각 변류기를 설치하여 변류기에 흐르는 전류의 차로 동작하는 방식이다. 이때 [그림 10-4(a)]와 같이 보호 구간이 중첩되도록 해야 한다.

[그림 10-4(b)]는 변압기의 내부 보호를 위한 비율차동계전기의 예를 나타낸 것이다. CT1, CT2 변류기에 흐르는 전류를 I_1, I_2라 할 때, $I_1 = I_2$ 상태이면 정상 상태이고 $I_1 \neq I_2$ 상태이면 CT1과 CT2 사이 구간에서 고장이 발생한 것이다.

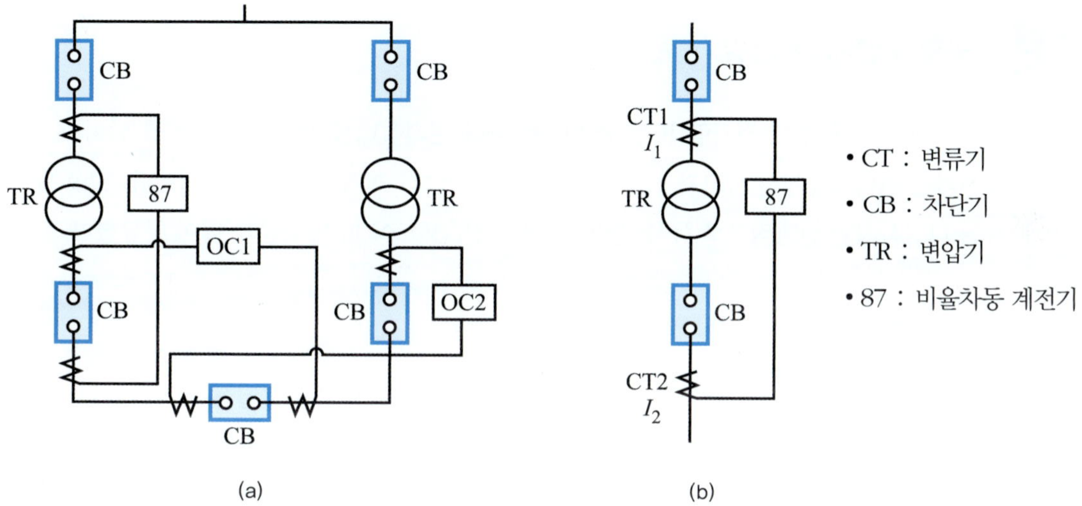

[그림 10-4] 구간 보호 방식의 구성 예

SECTION 10.2

보호계전기의 종류

보호계전기는 전력계통에서 사고가 발생했을 때 이를 신속히 제거하기 위한 기기이다. 이 절에서는 보호계전기를 동작 원리와 동작 시간, 용도에 따라 분류해보고 각 기기의 특징을 살펴보자.

Keywords | 보호계전기 | 동작 원리에 의한 분류 | 동작 시간에 의한 분류 | 용도에 의한 분류 |

1 보호계전기의 종류

계전기는 목적에 따라 규정한 전기량 또는 물리량에 따라 전기설비를 제어하는 장치를 말하며, 이 중 보호계전기는 전력계통에서 사고가 발생했을 때 이를 신속히 제거하기 위한 기기이다. 보호계전기의 종류는 다양하지만 일반적으로 동작 원리, 동작 시간, 용도에 따라 다음과 같이 분류한다.

동작 원리에 의한 분류

보호계전기는 동작 원리에 따라 유도형 계전기, 가동철심형 계전기, 가동코일형 계전기, 전류력계형 계전기, 정지형 계전기, 디지털형 계전기로 나뉜다. 각 계전기의 특징은 다음과 같다.

■ 유도형 계전기

유도형 계전기는 아라고 원판의 원리를 이용한 것으로, 교류에서 사용한다. 2개의 코일이 만드는 회전자계에 의해 와전류가 발생하는데, 이 와전류와의 상호작용으로 작동하는 계전기로서 유도원판형과 유도원통형이 있다.

■ 가동철심형 계전기

가동철심형 계전기는 교류와 직류를 모두 사용할 수 있는 계전기이다. 고정철심과 가동철심 사이의 흡인력 또는 반발력에 의해 접점을 개폐하는 계전기로, 여기에는 철편형과 유극형이 있다.

■ 가동코일형 계전기

가동코일형 계전기는 영구자석에 의한 자계와 그 자계 내에 설치되어 있는 가동코일 전류와의 상호작용에 의해 가동코일이 회전하는 계전기로, 주로 직류에서 사용한다.

■ 전류력계형 계전기

전류력계형 계전기는 고정코일과 가동코일에서 발생하는 토크를 이용하는 계전기로, 주로 교류에서 사용한다.

■ 정지형 계전기

정지형 계전기는 트랜지스터 또는 IC 회로에 의해 입력되는 전기량의 크기나 위상을 비교하여 그 결과에 따라 출력을 내는 계전기이다.

■ 디지털형 계전기

디지털형 계전기는 입력 전기량을 디지털양으로 변환하고 설정된 값과 비교하여 CPU 프로그램에 의해 동작 여부를 판단하고 외부로 출력하는 계전기를 의미한다. 전력계통에서 사고가 발생하면 과도전압이 발생하고 전류는 직류 성분과 고조파 성분에 의해 심하게 왜곡된다. 계전기에 보내지는 신호에 포함된 과도 성분들은 보호계전기의 동작 속도를 느리게 한다. 디지털형 계전기는 왜곡된 계전 신호에서 필요한 성분만을 추출하는 신호처리 기법을 이용하여 계전기의 성능을 향상시킨다. 디지털형 계전기는 [그림 10-5]와 같이 구성되며, 이는 크게 아날로그 부와 디지털 부로 나눌 수 있다.

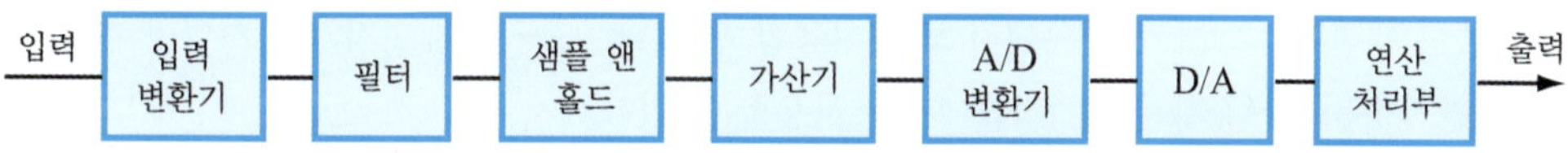

[그림 10-5] 디지털형 계전기의 구성

아날로그 부의 구성은 다음과 같다.

- **입력 변환기** : PT, CT로부터의 입력을 ±5 ~ 10[V]의 전압값으로 변환한다.
- **필터**(filter) : 높은 주파수 대역의 성분을 제거하고 신호가 중첩되어 에러가 발생하는 것을 방지한다.
- **샘플 앤 홀드**(sample/hold) : 신호값을 일정시간 간격으로 샘플링하고 아날로그/디지털 변환이 완료될 때까지 데이터를 보전한다.
- **가산기**(multiplexer) : 입력된 신호값을 시분할하여 다른 장치로 보낸다.
- **A/D 변환기** : 전압, 전류의 아날로그 순시값을 디지털 값으로 변환한다.

디지털 부의 구성은 다음과 같다.

- **다이렉트 메모리 엑세스**(direct memory access, D/A) : 입력 데이터를 빠르게 판단하여 RAM으로 보낸다.
- **연산처리부** : 마이크로프로세스 유닛으로 ROM에 저장되어 있는 보호계전 프로그램을 수행한다.

[표 10-1]은 아날로그 계전기와 디지털 계전기의 특성을 정리한 것이다.

[표 10-1] 아날로그 및 디지털 계전기의 특성 비교

구분	아날로그형		디지털형
	기계형	정지형	정지형
입력 전송	아날로그	아날로그	아날로그 및 디지털
사용 소자	가동철심, 유도원판, 유도환, 유도원통	트랜지스터, OP앰프, 다이오드	마이크로프로세서, LSI/IC
동작 원리 및 검출 기능	전자력에 의한 기계적 응동 및 구조적 제약	트랜지스터의 증폭, 스위칭 작용을 이용해서 입력의 크기와 위상을 판단하여 동작	디지털양을 정해진 프로그램에 의거해서 마이크로프로세서로 계산하여 크기 및 위상을 판단

예제 10-4

다음 보호계전기 중 직류에서만 사용하는 계전기는 무엇인가?

① 가동코일형 계전기 ② 유도형 계전기

③ 가동철심형 계전기 ④ 디지털형 계전기

정답 ①

풀이 가동철심형 계전기는 교류와 직류에서 모두 사용할 수 있다. 유도형 계전기와 디지털형 계전기는 교류에서만, 가동코일형 계전기는 직류에서만 사용할 수 있다.

동작 시간에 의한 분류

동작 시간에 따라 계전기의 특성을 분류하면 [그림 10-6]과 같다. 이에 따라 계전기는 순한시 계전기, 정한시 계전기, 반한시 계전기, 반한시 정한시 계전기로 나뉘며 각 특징은 다음과 같다.

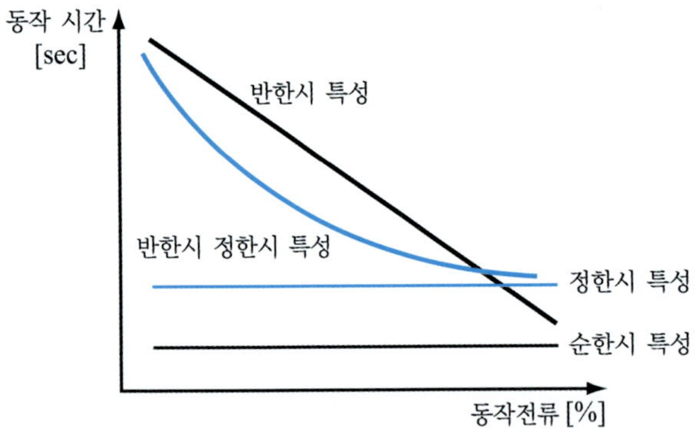

[그림 10-6] 계전기의 시한 특성

■ 순한시 계전기

순한시 계전기는 계전기의 동작 시간을 고려하지 않고 정정된 최소 동작 전류 이상의 전류(정격전류의 200[%] 정도)가 흐르면 즉시 동작하며, 이는 단락사고 시에 적용된다. 특히 0.5 ~ 2[Hz] 정도의 짧은 시간에서 동작하는 것을 고속도 계전기라 한다.

■ 정한시 계전기

정한시 계전기는 정정된 크기 이상의 전류가 흘렀을 때 입력 크기에 관계없이 정해진 시간에 동작한다.

■ 반한시 계전기

반한시 계전기는 정정된 크기 이상의 전류가 흘렀을 때 입력되는 전류가 클수록 빨리 동작한다.

■ 반한시 정한시 계전기

반한시 정한시 계전기는 정정된 크기 이상의 전류가 흘렀을 때 입력되는 전류가 클수록 빨리 동작하지만, 입력되는 전류가 일정 범위를 넘어서면 일정 시간에 동작한다.

예제 10-5

단락전류와 같이 큰 전류가 흐를 때 작동하는 것으로서 정정된 최소 전류 이상의 전류가 흐르면 즉시 동작하는 계전기는 무엇인가?

① 순한시 계전기　　② 정한시 계전기

③ 반한시 계전기　　④ 반한시 정한시 계전기

정답 ①

풀이 순한시 계전기는 계전기의 동작 시간과 상관없이 정정된 최소 동작전류 이상의 전류가 흐르면 즉시 동작한다. 특히 단락사고 시에 적용한다.

용도에 의한 분류

용도(기능)에 따라 계전기를 분류하면 과전류 계전기, 부족 전압 계전기, 거리 계전기, 재폐로 계전기, 지락 계전기 등으로 나눌 수 있다. 각 계전기의 특징은 다음과 같다.

■ 과전류 계전기

과전류 계전기(OCR : 50, 51)는 정정치 이상의 전류가 흐를 때 동작하는 계전기로, 구조는 [그림

10-7]과 같다. 발전기, 변압기, 전선로 등의 단락 및 과부하 보호용과 직접접지 방식 전선로의 지락 보호용으로 사용된다.

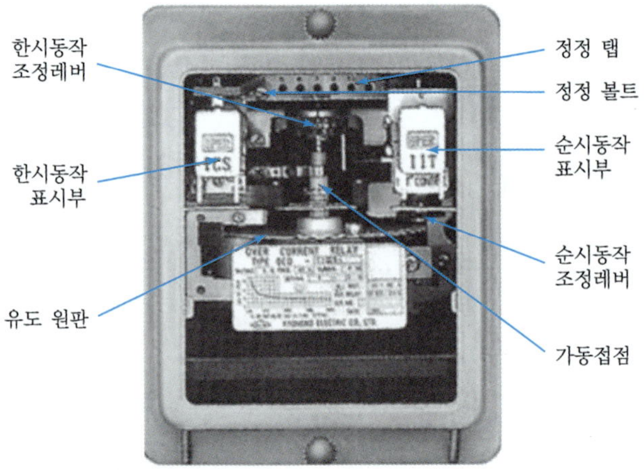

[그림 10-7] 과전류 계전기

과전류 계전기의 동작 조절 장치로는 탭과 레버가 있다.

- **탭** : 전류의 동작값을 조정하기 위해 계전기 내부 보조 변류기나 변성기에 여러 단자를 내는데 이 단자를 탭이라 한다. 탭의 위치를 변경하면 계전기의 구동부에 가해지는 입력량이 변하며 계전기의 동작값이 달라진다.
- **레버** : 레버는 주로 반한시 계전기의 동작 시간 조정에 사용된다. 레버를 조정하면 고정 접점과 가동 접점의 간격이 변화되어 계전기의 동작 시간이 변화한다. 일반적으로 레버는 0.5~10까지 눈금이 표시되어 있다. 레버가 0.5에 있으면 고정 접점과 가동 접점의 간격이 가장 가까워져서 동작 시간이 짧아지고, 레버가 10에 있으면 고정 접점과 가동 접점의 간격이 가장 멀어져서 동작 시간이 가장 길어진다.

■ 부족 전압 계전기

부족 전압 계전기(UVR : 27)는 정정치 이하로 전압이 내려갔을 때 동작하는 계전기로서 단상용과 3상용이 있다. 계기용 변압기에 의해 2차 전압을 110[V]로 낮추어 사용하고 정전, 단락사고, 급변하는 부하 변동 시에는 전압이 낮아지게 되는데 이것을 검출하기 위하여 사용한다.

■ 거리 계전기

거리 계전기(ZR : 44)는 계전기가 설치된 지점부터 고장점까지의 전기적 거리를 전압, 전류로 측정하여 정정치 이하일 때 동작하는 계전기로서 복잡한 계통의 단락 보호에 과전류 계전기 대용으로 사용한다. **방향 거리 계전기**(DZR)는 거리 계전기에 방향성을 가지게 한 것으로서 단거리 전선로나 장거리 전선로에 모두 적합하다.

■ 재폐로 계전기

전력계통의 가공 전선로는 외부 환경이나 기타 조류 등에 의해 1선 지락, 단락 등의 사고가 발생하면 차단기가 전력을 공급하고 있는 회로를 자동 차단하도록 되어 있다. 특히 1선 지락의 경우 전체 고장의 80[%] 정도를 차지하고 있으며 1선 지락의 경우 어느 정도의 시간을 갖고 재투입을 하면 고장은 자연 복구되어 전력을 계속 공급해도 지장이 없는 경우가 많다. 그 때문에 일단 정전이 되지만 일정 시간을 두고 자동적으로 차단기를 투입하는 것을 재폐로라 하고 그 제어동작을 하는 것을 **재폐로 계전기**(79)라고 한다.

특별고압, 초고압 전선로에는 수십[Hz] 전후의 무전압 시간 후에 재투입하는 고속도 재폐로 방식을 사용하고 배전용 변전소 등에서는 수십 초 전후의 저속도 재폐로 방식을 사용하고 있다.

■ 지락 계전기

지락 계전기(GR : 64, 67)는 전선로의 지락 검출용으로 사용되는 계전기로서 **방향 지락 계전기**(DG)는 비접지식 전선로나 저항접지식 전선로의 지락 검출용으로 사용된다. **선택 지락 계전기**(SGR)는 병행 2회선 이상의 전선로에서 어느 1회선 전선로가 지락이 발생할 경우 이를 검출하여 고장 회선만 선택하여 차단할 수 있다.

보호계전기의 종류와 동작

자주 사용하는 보호계전기의 종류와 약어, 동작을 요약하여 [표 10-2]에 정리했다.

[표 10-2] 보호계전기의 종류와 동작

종류	약어	동작
과전류 계전기	OCR	일정 전류 이상이 되면 동작
지락 과전류 계전기	OCGR	지락사고 시 일정 전류 이상이 되면 동작
과전압 계전기	OVR	일정 전압 이상이 되면 동작
지락 과전압 계전기	OVGR	지락사고 시 일정 전압 이상이 되면 동작
부족 전압 계전기	UVR	일정 전압 이하가 되면 동작
거리 계전기	ZR	전압, 전류가 일정값 이하일 때 동작
차동 계전기	DfR	양쪽 전류 차로 동작
비율 차동 계전기	RDFR	양쪽 전류 차가 일정 비율 이상일 때 동작
지락 계전기	GR	지락사고 시 검출용으로 사용
선택 지락 계전기	SGR	2회선 이상 전선로에서 사용

SECTION
10.3 보호계전 방식의 적용

이 절에서는 실제 전선로와 전력설비에 적용하는 보호계전 방식을 살펴보고, 보호계전에 사용하는 계기용 변성기의 종류와 특성을 살펴본다. 특히 계기용 변성기는 실무에서 다루는 기기이므로, 꼭 기억해두기를 바란다.

Keywords | 단전원 방사상 계통의 보호 방식 | 양전원 방사상 계통의 보호 방식 | 전력설비의 보호계전 방식 | | 변류기 | 계기용 변압기 | 영상 변류기 |

1 전선로의 보호계전 방식 적용

전선로에 전원을 공급하는 방식은, 하나의 변전소에서 전원을 공급하는 단전원 방식과 두 개 이상의 변전소에서 전원을 공급하는 양전원 방식으로 구분할 수 있다. 각각에 대한 보호계전 방식을 알아보자.

단전원 방사상 계통의 보호 방식

일반적인 배전선로와 같이 전원을 하나의 변전소에서 공급하는 단전원 방사상 계통에서는 한시차 계전 방식을 이용하는 과전류 계전기(51/51G)를 사용하여 단락사고와 지락사고를 보호할 수 있다.

[그림 10-8]에서와 같은 단전원 방사성 계통의 F1점에서 단락사고가 발생할 경우 고장전류는 F1에서 S/S 쪽으로 흐르게 된다. 이때 과전류 계전기 OC4가 동작하면 단락사고가 발생한 B D/L의 선로를 차단하여 정전 구간을 최소화할 수 있다.

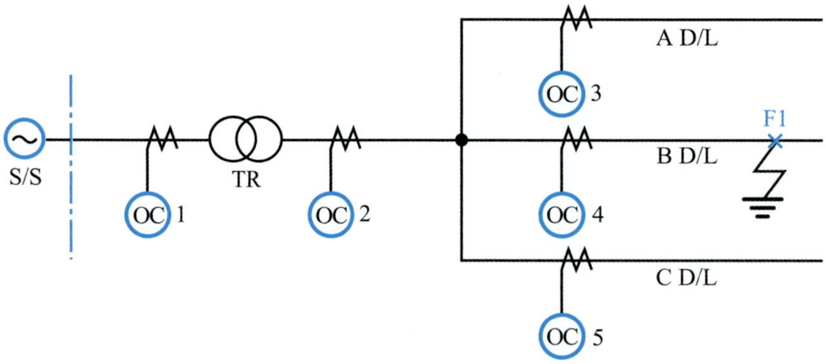

[그림 10-8] 단전원 방사성 계통

양전원 방사상 계통의 보호 방식

[그림 10-9]와 같이 전원이 양쪽에 있는 양전원 방사성 계통의 F1점에서 단락사고가 발생할 경우 고장전류는 A 변전소와 B 변전소 양방향으로 흐르게 된다. 따라서 방향성 검출이 불가능한 과전류 계전기만으로는 선로를 보호할 수 없다. 정전 구간을 최소화하려면 F1점에서 사고가 발생할 때는 과전류 계전기 OC3, OC4가 작동하도록 하고, F2점에서 사고가 발생할 때는 과전류 계전기 OC5, OC6가 작동하도록 해야 한다. 그러나 방향성이 없는 과전류 계전기를 사용하면 한 쪽으로 흐르는 고장전류는 차단할 수 있지만 반대 방향으로 흐르는 고장전류는 차단할 수가 없기 때문에 고장 보호가 이루어질 수 없다.

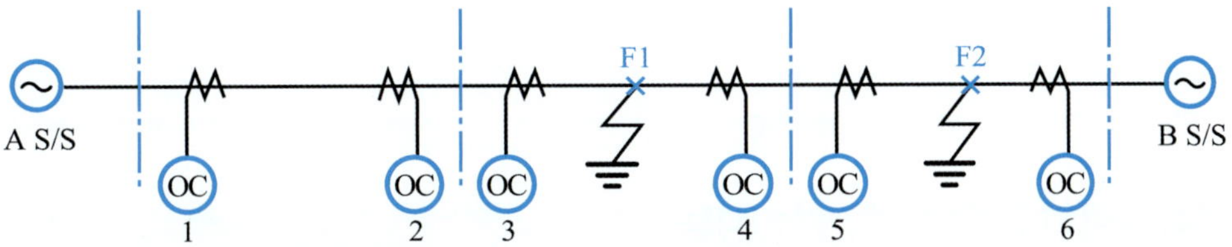

[그림 10-9] 양전원 방사성 계통 1

따라서 [그림 10-10]과 같이 방향 단락 계전기(DS)와 과전류 계전기(OC)를 조합하여 양전원 방사상 계통의 보호 방식에 적용한다. 방향 단락 계전기를 A 변전소로 향하는 전류에 동작하는 것과 B 변전소로 향하는 전류에 동작하는 것으로 구분하여 설치하고 계전기의 동작 시한을 A3, A2, A1 순으로, B3, B2, B1 순으로 짧게 정정한다.

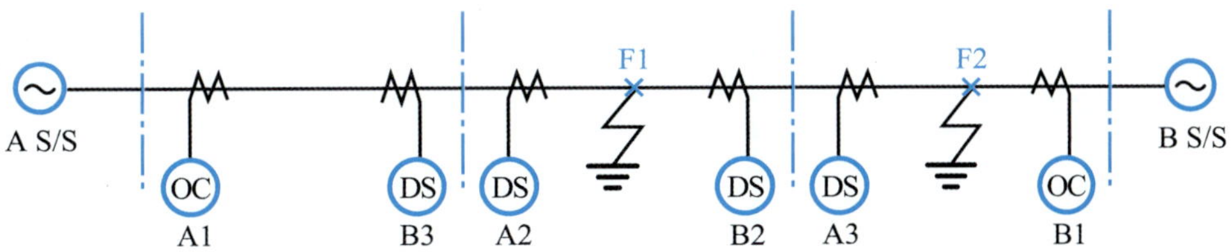

[그림 10-10] 양전원 방사성 계통 2

F1에서 고장이 발생할 경우 A1보다 A2가, 그리고 B1보다 B2가 빨리 동작하고, A3, B3는 전류가 반대 방향이기 때문에 동작하지 않으므로 결국 A2, B2가 동작하게 된다. 또 F2에서 고장이 발생할 경우 A1, A2보다 A3가 빨리 동작하고, B2, B3는 전류가 반대 방향이기 때문에 동작하지 않으므로 결국 A3, B1이 동작하여 고장 구간만을 차단함으로써 정전을 최소화할 수 있다.

예제 10-6

양방향에서 전원을 공급하는 방사식 전선로에서 단락 보호에 사용되는 계전기는 무엇인가?

① 과전류 계전기(OCR)와 지락 과전류 계전기(OCGR)의 조합

② 방향 단락 계전기(DS)와 거리 계전기(DZ)의 조합

③ 방향 단락 계전기(DS)와 과전류 계전기(OCR)의 조합

④ 지락 계기용 변압기(GPT)와 선택 지락 계전기(SGR)의 조합

정답 ③

풀이 양방향에서 전원을 공급하는 방사식 전선로에서 단락 보호에는 방향 단락 계전기(DS)와 과전류 계전기(OCR)를 조합하여 사용한다.

2 전력설비의 보호계전 방식 적용

발전기의 보호계전 방식

[그림 10-11]과 같이 발전기의 권선은 Y 결선이므로 발전기 권선의 모선 측과 연결되는 단자와 중성점 결선점 전단에서 인출할 수 있는 3개의 도선에 각각 변류기를 연결하여 발전기의 내부 보호계전 방식을 사용할 수 있다.

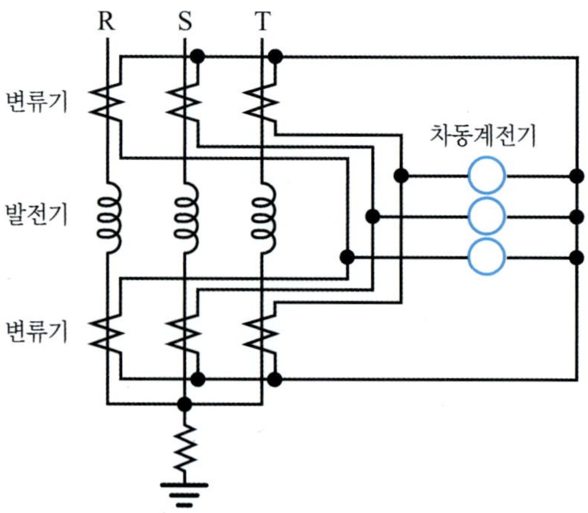

[그림 10-11] 차동계전 방식

발전기 권선의 모선과 연결되는 단자 측과 중성점 결선점 단자 측의 각 상에 정격이 같은 변류기를 설치하고 전류 계전기를 접속하면 **차동계전 방식**이 된다. 이 차동계전 방식은 발전기의 1차 측 전류와 2차 측 전류를 비교하여 전류차가 발생할 때 동작하는 방식으로 구간 보호 방식의 일종이다.

이러한 구간 보호 방식을 적용할 경우에는 다음 사항에 유의해야 한다.

- 발전기 권선의 모선과 연결되는 단자 측의 변류기는 발전기로부터 모선까지의 도체를 전부 보호 범위 내에 포함해야 한다.
- 사용하는 변류기의 과전류 강도는 발전기의 단락사고 시 발생하는 단락전류의 기계적 충격과 열적 강도에 견뎌야 한다.
- 변류기의 부담은 가능한 한 작게 하고 균등하게 부담하도록 해야 한다.

한편 발전기의 외부 고장으로 발전기가 과부하되는 경우 그 원인이 부하 측에 있으면 부하 측 차단기를 차단하고 발전기는 가능한 한 계통으로부터 분리시키지 않는 것이 좋다.

변압기의 보호계전 방식

변압기의 여자전류는 변압기의 1차 측이나 2차 측 중 한 쪽에만 흐른다. 따라서 1차 전류와 2차 전류가 같지 않아, 변압기에는 차동계전 방식을 적용하기 어렵다. 따라서 변압기의 내부 고장에 대한 보호용으로는 [그림 10-12]와 같이 **비율차동계전 방식**을 적용하고 있다.

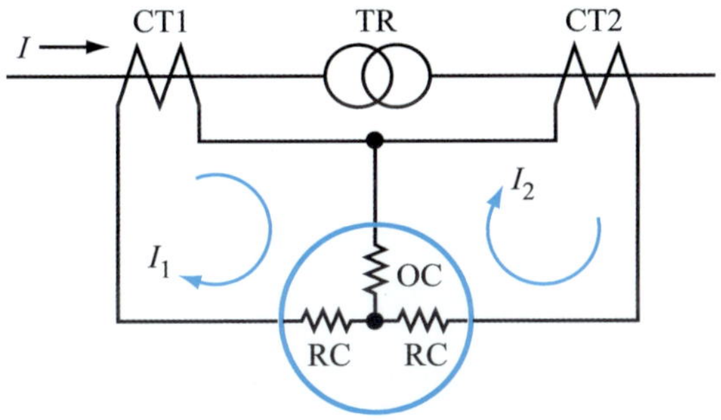

- CT : 계기용 변류기
- TR : 변압기
- OC : 동작코일
- RC : 억제코일

[그림 10-12] 비율차동계전 방식

정상적인 상태에서도 비율차동계전기의 동작코일에는 모선이나 부하 측에 설치된 변류기의 정격이 같더라도 변류기의 오차에 의한 전류와 변압기의 여자전류 등이 흐르고 있어 변압기의 내부 고장을 정확하게 판단하기가 어렵다.

따라서 비율차동계전기는 동작코일에 흐르는 전류가 일정값 이상일 경우에만 동작하는데, 이 일정값을 비율 특성이라 한다. 일반적으로 비율 특성은 30 ~ 40[%] 정도로 설정한다. 즉 억제 코일에 흐르는 전류의 30 ~ 40[%] 이상의 전류가 동작 코일에 흐를 때 비율차동계전기가 동작한다.

변압기에 전원을 인가할 경우 자속밀도에 의한 직류분 및 고조파가 포함된 여자 돌입 전류가 발생하는데, 이 전류가 비율차동계전기의 오동작 원인이 되기도 한다. 이러한 오동작을 방지하기 위해 여자 돌입 전류를 BY-PASS 시키거나 고조파 필터를 사용하여 고조파를 억제하는 방법을 사용한다.

변압기 1차 권선과 2차 권선의 결선 방법(Y−Δ 또는 Δ−Y)에 따라 1차 전압과 2차 전압 간에 30°의 위상차가 나타난다. 이것을 그대로 CT를 통해 연결하면 벡터 합 또는 벡터 차에 의해 동작코일에 전류가 흐르게 되므로 비율차동계전 방식을 적용할 때에는 [그림 10-13]과 같이 위상차를 보정할 수 있도록 변류기를 결선해야 한다.

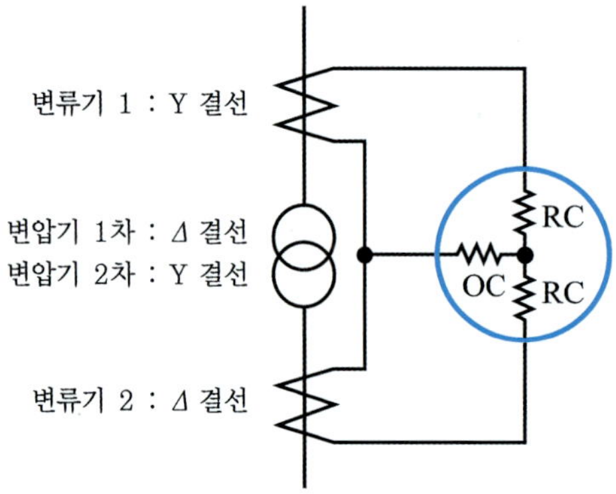

• OC : 동작코일
• RC : 억제코일

설비명	결선법	
변압기	Y−Δ	Δ−Y
변류기	Δ−Y	Y−Δ

[그림 10-13] 비율차동계전기의 위상 보정

예제 10-7

변압기의 내부 보호에 사용되는 계전기는 무엇인가?

① RDR ② SGR ③ UVR ④ OVGR

정답 ①

풀이 변압기의 내부 보호에는 비율차동계전기(RDR)를 사용한다.

3 계기용 변성기의 특성

전력계통에서는 고전압, 대전류를 사용하기 때문에 계측, 제어를 목적으로 전선로나 배전반에 직접 계기나 계전기를 접속하는 것은 매우 위험하다. 따라서 고전압인 계통의 1차 전압을 2차 전압 110[V]로 변환하고, 대전류인 1차 전류를 2차 전류 5[A]로 변성하여 보호계전기, 계측기, 계량기 등에 접속한다.

계기용 변성기에는 변류기(CT), 계기용 변압기(PT), 계기용 변성기(MOF) 등이 있다. 변류기는 계통에 직렬로 연결하며 2차 부하에 관계없이 1차 측 실부하 전류가 여자전류가 되므로 2차를 개방하면 소손된다. 계기용 변압기는 계통에 병렬로 연결되므로 2차를 단락하면 소손되므로 설치 및 유지 관리에 주의해야 한다.

변류기

변류기(CT)는 대전류인 1차 전류를 보호계전기나 계측, 제어에 적합한 소전류로 변성시킨다. 변류기를 형태에 따라서 분류하면 부싱형(bushing type)과 관통형(wound type)이 있으며 사용 목적에 따라서 분류하면 계전기용과 계측기용이 있다. 그중 계전기용 변류기는 [그림 10-14]와 같다.

[그림 10-14] 계전기용 변류기

변류기의 공칭 변류비는 다음과 같이 나타낸다.

$$\text{공칭 변류비} = \frac{\text{정격 1차 전류}}{\text{정격 2차 전류}} \tag{10.1}$$

정격 **2차 전류는** 5[A], 1[A], 0.1[A]**가 있으며** 5[A]**를 표준으로 사용한다.** 즉 1차 전류에 관계없이 2차 전류는 5[A]로 설계되어 있으며 1차 권선의 권수는 수 회 이하이므로 오차가 크다. [표 10-3]은 변류기의 정격 2차 전류별 용도를 정리한 것이다.

[표 10-3] 변류기의 정격 2차 전류별 용도

정격 2차 전류	용도
5[A]	계측기, 보호계전기
1[A]	디지털 계전기
0.1[A]	원격 계측

■ 과전류 강도

과전류 강도란 변류기에 단락전류와 같은 큰 과전류가 흐를 때 변류기가 과전류에 견디는 정도로, 과전류 강도는 계통의 최대 단락전류보다 커야 한다. 과전류 강도에는 열적 과전류 강도와 기계적 과전류 강도가 있으며 두 가지 모두를 만족해야 한다.

$$\text{변류기의 과전류 강도} \geq \text{계통의 최대 단락전류}$$

변류기에 과전류가 흐를 때 발생하는 열이 변류기의 코일에 모두 축적된다고 가정하자. 변류기에 1초 동안 과전류가 흐를 때 A종 절연 250[℃], B종 절연 350[℃]를 초과하지 않는 전류 한도를 **열적 과전류 강도**라 한다.

단락사고가 발생하면 대부분 폭발음과 함께 기계적 충격을 동반하게 된다. 이때 직류분을 포함하는 사고전류 최댓값에 의한 전자력에 견디는 정도를 **기계적 과전류 강도**라 하며, 통상 정격 과전류 강도에 상당하는 1차 전류 실효값의 2.5배의 전류가 흘렀을 때 견뎌야 한다.

우리나라의 배전선로는 22.9[kV]의 전압을 사용하고 있으며 배전선로의 단락전류는 10[kA]를 넘지 않으므로 배전선로에서의 변류기의 과전류 강도는 12.5[kA]를 사용하고 있다.

■ 과전류 정수

변류기에 과전류가 흐르면 철심에 포화가 생겨 비오차가 크게 늘어나는데 변류기의 과전류 영역에서 비오차 특성을 **과전류 정수**라 하고 n으로 나타낸다.

$$\text{과전류 정수} = \frac{\text{비오차가 } -10[\%] \text{ 일 때의 1차 전류}}{\text{정격 1차 전류}} \tag{10.2}$$

과전류 정수는 $n > 5$, $n > 10$, $n > 20$이 있는데, $n > 20$은 정격 1차 전류의 20배에서 비오차가 $-10[\%]$만큼 발생하는 것을 의미한다. 이때 비오차 ε은 다음과 같다.

$$\varepsilon = \frac{\text{공칭 변류비} - \text{실제 변류비}}{\text{실제 변류비}} \times 100\% \tag{10.3}$$

과전류 정수 n이 작다는 것은 변류기에 흐르는 1차 전류가 작더라도 변류기의 철심이 포화될 수 있음을 의미하며, 과전류 정수 n이 크다고 해서 변류기의 특성이 좋은 것은 아니므로 보호계전기를 정정함에 있어 주의해야 한다.

예제 10-8

변류비 100/5, 1차 전류 500[A], 2차 전류 20[A]일 때 비오차를 구하라.

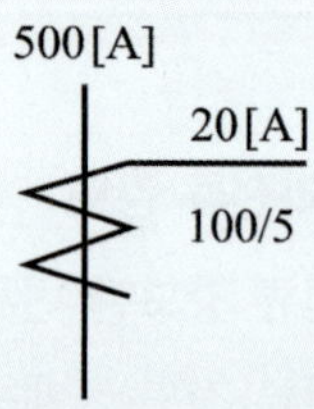

정답 $-20[\%]$

풀이 먼저 공칭 변류비는 주어진 변류비를 이용하여 다음과 같이 계산할 수 있다.

$$\text{공칭 변류비} = \frac{100}{5} = 20$$

또한 1차 전류값과 2차 전류값을 이용하여 실제 변류비를 구하면 다음과 같다.

$$\text{실제 변류비} = \frac{500}{20} = 25$$

따라서 공칭 변류비와 실제 변류비를 이용하여 비오차를 구하면 다음과 같다.

$$\varepsilon = \frac{\text{공칭 변류비} - \text{실제 변류비}}{\text{실제 변류비}} \times 100 = \frac{20-25}{25} = -20[\%]$$

■ 정격부담

변류기의 2차 단자에 접속되는 전선과 보호계전기 또는 계측기에 소요되는 전력을 **부담**(burden)이라 하며 단위는 [VA]를 사용한다. **정격부담**은 변류기의 성능과 특성을 보증할 수 있는 한도를 의미하며 변류기 2차 단자에 연결되는 보호계전기 및 계측기와 변류기 2차 단자에서 보호계전기 간의 케이블 저항값이 변류기의 정격용량보다 작아야 한다.

$$\text{정격부담 [VA]} \geq (\text{보호계전기 및 계측기의 부담} + \text{접속 케이블의 부담}) \quad (10.4)$$

예제 10-9

정격부담이 40[VA]인 변류기의 2차에 연결할 수 있는 합성 임피던스값을 구하라.

정답 1.6[Ω] 이하

풀이 식 (10.4)를 변형하여 임피던스를 구하는 식을 구하면 다음과 같다.

$$\text{정격부담 [VA]} = I^2 Z$$

$$Z = \frac{\text{정격부담 [VA]}}{I^2}$$

이때 변류기의 2차 전류는 5[A]가 표준이므로 합성 임피던스 $Z = \frac{40}{5^2} = 1.6\,[\Omega]$이 되며, 이는 다음과 같은 의미가 된다.

$$1.6[\Omega] \geq (\text{계측기 및 보호계전기 전류 코일 임피던스} + \text{케이블 임피던스})$$

■ 계기용 변류기와 계전기용 변류기

변류기는 계기용 변류기와 계전기용 변류기를 각각 사용하는 것이 일반적이다. 하지만 자가용 수용가에서와 같이 일반 배전용으로 사용할 경우에는 과전류 정수 $n > 10$ 정도의 계전기용 변류기를 계측기용 변류기와 겸용으로 사용해도 무방하다. 그러나 계측기용 변류기를 계전기용 변류기와 겸용하여 사용할 수는 없는데, 그 이유는 [그림 10-15]와 같이 계측기용 변류기는 정격전류에서만 오차가 보장되며, 정격전류의 $2 \sim 3$배의 전류가 흐르면 계측기용 변류기는 포화되어 고장전류를 감지하기 어렵기 때문이다.

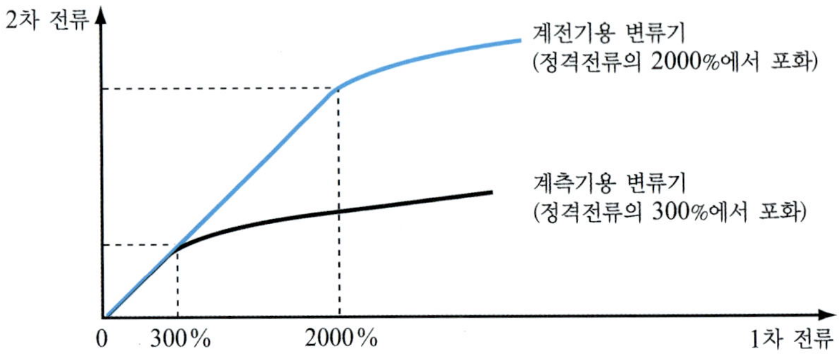

[그림 10-15] 변류기의 포화 특성

계측기용 변류기와 계전기용 변류기의 차이점을 [표 10-4]에 정리했다.

[표 10-4] 계측기용 변류기와 계전기용 변류기의 차이점

구분	계측기용 변류기	계전기용 변류기
오차	0.1 ~ 5% 정격전류에서의 오차이며 과전류에 대해서는 없다.	• 5P10 : 정격전류에서 1% 정격전류의 10배에서 5% • 10P20 : 정격전류에서 3% 정격전류의 20배에서 10%
과전류 정수	별도 규정이 없으며 작을수록 좋다.	$n = 5,\ 10,\ 15,\ 20,\ 30,\ \cdots$

일반적으로 변류기의 비율은 계통의 최대 부하전류를 계산하여 선정하며 과부하를 고려한 여유율을 고려해야 한다. 여유율은 최대 부하전류의 $125 \sim 150[\%]$로 한다.

예제 10-10

전압 22.9[kV], 용량 2500[kW], 역률 0.8로 수전하는 공장에서 시설하는 변류기의 변류비를 구하라.

정답 20

풀이 전력을 구하는 공식 $P = \sqrt{3}\,VI\cos\theta$에서 전류 I는 다음과 같다.

$$I = \frac{P}{\sqrt{3}\,V\cos\theta} = \frac{2500}{\sqrt{3}\times 22.9\times 0.8} = 78.8\,[\mathrm{A}]$$

여기에 여유율을 고려하면 $78.8\times 1.25 \sim 1.5 = 98.5 \sim 118.2\,[\mathrm{A}]$가 되므로 100/5의 변류기를 선정한다. 따라서 변류비를 구하면 다음과 같다.

$$\frac{100}{5} = 20$$

계기용 변압기

계기용 변압기(PT)는 변압기의 권수비를 이용한 권선형 계기용 변압기를 사용한다. 이는 계통의 고전압을 110[V]로 변성하며, 전원회로에 병렬로 접속한다. 2차 단자가 단락되면 계기용 변압기는 소손된다. [그림 10-16]과 같은 계기용 변압기는 전력설비에 설치되어 있는 배전반의 전압계, 전력계, 주파수계, 역률계 등 각종 계측기와 표시의 전원으로 사용한다.

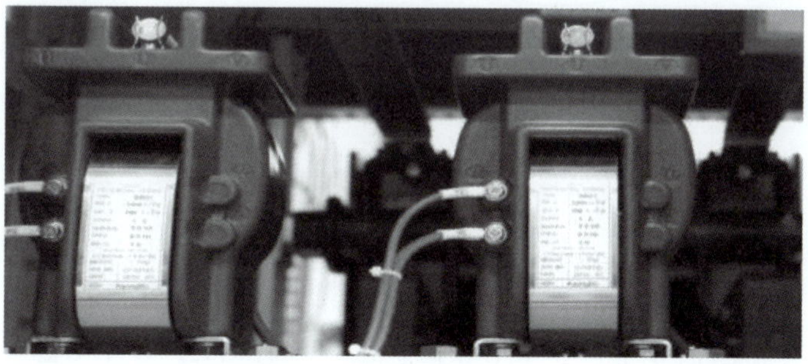

[그림 10-16] 계기용 변압기

예제 10-11

큐비클에 설치되어 있는 CT와 PT를 점검하기 위한 조치 방법을 설명하라.

풀이 CT는 회로에 직렬로 연결하여 사용하므로 점검 시에는 반드시 2차를 단락해야 한다. 한편 PT는 회로에 병렬로 연결하여 사용하므로 점검 시에는 2차를 개방해야 한다. 큐비클에는 CT와 PT의 점검을 위해 CTT 단자와 PTT 단자를 두고 있다.

영상 변류기

영상 변류기(ZCT)는 계전기에 필요한 영상전류를 검출하기 위한 기기이다. [그림 10-17]과 같이 정상 상태에서는 영상 변류기 2차 측에 전류가 흐르지 않지만 지락사고 시에는 불평형에 의해 2차 측에 영상전류가 흐른다. 영상 변류기의 용도는 다음과 같다.

- **직접접지계** : 누전 감시경보(ELD), 누전 차단기 동작용(ELB)
- **비접지계, 고저항접지계** : 지락전류 검출 , 절연변압기용

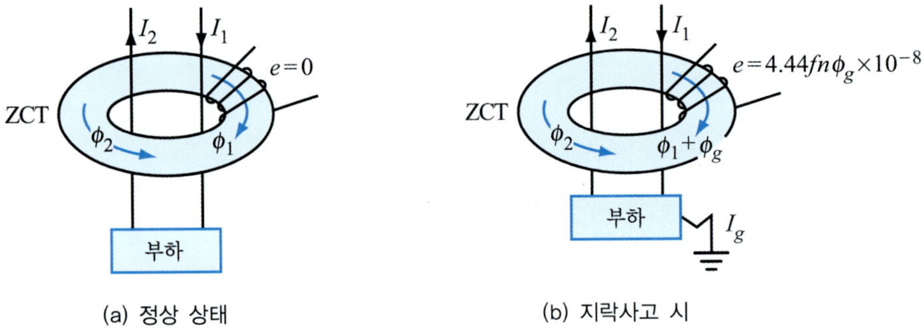

[그림 10-17] 영상 변류기의 동작 원리

영상 변류기는 주회로에 흐르는 정격 1차 전류 이외에 정격 영상 1차 전류 200[mA], 정격 영상 2차 전류 1.5[mA]로 정해져 있으며, 영상 변류기의 2차 측에는 철심, 1차 도체와 2차 권선 사이의 전자적 결합의 불균일이 원인이 되어 정격부담에서 잔류전류가 나타난다. 이 잔류전류는 2차 영상전류와 벡터적으로 더해져 영상 변류기의 오동작이나 오·부동작을 일으키기도 한다. 잔류전류에 대한 대책은 다음과 같다.

- 영상 변류기 제작 시 1차 도체, 철심, 2차 권선을 기하학적 대칭으로 배치한다.
- 정격 1차 전류가 큰 영상 변류기를 사용한다.
- 단상 케이블을 사용할 경우 관통형 변류기 중심에 정삼각형으로 배치한다.

영상 변류기의 잔류전류 한도는 [표 10-5]에 나타냈다.

[표 10-5] 영상 변류기의 잔류전류 한도

정격 1차 전류	잔류전류의 한도
400[A] 이상	영상 1차 전류가 100[mA]일 때 2차 전류는 0.75[mA]
400[A] 미만	영상 1차 전류가 100[mA] 미만일 때는 2차 전류치의 80[%]로, 0.6[mA]

[그림 10-18]과 같이 영상 변류기는 지락사고 시 영상전류를 검출하여 차단기를 동작시켜야 하므로 전원 측과 가까운 곳에 설치하는 것이 좋으며, 케이블과 접지선을 모두 관통형 영상 변류기를 통해 접속해야 한다. 만약 접지선이 영상 변류기 외부로 설치되면 케이블 시스(cable sheath)에 흐르는 지락전류에 의해 상쇄되어 영상전류를 검출할 수 없게 된다.

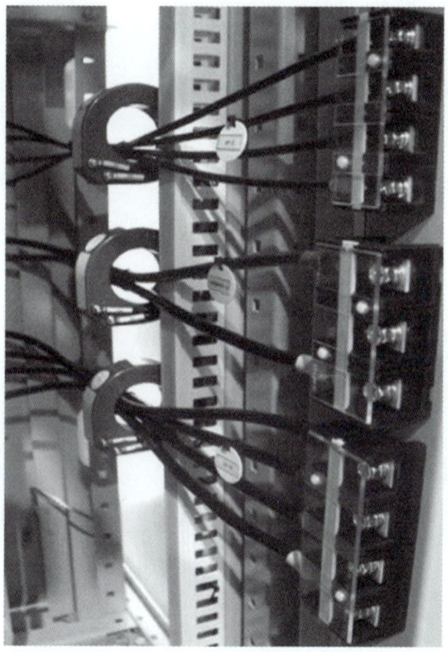

[그림 10-18] 영상 변류기

CHAPTER

10 연습문제

10.1 보호계전기를 동작 시간에 따라 분류하고 설명하라.

10.2 변류기의 공칭 변류비에 대해 설명하라.

10.3 다음 계전기에 대해 설명하라.

(a) 비율차동계전기

(b) 과전압 계전기

(c) OCR

(d) OVR

(e) GR

(f) SGR

(g) DS

(h) DZ

10.4 변압기의 위상 보정을 위한 비율차동계전기의 결선도를 완성하라.

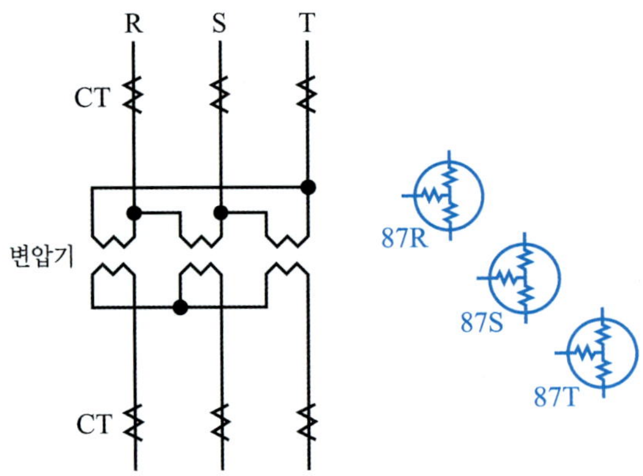

10.5 변압기의 내부 보호를 위한 기계적 보호장치를 설명하라.

10.6 영상 변류기에서 발생하는 잔류전류를 억제하는 대책을 설명하라.

CHAPTER 11

배전계통

배전은 변전소로부터 수용가까지 전력을 전송하는 것을 의미한다. 이 장에서는 변전소의 종류와 변전소를 구성하고 있는 각종 설비를 살펴보고 배전계통의 구성과 배전방식을 알아본다. 특히 배전선로에서 발생하는 전압강하와 이로 인한 전력 손실을 계산하는 방법을 살펴본다. 또한 배전선로를 보호하기 위한 다양한 방법을 알아본다.

CONTENTS

SECTION 11.1

변전소

일반적으로 변전소는 수용가와 가까운 곳에 위치하여 발전소에서 발전한 전압을 승압하거나 강압하여 수용가에 직접 전기를 공급하는 역할을 한다. 또한 변전소는 전압 조정, 전력 조류 제어, 전선로 및 변전소 보호 등의 중요한 기능을 담당한다. 이 절에서는 변전소의 종류와 기능에 대해 알아보고, 변전소를 구성하는 설비를 살펴보자.

Keywords | 변전소 | 변전소의 종류 | 변전소의 기능 | 변전소의 설비 |

1 변전소의 종류

변전소는 통상 옥외에 시설하지만 최근 들어 변전소는 혐오시설로 인식되어 수용가 인근보다는 공원 지하, 실내 등에 자연 친화적인 가스 절연 변전소(GIS)의 형태로 설치되고 있다.

변전소는 용도에 따라 송전용 변전소와 배전용 변전소, 가스 절연 변전소로 구분할 수 있다.

■ 송전용 변전소

송전용 변전소는 수력, 화력, 원자력 발전소에 병설되는 변전소이다. 발전소에서 생산되는 전기는 3상 교류로, 일반적으로 20[kV] 내외의 특고압이다. 그러나 이 정도의 발전전압으로는 대전력을 장거리까지 송전하기에는 부족하므로 발전소에 병설된 승압 변압기에서 송전전압(154[kV], 345[kV], 765[kV])으로 승압시켜 철탑으로 연결된 송전선로를 통해 수용가 인근의 1차 변전소로 송전한다.

■ 배전용 변전소

배전용 변전소는 송전용 변전소에서 공급하는 전력을 다른 특고압이나 고압으로 강압해서 배전하는 변전소로, 전압을 조정하는 전압 조정기 등을 사용한다. 배전용 변전소는 전압의 변압 단계에 따라 1차, 2차 변전소로 구분한다.

종래에는 1차 변전소는 송전전압을 66[kV]로 강압하고, 2차 변전소는 66[kV]를 22.9[kV]로 강압하는 변전소로 구분하였으나 최근에는 송전전압을 22.9[kV]로 강압하고 있다.

[그림 11-1] 배전용 변전소

■ 가스 절연 변전소

옥외 변전소는 절연 매질로 공기를 이용하지만, **가스 절연 변전소**(GIS : Gas-insulated Switch Gear)에서는 절연 매질로 육불화유황(SF_6) 가스를 이용한다. SF_6 가스는 우수한 소호 능력과 절연 기능을 가지고 있다. 가스 절연 변전소는 모선, 변성기, 차단기, 개폐기, 피뢰기 등 변전소 설비를 철제에 넣은 후 가스로 봉입함으로써 변전소의 크기를 축소시킨 것으로 도심지의 변전소, 해안지역, 산악지역 등의 대규모 전력설비 등에 적용할 수 있다.

[그림 11-2] 가스 절연 변전소

가스 절연 변전소의 특징은 다음과 같다.

- 변전소의 면적을 옥외 변전소보다 $\frac{1}{10} \sim \frac{1}{15}$ 정도로 축소시킬 수 있다.
- 충전부가 밀폐되므로 감전, 외부 비산물 등 외적 요인에 의한 사고가 없어 안정성이 높다.
- 대기 중의 오염물의 영향을 받지 않으므로 신뢰도가 높다.
- 소음이 작다.
- 일정 규모로 조립, 시험, 운반이 가능하므로 변전소의 시공 기간을 단축할 수 있다.

반면에 가스 절연 변전소는 사고 대응이 부적절한 경우 대형 사고를 유발할 수 있으며 일반 변전소보다 건설비가 많이 들어 경제적이지 않다.

2 변전소의 기능

변전소는 전압 변성, 전력의 집중과 분배, 전압 조정, 전력 조류 제어, 전선로 및 변전소 전력설비 보호, 유지 보수의 기능을 한다.

■ 전압 변성

교류전압을 사용하는 우리나라에서는 전력을 경제적으로 송전하기 위해 변압기를 사용하여 전압을 변성한다. 전압을 변성하여 송전함으로써 전력 수송 능력을 확보하고, 전력 수송설비를 줄이고, 전력손실을 감소시킬 수 있다.

■ 전력 집중과 분배

우리나라의 전력 사용은 수도권에 집중되어 있으며, 발전설비는 서해안과 동해안에 집중되어 있다. 이러한 환경에서 안정적으로 전력을 공급하려면 전력계통의 연계가 반드시 필요하다. 또한 대규모의 전력을 경제적으로 수송하기 위해 수요 지역에 대한 전력의 집중과 분배가 중요하다. 이러한 전력의 집중과 분배는 변전소에 접속되는 송배전선을 통해 이루어진다.

■ 전압 조정

양질의 전력을 공급한다는 것은 수용가에 공급되는 전압을 언제나 일정한 범위 내로 유지하여 공급하는 것을 의미한다. 따라서 변전소에서는 전압 조정 장치와 조상설비를 이용하여 전압을 조정하고 있다.

■ 전력 조류 제어

전력 조류는 발전기에서 생산된 전력이 송배전선로를 통해 수용가까지 전송되는 과정, 즉 전기에너지의 흐름을 말한다. 유효전력의 제어는 발전소의 발전기 출력 조정을 통해 이루어지지만, 무효전력 제어는 발전소의 무효전력 공급만으로는 어렵기 때문에 변전소에 설치된 전력용 콘덴서와 분로 리액터를 사용한다.

또한 정상 상태의 정격전압과 정격주파수에서 각 모선의 전압과 위상각을 제어함으로써 전력계통의 접속 변경, 계통 내 설비의 과부하 방지, 사고 시 정전 범위의 최소화 등 변전소에서 필요한 제어 기능을 수행하고 있다.

■ 전선로 및 변전소 전력설비 보호

전력계통에 사용되는 전력설비는 우리나라 전역에 광범위하게 분포되어 있어 자연재해에 노출되는 경우가 대부분이다. 또한 전력설비 자체에도 고장 또는 사고가 일어날 가능성이 많아 전선로와 변전소 전력설비를 보호하기 위해 보호장치를 변전소에 설치한다.

변전소에서 필요한 기능을 충족시키려면 전력설비의 감시, 제어, 계측 등이 쉽게 이루어지도록 해야 한다. 이를 위해 송배전선로, 모선, 주 변압기, 개폐기, 제어장치, 변성기, 조상설비 및 기타설비 등 변전소를 구성하는 주요 기기의 철저한 유지 보수가 필요하다.

예제 11-1

변전소의 기능이 아닌 것은 무엇인가?

① 전압 변성　　② 전력 집중과 분배

③ 전력 조류 제어　　④ 전력 요금 결정

정답 ④

풀이 변전소는 전압 변성, 전력의 집중과 분배, 전압 조정, 전력 조류 제어, 전선로 및 변전소 전력설비 보호, 유지 보수의 기능을 한다.

3 변전소의 설비

변전소는 모선, 변압기, 차단기, 단로기, 계기용 변압기, 피뢰기 등으로 구성된다.

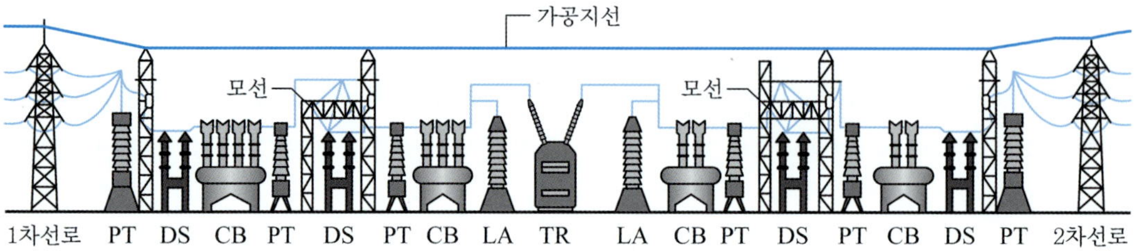

[그림 11-3] 변전소의 구성 예

모선

모선이란 변전소의 각종 기기 또는 송배전선로를 접속하기 위한 회로이다. 보통 단모선 또는 복모선 방식을 채택하여 사용하며, 필요에 따라 여러 가지 변형 회로를 사용한다.

■ 단모선 방식

단모선 방식은 가장 간단한 모선 방식으로 [그림 11-4]와 같이 단로기, 차단기, 변압기를 일렬로 배치한 방식이다. 변전소의 소요 기기 및 면적이 작아져 경제적이지만, 기기 사고가 발생했을 때 정전을 유발하므로 신뢰도는 매우 낮다. 주로 회선수가 적은 말단 변전소에서 사용된다.

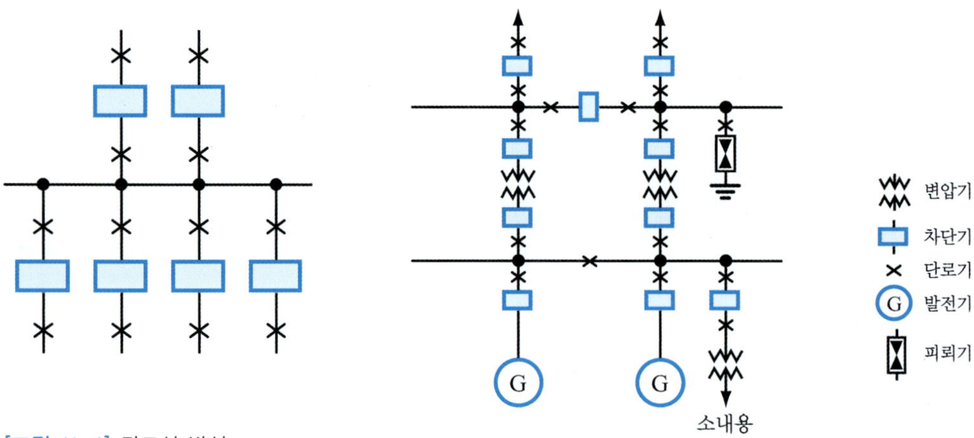

[그림 11-4] 단모선 방식

■ 복모선 방식

복모선 방식에는 2중 모선 방식과 1.5 차단기 방식이 있다. 각 방식의 특징은 다음과 같다.

- **2중 모선 방식** : 2중 모선 방식은 [그림 11-5]와 같이 2중 모선을 사용하며 모선을 연락하는 회로를 가진다. 단모선 방식에 비해 기기의 소요 면적이 넓지만 기기의 점검과 계통 운용이 편리하며 사고를 국한시킬 수 있는, 신뢰도가 높은 모선 방식이다.

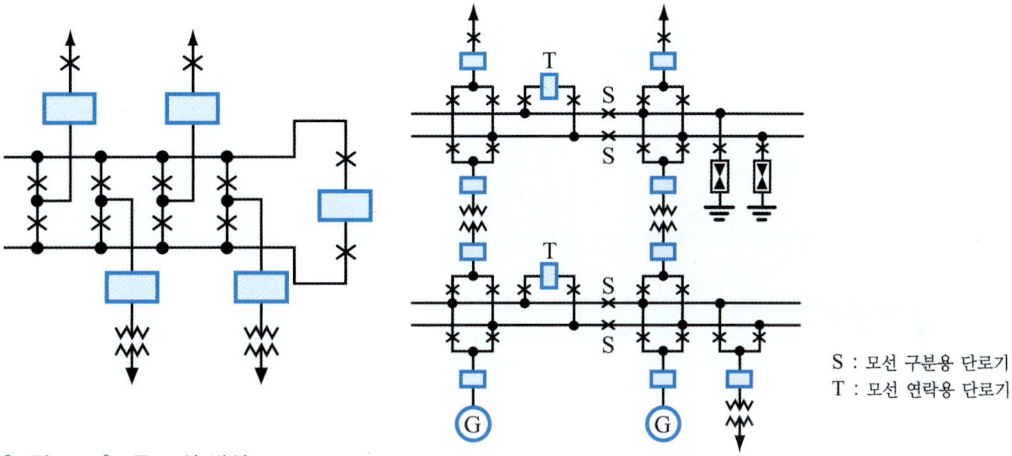

[그림 11-5] 2중 모선 방식

- **1.5 차단기 방식** : 1.5 차단기 방식은 [그림 11-6]과 같이 2개의 회선을 3개의 차단기로 구성한 구조이다. 주로 345[kV] 변전소에 적용하며, 가스 차단기(GCB)를 사용한다. 이 방식은 2중 모선 방식에 비해 차단기, 단로기 등이 많아지므로 제어 회로가 복잡하고 경제적이지 않다. 하지만 차단기 점검 시에도 송전을 계속할 수 있고 양 모선의 사고 시에도 사고를 제한시킬 수 있어 특별히 고신뢰도를 요구하는 변전소에 사용된다.

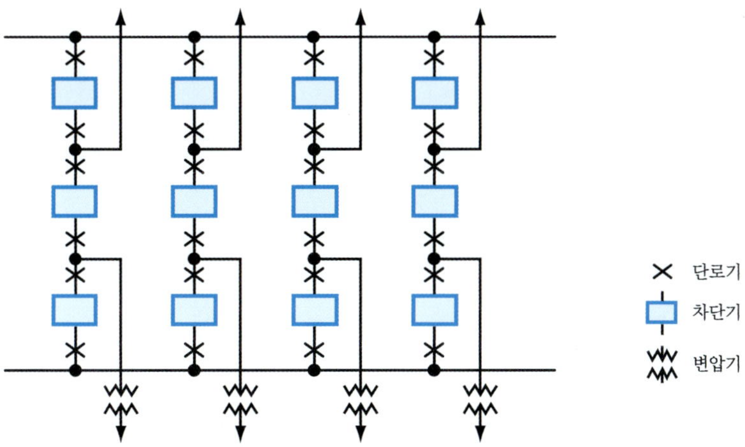

[그림 11-6] 1.5 차단기 방식

변압기

변전소의 **변압기**는 전력계통의 송전선로를 통해 공급된 특고압(765[kV], 345[kV] 등)을 수용가에 필요한 전압으로 낮추어 공급하는 설비로, [그림 11-7]과 같다. 일반적으로 변전소에서 사용하는 변압기 한 대의 용량은 60 ~ 80[MVA] 정도이다. 변압기는 단상용과 3상용이 있다. 그중 3상 변압기를 많이 사용하는데, 3상 변압기를 사용하면 변전소 면적을 줄일 수 있고, 전력계통의 전압 제어를 위한 탭 절환 변압기 장치가 있기 때문이다.

[그림 11-7] 변전소의 변압기

조상설비

우리나라의 전력계통은 송전단과 수전단의 전압을 일정하게 유지하는 정전압 송전방식을 적용하고 있다. 하지만 부하설비는 지상 역률의 부하가 대부분이므로 송전선로에는 지상 전류가 흘러 전압강하가 발생한다. 또 대지정전용량과 케이블을 많이 사용하는 관계로 경부하 시에는 수전단 전압이 송전단 전압보다 높아지는 페란티 현상이 발생한다.

조상설비는 송전선로의 수전단에 해당하는 변전소에 설치한다. 또한 조상설비는 진상 및 지상의 무효전력 공급, 전력계통의 전압강하 방지, 전력손실의 경감 등을 목적으로 한다.

변전소의 조상설비는 회전형 조상설비와 정지형 조상설비로 나눌 수 있다. 가격이 비싸고 유지 보수가 어려운 회전형 조상설비보다는 정지형 조상설비인 전력용 콘덴서를 직렬 또는 병렬로 설치하거나 리액터를 회로에 병렬로 설치한다.

[그림 11-8] 전력용 콘덴서 설치 예

개폐 장치

전력계통에서 전력 공급 신뢰도를 높이려면 정전 없이 수용가에 전력을 공급해야 한다. 또한 사고가 발생하여 전력계통에 아주 큰 전류가 흐를 경우에는 사고 구간을 신속하게 차단해야 한다. 전력설비를 보수하거나 점검하기 위해 회로를 차단하거나 투입하는데, 이때는 아주 적은 전류를 개폐한다. 이처럼 전력계통에서는 적당한 장소에 개폐 장치를 설치해야 한다.

■ 단로기와 라인 스위치

단로기(disconnecting switch)와 **라인 스위치**(line switch)는 부하전류를 차단할 수 없으므로 무부하 상태의 회로를 개폐할 때 사용한다. 특히 기기의 점검, 수리를 할 때나 회로의 접속을 변경할 때 사용한다. 단로기는 22.9[kV]에서 사용하고, 라인 스위치는 66[kV] 이상에서 많이 사용한다.

[그림 11-9]와 같은 단로기는 부하전류 차단 능력이 없기 때문에 부하전류가 흐르는 상태에서 차단하면 매우 위험하므로 반드시 무부하 상태에서 조작해야 한다.

[그림 11-9] 단로기

■ 차단기

차단기(circuit breaker)는 부하전류를 개폐하거나 전력계통에서 사고가 났을 때 발생하는 아주 큰 전류를 차단할 수 있는 기기로, 과전류 계전기 등의 보호계전기와 조합하여 사용한다. 차단기는 전력계통의 사고 구간을 신속하게 차단, 분리함으로써 사고 구간의 확대를 방지하는 역할을 갖춰야 한다.

예제 11-2

다음 회로에서 단로기와 차단기를 조작하는 순서를 설명하라.

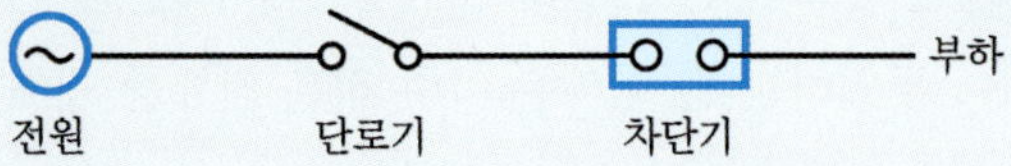

풀이 단로기(DS)는 무부하 상태에서 선로를 분리하는 기기이고, 차단기(CB)는 부하전류는 물론 고장전류와 같은 큰 전류의 차단도 가능한 기기이다. 단로기와 차단기는 다음과 같은 순서로 조작한다.

먼저 전원을 투입할 경우에는 차단기가 열려있는 상태이므로 선로는 무부하 상태가 된다. 먼저 단로기를 조작(투입)하여 전원 측과 선로를 연결하고 차단기를 투입하여 부하에 전원을 공급한다.

전원을 차단할 경우에는 부하가 운전 상태이므로 차단기로 부하전류를 차단하고 차단기로 부하전류를 차단한 무부하 상태에서 단로기로 조작하여 선로를 전원으로부터 분리한다.

■ 부하 개폐기

부하 개폐기는 고장전류와 같은 큰 전류를 차단할 수 없지만 부하전류는 개폐할 수 있는 기기이며, 송전선로나 배전선로 중 개폐 빈도가 많지 않은 장소에 사용된다.

변성기

전력계통을 안정적으로 운영하기 위해서는 전력계통의 전압이나 전류를 측정해야 하는데, 특고압의 전선로에서 직접 측정하는 것은 위험하다. 이때 **변성기**를 이용하면 적당한 전압과 전류로 변성하여 측정할 수 있다. 변성기의 종류에는 [그림 11-10]과 같이 변류기(CT)와 계기용 변압기(PT) 등이 있다.

(a) 변류기(CT) (b) 계기용 변압기(PT)

[그림 11-10] 변성기

피뢰기

피뢰기는 직격뢰, 유도뢰 및 개폐 서지와 같은 이상전압으로부터 변전소의 기기를 보호하는 기기이다. 피뢰기는 피보호기기와 가까운 위치에 설치하며 그 모양은 [그림 11-11]과 같다.

[그림 11-11] 피뢰기

배전반

배전반은 전력계통의 기기 상태의 감시, 기기의 조작, 전압, 전류, 전력 등을 계측할 수 있는 설비로 [그림 11-12]와 같이 변전소 내부에 설치한다.

[그림 11-12] 배전반 설치 예

변전소 접지

변전소에서는 사람이나 동물의 감전방지, 기기 손상방지를 위해 접지를 해야 한다. 변전소에서는 뇌전류 및 지락고장 시 흐르는 지락전류의 크기가 매우 크므로, 지표면의 전위 상승을 억제하려면 소요 접지저항이 매우 작아야 한다.

4 차단기의 정격

차단기는 부하 개폐는 물론 단락 및 지락사고가 발생할 경우에 각종 계전기와 조합하여 신속히 고장구간을 차단함으로써 기기와 전로를 보호하고, 사고의 확대를 방지하여 전력계통의 안정도를 향상시키기 위해 설치한다. 이때 차단기의 정격이란 규정된 책무, 조건 및 특정한 조작 시 차단기의 성능을 보증할 수 있는 한계치를 의미한다.

정격전압

차단기의 **정격전압**은 규정된 조건에서 차단기가 설치되는 회로의 최대 허용전압을 말하며, 일반적으로 선간 전압의 실효치를 의미한다. 일반적으로 차단기의 정격전압은 다음과 같다.

$$\text{정격전압} = \frac{1.2}{1.1} \times \text{공칭전압}[\text{kV}] \tag{11.1}$$

정격전류

차단기의 **정격전류**는 정격전압, 정격주파수에서 차단기의 각 부분의 온도 상승 한도를 초과하지 않고 차단기에 계속해서 통전[1]할 수 있는 전류의 한도를 말한다.

정격차단전류

차단기의 **정격차단전류**는 모든 정격 및 규정 조건에서 규정된 표준동작책무와 동작 상태에 따라서 차단할 수 있는 지상 역률의 차단전류 한도이다. 직류분 비율이 20[%] 이하일 때 교류분 실효값으로 나타낸다.

정격차단용량

3상 교류전압이 흐를 때 차단기의 **정격차단용량**은 다음과 같다.

$$\text{정격차단용량} = \sqrt{3} \times \text{정격전압} \times \text{정격차단전류}[\text{MVA}] \tag{11.2}$$

실제 22.9[kV] 배전계통에서 사용하는 진공 차단기의 정격차단용량은 식 (11.2)에 대입하여 구한 값과 동일한 $\sqrt{3} \times 24[\text{kV}] \times 12.5[\text{kA}] = 520[\text{MVA}]$이다.

---

1 통전이란 전류가 흐르는 것을 말한다.

예제 11-3

차단기의 정격차단용량을 올바르게 나타낸 것은 무엇인가?

① 정격전압 × 정격전류
② $\sqrt{3}$ × 정격전압 × 정격전류
③ $\sqrt{3}$ × 정격전압 × 정격차단전류
④ $\sqrt{3}$ × 공칭전압 × 정격차단전류

정답 ③

풀이 차단기의 정격차단용량은 식 (11.2)와 같이 $\sqrt{3}$ ×정격전압 ×정격차단전류로 계산할 수 있다.

차단기의 동작책무

차단기의 동작책무는 차단기가 규정된 조건에서 차단–투입–차단 등의 동작을 일정 시간 간격으로 행하는 일련의 동작을 기준으로 차단기의 차단성능, 투입성능을 규정한 동작책무이다. 차단기별 표준 동작책무를 정리하여 [표 11-1]에 나타냈다.

[표 11-1] 차단기별 표준 동작책무

차단기 종류		표준 동작책무
일반차단기	갑호	O – 1분 – CO – 3분 – CO
	을호	CO – 15초 – CO
고속도 재투입용 차단기		O – t초 - CO - 1분 – CO

- O : 차단동작(open)
- C : 투입동작(close)
- t : 무전압 시간(임의의 시간 간격으로 재투입시간)
- CO : 투입 후 차단

예제 11-4

차단기의 표준 동작책무가 다음과 같은 차단기는 무엇인가? 단, O는 차단동작(open)을 의미하고, C는 투입동작(close), CO는 투입 후 차단, t는 임의의 시간 간격으로 재투입시간을 의미한다.

O – t초 – CO – 1분 – CO

① 일반차단기 갑호
② 일반차단기 을호
③ 고속도 재투입용 차단기
④ 정격차단용량이 30[mA] 이하인 차단기

정답 ③

풀이 [표 11-1]에 따라 고속도 재투입용 차단기의 표준 동작책무는 O – t초 – CO – 1분 – CO이다.

정격투입전류

차단기의 **정격투입전류**는 규정된 조건에서 표준 동작책무 및 동작 상태에 따라 투입할 수 있는 투입전류의 한도로, 투입전류의 최초 주파수에서 순시 최댓값으로 나타낸다.

차단기의 정격투입전류는 차단기의 정격투입용량이라고도 한다. 사고 원인이 해결되지 않은 상태에서 차단기의 동작책무에 의해 차단기를 재투입할 경우 전자 기계력에 의한 반발력을 견뎌야 하므로 정격 차단전류의 2.5배 이상을 선정한다. 22.9[kV] 배전계통에서 차단기의 정격투입전류는 다음과 같다.

$$\text{정격투입전류} = 2.5 \times \text{정격차단전류}$$
$$= 2.5 \times 12.5 = 31.25[\text{kA}]$$

예제 11-5

차단기의 동작책무에 의해 차단기를 재투입할 경우 전자 기계력에 의한 반발력을 견뎌야 하므로 차단기의 정격투입전류는 정격 차단전류의 몇 배 이상을 선정해야 하는가?

① 1.5배　　② 2.5배　　③ 3.5배　　④ 4.5배

정답 ②

풀이 차단기의 동작책무에 의해 차단기를 재투입할 경우 전자 기계력에 의한 반발력을 견뎌야 하므로 최대 차단전류의 2.5배 이상을 선정한다.

정격개극시간

차단기의 **정격개극시간**은 폐로되어 있는 차단기의 트립장치가 여자되어 접촉자가 열리기(개극) 시작할 때까지의 시간을 말한다.

정격차단시간

차단기의 **정격차단시간**은 모든 정격 및 규정된 회로조건에서 규정된 표준 동작책무 및 동작상태에 따라 차단하는 경우, 차단시간의 한도를 말한다. 즉 차단기의 정격개극시간과 고장전류차단을 완료할 때까지의 시간을 나타낸다. 3상 차단기의 경우 차단기의 트립코일이 여자되어 첫 번째 상이 열리기 시작한 후 마지막 상이 완전 차단되어 아크가 소멸 완료될 때까지의 시간을 말한다.

예제 11-6

차단기의 정격차단시간을 올바르게 나타낸 것은 무엇인가?

① 고장 발생부터 소호시간까지

② 차단기의 트립코일이 여자될 때부터 소호시간까지

③ 차단기 접촉자가 개극하는 순간부터 소호시간까지

④ 차단기의 트립코일이 여자되어 접촉자가 열리기 시작하는 시간까지

정답 ②

풀이 차단기의 정격차단시간은 차단기의 정격개극시간과 고장전류차단을 완료할 때까지의 시간으로 정격개극시간과 소호시간의 합이다.

차단기의 정격

[표 11-2]는 전력계통에서 사용하는 차단기의 공칭전압, 정격전압, 정격차단전류, 정격투입전류, 정격차단시간 등 차단기의 각 정격을 나타낸 것이다.

[표 11-2] 차단기의 정격

공칭전압 [kV]	정격전압 [kV]	정격 차단전류 [kA]	정격전류 [A]						정격 투입전류 [kA]	정격 차단시간 [s]
6.6	7.2	12.5	600						31.5	5
		25	600	1,200	2,000				63	
		31.5		1,200	2,000	3,000			79	
		40		1,200	2,000	3,000	(4,000)		100	
24 22.9	25.8 24	12.5	600	1,200					31.5	5
		25	600	1,200	2,000	3,000			63	
		(40)			(2,000)	(3,000)			(100)	
66	72.5	(12.5)	(600)	(1,200)					(31.5)	5
		20		1,200	2,000				50	
		31.5		1,200	2,000	(3,000)	(4,000)		79	
154	170	31.5	(600)	1,200	2,000				79	3
		(40)		(1,200)	(2,000)	3,000	(4,000)		(100)	
		50		1,200	2,000		4,000		125	
		63							158	
345	362	40			2,000		4,000		100	3

( ) 안은 비표준품

5 고압 차단기

고압 차단기는 고압에서 사용하는 차단기로 분류 방법에 따라 그 종류가 다양하지만 **소호 매질**에 따라 분류하는 것이 일반적이다. 이때 소호란 차단기가 부하전류나 고장전류를 차단할 때 발생하는 아크를 없애는 것을 말한다.

유입 차단기

유입 차단기(OCB : Oil Circuit Breaker)는 소호와 절연, 두 가지의 목적으로 절연유를 사용하는 기기로, 가장 오래된 차단기이다. 절연유 속에 차단기의 가동 접촉자와 고정 접촉자의 전극이 잠긴 상태로 사용한다. 유입 차단기의 구조는 [그림 11-13]과 같다.

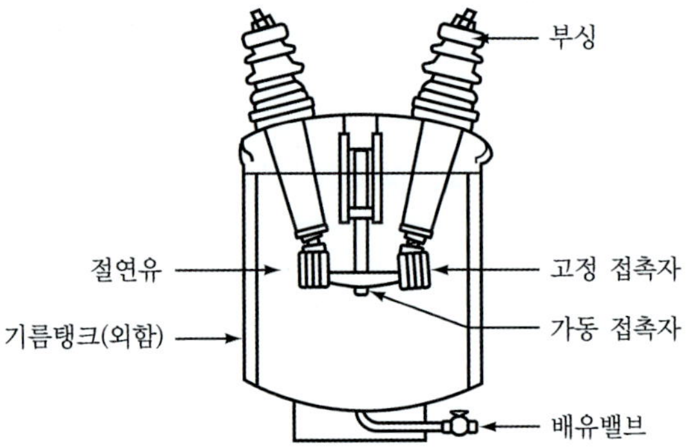

[그림 11-13] 유입 차단기

유입 차단기의 가동 접촉자와 고정 접촉자의 전극이 열리면 아크가 발생하는데 아크 열에 의해 절연유가 분해되며 수소 가스가 발생된다. 이 수소 가스는 냉각 능력이 커서 아크로 발생하는 열을 빼앗아 소호하게 되는데 최근에는 거의 사용되지 않는다.

공기 차단기

공기 차단기(ABB : Air Blast circuit Breaker)는 소호 매질로 압축공기를 사용하는 기기로, 회로를 차단할 때 접촉자가 떨어지면서 발생하는 아크를 $15 \sim 30[\mathrm{kg/cm^2}]$의 강력한 압축공기를 불어넣어 소호하는 차단기이다. 공기 차단기의 특징은 다음과 같다.

- 절연 매질인 공기를 쉽게 얻을 수 있다.
- 차단 성능이 우수하다.
- 높은 압력의 압축 공기를 공기 중으로 불어 내기 때문에 소음이 크다.
- 화재의 위험성이 적다.
- 압축공기를 위한 별도의 콤프레셔 설비가 필요하다.

진공 차단기

진공도가 높으면 절연내력은 상당히 높고 금속증기나 전하 입자의 확산에 의한 소호작용이 좋다. **진공 차단기**(VCB : Vacuum Circuit Breaker)는 회로를 차단할 때 발생하는 아크가 진공 중으로 급속히 확산되는 것을 이용하여 소호하는 차단기이다. 진공 차단기의 구조와 외관은 [그림 11-14]와 같다.

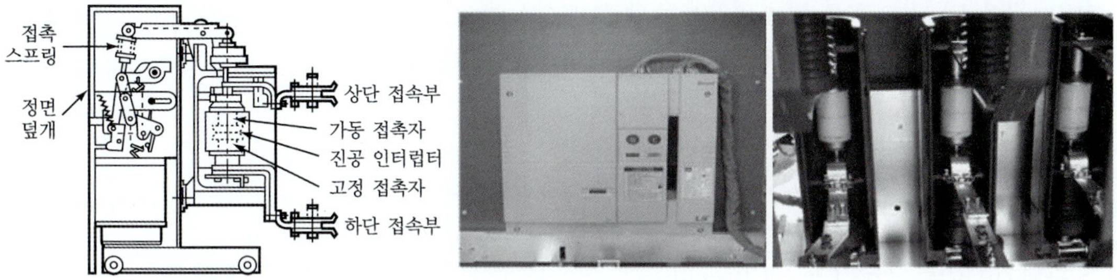

(a) 구조 (b) 전면 모습 (c) 후면 모습

[그림 11-14] 진공 차단기

진공 차단기의 특징은 다음과 같다.

- 접점의 소모가 적으므로 차단기의 수명이 길다.
- 소형 경량으로 실내 큐비클에 설치가 가능하다.
- 화재 및 폭발의 위험이 없다.
- 고속도 고빈도 개폐기의 기능 및 차단 성능이 우수하다.
- 전류 재단 현상이 발생하므로 개폐 서지가 크다.

진공 차단기는 전류 재단 현상에 의한 개폐 서지가 크므로 [표 11-3]과 같이 조합하여 사용할 경우에는 반드시 차단기 2차 단에 서지흡수기(SA)를 설치해야 한다.

[표 11-3] 진공 차단기의 개폐 서지에 대한 보호

차단기	2차기기	SA 설치	차단기	2차기기	SA 설치
진공 차단기	몰드 변압기	○	진공 차단기	전동기(모터)	○
진공 차단기	건식 변압기	○	유입 차단기	전동기(모터)	×
진공 차단기	유입 변압기	×	유입 차단기	몰드 변압기	×

예제 11-7

진공 차단기와 몰드 변압기를 조합하여 사용할 경우 차단기 2차 단에 설치해야 하는 것은 무엇인가?

① 서지흡수기(SA) ② 기중 부하 개폐기(LBS)

③ 전력퓨즈(PF) ④ 영상 변류기(GPT)

정답 ①

풀이 진공 차단기는 전류 재단 현상에 의한 개폐 서지가 크므로 [표 11-3]과 같이 조합하여 사용할 경우에는 반드시 차단기 2차 단에 서지흡수기(SA)를 설치해야 한다.

가스 차단기

가스 차단기(GCB : Gas Circuit Breaker)는 소호 매질로 육불화유황(SF_6)을 사용하는 기기로, 회로를 차단할 때 발생하는 아크가 전리될 때 SF_6 가스의 원자나 분자에 흡착되어 아크의 운동력이 억제되어 소호하는 차단기이다. 가스 차단기는 일반적으로 [그림 11-15]와 같이 66[kV] 이상의 고전압, 대용량의 전력계통에 사용한다.

[그림 11-15] 가스 차단기

가스 차단기의 특징은 다음과 같다.

- 소호 능력이 매우 우수하다.
- 회로를 차단할 경우 전류 재단과 같은 이상전압이 발생하지 않는다.
- 고전압 대전류 차단에 적합하다.
- 작동 시 소음 공해가 없다.
- SF_6 가스가 얼지 않도록 주의해야 한다.

예제 11-8

가스 차단기에 대한 설명으로 옳지 않은 것은 무엇인가?

① 소호 매질로 SF_6 가스를 사용한다.

② 공기에 비해 절연내력이 2~3배 높다.

③ 소전류 차단해도 안정적으로 차단이 가능하다.

④ 회로를 차단할 경우 전류 재단에 의한 이상전압이 발생한다.

정답 ④

풀이 가스 차단기는 회로를 차단할 경우 전류 재단과 같은 이상전압이 발생하지 않는다.

고압 차단기 비교

[표 11-4]는 배전계통에서 사용하는 차단기의 특징을 비교하여 정리한 것이다.

[표 11-4] 고압 차단기의 비교

구분	OCB	ABB	VCB	GCB
소호 원리	절연유	압축공기	진공 중 아크 확산	SF_6 가스 흡착
정격전압[kV]	3.6~300	3.6~30	3.6~36	3.6~520
차단시간[Hz]	5~8	2~5	3~7	2~5
개폐서지	중	대	대	소
연소성	가연성	불연성	불연성	불연성
보수점검	필요	용이	거의 불필요	필요
기계적 수명	10,000회	10,000회	10,000회	50,000회
경제성	저가	중간	고가	최고가
적용빈도	거의 사용하지 않음		높음	높음

예제 11-9

차단기와 그 소호 원리가 올바르게 연결되지 않은 것은 무엇인가?

① OCB – 절연유에 의한 냉각

② ABB – 압축공기를 불어넣어 소호

③ VCB – 아크를 공기 중 냉각

④ GCB – SF_6 가스 흡착

정답 ③

풀이 [표 11-4]를 참고하면 VCB는 진공 중 아크의 확산으로 인해 작동한다.

6 저압 차단기

일반적으로 저압에 사용하는 **저압 차단기**는 기중 차단기, 배선용 차단기, 누전 차단기로 나눌 수 있다.

기중 차단기

기중 차단기(ACB : Air Circuit Breaker)는 소호 매질로 공기를 사용하여 부하를 개폐할 때 발생하는 아크를 내아크성 절연 재료로 만들어진 아크슈트 내로 밀어 넣어 소호하는 차단기이다. 기중 차단기의 외형은 [그림 11-16]과 같다.

[그림 11-16] 기중 차단기

외부 보호계전기에 의해 동작하는 고압 차단기와는 달리 기중 차단기는 차단기 내부에 보호계전 장치가 내장되어 있으며 다른 저압 차단기에 비해 용량이 크다. 또 과부하, 단락사고, 지락사고 등이 발생했을 때 이를 자동적으로 차단할 수 있어 공장, 빌딩 등의 자가용 수전설비에서 변압기 2차 저압용 메인 차단기로 사용된다.

배선용 차단기

배선용 차단기(MCCB : Mold Case Circuit Breaker)는 통전 상태의 전로를 수동 또는 전기 조작에 의해 개폐할 수 있고, 과부하 및 단락 등의 이상 상태가 발생할 경우 과부하전류 및 단락전류를 차단한다. 이는 개폐기구, 트립장치 등을 절연 케이스에 일체로 조립한 것이며, 현장에서는 NFB(No Fuse Breaker)라 한다. 산업용과 주택용으로 구분되어 있으며 배선용 차단기의 외형은 [그림 11-17]과 같다.

[그림 11-17] 배선용 차단기

배선용 차단기는 자동적으로 과부하, 단락 등 이상전류를 차단하지만 지락(누전)전류를 차단하는 기능은 없다. 따라서 지락 보호장치를 별도로 설치해야 한다.

누전 차단기

누전 차단기(ELB : Earth Leakage Breaker)는 저압회로에서 발생하는 누전전류를 검출함으로써 인축의 감전 및 화재 등을 방지하기 위해 설치한다. 산업용과 주택용으로 구분되어 있으며 누전 차단기는 [그림 11-18]과 같이 검출부, 증폭부, 동작부, 트립코일로 구성되어 있다.

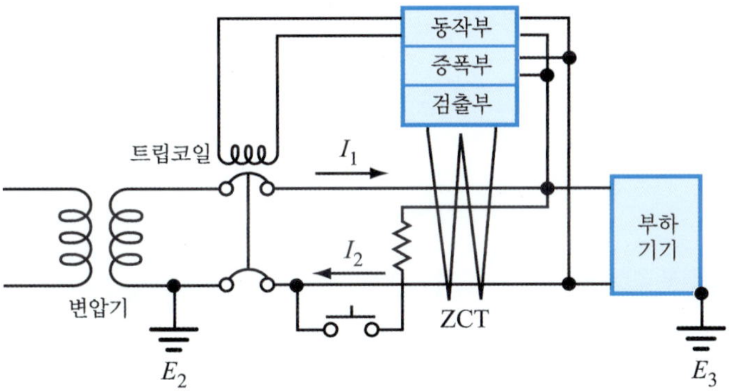

[그림 11-18] 누전 차단기의 구성

누전 차단기는 다음과 같이 분류할 수 있으며, 일반적으로 전류형의 전자식, 지락 및 과부하, 단락 겸용과 감전 보호를 위한 고감도형, 고속형을 사용한다.

- **동작 원리에 의한 분류**
  - 전류형 : 전자식, 기계식
  - 전압형 : 기계식
- **보호 목적(용도)에 의한 분류**
  - 지락 전용(ELB)
  - 지락 및 과부하, 단락 겸용(ELCB)

- **감도에 의한 분류**
  - 고감도 : 정격 감도전류 30[mA] 이하
  - 중감도 : 정격 감도전류 50 ~ 1000[mA] 이하
  - 저감도 : 정격 감도전류 1 ~ 20[A] 이하

- **동작 시간에 의한 분류**
  - 고속형 : 정격 감도전류에서 0.1초 이내
  - 시연형 : 정격 감도전류에서 0.1초 초과 2초 이내
  - 반한시형 : 정격 감도전류에서 0.2초 초과 1초 이내

예제 11-10

다음 중 저압에서 사용하는 차단기가 아닌 것은 무엇인가?

① 자기 차단기(MBB) ② 기중 차단기(ACB)

③ 배선용 차단기(MCCB) ④ 누전 차단기(ELB)

정답 ①

풀이 기중 차단기(ACB), 배선용 차단기(MCCB), 누전 차단기(ELB)는 저압에서 사용하는 저압 차단기이다. 자기 차단기(MBB)는 고압 차단기이다.

예제 11-11

감전 보호용으로 사용하는 누전 차단기의 분류로 옳은 것은 무엇인가?

① 전류형, 고감도형, 시연형 ② 전류형, 고감도형, 고속형

③ 전압형, 고감도형, 시연형 ④ 전압형, 고감도형, 반한시형

정답 ②

풀이 감전 보호용으로 사용하는 누전 차단기는 전류형, 고감도형, 고속형으로, 일반 장소에서는 정격감도전류가 30[mA]이고 동작시간은 0.03[sec]인 누전 차단기를 사용한다.

SECTION
11.2 배전계통의 구성

배전은 배전선로를 통해 수용가에 전력을 공급하는 것이다. 이 절에서는 배전계통이 무엇인지 알아보고, 배전계통에서 사용하는 용어를 살펴본다. 또한 고압 배전방식과 저압 배전방식을 비교해본다.

Keywords | 배전계통 | 고압 배전방식 | 저압 배전방식 | 캐스케이딩 |

1 배전계통이란?

배전(distribution)은 배전선로를 통하여 수용가에 전력을 공급하는 것이며, **배전선로**(D/L : Distribution Line)는 발전소나 배전용 변전소로부터 직접 수용 장소에 이르는 전선로를 말한다.

배전계통은 수용가에 직접 전력을 공급하므로 송전선로에 비하여 비교적 전선로의 길이가 짧고, 회선수가 많으며, 각 전선로의 전류 불평형도 많다. 또한 배전용 시설물은 시가지의 도로 가장자리에 설치되는 경우가 많다.

현재 우리나라에서는 일반적으로 특고압의 경우 배전전압 22.9[kV]의 3상 4선식 다중접지 방식을 사용하나, 수용가의 요구에 따라 154[kV], 345[kV]도 사용하고 있다. 한편 저압의 경우 배전전압은 380/220[V] 3상 4선식을 사용하고 있다.

[그림 11-19]는 배전선로의 구성도를 나타낸 것이다.

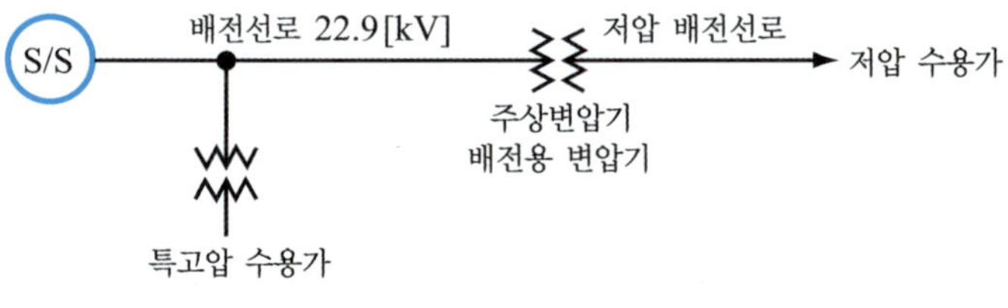

[그림 11-19] 배전선로의 구성도

배전용 변전소에서 배전선로를 통해 수용가에 전력이 공급되는 과정은 다음과 같다.

❶ 송전선로로 전송된 765[kV], 345[kV], 154[kV]의 전압을 배전용 변전소의 60 ~ 80[MVA] 3상 변압기를 통해 수용가에 필요한 345[kV], 154[kV], 22.9[kV]의 전압으로 낮춘다.
❷ 특고압을 사용하는 수용가에 배전선로를 통해 낮아진 전압으로 전력을 공급한다.
❸ 수용가에서는 변압기를 사용하여 부하에 필요한 전압으로 낮추어 전력을 공급한다.

가정이나 소규모 공장의 전력 공급은 22.9[kV]의 배전선로에 설치된 배전용 변압기 또는 주상변압기를 사용하여 3상 380[V] 또는 1상 220[V]으로 낮추어 공급한다.

배전계통에서 많이 사용되는 용어를 정리하면 다음과 같다.

- **급전선**(feeder) : 배전용 변전소에서 인출되는 배전선로에서 최초의 분기점까지의 전선으로 도중에 부하가 접속되어 있지 않은 선로
- **간선**(distributing main line) : 급전선에 접속되어 부하로 전력을 공급하거나 분기선을 통해 배전하는 선로
- **분기선**(branch line) : 간선으로 분기되는 변압기에 이르는 선로, 지선
- **궤전점**(feeding point) : 급전선과 배전간선의 접속점

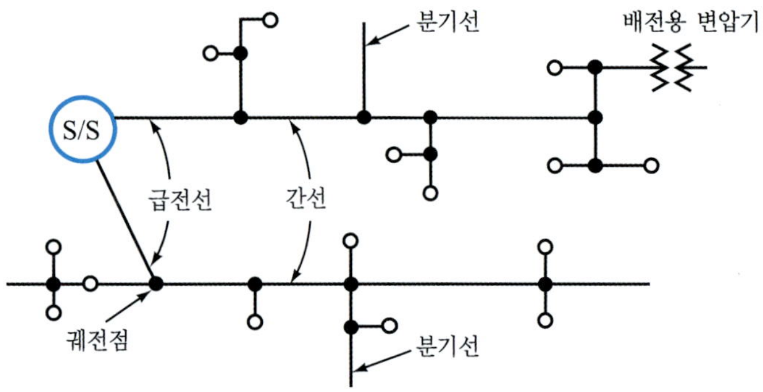

[그림 11-20] 배전선로의 구성

2 고압 배전방식

고압 배전선의 전압으로 3.3[kV]를 사용했으나 배전선로의 전압강하, 전력손실의 경감, 수용가의 부하 증가 등으로 인하여 현재는 대부분 22.9[kV]를 사용한다.

일반적으로 고압 배전방식은 간선의 구성 방법에 따라서 수지식, 환상식, 망상식으로 구분한다.

수지식

수지식(tree system)은 새로운 수용가의 전력 공급 요구가 있으면 수용가 인근 배전선로의 간선에서 분기선을 접속하여 전력을 공급하는 방식이다. 즉 수지식은 배전선로를 나뭇가지 모양으로 연장하여 사용하는 방식으로, 구성은 [그림 11-21]과 같다.

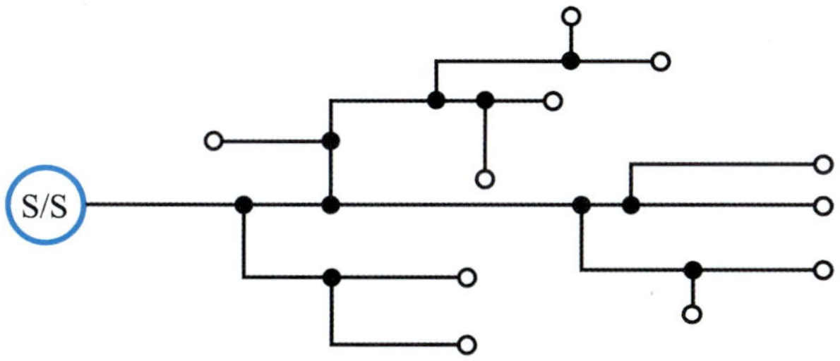

[그림 11-21] 수지식 배전선로 구성

수지식 배전선로의 특징은 다음과 같다.

- 공사 방법이 용이하고 공사비가 적게 든다.
- 전압 변동 및 전압강하가 크다.
- 사고가 발생하면 정전범위가 크므로 공급 신뢰도가 낮다.

환상식

환상식(loop system)은 배전선로의 간선을 하나의 환상(루프)으로 구성하고 새로운 수용가의 전력 공급 요구가 있으면 수용가 인근의 간선에서 분기선을 접속하여 전력을 공급하는 방식이다. 이 방식은 루프 방식이라고도 한다.

환상식의 배전선로는 [그림 11-22]와 같이 좌우 두 개의 간선으로부터 전력이 공급되므로 배전선로의 어느 개소에서 고장이 발생하더라도 고장 개소를 분리하고 전력을 계속 공급할 수 있다.

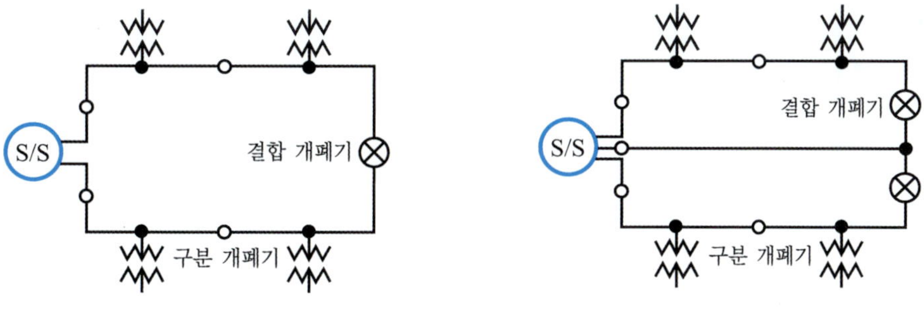

(a) 1회선 루프 방식　　(b) 다중 루프 방식

[그림 11-22] 환상식 배전선로 구성

환상식 배전선로 구성은 결합 개폐기의 조작 방법에 따라서 상시 개로식과 상시 폐로식으로 구분한다. 상시 개로식과 상시 폐로식의 특징을 [표 11-5]에 정리했다.

[표 11-5] 환상식 배전선로의 구성 방식

방식	결합 개폐기	
	정상운전	고장상태
상시 개로식	오프	온
상시 폐로식	온	오프

환상식 배전선로 구성의 특징은 다음과 같다.

- 전압 변동 및 전압강하가 작다.
- 고장 구간을 분리하고 전력을 계속 공급할 수 있으므로 공급 신뢰도가 높다.
- 보호 방식이 복잡해지고 단락용량이 커진다.
- 공사비가 비싸진다.
- 도심지와 같이 수용 밀도가 큰 지역에 적합하다.

망상식

망상식(network system)은 배전선로의 간선을 망상 형태로 구성하고 수 개소의 접속점에 급전선을 연결하여 전력을 공급하는 방식이다. 이는 네트워크 방식이라고도 하며, 그 구성은 [그림 11-23]과 같다.

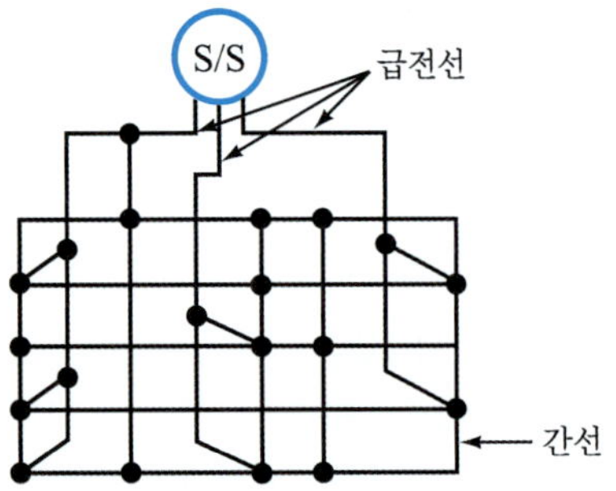

[그림 11-23] 망상식 배전선로 구성

망상식 방식은 2회선 이상의 송전선에서 전력을 공급받는 변전소를 배전선로로 서로 연계하여 일부 전원 측에서 고장이 발생해도 다른 전원을 통해 무정전으로 전력 공급이 가능하고, 새로운 수용가의 전력 공급 요구가 있으면 수용가 인근의 망상 접속점에서 분기선을 접속하여 전력을 공급한다.

망상식 배전선로 구성의 특징은 다음과 같다.

- 전압 변동 및 전압강하가 작다.
- 무정전으로 전력을 공급하는 방식으로 신뢰도가 높다.

- 보호 방식이 복잡해지고 공사비가 비싸진다.
- 도심지와 같이 수용 밀도가 큰 지역에 적합하다.

예제 11-12

고압 배전방식 중 네트워크 방식에 대한 설명으로 옳지 않은 것은 무엇인가?

① 무정전으로 전력을 공급하는 방식으로 신뢰도가 높다.

② 도심지와 같이 수용 밀도가 큰 지역에 적합하다.

③ 수용가 인근 간선에서 분기선을 접속하여 전력을 공급하는 방식이다.

④ 보호 방식이 복잡해지고 공사비가 비싸진다.

정답 ③

풀이 새로운 수용가의 전력 공급 요구가 있을 때 수용가 인근 배전선로의 간선에서 분기선을 접속하여 전력을 공급하는 방식은 수지식(방사상식)이다.

3 저압 배전방식

저압 배전방식은 간선의 구성 방식에 따라서 저압 방사상 방식, 저압 뱅킹 방식, 저압 네트워크 방식으로 구분한다.

저압 방사상 방식

저압 방사상 방식은 고압 배전선로에 설치되어 있는 배전용 변압기 또는 주상변압기 단위로 저압 배전선로가 구성되어 있을 때, 새로운 수용가의 전력 공급 요구가 있으면 수용가 인근 저압 배전선로에서 나뭇가지 모양으로 간선에서 분기선을 접속하여 전력을 공급하는 방식이다. 저압 방사상 방식의 배전선로 구성은 [그림 11-24]와 같다.

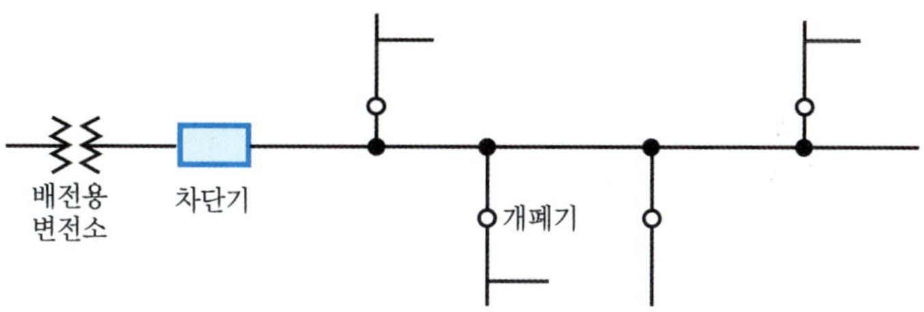

[그림 11-24] 저압 방사상 방식 배전선로 구성

저압 방사상 방식의 특징은 다음과 같다.

- 공사방법이 용이하고 공사비가 적게 든다.
- 전압 변동 및 전압강하가 크다.
- 사고가 발생하면 정전범위가 크므로 공급 신뢰도가 낮다.

저압 뱅킹 방식

저압 뱅킹 방식(low voltage banking system)은 고압 배전선로에 설치되어 있는 2대 이상의 배전용 변압기 저압(2차) 측을 병렬접속하여 사용하는 방식이다. 저압 뱅킹 방식은 [그림 11-25]와 같이 배전용 변압기의 1차 측은 같은 고압 배전선로에 연결하고 2차 측을 병렬접속하여 부하에 전력을 공급한다.

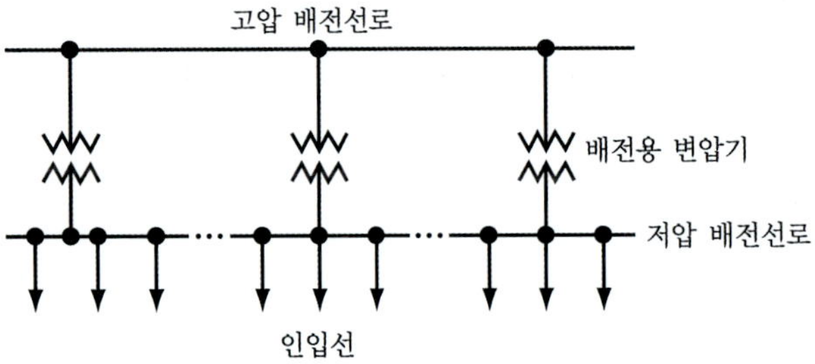

[그림 11-25] 저압 뱅킹 방식 배전선로 구성

배전용 변압기를 2대 이상 사용하는 저압 뱅킹 방식은 배전용 변압기 1대 단위로 저압 배전선로를 구성하는 방사상 방식과 비교하면 다음과 같은 특징이 있다.

- 전압 변동 및 전력손실이 적다.
- 2대 이상의 배전용 변압기를 병렬접속하여 사용하므로 전체 배전용 변압기 용량을 줄일 수 있다.
- 새로운 수용가의 전력 공급 요구에 탄력적으로 대응할 수 있다.
- 고장에 대한 보호방법이 적절하며 공급 신뢰도가 좋다.

저압 뱅킹 방식에서 사고가 발생할 경우 이를 차단하기 위해 배전용 변압기 2차 측을 병렬접속하는 전선로 중간에 퓨즈 또는 차단기를 삽입한다. 이러한 보호장치를 통한 보호협조가 이루어지지 않으면 어느 장소에서 발생한 사고가 저압 배전선로 전체로 확대되는 **캐스케이딩**(cascading)이 발생한다.

캐스케이딩이란 배전용 변압기 또는 선로의 사고에 의해 뱅킹 방식으로 구성된 전선로 내의 건전한 변압기의 일부 또는 전부가 연쇄적으로 회로로부터 차단되는 현상이다. 이때 회로로부터 차단된다는 것은 배전용 변압기 1차 측 퓨즈가 끊기는 것을 의미한다. 따라서 캐스케이딩을 방지하기 위해

[그림 11-26]과 같이 배전용 변압기 1차 측에 퓨즈를 설치하고 병렬연결되는 2차 측 전선로의 중간에 구분 퓨즈를 설치한다.

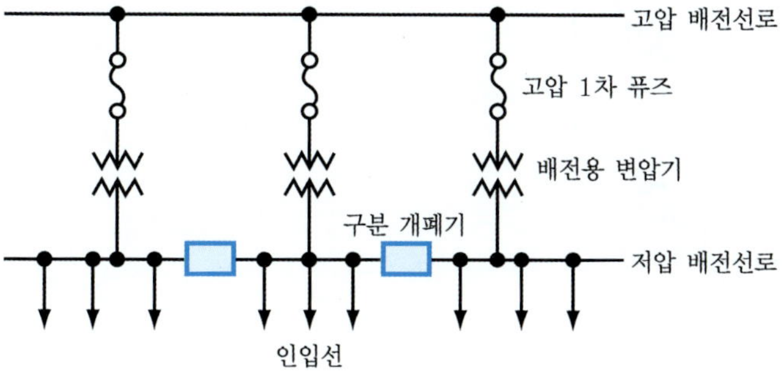

[그림 11-26] 저압 뱅킹 방식의 보호장치 구성

배전용 변압기 또는 저압선로에서 사고가 발생하면 배전용 변압기 1차 측 퓨즈와 배전용 변압기 2차 측 전선로의 구분 퓨즈가 용단되어 고장 구간을 제거한다. 이때의 보호협조는 배전용 변압기 1차 측 퓨즈보다 배전용 변압기 2차 측 전선로의 구분 퓨즈가 먼저 용단되어야 한다.

예제 11-13

저압 배전방식 중 저압 뱅킹 방식에서 캐스케이딩 현상을 바르게 설명한 것은 무엇인가?

① 무부하 시 수전단 전압이 송전단 전압보다 높아지는 현상이다.

② 정전 후 복전되는 순간 일시적으로 전력 소비가 급증하는 현상이다.

③ 저압선의 고장에 의해 건전한 변압기 일부 또는 전부가 차단되는 현상이다.

④ 변압기의 부하 분배가 일정하지 않아 계통에 요란이 발생하는 현상이다.

정답 ③

풀이 캐스케이딩 현상이란 배전용 변압기 또는 선로의 사고에 의해 뱅킹 방식으로 구성된 전선로 내의 건전한 변압기의 일부 또는 전부가 연쇄적으로 회로로부터 차단되는 현상이다.

저압 네트워크 방식

저압 네트워크 방식(low voltage network system)은 배전용 변전소의 하나의 모선으로부터 2회선 이상의 급전선을 인출하여 배전용 변압기를 설치하고, 배전용 변압기 2차 측을 서로 네트워크로 연결하여 전력을 공급하는 방식이다. 새로운 수용가의 전력 공급 요구가 있으면 네트워크에서 분기하여 수용가에 전력을 공급한다. 저압 네트워크 방식의 배전선로 구성은 [그림 11-27]과 같다.

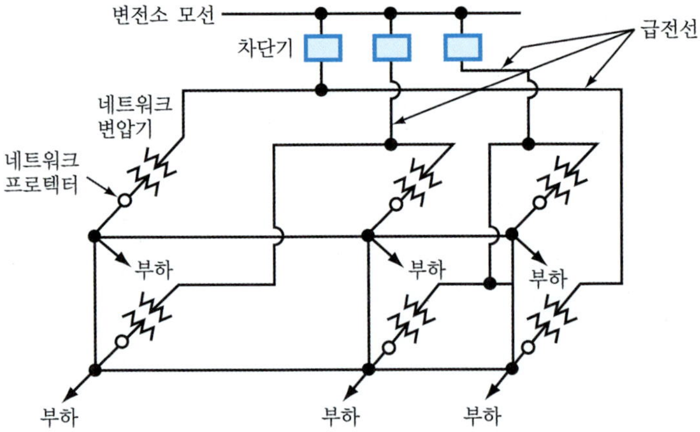

[그림 11-27] 저압 네트워크 방식의 배전선로 구성

저압 네트워크 방식에서는 어느 회선에서 사고가 발생해도 네트워크의 다른 회선으로부터 전력 공급이 가능하다. 저압 네트워크 방식의 특징은 다음과 같다.

- 무정전으로 전력 공급이 가능하므로 공급 신뢰도가 높다.
- 전압 변동 및 전력손실이 적다.
- 기기의 이용률이 향상된다.
- 부하 증가에 대한 적응성이 좋다.
- 건설비가 비싸진다.
- 특별한 보호장치가 필요하다.

예제 11-14

저압 네트워크 배전방식의 장점이 아닌 것은 무엇인가?

① 무정전으로 전력 공급이 가능하므로 공급 신뢰도가 높다.

② 전압 변동 및 전력손실이 적다.

③ 부하 증가에 대한 적응성이 좋다.

④ 건설비가 절감된다.

정답 ④

풀이 저압 네트워크 방식은 무정전으로 전력 공급이 가능하여 공급 신뢰도가 높고, 전압 변동과 전력손실이 적으며, 부하 증가에 대한 적응성이 좋다. 하지만 건설비가 비싸진다는 단점이 있다.

SECTION 11.3

배전선로의 전압강하와 손실

배전선로는 끝에 부하가 접속되기 때문에 수전단 전압이 송전단 전압보다 낮아지는 현상이 발생하는데 이를 전압강하라 한다. 이 절에서는 배전선로의 전압강하를 알아보고, 전압강하를 계산하는 방법을 살펴본다. 그런 후 배전선로의 전압을 조정하기 위한 방법과 전력손실을 알아본다. 또한 역률을 개선하기 위한 방법과 그 효과에 대해 살펴본다.

Keywords | 전압강하 | 전압강하율 | 전압변동률 | 배전선로의 전압강하 계산 | 배전선로의 전압 조정 | | 배전선로에서의 전력손실 | 변압기의 손실 및 효율 | 역률 개선 |

1 전압강하

가공 배전선로는 가공 송전선로에 비해 거리가 매우 짧기 때문에 정전용량의 영향을 거의 받지 않는다. 따라서 부하가 접속되지 않은 상태, 즉 무부하 상태에서의 가공 배전선로에서 송전단 전압과 수전단 전압은 거의 같다. 그러나 부하가 접속되면 수전단 전압이 송전단 전압보다 낮아지게 되는데, 이 전압의 차를 **전압강하**(voltage drop)라 한다.

우리나라 배전선로에서 전압의 유지범위를 [표 11-6]에 정리했다.

[표 11-6] 전압의 유지범위

표준전압[V]		전압 유지범위[V]
특고압	13,200 / 22,900	12,000~13,800 / 20,800~23,800
고압	6,600	6,000~6,900
저압	110	104~116
	220(200)	207~233(188~212)
	380	342~418

전압강하의 크기는 접속된 부하의 크기에 따라 변화한다. 이 전압강하와 수전단에 대한 백분율을 **전압강하율** ε이라고 한다.

$$\text{전압강하율}(\varepsilon) = \frac{E_s - E_r}{E_r} \times 100 \ [\%] \tag{11.3}$$

- E_s : 송전단 전압 [V]
- E_r : 수전단 전압 [V]

가공 배전선로에서 설비별 전압강하 한도는 [표 11-7]과 같다.

[표 11-7] 설비별 전압강하 한도

설비	전압강하 한도	비고
특고압선로	10% 이내	
저압 설비	10% 이내	TR : 2%, 저압선 : 6%, 인입선 : 2%

또한 수전단의 부하가 갑자기 변했을 때 단자전압의 변화를 나타내는 것을 **전압변동률**이라 한다.

$$\text{전압변동률} = \frac{E_{r0} - E_r}{E_r} \times 100[\%] \tag{11.4}$$

- E_{r0} : 수전단에서 무부하 시의 전압 [V]
- E_r : 수전단 전압 [V]

수용가에서의 최대전압강하는 저압배선에 대하여 저압으로 수전하는 경우 계량기 2차측 단자에서부터 해당부하까지, 고압이상의 수전하는 경우는 변압기 2차측 단자에서 해당부하까지 포함하는 전압강하를 의미한다.

예제 11-15

수전단 전압이 22900[V]이고 전압강하율이 5[%]인 배전선로의 송전단 전압[V]을 구하라.

정답 24045[V]

풀이 식 (11.3)을 송전단 전압에 대한 식으로 바꾼 후 $E_r = 22900[\text{V}]$, $\varepsilon = 5[\%]$를 대입하면 다음과 같다.

$$\varepsilon = \frac{E_s - E_r}{E_r} \times 100 \ [\%]$$

$$E_s = (\varepsilon + 1)E_r = (0.05 + 1) \times 22900 = 24045[\text{V}]$$

2 배전선로의 전압강하 계산

기본적으로 배전선로의 전압강하는 전류와 선로 저항의 곱으로 나타낸다. 배전선로의 전압강하를 계산할 때는 일단에서 급전하는 경우와 양단에서 급전하는 경우로 나누어 생각한다.

일단에서 급전하는 경우

[그림 11-28]과 같이 일단에서 급전하는 경우의 전압강하를 계산해보자.

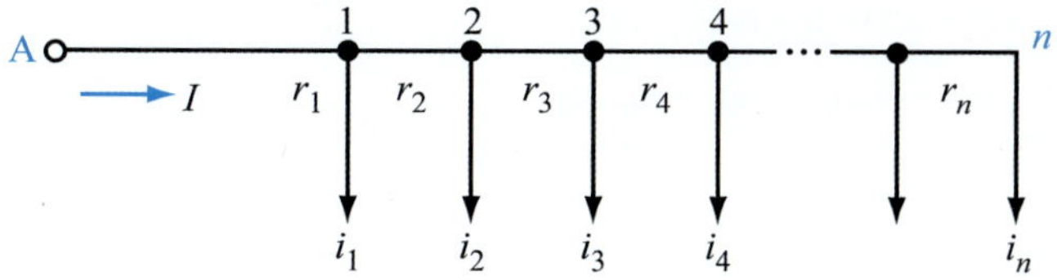

[그림 11-28] 일단에서 급전하는 경우의 전압강하 계산

전류 I가 A점에서 n점까지 공급될 때 발생하는 전압강하 e는 부하점 전류와 공급점에서 부하점까지 합산 저항값의 곱으로 계산된다.

1점에서의 전압강하 $e_1 = r_1 i_1$ [V]

2점에서의 전압강하 $e_2 = (r_1 + r_2) i_2$ [V]

⋮

n점에서의 전압강하 $e_n = (r_1 + r_2 + r_3 + r_4 + \cdots + r_n) i_n$ [V] (11.5)

따라서 전체 전압강하 e는 다음과 같다.

$$e = r_1 i_1 + (r_1 + r_2) i_2 + (r_1 + r_2 + r_3) i_3 + \cdots + (r_1 + r_2 + r_3 + \ldots + r_n) i_n \text{ [V]} \quad (11.6)$$

전압강하는 구간 임피던스와 각 부하점 전류분포의 곱으로도 나타낼 수 있다.

$$e = r_1 (i_1 + i_2 + i_3 + \cdots + i_n) + r_2 (i_2 + i_3 + \cdots + i_n) + r_3 (i_3 + \cdots + i_n) + \cdots + r_n i_n \text{ [V]} \quad (11.7)$$

예제 11-16

다음과 같은 단상 2선식 배선에서 급전점의 전압이 220[V]일 때 A점과 B점의 전압[V]을 구하라. 단, 그림의 저항값은 한 선당 저항값을 의미한다.

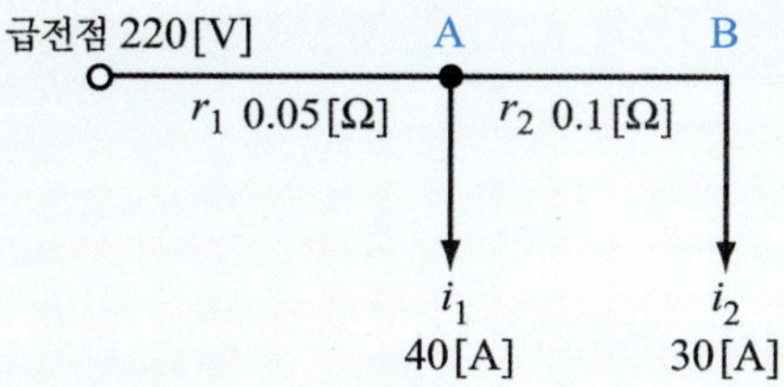

정답 213[V], 207[V]

풀이 식 (11.7)을 이용하여 각 점의 전압을 구하면 다음과 같다.

- A점의 전압 : $E_A = E_s - e = E_s - r_1(i_1 + i_2) = 220 - 2 \times 0.05 \times (40 + 30) = 213$ [V]
- B점의 전압 : $E_B = E_A - e = E_A - r_2 i_2 = 213 - 2 \times 0.1 \times 30 = 207$ [V]

양단에서 급전하는 경우

[그림 11-29]와 같이 양단에서 급전하고 있는 경우의 전압강하를 계산해보자.

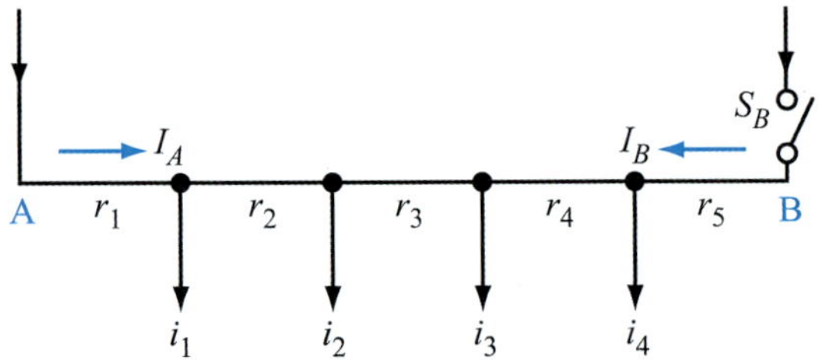

[그림 11-29] 양단에서 급전하는 경우의 전압강하 계산

B단의 스위치 S_B를 OFF했을 때 B단의 단자전압을 E[V]라 가정하면, 회로에 흐르는 전류는 A단에서 공급된다. 이때 A단에서 유입되는 전류 $I_A{}'$은 다음과 같다.

$$I_A{}' = i_1 + i_2 + i_3 + i_4 \ \text{[A]} \tag{11.8}$$

B단의 스위치 S_B를 ON했을 때 B단의 단자전압 E_B, B단에서 유입하는 전류 I_B, A단에서 유입하는 전류 I_A는 다음과 같다.

$$\begin{aligned} E_B &= E + e \ \text{[V]} \\ I_B &= \frac{e}{r_1 + r_2 + r_3 + r_4 + r_5} = \frac{E_B - E}{r_1 + r_2 + r_3 + r_4 + r_5} \ \text{[A]} \\ I_A &= I_A{}' - I_B \ \text{[A]} \end{aligned} \tag{11.9}$$

- E : B단 스위치 S_B를 OFF했을 때 B단의 단자전압[V]
- e : 전압강하[V]
- r : 선로의 저항[Ω]
- $I_A{}'$: B단 스위치 S_B를 OFF했을 때 A단에서 유입되는 전류[A]

예제 11-17

다음과 같이 양단에서 급전하는 경우 A점에서 유입하는 전류[A]를 구하라.

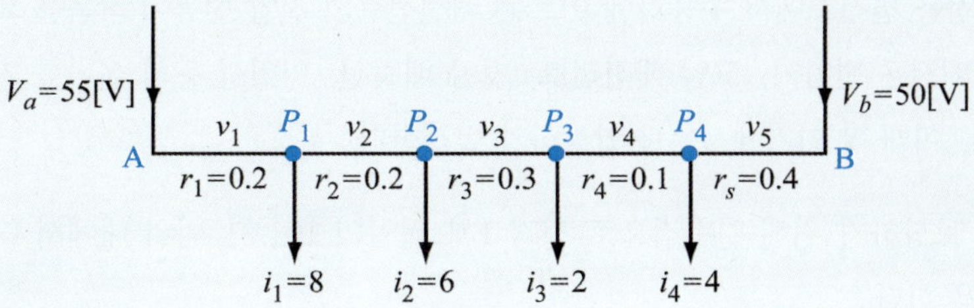

정답 17[A]

풀이 양단에서 급전을 받는 경우 A점에서 유입하는 전류는 다음 순서로 구한다.

(1) 선로의 전압강하 구하기

B점을 OFF한다고 가정하면 선로는 일단에서 급전하는 경우와 같으므로 전압강하는 식 (11.7)을 이용하여 다음과 같이 구한다.

$$e = r_1(i_1 + i_2 + i_3 + i_4) + r_2(i_2 + i_3 + i_4) + r_3(i_3 + i_4) + r_4 i_4$$
$$= 0.2 \times 20 + 0.2 \times 12 + 0.3 \times 6 + 0.1 \times 4 = 8.6[\mathrm{V}]$$

(2) B점의 단자전압 구하기

B점의 단자전압은 A점의 급전전압과 선로의 전압강하의 차로 식 (11.9)를 이용하여 다음과 같이 구한다.

$$E = E_A - e = 55 - 8.6 = 46.4[\mathrm{V}]$$

(3) B점에서 유입되는 전류

OFF되어 있던 B점을 ON한다고 가정하면 B점에서 유입되는 전류 I_B는 식 (11.9)를 이용하여 다음과 같이 구한다. 문제에서 B점의 급전전압 $E_B = 50[\mathrm{V}]$, 전부하 전류 $I = 20[\mathrm{A}]$이다.

$$I_B = \frac{E_B - E}{r_1 + r_2 + r_3 + r_4 + r_5} = \frac{50 - 46.4}{0.2 + 0.2 + 0.3 + 0.1 + 0.4} = 3[\mathrm{A}]$$

(4) A점에서 유입하는 전류

A점에서 유입하는 전류는 전부하전류 I와 B점에서 유입되는 전류 I_B의 차로 식 (11.9)를 이용하여 다음과 같이 구한다.

$$I_A = I - I_B = 20 - 3 = 17[\mathrm{A}]$$

3 배전선로의 전압 조정

전력을 소비하는 수용가에 양질의 전력을 공급하는 것은 매우 중요하다. 이는 정전 없이 전력을 공급할 수 있음은 물론이고 배전용 변전소에서 수용가에 이르는 배전선로의 전압 변동이 작음을 의미한다. 배전용 변전소에서는 배전용 변압기, 고압 배전선로, 저압 배전선, 인입선 등의 설비를 거쳐 수용가에 전력을 공급하는데, 이때 각 기기에서는 전압강하가 발생한다.

배전선로에서는 전압강하를 보상하기 위해 일반적으로 정격 1차 전압의 10[%] 범위 내에서 다음과 같은 방법으로 전압 조정을 한다.

- **배전용 변전소의 주 변압기에서의 전압 조정**
  - 주 변압기 1차 측의 무부하 시 탭 조정
  - 주 변압기 부하 시 탭 조정(ULTC : Under Load Tap Changer)
- **배전선로에서의 전압 조정**
  - 모선을 일괄 조정하는 모선 전압 조정
  - 급전선별로 전압을 조정하는 급전선 전압 조정
- **배전용 변압기에서의 전압 조정**
  - 배전용 변압기, 주상변압기의 탭 조정

배전용 변압기의 탭 선정

배전용 변전소와 배전선로가 멀수록 배전선로의 전압은 낮아진다. 즉 배전선로의 말단에 설치된 배전용 변압기(주상변압기)의 2차 전압은 더욱 낮아지게 된다. 이를 방지하기 위해 배전선로에 설치되는 주상변압기의 1차 측에는 일반적으로 5[%] 간격의 3개 탭을 두고 배전선로의 전압에 따라 알맞은 탭에 연결함으로써 배전선로 주상변압기의 2차 측 전압을 거의 일정하게 조정하고 있다, 예를 들어 배전용 변전소에서 거리가 먼 배전선로의 주상변압기는 변압기 탭 중 가장 낮은 탭에 연결하여 사용한다.

[그림 11-30]은 우리나라의 22.9[kV] 배전선로에 사용하는 일단 접지식 주상변압기의 탭을 나타낸 것으로, 선간전압 22.9[kV]의 대지전압인 13.2[kV]가 사용된다.

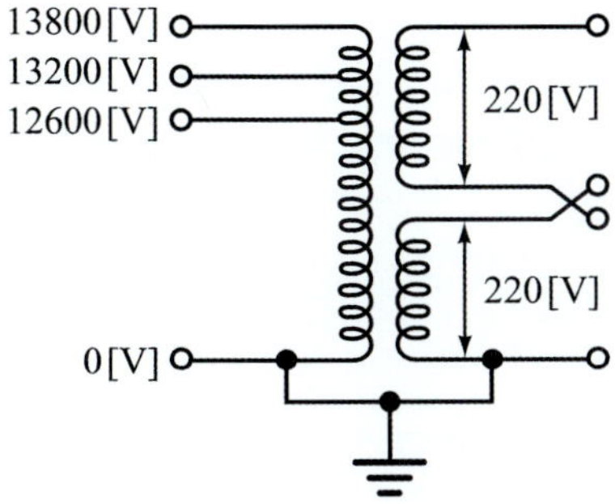

[그림 11-30] 주상변압기의 탭

승압기 설치

가공 배전선로의 길이가 길어서 전압강하가 클 때는 주상변압기의 탭 조정만으로는 전압을 일정하게 유지할 수 없다. 이때는 배전선로에 **승압기**(booster)를 설치하여 전압강하를 보상함으로써 배전선로에 일정한 전압을 공급할 수 있다. 단상 승압기의 회로도와 등가회로도를 [그림 11-31]에 나타냈다.

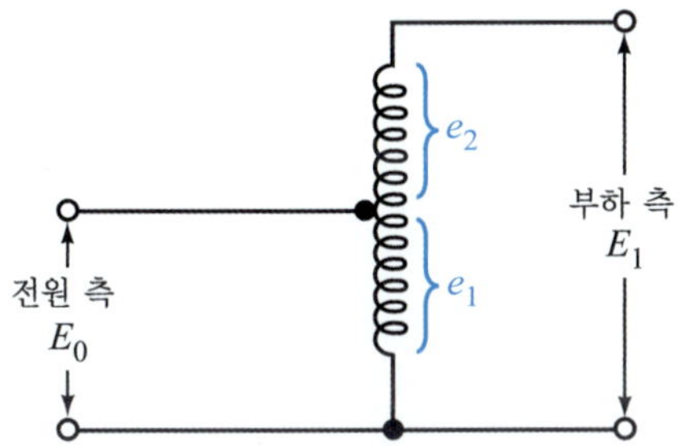

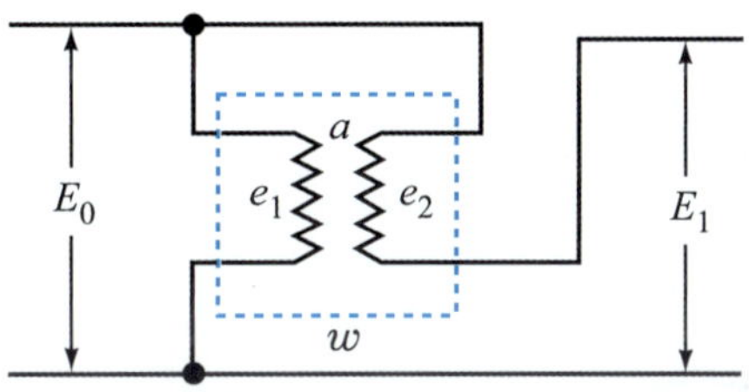

- E_0 : 승압 전 배전선로 전압 [V]
- E_1 : 승압 후 배전선로 전압 [V]
- e_1 : 승압기의 1차 정격전압 [V]
- e_2 : 승압기의 2차 정격전압 [V]
- a : 승압기의 권수비
- w : 승압기의 용량 [VA]

[그림 11-31] 단상 승압기

배전선로 전압 E_0를 E_1로 승압하여 W의 부하에 대응하기 위해서는 권수비가 $\frac{1}{a} = \frac{e_2}{e_1}$, 용량이 w인 승압기가 필요하다. 승압된 전압 E_1과 용량 w를 수식으로 나타내면 각각 식 (11.10), 식 (11.11)과 같다.

$$E_1 = E_0\left(1 + \frac{1}{a}\right) \text{ [V]} \tag{11.10}$$

$$w = \frac{W}{E_1} \times e_2 \text{ [VA]} \tag{11.11}$$

예제 11-18

1차 정격전압 6600[V], 2차 정격전압 220[V]의 단상 변압기 2대를 승압기로 V 결선하여 3상 전원 6300[V]에 접속할 때 승압된 전압[V]을 구하라.

정답 6510[V]

풀이 식 (11.10)에 $e_1 = 6600$[V], $e_2 = 220$[V], $E_0 = 6300$[V]을 대입하여 승압된 전압을 구하면 다음과 같다.

$$E_1 = E_0\left(1+\frac{1}{a}\right) = E_0\left(1+\frac{e_2}{e_1}\right) = 6300 \times \left(1+\frac{220}{6600}\right) = 6510\,[\mathrm{V}]$$

4 배전선로의 전력손실

배전선로에서 발생하는 손실에는 전선의 저항에 의한 저항손실과 애자 등의 유전체에 의한 히스테리스 손실, 애자 표면의 누설손실이 있다, 그중 가장 큰 것은 전선의 저항손실(ohmic loss)이다.

말단 집중 부하의 전력손실

말단 집중 부하의 배전선로는 [그림 11-32]와 같다.

[그림 11-32] 말단 집중 부하의 배전선로

전류 I가 흐르고 있는 배전선로에서 발생하는 전력손실은 전선의 저항에 의한 손실이 대부분이므로 시간 T 동안의 전력손실량 w_c는 식 (11.12)와 같다.

$$w_c = \int_0^T I^2 R\, dt = P_c \times T \ [\mathrm{WH/선}] \tag{11.12}$$

- P_c : 전선로 1선당 전력손실, $I^2 R$ [WH/선]

그러나 시간 T 동안 배전선로에 흐르는 전류 I는 전압 변동에 의해 그 크기가 일정하지 않으므로 전류 I의 값을 적용하기 어렵다. 따라서 전류 I의 최댓값을 I_m이라 했을 때, 실제 시간 T 동안 흐르는 전류는 최댓값 I_m의 H배라 가정하고 계산하면 전력손실량 w_c는 식 (11.13), 손실계수 H는 식 (11.14)와 같다.

$$w_c = \int_0^T I_m^2 HR\, dt = I_m^2 HTR \text{ [WH/선]} \tag{11.13}$$

$$H = \frac{1}{I_m^2 T}\int_0^T I^2\, dt \tag{11.14}$$

- H : 손실계수(loss factor)
- HT : 등가시간(equivalent hour)

식 (11.13)에서 시간 T 동안의 전력손실량 w_c는 최대전류 I_m이 등가시간(HT) 동안 흐를 때의 전력손실과 같다. 또한 손실계수 H는 시간 T 동안의 전류 I^2의 평균값과 최댓값 I_m^2의 비를 나타내며 식 (11.15)와 같다.

$$H = \frac{\text{어느 기간 중의 전류 제곱의 평균}}{\text{같은 기간 중의 전류 최댓값의 제곱}} \times 100[\%] \tag{11.15}$$

위 식의 분모와 분자에 저항을 곱하면 식 (11.16)과 같다.

$$H = \frac{\text{어느 기간 중의 평균전력손실}}{\text{같은 기간 중의 최대전력손실}} \times 100\ [\%] \tag{11.16}$$

배전선로의 부하율 F는 시간 T 동안의 배전선로에 흐르는 전류 I의 최댓값과 평균값의 비로 식 (11.17)과 같이 나타낸다.

$$F = \frac{1}{I_m T}\int_0^T I\, dt \tag{11.17}$$

손실계수 H는 식 (11.18)에서와 같이 부하율 F와 부하율의 제곱 F^2의 사이에 있으며 부하율이 좋은 배전선로에서는 $H \fallingdotseq F$, 부하율이 나쁜 배전선로에서는 $H \fallingdotseq F^2$의 경향을 보인다. 부하율 F와 손실계수 H의 관계는 다음과 같다.

$$1 \geq F \geq H \geq F^2 \geq 0 \tag{11.18}$$

부하율에 따른 손실계수의 실험식은 식 (11.19)와 같다.

$$H = \alpha F + (1-\alpha)F^2 \tag{11.19}$$

- α : 정수 0.1 ~ 0.4(보통은 0.2)
- F : 부하율

예제 11-19

배전선로의 부하율을 F라 할 때 손실계수 H와의 관계를 옳게 나타낸 것은 무엇인가?

① $1 \geq F \geq H \geq F^2 \geq 0$ ② $1 \leq F \leq H \leq F^2 \leq 0$

③ $1 \geq F^2 \geq H \geq F \geq 0$ ④ $1 \leq F^2 \leq H \leq F \leq 0$

정답 ①

풀이 식 (11.18)에 따라 부하율과 손실계수와의 관계는 다음과 같다.

$$1 \geq F \geq H \geq F^2 \geq 0$$

분산 부하의 전력손실

[그림 11-33]과 같이 부하가 분산되어 있는 배전선로에서 배전용 변전소의 모선, 즉 배전선로의 송전단에서 거리 x만큼 떨어진 지점의 전력손실 p는 저항손실에 의한 것으로 식 (11.20)과 같다.

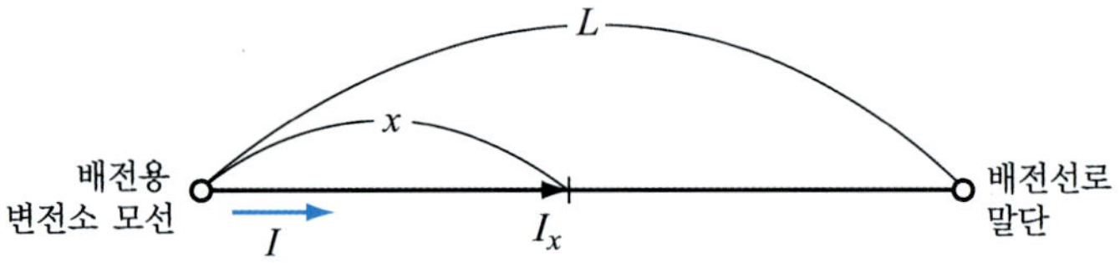

[그림 11-33] 분산 부하의 배전선로

$$p = \int_0^x I_x^2 r\, dx \ \ [\text{W/선}] \tag{11.20}$$

- I_x : 송전단에서 거리 x만큼 떨어진 점의 선로전류 [A]
- r : x 구간의 단위길이당 저항값 [Ω/km]

배전선로의 말단에 부하가 집중되어 있다면 배전선로 전 구간에는 전류 I가 흐르게 되므로 전력손실 P_m은 최대가 되며 이는 식 (11.21)과 같다.

$$P_m = I^2 r L = I^2 R \ \ [\text{W/선}] \tag{11.21}$$

- r : 배전선로의 단위길이당 저항값 [Ω/km]
- L : 배전선로 길이 [km]
- R : 배전선로 전체 저항값 [Ω]

식 (11.20)은 분산 부하에 의한 전력손실을 나타내고 식 (11.21)은 말단 부하에 의한 전력손실을 나타내므로 두 식으로부터 분산 손실계수(dispersal loss factor) h를 구하면 식 (11.22)와 같다.

$$h = \frac{1}{I^2 R}\int_0^L I_x^2\, r\, dx \tag{11.22}$$

즉 분산 손실계수 h는 식 (11.23)과 같이 표현할 수 있다.

$$h = \frac{\text{분산 부하에 의한 전력손실}}{\text{말단 집중 부하에 의한 전력손실}} \tag{11.23}$$

부하가 분산되어 있는 배전선로의 손실전력량 w는 식 (11.24)와 같다.

$$w = \int_0^T \int_0^L I_x^2 r dx dt = rL\int_0^T hI^2\, dt = R\int_0^T hI^2\, dt \ \ [\text{WH}] \tag{11.24}$$

여기서 분산 손실계수 h가 시간 T 중에 변하지 않는다면 손실전력량 w는 식 (11.25)와 같다.

$$w = H\, hRI^2 T \ \ [\text{WH}] \tag{11.25}$$

- H : 손실계수(부하의 시간적 변동에 따른 전력손실의 정도)
- h : 분산 손실계수(부하의 분산 상태에 따른 전력손실의 정도)
- HT : 등가시간
- hR : 전력손실 등가저항

[표 11-8]에 대표적인 부하 형태에 따른 부하 분산율, 분산 손실계수를 나타냈다.

[표 11-8] 부하 분산율 및 분산 손실계수

부하 형태		부하 분산율	분산 손실계수
평등부하	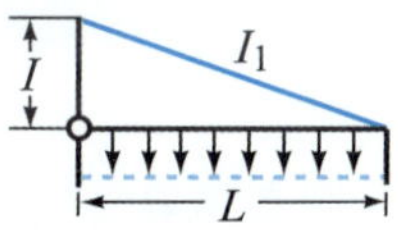	$\frac{1}{2}$	$\frac{1}{3}$
말단일수록 큰 분포	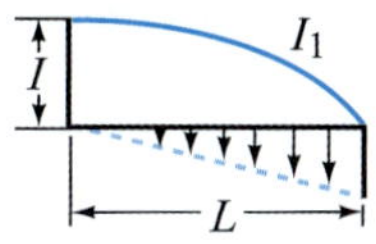	$\frac{2}{3}$	$\frac{8}{15}$
송전단일수록 큰 분포	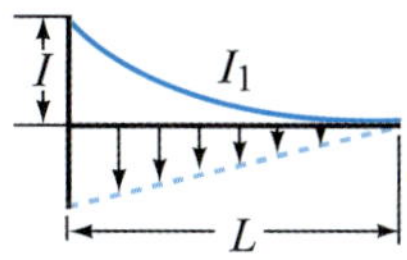	$\frac{1}{3}$	$\frac{1}{5}$
중앙일수록 큰 분포	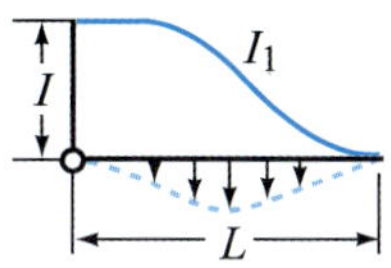	$\frac{1}{2}$	$\frac{23}{60}$

5 변압기의 손실 및 효율

배전선로나 수용가에서 사용하고 있는 변압기의 효율은 98[%] 이상으로 고효율 전력기기이다. 하지만 전기를 사용하는 동안 계속 가동되는 설비이므로 다른 전력기기에 비해 발생하는 손실도 크다.

변압기의 손실

변압기에서 발생하는 손실은 크게 부하손실과 무부하손실로 구분하는데 **부하손실**은 부하 전류에 따른 변압기 권선의 저항손실 I^2R로, 동손(copper loss)이라고도 한다. 동손은 부하의 변동에 따라 변화한다. **무부하손실**은 변압기에 전압이 인가되면 1일 24시간 발생하는 손실로 철손(iron loss)이라고도 한다.

변압기에서 발생하는 손실전력량은 [표 11-9]에서와 같이 철손이 동손보다 더 많은 비율을 차지한다. 최근에는 배전선로에 사용하는 주상변압기는 기존의 주상변압기보다 철손을 대폭 감소시킨 아몰퍼스 변압기를 많이 사용하고 있다.

[표 11-9] 첨두 부하 시 주상변압기의 손실 비율

구분	동손[%]	철손[%]
손실전력	67	33
손실전력량	35	65

변압기의 효율

변압기의 효율에는 입력값과 출력값을 측정하여 계산하는 **실측 효율**과 일정한 규약에 따라 결정한 손실값을 기준하여 계산하는 **규약 효율**이 있다. 실측 효율과 규약 효율은 다음과 같이 계산한다.

$$\text{실측 효율} = \frac{\text{출력의 측정값}}{\text{입력의 측정값}} \times 100[\%] \tag{11.26}$$

$$\begin{aligned} \text{규약 효율} &= \frac{\text{출력}[\mathrm{kW}]}{\text{출력}[\mathrm{kW}] + \text{손실}[\mathrm{kW}]} \times 100[\%] \\ &= \frac{\text{입력}[\mathrm{kW}] - \text{손실}[\mathrm{kW}]}{\text{입력}[\mathrm{kW}]} \times 100[\%] \end{aligned} \tag{11.27}$$

변압기의 부하가 변동할 경우 실측 효율이나 규약 효율로는 정확하게 계산하기 어려우므로 1일 24시간 동안의 부하 변동을 고려한 전일 효율(all day efficiency) η를 사용한다.

$$\eta = \frac{1\text{일 동안의 출력전력량}[\mathrm{kWh}]}{1\text{일 동안의 출력전력량}[\mathrm{kWh}] + 1\text{일 동안의 손실전력량}[\mathrm{kWh}]} \times 100[\%] \tag{11.28}$$

1일간의 손실전력량[kWh]은 동손과 철손으로 나누어지므로, 이를 다시 나타내면 다음과 같다.

$$\eta = \frac{P_d}{P_d + (24\mathrm{h} \times P_i) + P_c} \times 100[\%] \tag{11.29}$$

- P_d : 1일 동안의 출력전력량 [kWh]
- P_i : 변압기의 철손 [kW]
- P_c : 1일 동안의 변압기 동손 [kWh]

★ 변압기의 최대 효율 조건 ★

변압기의 철손과 어느 부하에서의 동손이 같을 때, 즉 **철손 = 동손**일 때 변압기의 효율은 최대가 된다.

예제 11-20

배전용 변압기의 부하곡선이 아래 그림과 같을 때 전일 효율을 구하라. 단, 부하역률이 1이고, 전부하 시 동손은 500[W], 철손은 200[W]이다.

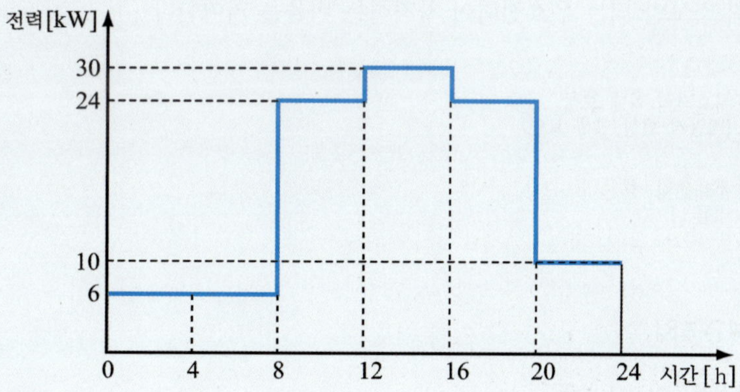

정답 97.62[%]

풀이 배전용 변압기의 부하곡선을 이용하여 전일 효율을 구하기 위해 먼저 1일 전력공급량을 구하면 다음과 같다.

$$\text{공급전력량} = 6 \times 8 + 24 \times 4 + 30 \times 4 + 24 \times 4 + 10 \times 4 = 400[\mathrm{kWh}]$$

철손은 무부하손실로 1일 24시간 발생하므로 다음과 같다.

$$철손 = 200 \times 24시간 \times 10^{-3} = 4.8\,[\mathrm{kWh}]$$

동손은 부하손실로 사용전력의 제곱에 비례하여 발생하므로 다음과 같다.

$$\begin{aligned} 동손 &= 500 \times \left\{ \left(\frac{30}{30}\right)^2 \times 4 + \left(\frac{24}{30}\right)^2 \times 8 + \left(\frac{10}{30}\right)^2 \times 4 + \left(\frac{6}{30}\right)^2 \times 8 \right\} \times 10^{-3} \\ &= 4.94\,[\mathrm{kWh}] \end{aligned}$$

전일 효율은 식 (11.29)와 같이 구할 수 있으므로 이를 계산하면 다음과 같다.

$$\begin{aligned} 전일\ 효율 &= \frac{P_d}{P_d + (24 \times P_i) + P_c} \times 100 \\ &= \frac{400}{400 + 4.8 + 4.94} \times 100 = 97.62\,[\%] \end{aligned}$$

6 역률 개선

역률이란 피상전력에 대한 유효전력의 비율을 말한다. 이는 전기를 사용할 때 실제 일을 하는 공급된 전력 중 일은 하지 않고 전력 소모만 되는 무효전력이 차지하는 비율을 의미한다.

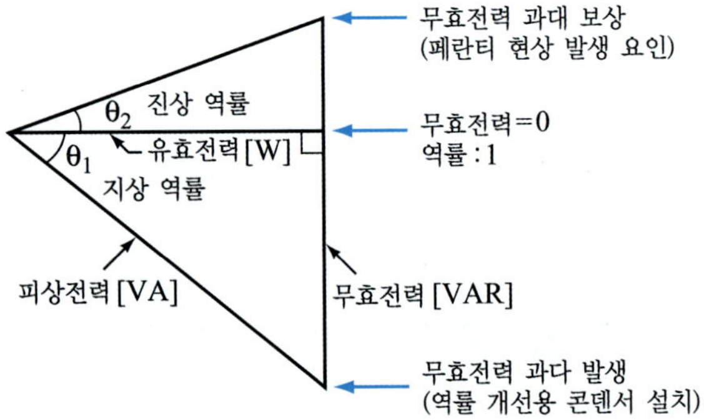

[그림 11-34] 전력 벡터도

[그림 11-34]의 전력 벡터도에서 나타낸 것 같이 피상전력은 유효전력과 무효전력의 벡터 합이며 식 (11.30)과 같다.

$$피상전력\,[\mathrm{kVA}] = \sqrt{유효전력[\mathrm{kW}]^2 + 무효전력[\mathrm{kVAR}]^2} \tag{11.30}$$

[그림 11-34]와 같이 **역률**은 피상전력에 대한 유효전력의 비율로서 식 (11.31)과 같다.

$$역률 = \frac{유효전력[kW]}{\sqrt{유효전력[kW]^2 + 무효전력[kVAR]^2}} \times 100 \tag{11.31}$$

역률이 1에 가까울수록 역률이 좋음을 의미한다. 즉 유효전력이 피상전력에 근접하여, 수전단에서 전력을 최대한 유효하게 이용하는 것을 의미한다. 수전단 또는 일반 가정집, 공장에서 사용하는 대부분의 전기기기는 유도성 부하로, 역률을 저하시키는 원인이 된다. 특히 유도 전동기와 용접기의 영향이 크며, 경부하에서는 역률이 더욱 낮아진다. 일정한 전력을 수전할 경우 부하의 역률이 낮을수록 선로 전류는 많이 흐르게 되므로 전압강하는 커지고 송전용량은 감소하게 된다. 또한 선로 손실도 역률의 제곱에 반비례하여 증가한다.

수전단에서의 부하역률에 따라 배전계통의 설비에 영향을 크게 미치므로 역률 개선의 중요성은 대단히 크다. 그러므로 역률 개선을 통해 다음과 같은 효과를 얻을 수 있다.

- 전력손실을 줄일 수 있다.
- 설비 용량의 여유분을 증가시킬 수 있다.
- 전압강하를 줄일 수 있다.
- 전기요금을 저감시킬 수 있다.

전력용 콘덴서 설치

전력용 콘덴서는 진상 전류를 공급하여 무효전력을 제어하는 설비로, 배전선로에서의 역률 개선은 전력용 콘덴서를 부하에 병렬로 접속시켜 사용하고 있다. 일반적으로 역률을 개선하기 위한 전력용 콘덴서의 설치 위치는 [그림 11-35]와 같다.

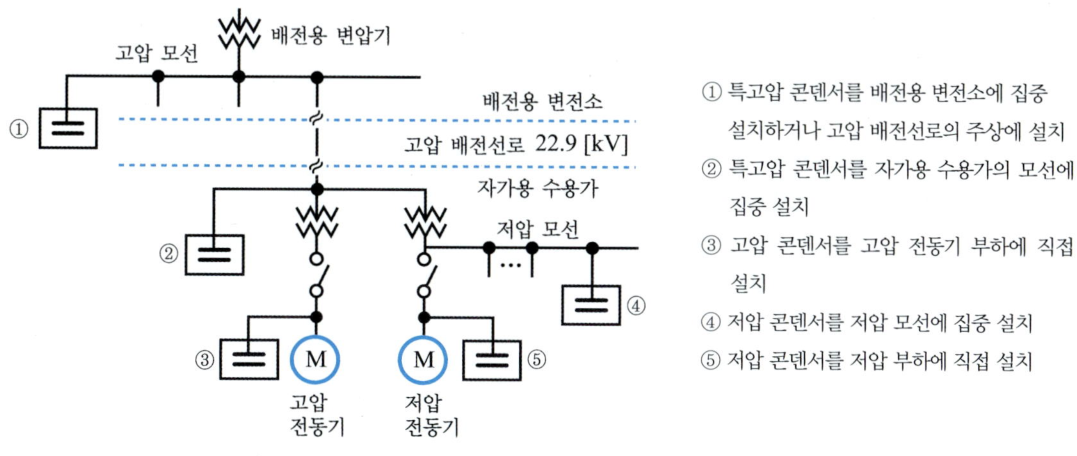

[그림 11-35] 전력용 콘덴서 설치 장소

방법 ①은 전기사업자, 즉 전력 회사 측에서 설치하는 것으로 특고압 전력용 콘덴서를 배전용 변전소에 집중 설치하여 선로에 병렬로 연결하거나 고압 배전선로의 주상에 설치한다. 방법 ② ~ ⑤는 자가용 수용가에서 설치할 때 사용한다. 방법 ②는 비교적 계약 전력이 많은 수용가에서 적용하는 방법으로 전력용 콘덴서를 설치할 면적을 옥외에 확보해야 한다. 방법 ③은 대용량의 고압 전동기는 병렬로 고압 전력용 콘덴서를 설치함으로써 역률을 보상시킨다. 방법 ⑤의 저압 콘덴서는 부하에 근접하여 설치되므로 역률 개선 효과가 크고 그 효과도 계통에 미친다는 장점이 있다. 하지만 현실적으로 모든 부하에 설치하기 어렵고, 특고압 콘덴서에 비해 비싸기 때문에 자가용 수용가에서는 일반적으로 방법 ④와 동일하게 저압 모선에 집중 설치한다.

3상 콘덴서 결선

단상 콘덴서 3대로 3상 결선을 할 때 콘덴서의 정전용량을 비교하면 다음과 같다.

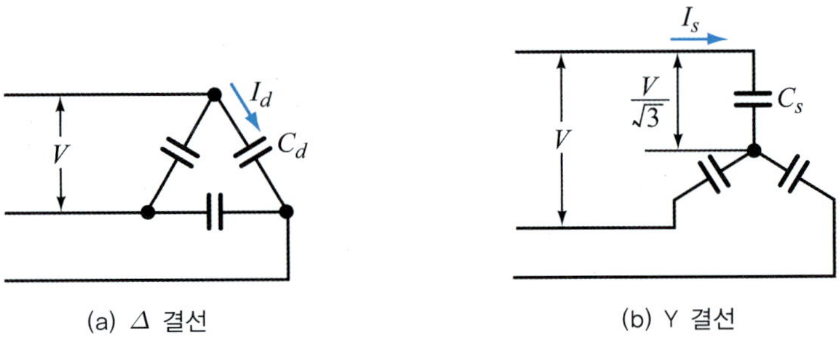

[그림 11-36] 전력용 콘덴서 결선

[그림 11-36(a)]와 같이 단상 콘덴서 3대로 Δ 결선을 할 경우 콘덴서의 정전용량은 다음과 같다.

$$Q = 3VI_d = 3\times 2\pi f C_d V^2 \times 10^{-9} \ [\text{kVA}]$$
$$C_\Delta = \frac{Q}{3\times 2\pi f V^2}\times 10^9 = \frac{Q}{6\pi f V^2}\times 10^9 = \frac{1}{3}C_s \tag{11.32}$$

- Q : 전력용 콘덴서의 용량 [kVA]
- C : 정전용량 [μF]
- V : 정격전압 [V]
- f : 주파수 [Hz]
- I_d : Δ 결선에서의 충전전류 [A]
- I_s : Y 결선에서의 충전전류 [A]

[그림 11-36(b)]와 같이 단상 콘덴서 3대로 Y 결선을 할 경우 콘덴서의 정전용량은 다음과 같다.

$$Q = \sqrt{3}\,VI_s = \sqrt{3}\times 2\pi f C_s \frac{V^2}{\sqrt{3}}\times 10^{-9} \ [\text{kVA}]$$
$$C_s = \frac{Q}{2\pi f V^2}\times 10^9 \ [\mu\text{F}] = 3C_\Delta \tag{11.33}$$

식 (11.32)와 식 (11.33)을 비교하면 3대의 단상 콘덴서를 Δ 결선할 경우 필요한 콘덴서의 정전용량은 Y 결선의 $\frac{1}{3}$이 된다. 따라서 콘덴서의 절연 등 특별한 이유가 없다면 콘덴서의 결선은 Δ 결선으로 해야 한다.

전력용 콘덴서 용량의 단위는 저압용의 경우 [μF]으로, 고압용의 경우 [kVAR] 대신에 [kVA]로 표시하는 것이 보통이다.

예제 11-21

10[kVA]의 전력용 콘덴서를 설치하고자 할 때 필요한 콘덴서의 정전용량[μF]을 구하라. 단, 사용전압은 380[V]이고, 주파수는 60[Hz]이다.

정답 61.26[μF]

풀이 먼저 콘덴서의 정전용량을 계산해보자. 식 (11.33)을 이용하여 Y 결선할 때 콘덴서의 정전용량을 계산하면 다음과 같다.

$$C_d = \frac{Q}{2\pi f V^2} \times 10^9 = \frac{10 \times 10^9}{2 \times 3.14 \times 60 \times 380^2} = 183.7[\mu\text{F}]$$

식 (11.32)를 이용하여 Δ 결선할 때 콘덴서의 정전용량을 계산하면 다음과 같다.

$$C_d = \frac{Q}{3 \times 2\pi f V^2} \times 10^9 = \frac{10 \times 10^9}{3 \times 2 \times 3.14 \times 60 \times 380^2} = 61.26[\mu\text{F}]$$

즉 Δ 결선할 때 콘덴서의 정전용량은 Y 결선할 때 콘덴서의 정전용량의 $\frac{1}{3}$이므로, 콘덴서의 절연에 문제가 없는 한 Δ로 결선한다.

역률 개선용 콘덴서의 용량 계산

전력 P의 부하역률을 $\cos\theta_1$에서 $\cos\theta_2$로 개선하기 위해 부하와 병렬로 용량이 Q_c인 콘덴서를 설치했을 때의 회로도와 벡터도를 [그림 11-37]에 나타냈다.

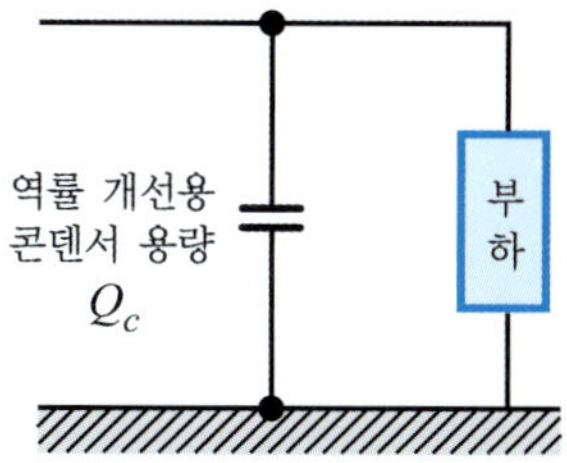

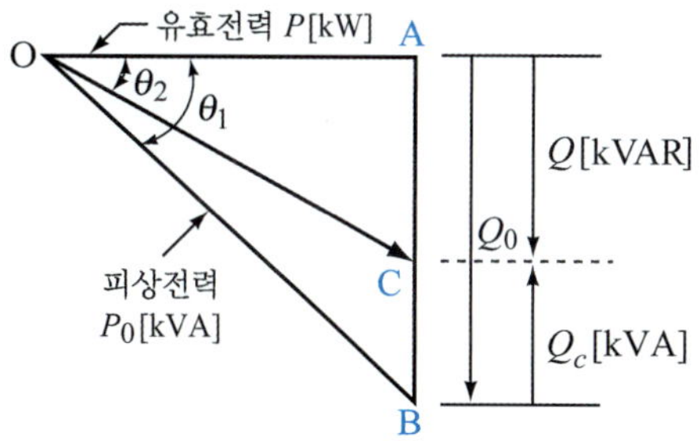

[그림 11-37] 역률 개선용 콘덴서 설치 전/후의 벡터도

역률 개선 전의 무효전력 Q_0는 [그림 11-37(b)]에서 직선 $\overline{AB}$에 해당하는 $P\tan\theta_1$이며, 역률 개선 후의 무효전력 Q는 직선 $\overline{AC}$에 해당하는 $P\tan\theta_2$가 된다. 따라서 역률을 개선하기 위해 필요한 역률 개선용 콘덴서의 용량 Q_c는 식 (11.34)와 같다.

$$Q_c = P(\tan\theta_1 - \tan\theta_2)\ [\mathrm{kVA}] \tag{11.34}$$

$\tan\theta = \dfrac{\sin\theta}{\cos\theta}$를 식 (11.34)에 대입하여 정리하면 식 (11.35)와 같다.

$$\begin{aligned} Q_c &= P\left(\frac{\sin\theta_1}{\cos\theta_1} - \frac{\sin\theta_2}{\cos\theta_2}\right) \\ &= P\left(\frac{\sqrt{1-\cos^2\theta_1}}{\cos\theta_1} - \frac{\sqrt{1-\cos^2\theta_2}}{\cos\theta_2}\right) \\ &= P\left(\sqrt{\frac{1}{\cos^2\theta_1} - 1} - \sqrt{\frac{1}{\cos^2\theta_2} - 1}\right)\ [\mathrm{kVA}] \end{aligned} \tag{11.35}$$

이와 같이 전력 P의 부하역률을 $\cos\theta_1$에서 $\cos\theta_2$로 개선하려면 용량이 Q_c인 콘덴서를 부하와 병렬로 설치해야 한다.

예제 11-22

어떤 공장의 3상 부하가 50[kVA], 역률($\cos\theta_1$)이 60[%](지상)라 한다. 역률($\cos\theta_2$)을 80[%]로 개선하기 위해 필요한 콘덴서의 용량[kVA]을 구하라.

정답 7.5[kVA]

풀이 부하가 피상전력으로 주어졌으므로, 이를 이용해 유효전력을 구하면 다음과 같다.

$$P = P_a\cos\theta = 50 \times 0.6 = 30\,[\mathrm{kW}]$$

식 (11.34)와 식 (11.35)를 이용해 역률 개선용 콘덴서의 용량을 계산하면 다음과 같다.

$$\begin{aligned} Q_c &= P(\tan\theta_1 - \tan\theta_2) \\ &= 30 \times \left(\frac{\sqrt{1-0.6^2}}{0.6} - \frac{\sqrt{1-0.8^2}}{0.8}\right) = 7.5\,[\mathrm{kVA}] \end{aligned}$$

예제 11-23

지상 역률 0.8의 부하 60[kW]를 사용 중인 공장에서 지상 역률 0.6의 부하 40[kW]를 추가로 설치하여 사용하려 한다. 이 공장의 합성 역률을 90[%]로 개선하기 위해서 필요한 전력용 콘덴서의 용량[kVA]을 구하라.

정답 50[kVA]

풀이 먼저 공장의 전체 유효전력을 계산하면 다음과 같다.

$$P = 60 + 40 = 100[\text{kW}]$$

공장의 무효전력은 지상 역률이 0.8인 부하와 0.6인 부하의 무효전력의 합으로 다음과 같이 계산한다.

$$P_{r1} = 60 \times \frac{0.6}{0.8} = 45[\text{kVAR}]$$

$$P_{r2} = 40 \times \frac{0.8}{0.6} = 53.3[\text{kVAR}]$$

$$P_r = 45 + 53.3 = 98.3[\text{kVAR}]$$

공장의 유효전력과 무효전력을 이용하여 피상전력을 구하면 다음과 같다.

$$P_a = \sqrt{P^2 + {P_r}^2} = \sqrt{100^2 + 98.3^2} = 140.224[\text{kVA}]$$

공장의 합성 역률을 구하면 다음과 같다.

$$\cos\theta_1 = \frac{P}{P_a} = \frac{100}{140.224} = 0.713$$

이를 벡터도로 그리면 다음과 같다.

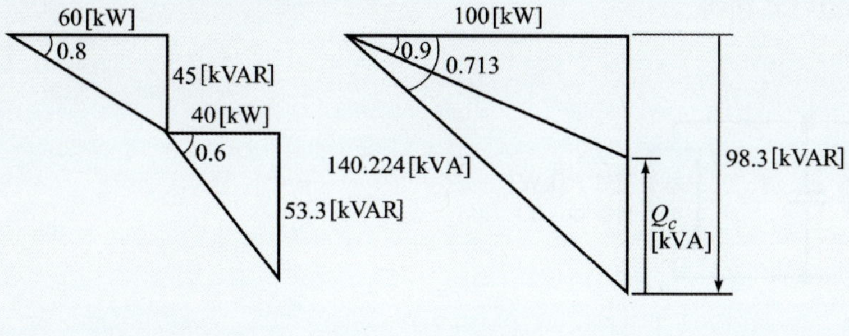

식 (11.34)를 이용하여 합성 역률 0.713을 0.9로 개선하는 데 필요한 전력용 콘덴서의 용량을 계산하면 다음과 같다.

$$\begin{aligned} Q &= P(\tan\theta_1 - \tan\theta_2) \\ &= 100 \times \left(\frac{\sqrt{1-0.713^2}}{0.713} - \frac{\sqrt{1-0.9^2}}{0.9} \right) \fallingdotseq 50[\text{kVA}] \end{aligned}$$

7 역률 개선 효과

역률 개선 시 전력손실 경감, 설비용량의 여유분 증가, 전압강하의 경감, 전기요금 저감의 효과를 얻을 수 있다.

전력손실 경감

역률이 $\cos\theta$일 때의 전력을 P라 할 때 발생하는 전력손실을 계산해보자. 먼저 전력 식으로부터 전류를 구하면 다음과 같다.

$$P = \sqrt{3}\,VI\cos\theta \ [\mathrm{kW}]$$
$$I = \frac{P}{\sqrt{3}\,V\cos\theta} \ [\mathrm{A}] \tag{11.36}$$

전선 한 가닥당 전력손실 P_l은 다음과 같다.

$$P_l = I^2 R = \frac{P^2 R}{3V^2\cos^2\theta} \ [\mathrm{kW}] \tag{11.37}$$

즉 전력손실은 역률의 제곱에 반비례하므로 역률이 개선되면 전력손실은 감소한다.

설비용량의 여유분 증가

[그림 11-38]과 같이 피상전력이 $P_a[\mathrm{kVA}]$인 변압기에서 유효전력 $P[\mathrm{kW}]$, 역률 $\cos\theta_1$, $W_1(=P_a)[\mathrm{kVA}]$의 부하에 전력을 공급하고 있을 때 전력용 콘덴서 $Q_c[\mathrm{kVA}]$를 병렬로 접속하여 역률을 $\cos\theta_2$로 개선하였다고 하자.

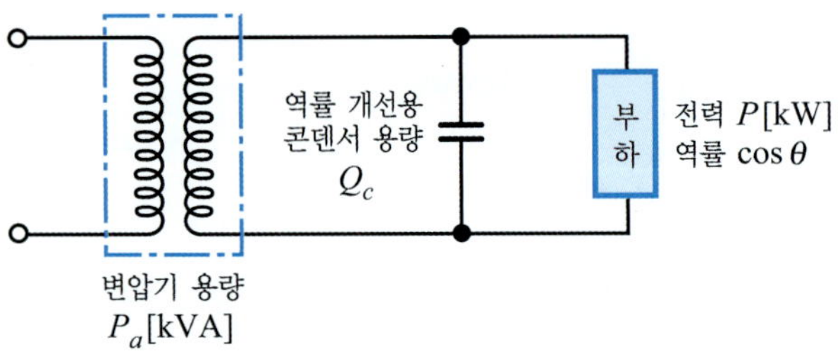

[그림 11-38] 역률 개선용 콘덴서 설치

이때 부하에 흐르는 전류가 감소하므로 변압기의 용량을 증가시키지 않아도 부하용량을 더 많이 사용할 수 있다. 이를 벡터도로 나타내면 [그림 11-39]와 같다.

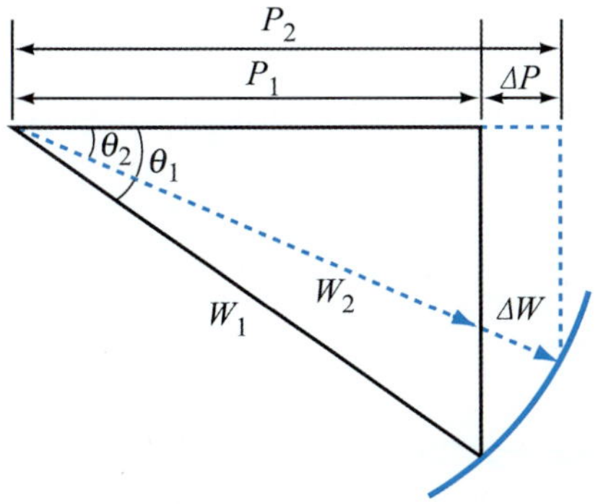

[그림 11-39] 역률 개선 후 벡터도

역률이 $\cos\theta_1$에서 $\cos\theta_2$로 개선되면 부하의 피상전력은 W_1에서 W_2로 감소한다. 즉 부하의 피상전력이 ΔW 만큼 감소하므로 변압기에서는 공급할 수 있는 여유가 생긴 것이다. 또한 유효전력은 P_1에서 P_2로 ΔP 만큼 증가되어, 변압기의 용량을 증설하지 않고 부하용량을 ΔP 만큼 더 사용할 수 있다. 이를 수식으로 표현하면 다음과 같다.

$$\Delta W = P_a\left(\frac{\cos\theta_2}{\cos\theta_1} - 1\right) \text{ [kVA]} \tag{11.38}$$

$$\Delta P = P_a(\cos\theta_2 - \cos\theta_1) \text{ [kW]} \tag{11.39}$$

예제 11-24

어느 공장의 변압기 용량이 1000[kVA]이다. 이 공장의 역률을 0.8에서 0.9로 개선하고자 할 때 필요한 전력용 콘덴서의 용량[kVA]과 증가시킬 수 있는 부하용량[kW]을 구하라. 단, 증가시키는 부하역률은 개선 전 역률과 동일한 0.8이다.

정답 212[kVA], 100[kW]

풀이 먼저 역률을 개선하기 전 공장의 유효전력을 계산하면 다음과 같다.

$$P = P_a\cos\theta_1 = 1000 \times 0.8 = 800\text{[kW]}$$

식 (11.34)를 이용하여 역률을 0.8에서 0.9로 개선하기 위한 콘덴서의 용량을 계산하면 다음과 같다.

$$\begin{aligned} Q_c &= P(\tan\theta_1 - \tan\theta_2) \\ &= 800 \times \left[\frac{\sqrt{1-0.8^2}}{0.8} - \frac{\sqrt{1-0.9^2}}{0.9}\right] = 212\text{[kVA]} \end{aligned}$$

또한 식 (11.39)를 이용하여 증가시킬 수 있는 부하용량을 계산하면 다음과 같다.

$$\Delta P = P_a(\cos\theta_2 - \cos\theta_1) = 1000 \times (0.9 - 0.8) = 100\text{[kW]}$$

전압강하의 경감

역률이 $\cos\theta_1$에서 $\cos\theta_2$로 개선되면 부하에 흐르는 전류도 줄어들게 되므로 전압강하가 줄어든다. 이를 벡터도로 표시하면 [그림 11-40]과 같다.

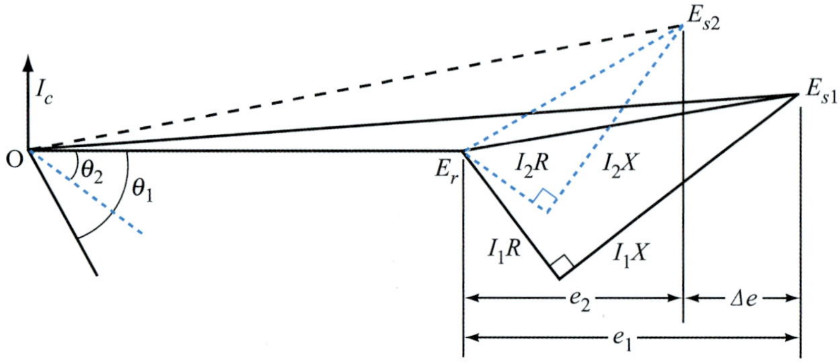

[그림 11-40] 역률 개선 후의 벡터도

역률 개선 전의 전압강하 e_1과 역률 개선 후의 전압강하 e_2를 수식으로 표현하면 다음과 같다.

$$e_1 = I(R\cos\theta_1 - X\sin\theta_1) = \frac{P_r}{E_r}(R + X\tan\theta_1) \ [\mathrm{kV}] \tag{11.40}$$

$$e_2 = I(R\cos\theta_2 - X\sin\theta_2) = \frac{P_r}{E_r}(R + X\tan\theta_2) \ [\mathrm{kV}] \tag{11.41}$$

- E_r : 수전단 전압 [kV]
- P_r : 부하의 유효전력 [kW]

식 (11.40)과 식 (11.41)을 비교하면 다음과 같다.

$$\Delta e = e_1 - e_2 = \frac{P_r X}{E_r}(\tan\theta_1 - \tan\theta_2) \tag{11.42}$$

이때 $\tan\theta_1 > \tan\theta_2$이므로 $e_1 > e_2$가 된다. 즉 역률이 $\cos\theta_1$에서 $\cos\theta_2$로 개선되면 전압강하 역시 경감되었음을 알 수 있다.

전기요금의 저감

전기 사업자는 수용가의 역률에 따라 다음과 같이 전기요금을 다르게 책정한다.

- **지상 역률에 의한 전기요금 경감**(09시 ~ 23시, 30분 단위 1개월 평균)
  - 지상 역률 91% ~ 95% : 매 1%당 기본요금의 0.2% 감액
  - 지상 역률 60% ~ 89% : 매 1%당 기본요금의 0.2% 추가

- **진상 역률에 의한 전기요금 추가**(23시 ~ 익일 09시, 30분 단위 1개월 평균)
  - 진상 역률 60% ~ 95% : 매 1% 당 기본요금의 0.2% 추가

따라서 수용가의 역률이 향상되면 전기요금을 절약할 수 있다.

예제 11-25

역률 개선용 전력용 콘덴서를 설치한 효과가 아닌 것은 무엇인가?

① 전력손실 경감　　② 전압강하의 경감

③ 설비용량의 여유분 증가　　④ 전압변동의 저감

정답 ④

풀이 역률 개선용 전력용 콘덴서를 설치한 효과로는 전력손실 경감, 전압강하의 경감, 설비용량의 여유분 증가, 전기요금의 저감 등이 있다.

8 배전선로의 전력손실 경감 대책

배전계통에서의 전력손실은 일반적으로 배전선로의 저항손과 변압기에서 발생하는 철손과 동손이며, 부하역률이 $\cos\theta$일 때의 전력을 P라 할 때 발생하는 전력손실은 다음과 같다.

$$\text{전력 } P = \sqrt{3}\, VI\cos\theta\ [\text{kW}] \tag{11.43}$$

$$\text{부하전류 } I = \frac{P}{\sqrt{3}\, V\cos\theta}\ [\text{A}] \tag{11.44}$$

$$\text{전력손실 } P_l = I^2 R = \frac{P^2 R}{3V^2\cos^2\theta}\ [\text{kW}] \tag{11.45}$$

배전선로에 흐르는 전류는 배전전압과 부하역률에 반비례하고, 배전선로에서 발생하는 손실은 배전전압과 부하역률의 제곱에 반비례하므로 배전전압이나 부하역률을 개선해야 손실을 경감할 수 있다.

배전선로 승압

배전선로의 전압을 높이면 송전할 수 있는 용량이 증가하므로 전력계통의 시설비를 줄일 수 있으며, 전압강하, 전압변동률, 전력손실을 감소시켜 수용가에 양질의 전력을 공급할 수 있다.

우리나라의 고압 배전계통은 3.3[kV], 6.6[kV]를 22.9[kV]로, 저압 배전선로를 110/220[V]에서 220/380[V]로 승압하여 사용하고 있다.

★ 배전선로 승압의 효과 ★

- 배전용량 증가
- 전력손실 경감
- 전압강하 방지
- 시설비 저감

예제 11-26

전압을 승압시켰을 때의 효과가 아닌 것은 무엇인가?

① 배전용량 증가 ② 전압강하의 경감

③ 전력손실의 경감 ④ 전선 규격의 증가

정답 ④

풀이 전압을 승압시킨다고 해서 전선의 규격이 증가하지는 않는다.

전선로에서의 대책

배전선로의 전력손실을 경감하기 위해 전선로에서 취할 수 있는 대책은 다음과 같다.

- 배전선로의 길이를 가능한 한 짧게 한다.
- 배전선로 전선의 재질을 변경하여 선로 저항을 줄인다.
- 배전선로의 불평형 전류를 감소시킨다.
- 변압기 철심의 손실을 줄일 수 있는 재질을 사용한다.
- 루프 방식이나 네트워크 방식으로 배전선로를 구성한다.

전력용 콘덴서 설치

전력손실은 부하의 역률의 제곱에 반비례하므로 부하와 병렬로 전력용 콘덴서를 설치하여 부하의 역률을 개선시킨다.

SECTION 11.4
배전선로 보호

배전선로는 수용가에 전력을 공급하는 선로이므로, 배전선로에서 고장이 발생하지 않도록 각별히 주의해야 한다. 이 절에서는 배전선로를 보호하기 위한 다양한 보호 방식에 대해 살펴본다.

Keywords | 과전류 계전 방식 | 선택 지락 계전 방식 | 자동 재폐로 차단기 | 자동 구간 개폐기 | 라인퓨즈 | 자동 부하 절체 개폐기 | 종합 배전 자동화 시스템 |

1 배전선로의 보호 방식

배전선로는 수용가에 전력을 공급하는 선로로, 대도시의 경우에는 지중화로 구성되어 있으나 외곽지 또는 농어촌의 배전선로는 가공 전선로로 되어 있다. 가공 전선로는 수목 등 외부 환경에 영향을 많이 받으므로 1선 지락사고에 의한 순간 정전고장이 많이 발생한다. 따라서 고장이 배전선로에 파급되지 않도록 재폐로 장치들을 설치하여 정전 구간을 최소한으로 유지하고 있다.

우리나라의 배전선로는 3상 4선식의 22.9[kV-Y]의 다중접지 방식을 채용하고 있으며, 배전선로에서의 사고는 단락과 지락으로 구분할 수 있다.

과전류 계전 방식

배전선로의 사고는 대부분 1선 지락사고이며 그 원인은 다음과 같다.

- 주상변압기의 소손
- 기타 기기의 절연파괴
- 수목 등과의 접촉
- 가공 전선의 1선 지락
- 고·저압 혼촉

1선 지락사고를 신속히 제거하지 않으면 배전선로 인근의 통신선에 유도장해를 일으킬 뿐 아니라 3상 단락사고로 이어지므로 보호계전기와 차단기로 고장 구간을 신속히 차단하여 사고파급을 방지해야 한다.

배전선로는 중성점 직접접지 방식을 채용하므로 지락사고가 발생할 경우 지락전류가 매우 크다. 또한 배전선로는 송전선로와는 달리 대부분 방사상으로 구성되어 있어 고장이 발생하면 고장전류는 한쪽 방향으로 흐른다.

배전용 변전소의 급전선(feeder)에는 단락과 지락사고가 발생할 경우 이를 신속하게 차단하기 위해 변류기의 잔류회로를 이용한 과전류 계전 방식을 적용하며 여기에 순간 정전 고장 시에도 계속하여 송전할 수 있도록 [그림 11-41]과 같이 재폐로 계전기(reclosing relay)를 설치한다.

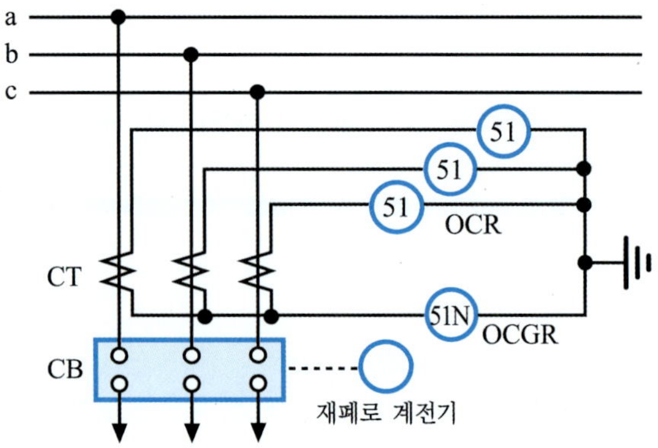

[그림 11-41] 중성점 직접접지 계통의 단락 및 지락 보호

예제 11-27

변압기 중성점 직접접지 방식을 사용하는 배전선로를 보호하기 위해 사용하는 것이 아닌 것은 무엇인가?

① 과전류 계전기(OCR) ② 지락 과전류 계전기(OCGR)
③ 선택 지락 계전기(SGR) ④ 변류기(CT)

정답 ③

풀이 선택 지락 계전기(SGR)는 비접지 방식의 배전선로를 보호하기 위해 사용한다.

선택 지락 계전 방식

비접지 방식에서 지락사고가 발생할 경우, 흐르는 지락전류의 크기가 매우 작아 잔류회로 방식으로는 지락전류를 검출할 수 없어 지락사고 시 발생하는 영상전류를 검출하여 지락사고를 차단한다. 또한 배전용 변전소에서 급전선(feeder)이 2회선 이상일 때는 고장 회선만 선택하여 차단해야 고장 구간을 최소화할 수 있다. 따라서 지락사고를 검출하기 위하여 배전용 변전소에서는 선택 지락 계전기(SGR)를 채용하고 있다.

비접지 방식의 변전소에서는 [그림 11-42]와 같이 각 급전선 인출구에 선택 지락 계전기(SGR)를 설치하고, 그 전압 코일에는 접지형 계기용 변압기(GPT)의 영상전압을 인가하고 전류 코일에는 각 급전선에 삽입한 영상 변류기(ZCT)에 의하여 영상전류를 흘린다. 따라서 선택 지락 계전기는 영상전압과 영상전류에 의해 지락이 발생한 고장 회선만 선택하여 차단할 수 있다.

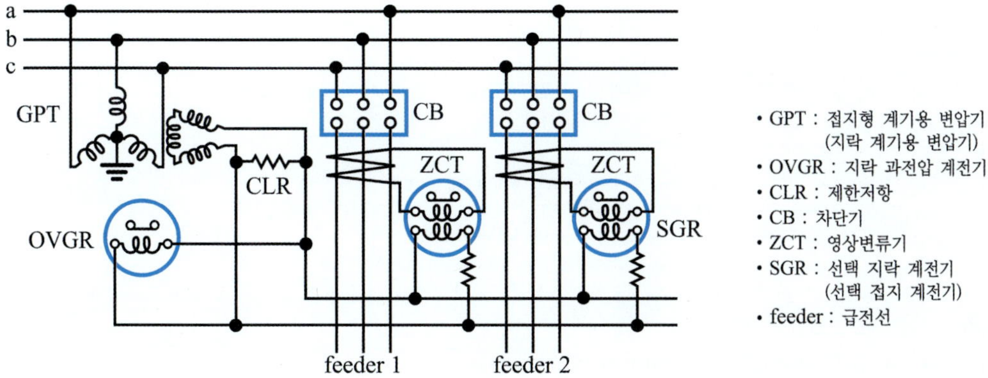

[그림 11-42] 비접지 방식의 지락 보호

즉 [그림 11-43]과 같이 고장점 F에서 대지를 통해 접지형 계기용 변압기(GPT)의 중성점을 흐르는 전류 I_n은 건전회선의 ZCT를 흐르는 영상전류와 반대 방향으로 흐른다. 따라서 고장회선과 건전회선의 ZCT의 영상전류 차이로 선택 지락 계전기(SGR)에서 고장선로를 선택하여 차단시킬 수 있다.

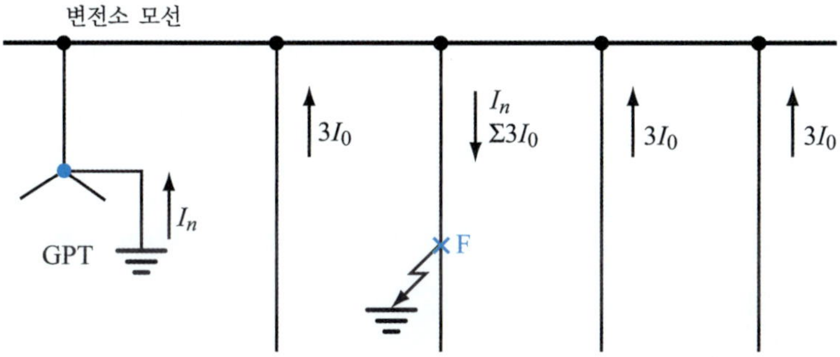

[그림 11-43] 비접지 방식에서 지락전류의 흐름

배전용 변전소뿐만 아니라 자가용 수용가에서도 일부 비접지 방식을 사용하고 있다. 접지형 계기용 변압기(GPT)와 제한 저항(CLR)의 용량을 [표 11-10]에 정리했다.

[표 11-10] 비접지 계통의 GPT 및 CLR 용량

구분	6.6[kV]	3.3[kV]	440[V]
CLR 용량	25[Ω]	50[Ω]	370[Ω]
GPT 용량	2[kW]	1[kW]	150[W]
영상전류 I_0	127[mA]		
최대지락전류 I_n	381[mA]		

예제 11-28

중성점 비접지 방식을 사용하는 배전선로에서 지락고장을 보호하기 위해 사용하는 것이 아닌 것은 무엇인가?

① GPT ② OCGR

③ SGR ④ OVGR

정답 ②

풀이 비접지 방식의 배전선로에서 지락고장을 보호하기 위하여 사용하는 것은 GPT, SGR, OVGR이다.

과전류 보호

일반적으로 저압 배전선로의 사고와 과부하를 보호하기 위해 퓨즈를 사용한다. 과전류 보호용 퓨즈로 배전 변압기 1차에는 고압퓨즈(COS : Cut Out Switch)를 사용하고, 2차에는 저압퓨즈(catch holder)를 사용한다.

수용가에서는 부하에서 발생하는 과전류로부터 배선을 보호하기 위해 배선용 차단기(MCCB : Molded Case Circuit Breaker)와 누전으로부터 보호하기 위한 누전 차단기(ELB : Earth Leakage Breaker)를 설치한다.

저압 배전선로에서 과전류 보호를 위해 사용하는 퓨즈는 전선의 허용전류 이상의 전류가 흐를 때 동작해야 하고, 또 사고 시의 정전 구역을 최소화하기 위해 각 퓨즈 간 용단 특성의 보호협조를 가져야 한다.

구분 개폐기 설치

고압 가공 배전선로에서는 선로 고장, 보수 공사 시에 전체 배전선로를 정전시키지 않고 배전선로의 일부 구간만을 정전하기 위해 구분 개폐기(section switch)를 설치한다. 대도시의 번화가 주택 밀집지역에서는 0.5[km]마다 외곽지에서는 1[km]마다 배전선로에 구분 개폐기를 설치한다.

구분 개폐기의 개폐장치는 선로의 최대 부하전류의 개폐에 지장이 없어야 하며, 3상 선로에 사용하는 개폐기는 3상이 동시에 조작되는 구조여야 한다.

2 배전선로의 보호협조

22.9[kV-Y] 배전선로에서 사용되는 보호장치는 배전용 변전소에 설치하는 보호계전기와 같이 동작 전류값, 동작 시간 등을 원하는 값으로 조정할 수 없다. 따라서 배전선로의 용량과 보호장치의 설치 위치를 적절히 선정해야 보호협조를 얻을 수 있다.

자동 재폐로 차단기

자동 재폐로 차단기(recloser)는 차단기와 재폐로 기구를 하나의 탱크 내에 내장한 것으로, 배전선로에 고장이 발생하였을 경우 고장을 검출하여 신속하게 배전선로를 차단하고, 일시적인 고장인 경우에는 일정 시간 동안 차단기를 개방하였다가 재투입하여 정상적으로 전력을 공급할 수 있게 한다. 자동 재폐로 차단기의 외관은 [그림 11-44]와 같다.

[그림 11-44] 자동 재폐로 차단기

일반적으로 자동 재폐로 차단기의 동작책무는 CO-15[s]-CO이다. 배전선로에서 발생한 고장이 지속(영구 고장)될 경우에는 2~3회 동안 차단, 투입의 반복동작을 한 뒤, 고장 구간을 계통에서 분리하여 고장 구간을 배전선로에서 차단시킨다. 설치 위치는 다음과 같다.

- 3상 자동 재폐로 차단기 : 간선과 3상 분기선
- 1상 자동 재폐로 차단기 : 분기선
- 자동 재폐로 차단기는 3대까지 직렬로 설치할 수 있다.
- 보호 장치 상호 간의 보호협조가 가능하도록 위치를 선정한다.

자동 구간 개폐기

자동 구간 개폐기(sectionalizer)는 부하전류를 개폐하는 능력은 있으나 배전선로에서 발생하는 고장전류를 차단하는 능력이 없어 단독으로 설치하지 못하고 후비에 자동 재폐로 차단기와 조합하여 사용한다. 자동 구간 개폐기의 외관은 [그림 11-45]와 같다.

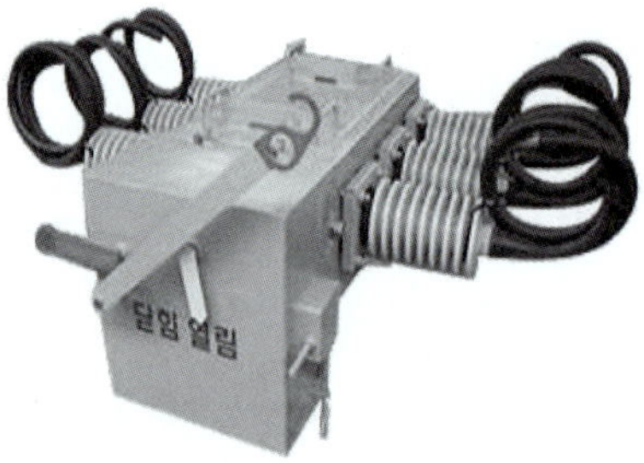

[그림 11-45] 자동 구간 개폐기

자동 구간 개폐기(S/E)는 자동 고장 구간 개폐기(ASS)와 유사한 것처럼 보이지만, S/E는 배전선로 보호용인 반면에 ASS는 수용가 설비 보호용으로 사용된다. 자동 구간 개폐기와 자동 고장 구간 개폐기의 특징을 비교하여 [표 11-11]에 정리했다. 여기서 축세 개방이란 무전압 상태에서 개폐기의 개방동작을 수행하는 것을 의미한다.

[표 11-11] 자동 구간 개폐기와 자동 고장 구간 개폐기 비교

구분	자동 구간 개폐기(S/E)	자동 고장 구간 개폐기(ASS)
용도	배전선로 보호용	수용가 보호용
정격전류[A]	400	200
선로 개방	축세 개방	축세 개방 800[A] 이하 고장전류 차단

배전선로에 고장이 발생하면 후비보호장치인 자동 재폐로 차단기의 동작에 의해 배전선로는 무전압 상태가 된다. 자동 구간 개폐기는 배전선로의 무전압 상태 횟수를 기억했다가 정정된 횟수에 도달하면 배전선로의 무전압 상태에서 고장 구간을 배전선로에서 분리하여 고장이 배전선로 전체에 파급되는 것을 방지한다.

자동 구간 개폐기의 설치 위치는 다음과 같다.

- 간선에서 분기되는 분기선에 설치한다.
- 후비보호장치로서 자동 재폐로 차단기가 있어야 한다.
- 자동 구간 개폐기는 2대까지 설치할 수 있으며, 자동 재폐로 차단기와 자동 구간 개폐기를 포함하여 4대까지 직렬로 설치할 수 있다.
- 보호장치 상호 간의 보호협조가 가능하도록 위치를 선정한다.

라인퓨즈

라인퓨즈(line fuse)는 배전선로의 분기선에 설치되는 퓨즈로, COS(Cut Out Switch)라고 한다. 중성점 다중 접지 방식인 22.9[kV-Y] 계통에서는 지락사고가 발생하면 큰 지락전류가 흐르기 때문에 부하에서 발생하는 지락고장을 라인퓨즈로 차단할 수 있다.

특히 배전용 변전소와 가까운 거리에 있는 단상 분기선이 고장나면 배전선로 전체의 정전을 초래할 수 있으므로 이를 방지하기 위해 [그림 11-46]과 같이 배전선로 말단에 라인퓨즈를 설치하는 것이 좋다.

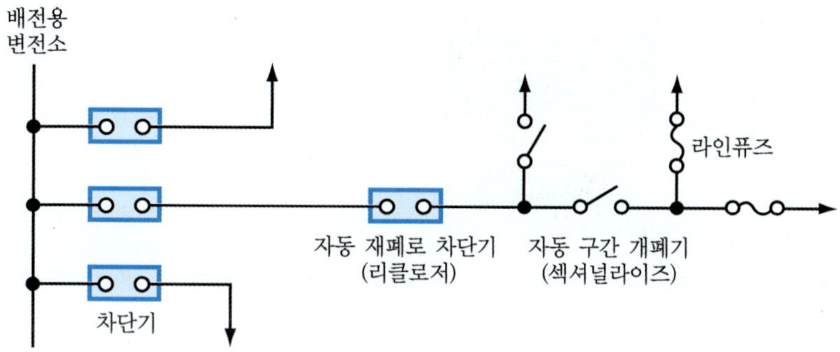

[그림 11-46] 자동 재폐로 차단기, 자동 구간 개폐기 및 라인퓨즈의 설치 예

이와 같이 배전용 변전소의 차단기와 자동 재폐로 차단기, 자동 구간 개폐기 및 라인퓨즈 상호 간의 협조를 도모하여 일시적인 배전선로 사고인 경우 자동 재폐로 차단기가 순시 동작 후의 재폐로 송전을 계속할 수 있다. 또한 배전선로의 지속적인 사고이면 자동 재폐로 차단기가 순시 동작 후의 지연동작을 반복하여 고장점에 가까운 자동 구간 개폐기의 동작으로 고장 선로를 분리하거나 고장점에 가까운 라인퓨즈를 용단시킴으로써 정전 구간을 최소화할 수 있다.

예제 11-29

자동 재폐로 차단기(R), 자동 구간 개폐기(S), 라인퓨즈(F)를 사용하여 배전선로의 보호협조를 하고자 할 때 그 조합으로 옳은 것은 어느 것인가? 단, 왼쪽은 변전소, 오른쪽은 부하 쪽이다.

① F - S - R　　② R - S - F

③ S - F - R　　④ S - S - R

정답 ②

풀이 배전선로의 보호협조 배열은 변전소로부터 자동 재폐로 차단기(R) - 자동 구간 개폐기(S) - 라인퓨즈(F) 순서이다.

자동 부하 절체 개폐기

자동 부하 절체 개폐기(ALTS : Automatic Load Transfer Switch)는 22.9[kV-Y] 중성점 다중접지 계통의 지중 배전선로에 사용되는 개폐기이다. 정전이 발생할 경우 큰 피해가 예상되는 수용가에 서로 다른 변전소에서 2중 전원을 확보하여 A 변전소에서 공급되는 상용전원의 정전이나 기준 전압 이하로 떨어진 경우에 B 변전소에서 공급되는 예비전원으로 순간 자동 전환되어 무정전 전원 공급을 하는 개폐기이다. 자동 부하 절체 개폐기의 설치 위치와 외관은 [그림 11-47]과 같다.

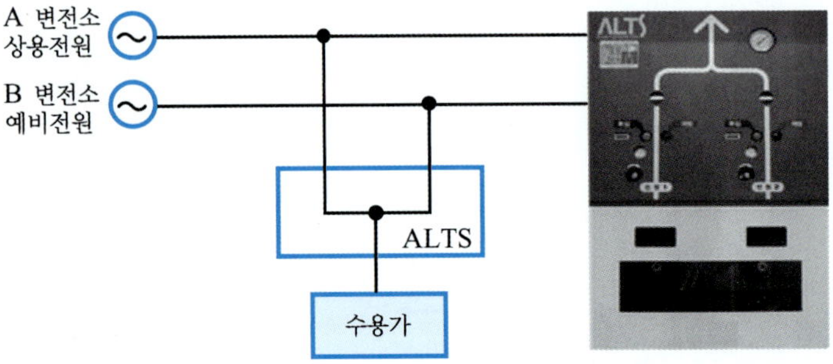

(a) 자동 부하 절체 개폐기의 설치 위치 (b) 외관

[그림 11-47] 자동 부하 절체 개폐기

자동 부하 절체 개폐기는 비상 시 예비전원으로 전환되었다가 상용전원이 정상적으로 복구되면 원 상태로 자동적으로 복구된다. 보통 수용가 인입구에 설치하며 제어함과는 일정 거리 이상 이격시켜야 충격에 의한 오작동을 방지할 수 있다.

자동 부하 절체 개폐기의 구조는 SF_6 가스 개폐기에 자동 전압 검출장치(voltage sensor), 전류 감지장치(current sensor), 전동 조작장치(motor drive) 등으로 구성된다. 공급전압이 일정한 값 이하(35[%] 이하)로 떨어지거나 일정한 값 이상(85[%] 정도)으로 회복되면 자동 전압 검출장치에 의해 동작하며, 순간정전에 의한 동작 방지를 위해 절체 시간을 0.1 ~ 10초 사이에서 조정할 수 있다.

3 배전 자동화

배전 자동화란 전력설비 운용의 효율성을 높이기 위해 중앙제어실에 설치된 컴퓨터를 이용하여 원거리에 산재되어 있는 배전선로용 개폐기의 개폐 상태 감시와 제어를 수행하고, 전압, 전류 등을 계측하며 고장이 발생하면 자동으로 고장 구간을 확인하여 배전선로 계통 운전을 자동으로 수행하는 시스템을 의미한다. 배전 자동화의 기능과 효과는 [표 11-12]와 같다.

[표 11-12] 배전 자동화의 기능과 효과

종류	기능	효과
배전선로 개폐기 감시 및 제어	• 선로 개폐기 상태 감시 • 사고 시 건전구역과 사고구역의 분리 • 작업 시 정전구역 부하 절환	• 정전 구간 및 정전 시간 축소 • 안전사고 예방 • 설비 이용률 향상
배전선로 관리 정보수집	• 급전선 부하 예측 • 전압변동 계측 • 사고예지 정보 수집	• 배전손실 경감 • 과부하 사고 예방 • 양질의 전기 공급
부하 집중제어	• 냉·난방 부하 제어 • 첨두부하 제어	• 전원설비 투자비 감소 • 고압수용가 수요제어
자동 검침	• 적산 전력량계 자동검침 • 부하분석	• 신속한 검침 및 비용 절감 • 검침시스템 다양화

종합 배전 자동화 시스템

종합 배전 자동화 시스템(TDAS : Total Distribution Automation System)은 배전선로용 자동화 개폐기의 상태 감시 및 원격제어, 변전소의 차단기 상태, 회선별 부하량, 고장 발생 구간 등의 정보를 제공하는 시스템을 의미한다. 종합 배전 자동화 시스템의 구성은 [그림 11-48]과 같다.

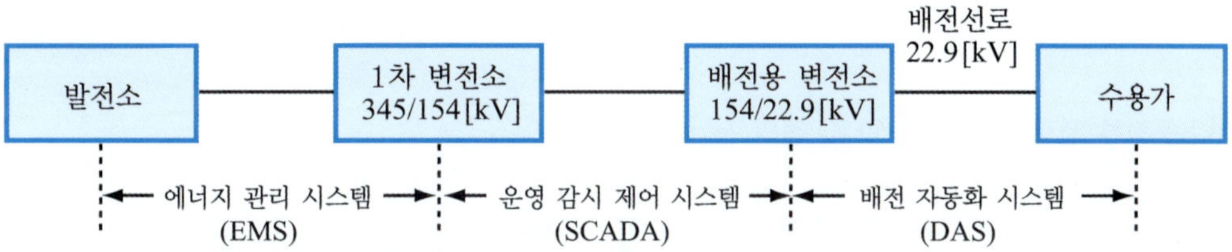

[그림 11-48] 종합 배전 자동화 시스템

- **에너지 관리 시스템**(EMS) : 발전소와 345[kV] 계통의 운전 상태를 감시 제어한다.
- **운영 감시 제어 시스템**(SCADA) : 154[kV] 계통을 감시 제어한다.
- **배전 자동화 시스템**(DAS) : 배전선로의 각종 개폐기를 감시 및 제어하고, 배전선로상의 관리 정보를 수집한다. 또한 수용가의 부하제어 및 원격검침을 수행한다.

CHAPTER

11 연습문제

11.1 다음 차단기 영어약자의 한글명과 영어명을 설명하라.

(a) OCB (b) ABB

(c) VCB (d) ACB

(e) MCCB

11.2 배전선의 말단에 단일 부하가 있는 경우와 배전선에 따라 균등한 부하가 분포되어 있는 경우 배전선 내의 전력손실을 비교하면 전자는 후자의 몇 배인가? 단, 송전단에서의 전류는 동일하다.

11.3 송전단 전압이 3.4[kV], 수전단 전압이 3[kV]인 배전선로에서 수전단의 부하를 끊은 경우의 수전단 전압이 3.2[kV]가 되었다. 이때의 전압변동률을 구하라.

11.4 다음 직류 선로에서 B, C, D 각 점의 전압을 구하라.

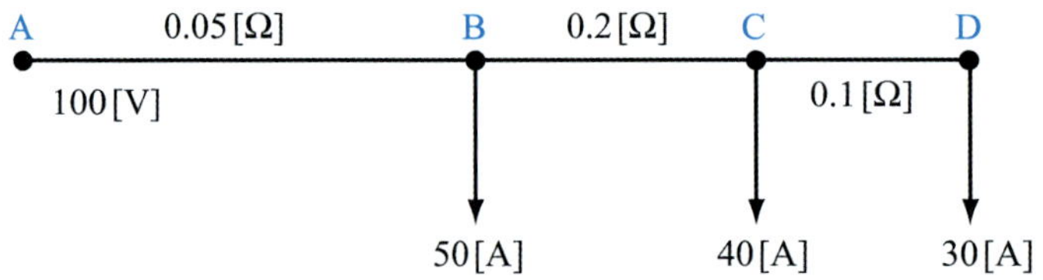

11.5 다음 그림에서와 같이 부하가 균일한 밀도로 도중에서 분기되어 선로전류가 송전단에 이를수록 직선적으로 증가하고 있다. 이 송전단 전류와 같은 전류의 부하가 선로의 말단에만 집중되어 있을 때 선로의 전압강하는 전압강하의 대략 몇 배인가? 단, 부하역률은 모두 같다고 한다.

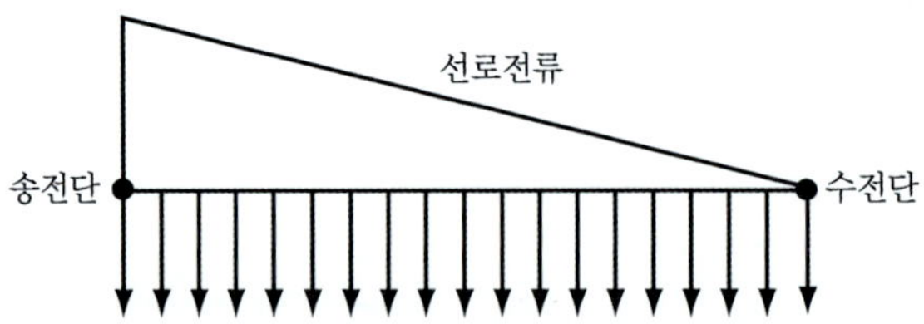

CHAPTER

12

부하 특성과 자가용 수용가

전기를 생산하고 운용하려면 배전선로에 연결된 설비를 비롯한 부하의 특성을 먼저 파악해야 한다. 이때 전력회사로부터 공급받는 수용률, 부등률, 부하율 등 부하 특성을 고려하여 선정한다. 이 장은 변압기와 자가용 수용가를 구성하는 설비와 자가용 수용가에서의 고장계산 방법에 대하여 정확하게 이해하는 것을 목표로 한다.

CONTENTS

SECTION 12.1

전력설비의 부하 특성

배전계통은 수용가에 양질의 전력을 공급할 수 있도록 계획되어야 한다. 전력을 공급하는 전기사업자는 연간 발생하는 최대 소비전력을 반영하여 충분한 전력을 확보해야 하는데, 수용가의 부하는 매년 증가하고 있다. 그러나 배전선로에 연결된 수용가의 전력설비는 사용 시간대가 각각 다르며, 계절별 영향도 받으므로 배전계통의 전력을 계획할 때에는 배전선로에 연결된 설비의 용량을 포함한 설비의 여러 특성들을 고려해야 한다. 이 절에서는 전력설비와 각 부하의 특성에 대해 살펴보자.

Keywords | 수용률 | 부등률 | 부하율 |

1 수용률

수용가에서는 전기사업자와 전기 사용에 대한 계약을 하게 되는데 이를 계약전력이라 한다. 계약전력은 일반적으로 수용가의 변압기 용량을 의미하며, 이때 변압기 용량은 최대 수용전력으로 보아도 무방하다.

배전계통이나 자가용 수용가에서 변압기의 용량(최대 수용전력)을 산정할 때에는 변압기에 연결된 모든 부하설비의 용량을 합한 만큼의 변압기 용량을 준비할 필요는 없다. 왜냐하면 수용가의 변압기에 연결되어 있는 부하설비 전부가 동시에 사용되는 일이 거의 없기 때문이다. 즉 부하설비의 합계보다 변압기의 용량이 작은 것이 보통이다.

수용가의 최대 수용전력과 부하설비 용량의 합계와의 비를 **수용률**(demand factor)이라 하며, 식 (12.1)과 같이 계산한다. 수용률은 백분율로 표시하는데 통상 100[%]보다는 작다.

$$\text{수용률} = \frac{\text{최대 수용전력[kW]}}{\text{부하설비 합계[kW]}} \times 100\,[\%] \tag{12.1}$$

수용률은 부하의 종류, 사용기간, 계절 등에 따라서 다르다. 일반적으로 건물의 종류와 부하의 종류 등에 따라 적용하는 수용률은 [표 12-1]과 같다.

[표 12-1] 여러 가지 수용률

(a) 건물 종류에 따른 수용률(출처 : 내선규정 표3315-11)

건물의 종류	수용률[%]	
	10[kVA] 이하	10[kVA] 초과
주택, 아파트, 기숙사, 여관, 호텔, 병원, 창고	100	50
사무실, 은행, 학교	100	70

(b) 부하 종류에 따른 수용률(출처 : 전기설비설계시공견적핸드북 4p)

부하의 종류		수용률[%]
냉방, 환기용 동력		100
일반 동력	최대입력전동기	100
	다음 두 번째	80
	나머지 모두	60

(c) 건물 종류에 따른 종합 수용률(출처 : 건축전기설비설계기준 부록3)

건물의 종류 / 구분	사무소		백화점		종합병원		호텔	
	범위	평균	범위	평균	범위	평균	범위	평균
일반전등전열	57~83	70	59~92	75	45~75	60	49~71	60
일반동력	38~72	55	47~83	65	40~70	55	42~68	55
OA기기	42~78	60	–	–	–	–	–	–
냉방동력	59~91	75	65~95	80	70~100	85	64~96	85
비상동력	–	–	54~86	70	43~87	60	–	–
비상전등전열	–	–	–	–	45~75	60	–	–
공용부하	–	–	–	–	–	–	44~66	55
심야전력	55~95	75	–	–	–	–	–	–
종합수용률	32~60	–	42~56	–	24~50	–	55~79	–

예제 12-1

어느 오피스 건축물의 부하를 조사한 결과는 다음과 같다. 이때 이 건축물에 설치해야 할 변압기 용량[kVA]을 구하라. 단, 종합 역률은 80[%]이다.

구분	전등부하	일반부하	소방부하	공조부하	냉방부하
용량[kW]	280	380	250	300	180
수용률[%]	70	50	100	80	80

변압기의 표준용량[kVA]									
800	900	1000	1100	1200	1300	1500	1800	2000	2500

정답 1300[kVA]

풀이 먼저 각 부하에 [표 12-1]의 수용률을 적용하여 부하용량을 구하면 다음과 같다.

부하	용량[kW]	수용률[%]	부하용량[kW]
전등부하	280	70	196
일반부하	380	50	190
소방부하	250	100	250
공조부하	300	80	240
냉방부하	180	80	144
합계			1020

수용률을 적용한 부하 합계를 종합 역률로 나누어 피상전력을 계산하면 다음과 같다.

$$\text{피상전력[kVA]} = \frac{\text{유효전력}}{\text{종합 역률}} = \frac{1020}{0.8} = 1275\text{[kVA]}$$

계산된 변압기 용량은 1275[kVA]이지만, 표준 용량이 아니므로 표에 제시된 차상위 표준용량을 선택하면 1300[kVA]가 된다.

2 부등률

수용가의 변압기에 연결되어 있는 모든 부하설비가 동시에 사용되는 일이 거의 없는 것처럼 하나의 배전선로에 연결되어 있는 각 수용가에서 최대 수용전력이 동시에 발생하는 일 역시 거의 없다. 왜냐하면 각 수용가에서 최대 수용전력이 발생하는 시간차가 있기 때문이다.

따라서 하나의 배전선로에 연결되어 있는 각 수용가에서 최대 수용전력의 합계는 그 배전선로의 종합 최대 수용전력(합성 최대전력)[1] 보다 크다. 이때 각 수용가에서 최대 수용전력이 발생하는 시간의 분산을 **부등률**(diversity factor)이라 하며, 이는 1보다 크다. 또한 부등률은 백분율로 나타내지 않는다.

$$\text{부등률} = \frac{\text{각 수용가의 최대 수용전력의 합계}}{\text{합성 최대전력}} > 1 \tag{12.2}$$

어느 구역에 전력을 공급할 배전용 변압기의 용량을 산정하는 방법은 다음과 같다.

❶ 각 수용가의 설비용량의 합계에 수용률을 곱하여 각 수용가의 최대 수용전력을 구한다.

1 수요전력이라고도 불린다.

❷ 각 수용가의 최대 수용전력의 합계를 수용가 간 부등률로 나눈다.

❸ 부등률로 나눈 값이 어느 구역에 실제 걸릴 최대 수용전력(합성 최대전력)이 된다.

❹ 이 합성 최대전력에 여유율, 이용률 등을 고려하여 배전용 변압기 용량을 결정한다.

부등률에는 배전선 간 부등률, 주상변압기 간 부등률, 수용가 간 부등률 등이 있으며 설비의 필요 용량을 산정할 때 사용한다. 부등률을 적용하는 다양한 예를 [표 12-2]에 정리했다.

[표 12-2] 부등률의 적용 예

공급점	부하 종류	부등률	비고
주상변압기	조명 수용가	1.14	1.02 ~ 1.27
	동력 수용가	1.58	1.14 ~ 1.36
배전간선	조명 수용가	1.35	고압 배전선로
	전동기 수용가	1.15	
	조명 변압기	1.18	
	전동기 변압기	1.36	
	전등과 동력 변압기 상호 간	1.10	
	동력 변압기 상호 간	1.36	
1차 변전소	배전간선	1.09	자가용 변전설비 적용
2차 변전소	배전용 2차 변전소	1.03	

전기사업자로부터 특고압을 공급받는 자가용 수용가에서는 필요한 전압으로 낮추기 위해 변압기를 사용하는데 일반적으로 일단 전압강하 방식과 다단 전압강하 방식을 사용한다. 일단 전압강하 방식에서는 부등률을 적용할 수 없지만, 다단 전압강하 방식에서는 1차 변압기와 2차 변압기 간에 부등률을 적용할 수 있다.

예제 12-2

어느 건축물의 수전설비가 다음 그림과 같이 2단 전압강하 방식으로 구성되어 있는 경우 1차 변압기와 2차 전등 변압기와 동력 변압기의 용량[kVA]을 구하라. 단, 역률은 1이다.

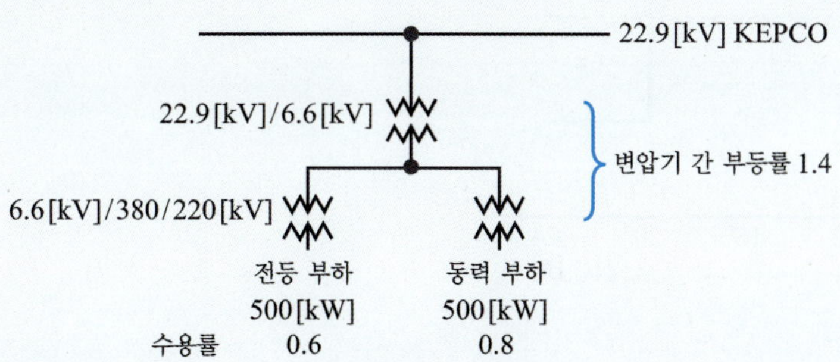

정답 500[kVA]

풀이 먼저 수용률을 적용한 최대 수용전력을 계산하고, 전등과 동력 변압기의 용량을 결정한다. 전등의 최대 수용전력은 전등의 용량 500[kW]와 수용률 0.6의 곱으로 다음과 같이 계산한다.

$$500 \times 0.6 = 300[\text{kVA}]$$

따라서 전등 변압기의 용량은 300[kVA]이다. 같은 방법으로 동력의 최대 수용전력을 구하면 다음과 같다.

$$500 \times 0.8 = 400[\text{kVA}]$$

따라서 동력 변압기의 용량은 400[kVA]이다. 이제 변압기 간 부등률을 적용한 1차 변압기 용량을 계산하면 다음과 같다.

$$\begin{aligned} \text{1차 변압기 용량} &= \frac{\text{전등 변압기 용량} + \text{동력 변압기 용량}}{\text{변압기 간 부등률}} \\ &= \frac{300+400}{1.4} = 500[\text{kVA}] \end{aligned}$$

3 부하율

일반적으로 수용가에서 소비하는 전력은 계절적 요인과 부하 특성에 따라 시간적으로 변한다. 시간에 따른 부하의 변동을 그래프로 나타낸 것을 **부하곡선**(load curve)이라 한다.

이 부하곡선은 부하의 특성을 조사할 때 기본이 되는 요소이며, 기간에 따라서 일(日)부하곡선, 월(月)부하곡선, 연(年)부하곡선 등으로 나눈다. 일부하곡선의 예를 [그림 12-1]에 나타냈다.

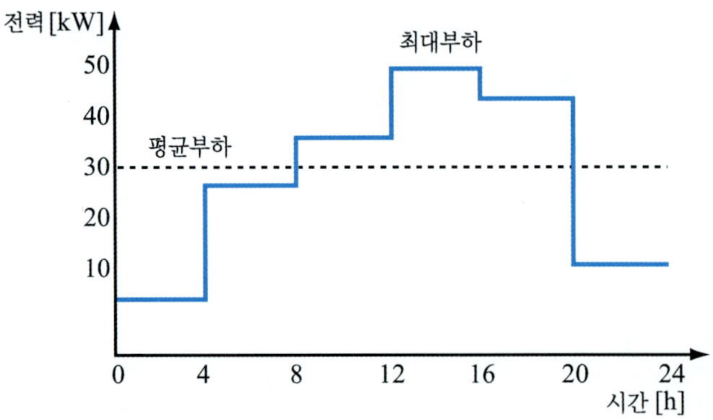

[그림 12-1] 일부하곡선의 예

[그림 12-1]과 같은 일부하곡선의 면적은 수용가에서 1일 동안 소비된 전체 전력량을 나타내며, 점선으로 표시된 평균전력은 다음과 같다.

$$\text{평균전력} = \frac{\text{어느 기간 동안의 소비전력량 [kWh]}}{\text{그 기간 동안의 시간 [h]}} \tag{12.3}$$

어느 기간 동안의 평균전력과 최대전력과의 비를 **부하율**(load factor)이라 한다. 부하율은 어느 수용가에서 전기설비가 유용하게 이용되는 정도를 나타낸다. 이를 수식으로 표현하면 다음과 같다.

$$\begin{aligned} \text{부하율} &= \frac{\text{평균부하 [kW]}}{\text{최대부하 [kW]}} \times 100\ [\%] \\ &= \frac{\text{평균 수용전력 [kW]}}{\text{최대 수용전력 [kW]}} \times 100\ [\%] \end{aligned} \tag{12.4}$$

수용가의 부하율이 높다는 것은 수용가에 설치된 전기설비가 효율적으로 사용되고 있음을 의미한다. 그러나 전기설비는 부하 특성, 시간적 요인, 계절적 요인에 의하여 연(年)부하율이 낮아지는 특성이 있다.

예제 12-3

1일 소비전력량이 120[kWh], 최대전력이 10[kWh]인 공장의 부하율을 구하라.

정답 50 [%]

풀이 평균전력은 1일 소비전력량을 24시간으로 나누어 구할 수 있다.

$$\text{평균전력} = \frac{\text{1일 소비전력량}}{\text{24시간}} = \frac{120}{24} = 5\,[\text{kW}]$$

식 (12.4)에 평균전력을 대입하여 부하율을 계산하면 다음과 같다.

$$\text{부하율} = \frac{\text{평균 수용전력[kW]}}{\text{최대 수용전력[kW]}} \times 100 = \frac{5}{10} \times 100 = 50\ [\%]$$

우리나라의 전기사업자는 부하율을 향상시키기 위해 최대 수요 억제, 최대 수요 이전, 기저부하 증대 등의 방법을 채택하고 있다. 수요 관리 방법을 [표 12-3]에 정리했다.

[표 12-3] 수요 관리 방법

구분	최대 수요 억제	최대 수요 이전	기저부하 증대
형태	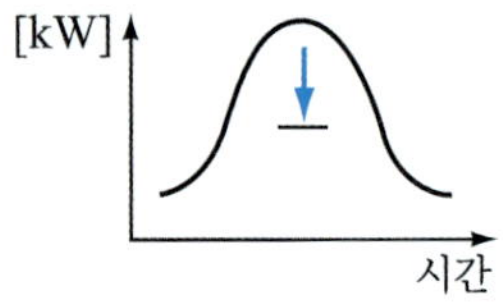	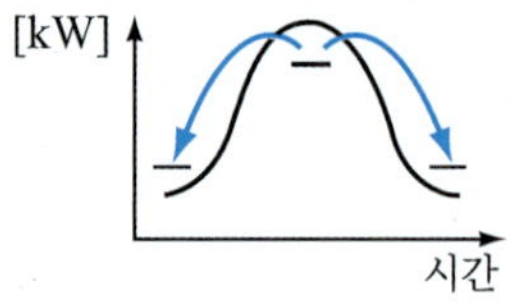	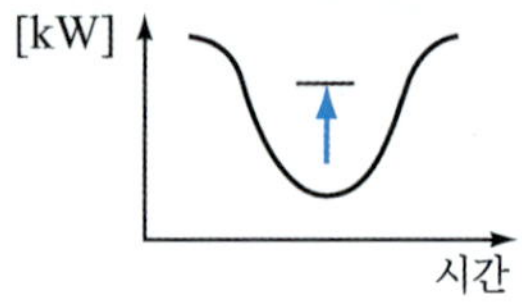
방법	최대 수요를 억제	피크 시간대의 전력 사용을 경부하 시간대로 이전	심야시간대의 전기 사용방안 마련

예제 12-4

우리나라 전기사업자가 시행하는 수요 관리 방법이 아닌 것은?

① 최대 수요 억제　② 최대 수요 이전

③ 기저부하 증대　④ 변전소의 통합

정답 ④

풀이 우리나라 전기사업자가 사용하는 수요 관리 방법에는 최대 수요 억제, 최대 수요 이전, 기저부하 증대가 있다.

4 수용률, 부등률, 부하율과의 관계

각 수용가의 수용률이 모두 같다고 가정하면 수용률과 부등률의 관계를 계산할 수 있다. 먼저 식 (12.1)로부터 최대 수용전력을 구하면 다음과 같다.

$$\text{최대 수용전력} = \text{부하설비 합계} \times \text{수용률} \qquad (12.5)$$

식 (12.2)로부터 합성 최대전력을 구하면 다음과 같다.

$$\text{합성 최대전력} = \frac{\text{각 수용가의 최대 수용전력의 합계}}{\text{부등률}} \qquad (12.6)$$

식 (12.6)에 식 (12.5)를 대입하면 다음과 같다.

$$\text{합성 최대전력} = \text{각 수용가의 부하설비 용량의 합계} \times \frac{\text{수용률}}{\text{부등률}} \qquad (12.7)$$

이렇게 구한 합성 최대전력을 기준으로 여유율을 고려하여 변압기의 용량을 산정할 수 있다. 합성 최대전력과 부하율 사이의 관계를 구하기 위해 식 (12.7)을 식 (12.4)의 분모에 대입하면 다음과 같다.

$$\text{부하율} = \frac{\text{평균 수용전력[kW]}}{\text{각 수용가의 부하설비 용량의 합계[kW]}} \times \frac{\text{부등률}}{\text{수용률}} \times 100\ [\%] \qquad (12.8)$$

즉 부하율은 부등률에 비례하고 수용률에 반비례한다.

★ 수용률, 부등률, 부하율 ★

- $\text{수용률} = \dfrac{\text{최대 수용전력 [kW]}}{\text{부하설비 합계 [kW]}} \times 100$
- $\text{부등률} = \dfrac{\text{각 수용가의 최대전력의 합계}}{\text{합성 최대전력}} > 1$
- $\text{부하율} = \dfrac{\text{평균부하 [kW]}}{\text{최대부하 [kW]}} \times 100$

$$= \frac{\text{평균 수용전력[kW]}}{\text{각 수용가의 부하설비 용량의 합계[kW]}} \times \frac{\text{부등률}}{\text{수용률}} \times 100$$

예제 12-5

설비용량의 합계 100[kW], 수용률 70[%], 부하율 80[%]인 수용가의 최대 수용전력[kW]과 평균전력[kW]을 구하라.

정답 70[kW], 56[kW]

풀이 식 (12.5)를 이용하여 최대 수용전력을 구하면 다음과 같다.

$$\text{최대 수용전력} = \text{부하설비 합계} \times \text{수용률} = 100 \times 0.7 = 70\text{[kW]}$$

식 (12.4)를 이용하여 평균전력을 구하면 다음과 같다.

$$\text{평균전력} = \text{최대 수용전력} \times \text{부하율} = 70 \times 0.8 = 56\text{[kW]}$$

SECTION 12.2

변압기와 수용가의 전기설비

이 절에서는 수용가에서 사용하는 전기설비의 종류와 여러 변압기를 결선하고 병렬운전하는 방법을 살펴본다. 또한 자가용 수용가에서 사용하는 변압기의 종류와 기중 부하 개폐기, 고장 구간 자동 개폐기, 계기용 변성기, 전력퓨즈와 같은 전기설비에 대해 배운다.

Keywords | 전기설비의 종류 | 자가용 전기설비 | 정식 수전설비 | 간이 수전설비 | 자가용 수용가의 변전실 | 변압기 결선 | 변압기 병렬운전 | 자가용 수용가에서의 변압기 | 기중 부하 개폐기 | 고장 구간 자동 개폐기 | 계기용 변성기 | 전력퓨즈 | 전력용 콘덴서 |

1 전기설비의 종류

전기설비는 전기사업법에 따라 전기사업용 전기설비, 일반용 전기설비, 자가용 전기설비로 구분한다.

전기사업용 전기설비

전기사업용 전기설비란 전기설비 중 전기사업자가 전기사업에 사용하는 전기설비를 의미한다. 즉 전기를 생산하여 판매하는 목적으로 설치하는 발전소, 변전소, 송전설비, 배전설비 등으로 주로 한국전력공사의 설비가 해당된다.

일반용 전기설비

일반용 전기설비란 한정된 구역에서 전기를 사용하기 위해 설치하는 소규모의 전기설비를 의미한다.

- 저압으로 수전하고 수전용량 75[kW] 미만(제조업 및 심야전력은 100[kW] 미만)인 사용설비
- 저압의 10[kW] 미만인 비상용 예비발전기설비

자가용 전기설비

자가용 전기설비란 전기사업용 전기설비 및 일반용 전기설비 외의 전기설비를 의미한다.

- 고압 이상으로 수전하여 사용하는 전기설비
- 저압으로 수전하나 수전용량 75[kW] 이상(제조업 및 심야전력은 100[kW] 이상)인 사용설비
- 10[kW] 이상인 비상용 예비발전기설비

- 저압으로 수전하나 다음 조건에 해당되는 경우 전기설비는 자가용 전기설비로 본다.
  - 총포, 화약류 등 단속법에서 규정하는 화약류를 제조하는 사업장
  - 광산 보안법에 의한 갑종탄광
  - 도시가스사업법에 의한 도시가스사업장, 액화석유가스의 안전 및 사업관리법에 의한 액화석유가스의 저장충전 및 판매사업장, 고압가스안전관리법에 의한 위험물의 제조저장 장소
  - 소방법에 의한 위험물 제조소
  - 수전용량이 20[kW] 이상인 다음 장소
    - 극장, 영화관, 관람장 및 연예장 등 공연장, 집회장 또는 공공 회의장
    - 대규모 점포, 상점가, 예식장, 병원 또는 호텔

예제 12-6

전기사업법상 전기설비를 구분한 것이 아닌 것은 무엇인가?

① 사업용 전기설비　　② 자가용 전기설비

③ 일반용 전기설비　　④ 임대용 전기설비

정답 ④

풀이 전기설비는 전기사업법에 따라 전기사업용 전기설비, 일반용 전기설비, 자가용 전기설비로 구분한다.

2 자가용 전기설비

자가용 전기설비는 수전설비의 용량에 따라 정식 수전설비와 간이 수전설비로 구분한다. 수전설비의 용량이 1000[kVA]를 초과하면 정식 수전설비라 하고, 1000[kVA] 이하인 경우에는 간이 수전설비라 한다. 이때 정식 수전설비에는 차단기를 설치하지만, 간이 수전설비에는 차단기를 설치하지 않는다.

정식 수전설비

수전설비의 용량이 1000[kVA]를 초과하는 경우에는 **정식 수전설비**를 설치해야 한다. 정식 수전설비는 보호계전기와 차단기를 조합하여 과부하, 단락 및 지락 등의 고장으로부터 기기를 보호하는 형태로 다음과 같이 3가지 경우가 있다.

- 차단기를 계기용 변성기(MOF) 1차 측에 설치하는 경우
- 차단기를 계기용 변성기(MOF) 2차 측에 설치하는 경우
- 차단기 2차 측에 계기용 변류기(CT)를 설치하는 경우

이 중 차단기를 계기용 변성기(MOF) 2차 측에 설치하는 경우 특고압 수전설비 결선도는 [그림 12-2]와 같다.

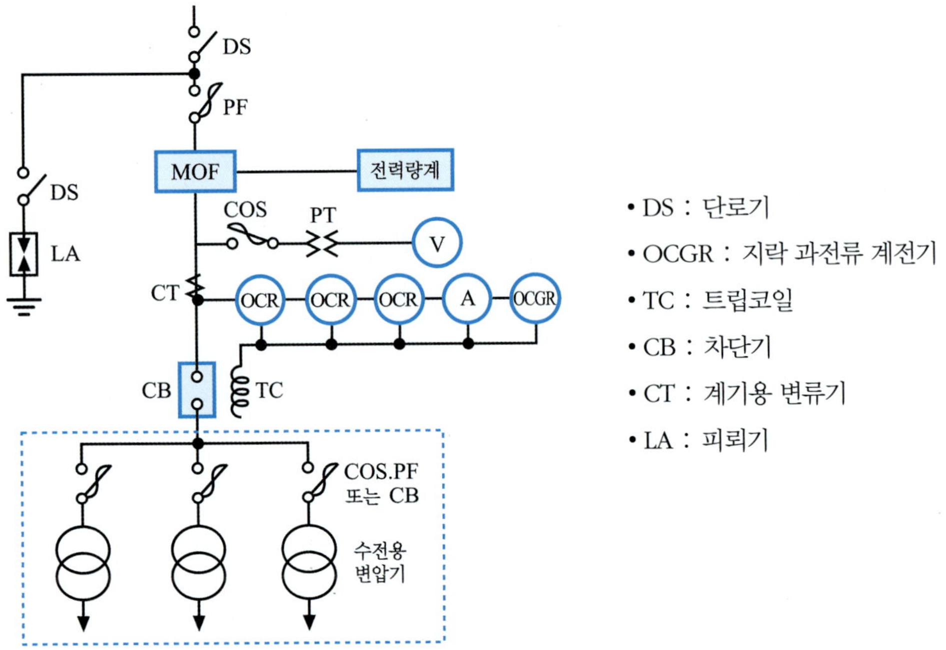

[그림 12-2] 특고압 수전설비 결선도(차단기를 MOF 2차 측에 설치하는 경우)

간이 수전설비

수전설비의 용량이 1000[kVA] 이하인 경우에는 **간이 수전설비**를 설치한다. 특고압 간이 수전설비의 단선 결선도와 측면 설치 상세도는 [그림 12-3]과 같다.

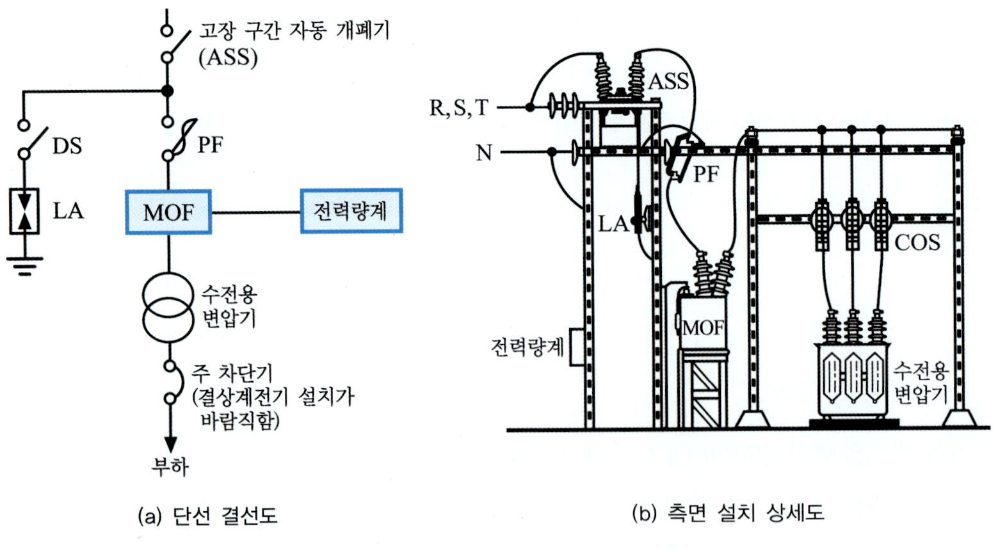

[그림 12-3] 특고압 간이 수전설비 결선도

예제 12-7

자가용 전기설비에서 정식 수전설비와 간이 수전설비의 가장 큰 차이는 무엇인가?

① 차단기의 설치 여부　　② 전력퓨즈의 설치 여부

③ 변류기의 설치 여부　　④ 변압기의 설치 여부

정답 ①

풀이 자가용 전기설비에서 정식 수전설비와 간이 수전설비의 가장 큰 차이는 차단기의 설치 여부이다. 차단기가 설치되어 있는 경우 정식 수전설비라 하며, 차단기가 설치되어 있지 않으면 간이 수전설비라 한다.

3 자가용 수용가의 변전실

최근 자가용 수용가의 설비용량과 부하설비가 급격히 증가하는 추세이나, 전기설비를 설치할 공간은 매우 제한적이다. 자가용 수용가의 변전실은 건축물 외부로부터의 연계성과 건축물 내부의 전기에너지의 적정한 변환, 분별, 중계되는 상태에 따라 위치와 면적을 결정하며 기능성, 관리성, 안정성, 확장성 등을 중점적으로 고려해야 한다.

자가용 수용가의 변전실은 면적의 제한을 받지 않는 경우 옥외에 설치할 수 있으나 대부분의 경우에는 건축물 실내에 설치하고 있다.

자가용 수용가의 변전실 계획 시 고려사항

자가용 수용가의 변전실을 계획할 때는 건축적 고려사항, 환경적 고려사항, 전기적 고려사항을 모두 고려해야 한다.

■ 건축적 고려사항

자가용 수용가의 변전실을 계획할 때 건축적으로 고려해야 할 사항은 다음과 같다.

- 기기의 반출입이 용이할 것
- 발전기설비와 축전지실과 인접할 것
- 불연 재료의 구조로 구획하고 출입문은 방화문으로 할 것
- 내진대책을 갖출 것
- 장비를 배치하기에 충분하고 유지 보수에 용이한 넓이와 장비에 대한 유효 높이를 갖출 것

수전설비 배전반의 최소 유지거리를 [표 12-4]에 정리했다.

[표 12-4] 수전설비 배전반의 최소 유지거리

구분	앞면 또는 조작 계측면[2][m]	뒷면 또는 점검면[m]	열 상호간[3][m]	기타의 면[m]
특고압 배전반	1.7	0.8	1.4	
고압 배전반	1.5	0.6	1.2	
저압 배전반	1.5	0.6	1.2	
변압기 등	0.6	0.6	1.2	0.3

■ 환경적 고려사항

자가용 수용가의 변전실을 계획할 때 환경적으로 고려해야 할 사항은 다음과 같다.

- 환기가 잘되고 고온 다습한 장소는 피할 것
- 화재, 폭발의 위험성이 있는 위험물 저장소 부근은 피할 것
- 염해, 부식성 가스가 체류하는 장소는 피할 것
- 홍수나 물 배관 사고 시 침수나 물방울이 떨어질 위험성이 없을 것
- 내부 소음이 외부로 전달되지 않을 것
- 내부에 가연성 가스, 물, 연료 등의 배관이 시설되지 않을 것

■ 전기적 고려사항

자가용 수용가의 변전실을 계획할 때 전기적으로 고려해야 할 사항은 다음과 같다.

- 가능한 한 부하 중심일 것
- 수전 전원의 인입이 편리한 위치일 것
- 용량의 증설에 대비한 면적을 확보할 수 있을 것
- 수전, 변전 및 배전을 경제적으로 할 수 있는 장소일 것

예제 12-8

자가용 수용가의 변전실을 건축할 때 고려사항이 아닌 것은 무엇인가?

① 가능한 한 부하 중심일 것

② 수전 전원의 인입이 편리한 위치일 것

③ 고온 다습한 장소일 것

④ 화재 또는 폭발의 위험성이 있는 위험물 저장소 부근은 피할 것

---

2 면(面)이란 배전반(큐비클) 1개의 단위이다.

3 열 상호간이란 배전반을 2열 이상으로 배치할 경우 배전반과 배전반 사이의 공간을 의미한다.

정답 ③

풀이 고온 다습한 장소는 사고가 일어날 가능성이 높아 자가용 수용가의 변전실을 건축하기에 적합하지 않다.

자가용 수용가의 변전실의 면적 및 구조

자가용 수용가의 변전실 면적은 일반적으로 전체 면적의 약 2[%] 정도이나 전기사업자로부터 같은 용량을 수전하더라도 변전실의 형식, 기기 시방에 따라 큰 차이가 생기므로 주의해야 한다.

■ 변전실의 면적

먼저 가장 넓은 면적으로 공간의 여유와 향후 증설을 고려할 때 사용하는 방법은 다음과 같다. 이때 P는 변압기 용량이고, α는 건축물 면적 계수[4]이다.

$$\text{변전실 면적} = 3.3\sqrt{P} \times \alpha[\mathrm{m}^2] \tag{12.9}$$

또한 중간 정도의 면적일 때 계산하는 방법은 다음과 같다. 이는 가장 많이 사용되는 계산 방법이기도 하다. 이때 전력 감시실의 면적은 포함되나 발전실의 면적은 제외된다. 특고압을 고압으로 변성할 때의 k값은 1.7, 특고압을 저압으로 변성할 때는 1.4, 고압을 저압으로 변성할 때는 0.98을 적용한다.

$$\text{변전실 면적} = k\,P^{0.7}[\mathrm{m}^2] \tag{12.10}$$

가장 작은 면적으로 건축물에 공간의 여유가 없을 때 변전실의 면적을 계산하는 방법은 다음과 같다.

$$\text{변전실 면적} = 2.15\,P^{0.52}[\mathrm{m}^2] \tag{12.11}$$

■ 변전실의 높이

변전실의 높이는 실내에 설치되는 기기의 최고 높이, 바닥 트랜치 및 무근 콘크리트 여부, 천장 배선 방법 및 여유율을 고려한 유효 높이가 확보되어야 한다. 특고압일 때의 유효 높이는 보 아래 4.5[m] 이상, 고압일 때는 보 아래 3[m] 이상을 유지해야 한다.

---

4 건물면적이 6,000 [m^2] 미만 시에는 2.66, 10,000 [m^2] 미만 시에는 3.55, 10,000 [m^2] 이상 큐비클식일 때는 4.3이고, 10,000 [m^2] 이상 시에는 형식에 상관없이 무관이다.

■ 변전실의 구조

변전실의 구조는 다음 사항을 만족해야 한다.

- 방화구조나 내화구조로서 불연(타지 않는) 재료로 구획하고 창문이나 출입구에는 방화문을 설치하며, 비상구 방향으로 개폐가 가능할 것
- 창문이나 창의 파손으로 빗물이나 조류, 짐승이 들어오지 않도록 할 것
- 기초가 견고하고 충분한 내진구조일 것

■ 내진대책

내진(진동과 지진)에 대비하여 시스템면과 구조면에서 다음 사항을 만족해야 한다.

- **시스템면** : 장시간 정전에 대비하여 비상 발전기의 연료나 냉각수를 확보하고 무정전 전원 장치(UPS) 등을 이용하여 전원을 이중으로 구성한다.
- **구조면** : 변형이나 변압기 이동 등에 대비하여 방진 고무나 내진구[5]를 설치하고 케이블이나 연결 부위는 약간의 여유를 둔다. 큐비클 등은 서로 연결하여 면적을 넓게 하고 전도될 우려가 있거나 낙하될 우려가 있는 것은 큐비클 하부에 배치한다.

4 변압기 결선

필요한 전압으로 낮추어 수용가에 공급하는 변압기는 배전계통에서 가장 주된 전력기기이다. 변압기는 여러 대를 결선하여 사용할 수 있다.

배전선로 주상변압기의 결선

고압 배전선로를 통해 배전용 변전소부터 주상변압기까지 공급된 전력은 저압 수용가가 사용할 수 있는 전압으로 낮춘 후 저압 배전선을 통하여 각 저압 수용가(가정집)에 공급된다.

주상변압기는 전등용으로 사용할 경우 [그림 12-4]와 같이 단상변압기 1대를 사용하여 공급하고, 동력용으로는 단상변압기 2대를 V 결선하거나 3대를 Δ 결선하여 사용한다.

5 방진 고무와 내진구를 설치하면 탄성을 이용하여 진동을 흡수함으로써 기기를 보호할 수 있다.

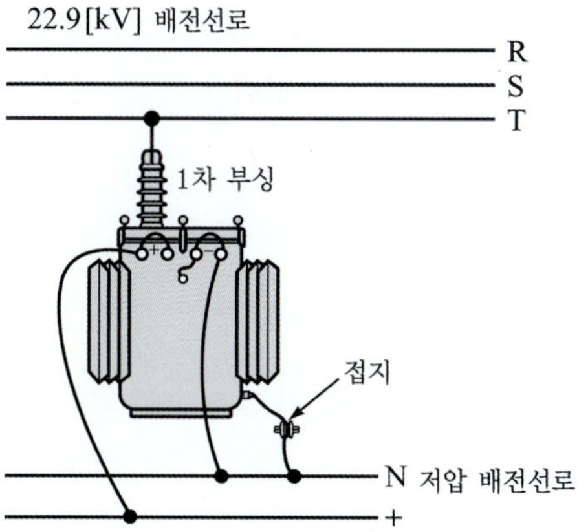

[그림 12-4] 단상변압기 결선

일반적으로 주상변압기의 용량은 다음과 같이 계산한다.

$$합성\ 최대전력 = 최대\ 수용전력 \times \frac{수용률}{부등률} \tag{12.12}$$

배전선로의 주상변압기로부터 공급받는 각 수용가의 예상 최대 수용전력에 수용률을 곱한 후, 이를 수용가 간의 부등률로 나누어 합성 최대전력을 계산한다. 여기에 예상되는 수요증가에 대한 여유율을 고려하여 변압기 용량을 산정한다.

변압기의 결선 방법

3대의 단상변압기로 3상 부하에 전력을 공급할 수 있는 결선 방법은 Y-Y, Y-Δ, Δ-Y, Δ-Δ 4가지 방법이 있다. 그중 Δ-Y 결선의 예를 [그림 12-5]에 나타냈다.

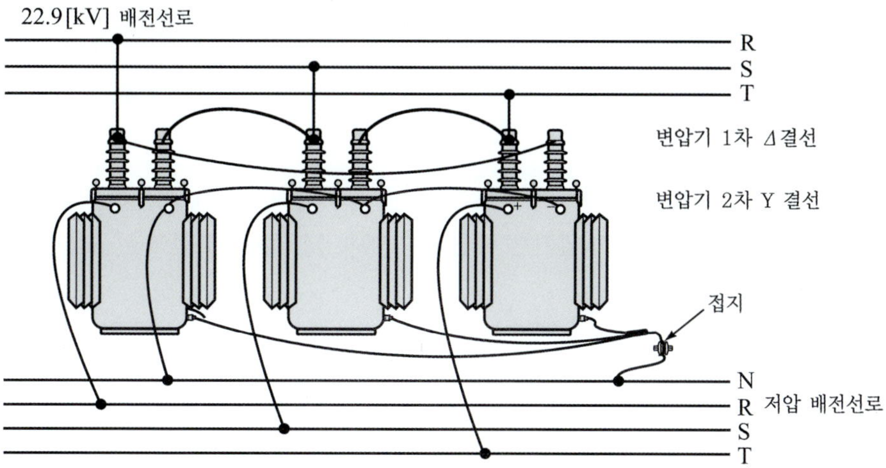

[그림 12-5] 변압기의 Δ-Y 결선의 예

이 중 Y-Y, $\Delta-\Delta$ 결선에서는 변압기 1차, 2차 간의 위상차가 같지만, Y-Δ, Δ-Y 결선에서는 변압기 1차와 2차 간에 30°의 위상차가 발생하는데 이 위상차를 변압기의 **각변위**라 한다. 변압기의 각변위를 [그림 12-6]에 나타냈다.

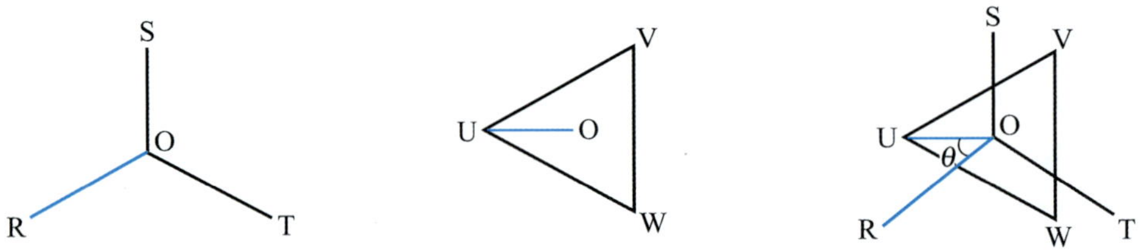

(a) 변압기 1차 측 결선 (b) 변압기 2차 측 결선 (c) 각변위

[그림 12-6] 변압기의 각변위

즉 변압기의 전압 벡터도에서 1차 측의 중성점 O 에서 R상을 이은 선과, 2차 측의 중성점 O 에서 U상을 이은 선을 서로 겹쳤을 때 발생하는 각도차 θ를 **각변위**라 한다.

각변위가 30°인 Δ-Y 결선의 변압기와 각변위가 0°인 $\Delta-\Delta$ 결선의 변압기를 병렬운전할 경우에는 위상차에 의한 순환전류가 변압기에 흘러 열과 손실이 발생하므로 변압기를 병렬운전할 수 없다.

예제 12-9

변압기를 Y-Δ 결선하여 사용할 때 변압기 1차와 2차에 발생하는 위상차를 구하라.

정답 30°

풀이 Y-Δ, Δ-Y 결선에서는 변압기 1차와 2차 간에 30°의 위상차가 발생한다.

■ 변압기의 V 결선(고장 시)

변압기의 V 결선은 3대의 단상변압기로 Δ 결선하여 사용하다가 단상변압기 1대가 고장이 발생하면 [그림 12-7]과 같이 나머지 2대의 단상변압기를 사용하여 계속 3상 부하에 전력을 공급할 수 있으나 최근에는 거의 사용하지 않는다.

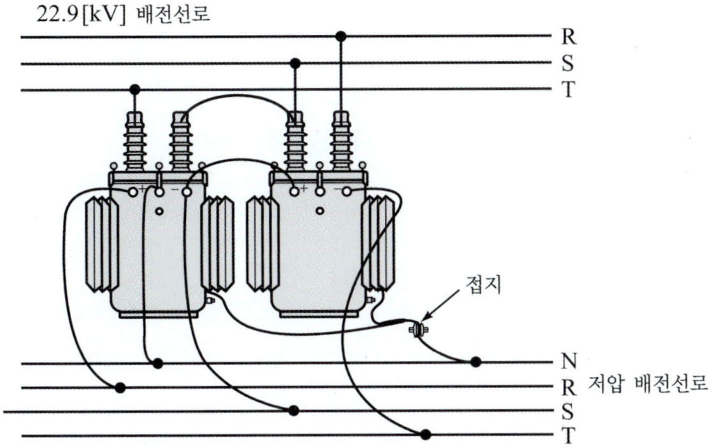

[그림 12-7] 변압기의 V 결선

2대의 단상변압기를 V 결선하여 3상 부하에 전력을 공급할 경우, 변압기의 출력은 다음과 같다.

$$P_v = \sqrt{3}\,EI = \sqrt{3}\,E\,\frac{P}{E} = \sqrt{3}\,P[\mathrm{kVA}] \tag{12.13}$$

- P : 단상변압기 1대의 용량[kVA]
- E : 단상변압기의 정격전압(선간전압)[kV]
- I : 단상변압기의 정격전류[A]

단상변압기 2대의 출력은 $2P$[kVA]이나 2대의 단상변압기를 V 결선하여 3상 부하에 전력을 공급할 경우의 출력은 $\sqrt{3}\,P$가 되므로 변압기 이용률은 나빠진다.

$$\text{V 결선 시의 이용률} = \frac{\sqrt{3}\,P}{2P} \times 100 = 86.6[\%] \tag{12.14}$$

3대의 단상변압기로 Δ 결선하여 3상 부하에 전력을 공급하다가 단상변압기 1대가 고장이 발생하면, 나머지 2대의 단상변압기를 V 결선하여 3상 부하에 전력을 공급한다. 이때 공급할 수 있는 전력은 다음과 같다.

$$\frac{P_v}{P_\Delta} = \frac{\sqrt{3}\,EI}{3EI} = \frac{\sqrt{3}\,P}{3P} = \frac{1}{\sqrt{3}} \times 100 = 57.7[\%] \tag{12.15}$$

★ 변압기의 V 결선 ★

- **이용률** : $\frac{\sqrt{3}\,P}{2P} \times 100 = 86.6[\%]$
- **출력비** : $\frac{P_v}{P_\Delta} = \frac{\sqrt{3}\,EI}{3EI} = \frac{\sqrt{3}\,P}{3P} = \frac{1}{\sqrt{3}} \times 100 = 57.7[\%]$

예제 12-10

단상변압기 3대를 Δ 결선하여 부하에 전력을 공급하고 있던 중 단상변압기 1대가 고장이 발생하여 단상변압기 2대로 V 결선으로 전력을 공급할 경우 이용률[%]과 출력비[%]를 구하라.

정답 86.6[%], 57.7[%]

풀이 변압기를 V 결선할 때 이용률은 86.6[%], 출력비는 57.7[%]이다.

예제 12-11

어느 공장의 수전설비는 100[kVA] 단상변압기 3대를 Δ 결선하여 273[kW] 부하에 전력을 공급한다. 단상변압기 1대가 고장이 발생하여 단상변압기 2대로 V 결선하여 전력을 공급할 경우 다음을 구하라. 단, 역률은 1이다.

(a) V 결선으로 공급할 수 있는 전력[kW]

(b) V 결선으로 273[kW] 부하 전체를 연결할 경우 과부하율[%]

정답 (a) 173[kW], (b) 158[%]

풀이

(a) 식 (12.13)을 이용하여 V 결선의 변압기 출력을 구하면 다음과 같다.

$$P_v = \sqrt{3}\,P = \sqrt{3} \times 100 = 173\,[\mathrm{kW}]$$

즉 단상변압기 1대가 고장이 났을 때 V 결선으로 공급할 수 있는 전력은 173[kW]이다.

(b) V 결선으로 전체 부하를 연결하여 사용할 때 과부하율은 다음과 같다.

$$\text{과부하율} = \frac{273}{173} \times 100 = 158\,[\%]$$

5 변압기 병렬운전

변압기에 연결되어 있는 부하의 증가, 통합운전, 전력 공급 신뢰도 향상 등을 위하여 2대 이상의 변압기를 병렬운전할 경우가 발생한다. 저압 네트워크 방식, 스포트 네트워크 방식 등 전력 공급 신뢰도가 높은 배전방식들은 변압기의 병렬운전을 적용한다.

변압기를 병렬운전할 경우 변압기는 자기 용량에 비례하는 부하를 분담하고 순환전류를 운전에 지장이 없을 정도로 제한해야 한다. 용량이 다른 변압기를 병렬운전할 경우에는 과부하 방지를 위하여 가능한 변압기 간 용량비를 3 : 1 이내로 하는 것이 바람직하다. 변압기를 병렬운전할 때 단락사고가 발생하면 단락전류의 크기가 증가하므로 이에 대한 대책도 강구해야 한다.

■ 변압기의 병렬운전 조건

변압기의 병렬운전 조건은 다음과 같다.

- **단상변압기의 경우에는 변압기 극성이 같아야 한다.**
  단상변압기의 경우 감극성을 표준으로 하며, 극성이 다를 경우 2차 권선의 순환회로에 2차 기전력의 합이 가해진다.

- **변압기의 1차, 2차 전압이 같아야 한다.**
  변압기의 1차, 2차 전압이 같지 않으면 변압기 간 순환전류가 흘러 출력이 감소하고 과열, 소손될 우려가 있다.

- **$R+jX$로 나타내는 임피던스 전압이 같아야 한다.**
  변압기의 임피던스 전압이 다르면 %임피던스가 낮은 변압기는 과부하가 된다. 또한 변압기의 $R+jX$의 비가 다르면 부하가 변동할 경우 역률이 달라져 부하분담 차가 발생한다. 예를 들어 A 변압기의 $R+jX$비는 $6+j8$이고 B 변압기의 $R+jX$비는 $8+j6$이면 각 변압기의 합성 임피던스는 $10[\Omega]$으로 같지만 두 변압기의 역률은 달라지기 때문이다.

- **상회전 방향이 같아야 한다.**
  변압기의 상회전 방향이 다르면 두 변압기는 단락사고가 발생한다.

- **각변위가 같아야 한다.**
  변압기의 각변위가 다르면 순환전류가 흐르며 과열되거나 소손될 우려가 있다.

변압기의 결선에 따라 병렬운전이 가능한 조합과 불가능한 조합이 있다. 변압기의 병렬운전 조건에 기반하여 변압기의 병렬운전이 가능한 조합과 불가능한 조합을 [표 12-5]에 정리했다.

[표 12-5] 변압기의 병렬운전이 가능한 조합과 불가능한 조합

가능	불가능
ΔΔ − ΔΔ ΔΔ − YY ΔY − ΔY YY − YY YΔ − YΔ	ΔΔ − ΔY YY − YΔ

예제 12-12

다음 중 변압기의 병렬운전 조건이 아닌 것은 무엇인가?

① 극성이 같아야 한다.
② 1차, 2차 전압이 같아야 한다.
③ $\%Z$가 같아야 한다.
④ 상회전 방향이 같아야 한다.

정답 ③

풀이 변압기를 병렬운전하려면 변압기의 극성이 같아야 하고, 변압기의 1차 전압과 2차 전압이 같아야 하며, 임피던스 전압이 같아야 한다. 또한 상회전 방향과 각변위가 같아야 한다.

예제 12-13

다음 중 변압기의 병렬운전이 불가능한 조합은 무엇인가?

① $\Delta\Delta$ - $\Delta\Delta$
② $\Delta\Delta$ - YY
③ ΔY - ΔY
④ $\Delta\Delta$ - ΔY

정답 ④

풀이 [표 12-5]를 참고하면 $\Delta\Delta$ - ΔY 조합은 각변위가 달라 변압기의 병렬운전이 불가능하다.

6 자가용 수용가에서의 변압기

자가용 수용가에서 변압기는 가장 중요한 기기로, 관리가 매우 중요하다. 하지만 현장에서는 그 중요성에 비해 변압기 관리를 소홀히 하는 경향이 있다. 변압기 사고는 장시간의 정전으로 연결되는데, 이때 경제적인 손실은 물론 복구에도 막대한 비용이 든다.

자가용 수용가에는 일반적으로 유입 변압기와 몰드 변압기를 많이 사용한다. 유입 변압기는 실내외에 모두 설치할 수 있지만 몰드 변압기 대부분은 큐비클에 넣어 실내에 설치한다.

유입 변압기

유입 변압기는 탱크 내에 절연유 속에 변압기의 철심과 권심이 잠겨 있는 구조이며, 그 구조는 [그림 12-8]과 같다. 특고압에 사용하는 유입 변압기의 2종 접지는 2차 부싱 중 N상을 이용하여 대지에 접속하고, 1종 접지는 접지단자를 이용하여 대지에 접속해야 한다.

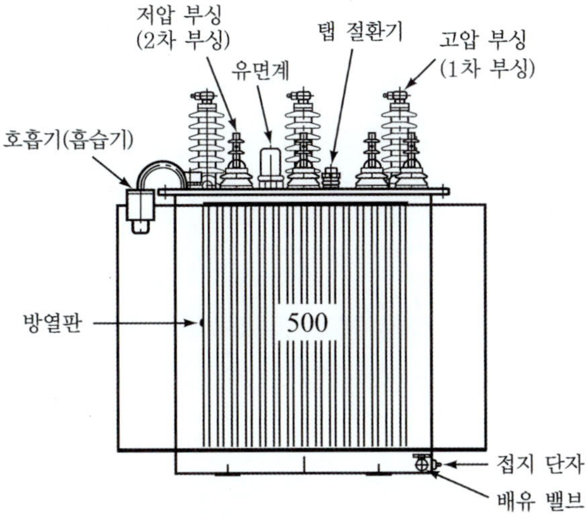

[그림 12-8] 유입 변압기의 구조

유입 변압기는 정전이 되지 않는 이상 계속 운전하는 전기기기이므로, 변압기 내부의 온도가 상승하며 압력도 증가한다. 이때 변압기 내부의 공기층이 변압기의 호흡기(흡습기)를 통하여 외부로 나가게 되는데 이를 변압기가 호흡한다고 표현한다.

유입 변압기의 호흡기는 [그림 12-9]와 같이 수분을 제거하기 위한 흡습제로 파란색의 실리카겔을 사용하며, 실리카겔이 수분을 흡수하면 하얀색으로 변한다. 흡습제의 변색이 $\frac{2}{3}$를 초과하면 바로 교체하거나 120[℃] 이상에서 건조 후 재사용해야 한다.

(a) 신품 실리카겔

(b) 변색된 실리카겔

[그림 12-9] 유입 변압기의 호흡기

유입 변압기의 호흡기를 통하여 외부의 공기가 변압기 내부로 유입되는 것을 방지하기 위해 호흡기 하부 투명 비커에 절연유를 빨간 눈금까지 넣어야 한다. 또한 유입 변압기의 절연을 위해 절연유를 사용하는데, 이 절연유의 절연 내압이나 산가를 측정하여 기준 이하일 경우 절연유를 교체해야 한다.

몰드 변압기

몰드 변압기는 권선과 철심을 에폭시로 절연한 것으로, 유입 변압기에 비해 내습성과 난연성[6]이 우수하고 화재나 폭발의 우려가 없다. 하지만 옥외 설치 및 대용량 제작이 어렵고, 변압기의 용량이 1500[kVA]를 초과할 경우 소음대책이 필요하다. 몰드 변압기의 구조는 [그림 12-10]과 같다.

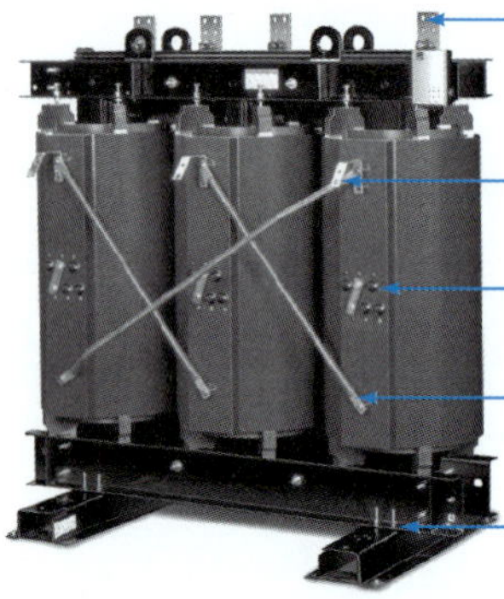

[그림 12-10] 몰드 변압기의 구조

또한 몰드 변압기는 내전압 특성이 유입 변압기보다 약하므로 진공 차단기와 조합하여 사용할 경우에는 반드시 서지흡수기(SA)를 설치해야 한다.

7 기중 부하 개폐기

자가용 수용가에서는 수전용량이 1000[kVA]를 초과할 경우에는 정식 수전설비를 해야 한다. 따라서 단락사고가 발생할 때 한류형 전력퓨즈에 의해 단락전류를 차단하는 트립장치가 있는 **기중 부하 개폐기**(LBS : Load Break Switch)를 수전용 개폐기로 사용하고 있다. 기중 부하 개폐기의 외관은 [그림 12-11]과 같다.

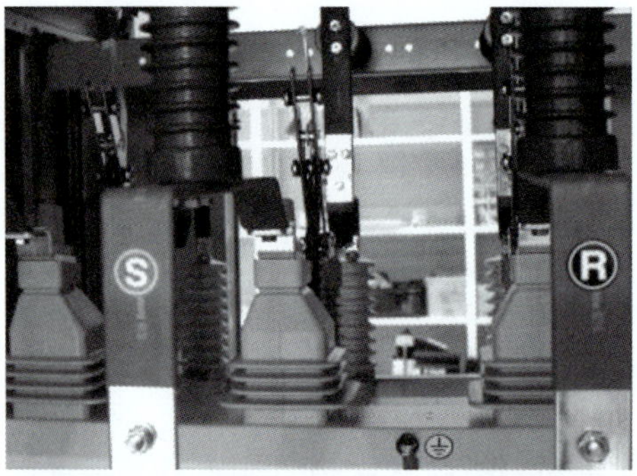

[그림 12-11] 기중 부하 개폐기

6 내습성은 습기를 견디는 성질이며, 난연성은 불에 잘 타지 않는 성질이다. 전기기기는 외부환경의 영향을 적게 받고, 화재 위험이 적은 것이 안전하다.

기중 부하 개폐기는 부하전류를 개폐할 수는 있으나 고장전류는 차단할 수 없어 전력퓨즈를 함께 사용한다. 또한 3상이 동시에 동작하므로 칼날의 오작동에 의한 결상의 우려가 없고, 단락사고가 발생할 경우 한류형 전력퓨즈가 고속 차단하므로 사고의 피해 범위가 작다.

8 고장 구간 자동 개폐기

자가용 수용가에서는 수전용량이 1000[kW] 이하일 경우에는 간이 수전설비를 할 수도 있다. 정식 수전설비와 간이 수전설비의 차이점은 차단기로, 차단기가 있으면 정식 수전설비, 없으면 간이 수전설비이다. 우리나라 자가용 수용가의 대다수는 계약전력이 1000[kW] 미만이므로 차단기가 없는 간이 수전설비를 사용한다.

하나의 배전선로로부터 여러 자가용 수용가가 전력을 공급받을 때 [그림 12-12]와 같이 B 수용가의 지락사고로 인해 건전한 A 수용가에도 정전이 발생하는 것을 **파급사고**라 한다. 이를 방지하기 위해 특고압 간이 수전설비에 대하여 인입구 개폐기로 **고장 구간 자동 개폐기**(ASS : Auto Section Switch)를 의무적으로 설치해야 한다.

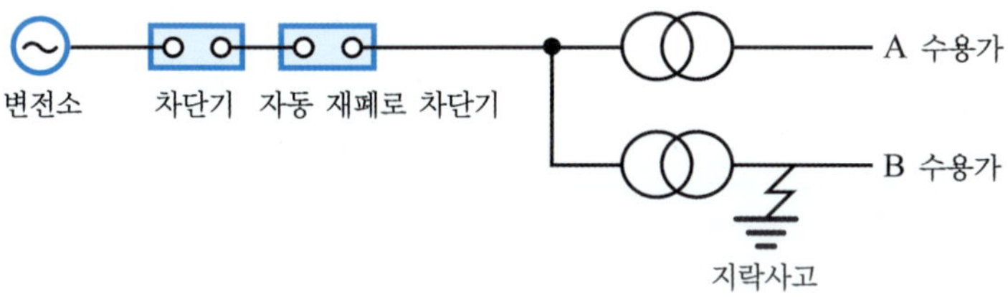

[그림 12-12] 파급사고

800[A] 이하의 고장전류가 흐를 경우에는 고장 구간 자동 개폐기가 자동으로 트립해서 차단기 역할을 한다. 반면 800[A]보다 큰 고장전류가 흐를 경우에는 차단용량 부족으로 홀딩되어 있다가 배전선로의 보호장치가 동작하여, 정전이 되는 즉시 무전압 상태에서 접점을 열게 된다. 즉 배전선로의 자동 개폐로 차단기가 재폐로되어 전기를 다시 공급하면 고장이 발생한 수용가는 이미 배전선로에서 분리되었기 때문에 다른 수용가에는 정상적으로 전기가 공급된다. 고장 구간 자동 개폐기의 외관은 [그림 12-13]과 같다.

(a) 옥외용 구형 (b) 옥외용 신형 (c) 옥내용

[그림 12-13] 고장 구간 자동 개폐기

최근에 생산되는 고장 구간 자동 개폐기는 자동으로 개폐가 가능한 구조이지만, 현장에 주로 사용하는 고장 구간 자동 개폐기는 대부분 수동으로 투입용 로프를 4~5회 당기면 투입되고 같은 방향으로 로프를 4~5회 더 당기면 개방된다.

또한 최근에 생산되는 고장 구간 자동 개폐기는 동작 표시기가 있어 외부에서도 닫힘과 열림을 눈으로 확인할 수 있으나, 현장에서 사용하는 고장 구간 자동 개폐기는 외부에서 접점의 닫힘과 열림을 식별하기가 어렵다. 따라서 고장 구간 자동 개폐기를 개방시킨 후에는 **반드시 검전기를 사용하여** 고장 구간 자동 개폐기의 내부 접점이 개방되었는지를 확인해야 **감전 사고를 예방**할 수 있다.

9 계기용 변성기

계기용 변성기(MOF : Metering Out Fit)는 3종 계량기, 무효전력량계와 조합하여 고전압, 대전류를 저전압, 소전류로 변성하는 계기용 변압기(PT)와 변류기(CT)를 하나의 철재함에 넣은 것이다. 계기용 변성기의 외관과 구조는 [그림 12-14]와 같다.

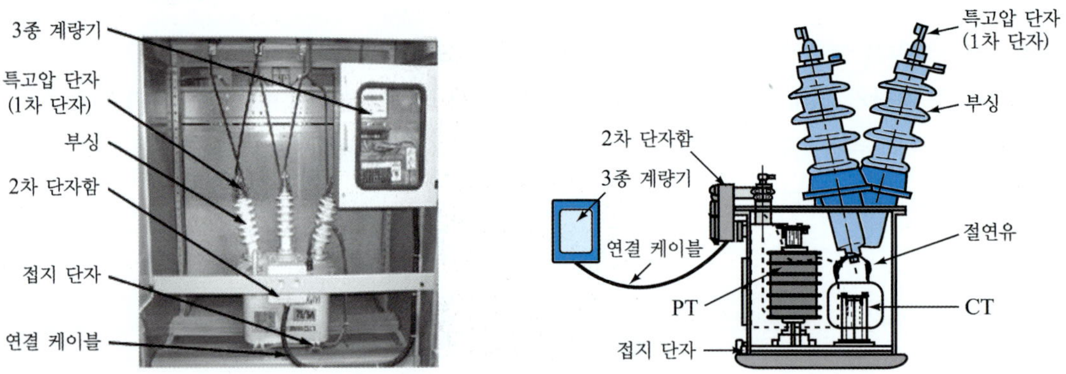

(a) 외관 (b) 구조

[그림 12-14] 계기용 변성기

계기용 변성기의 과전류 강도는 기기 설치점의 단락전류를 계산하여 적용하는 것이 원칙이다. 22.9[kV]급 계기용 변성기의 과전류 강도 적용 기준을 [표 12-6]에 정리했다.

[표 12-6] 계기용 변성기의 과전류 강도

과전류	과전류 강도
1차 정격전류 60[A] 초과	40배
1차 정격전류 60[A] 이하	75배
1차 정격전류가 15[A] 이하로서 계기용 변성기 설치점의 단락전류가 정격전류의 75배 이상 요구될 때	150배
수요자 또는 설계자의 요구에 의하여 계기용 변성기의 과전류 강도가 150배 이상 요구될 때	300배(요구한 값)

전기사업자로부터 같은 용량의 전력설비를 공급받더라도 변전소로부터 수용가까지의 거리에 따라 단락전류의 크기가 달라진다. 즉 수용가가 변전소로부터 가까울수록 단락전류는 커진다.

따라서 계기용 변성기의 과전류 강도는 계기용 변성기의 전류비와 변전소로부터 수용가까지의 거리도 고려해야 한다. 22.9[kV] 수용가의 계기용 변성기의 전류비와 거리에 따른 과전류 강도는 [표 12-7]과 같다.

[표 12-7] 계기용 변성기의 전류비에 따른 과전류 강도

계기용 변성기		과전류 강도
전류비[A]	거리[km]	
5/5	~ 1[km] 이내	300배
	1 ~ 7[km] 이내	150배
	7 ~ 20[km] 이내	75배
10/5	~ 3[km] 이내	150배
	3 ~ 20[km] 이내	75배
15/5	~ 1[km] 이내	150배
	1 ~ 20[km] 이내	75배
20/5 ~ 60/5		75배
75/5 ~ 750/5		40배

예를 들어 전류비가 100/5[A]이고, 과전류 강도가 40배인 계기용 변성기의 과전류 강도를 계산하면 다음과 같다.

$$100[\mathrm{A}] \times 40\text{배} = 4000[\mathrm{A}]$$

이는 1차 전류 4000[A]의 과전류가 1초 동안 흐르더라도 열적, 기계적으로 문제가 없음을 의미한다. 즉 계기용 변성기가 고장이 났을 때 발생하는 고장전류에 의한 줄 열과 권선 상호 간에 발생하는 전자 기계력에 견딜 수 있다.

10 컷 아웃 스위치과 전력퓨즈

자가용 수용가에서 사용하는 전력퓨즈에는 컷 아웃 스위치와 전력퓨즈가 있다.

컷 아웃 스위치

컷 아웃 스위치(COS : Cut Out Switch)는 주로 변압기 1차 측에 설치하여 변압기를 보호하고 개폐한다. 컷 아웃 스위치는 몸체와 퓨즈 홀더로 구성되며 퓨즈 홀더에 퓨즈 링크를 삽입하는 구조이다.

컷 아웃 스위치는 내부의 퓨즈가 용단되면 컷 아웃 스위치의 퓨즈 홀더가 중력에 의하여 스스로 개방되기 때문에, 멀리서도 퓨즈의 용단 여부를 눈으로 쉽게 식별할 수 있다. 또한 전력퓨즈와는 달리 퓨즈 용단할 경우 퓨즈 링크만 교환하여 사용하며, 퓨즈 홀더는 재사용할 수 있다. 컷 아웃 스위치의 구조는 [그림 12-15]와 같다.

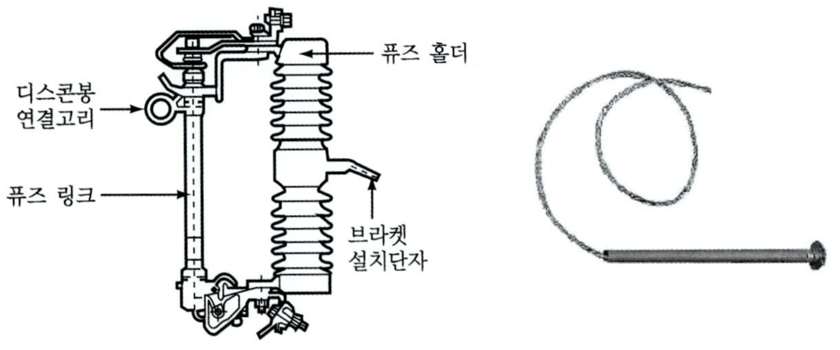

(a) 외형도 (b) 퓨즈 링크 내에 들어 있는 퓨즈

[그림 12-15] 컷 아웃 스위치

컷 아웃 스위치의 퓨즈는 동작특성에 따라 K형과 T형으로 나뉘며 K형의 동작시간이 더 빠르다.

전력퓨즈

전력퓨즈(PF : Power Fuse)는 자가용 수전가에서 단락사고가 발생할 경우 단락전류의 크기를 제한하는 기기로, 선로를 개폐하는 개폐기로는 사용할 수 없으며 후비보호용으로 사용된다.

보호계전기는 검출부, 판정부, 동작부로 구분되어 각각 그 역할을 담당하지만, 전력퓨즈는 변성기, 계전기, 차단기의 3가지 기능을 동시에 수행하며 소호 방식에 따라서 한류형 전력퓨즈와 비한류형 전력퓨즈로 구분한다. 한류형과 비한류형 전력퓨즈의 외관은 [그림 12-16]과 같다.

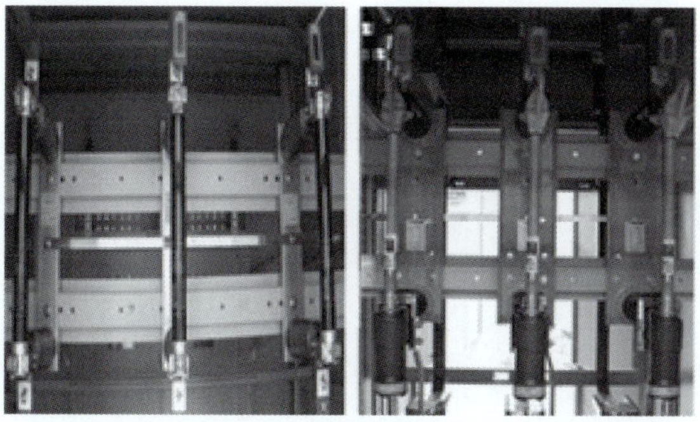

(a) 한류형　　　　　　　　　　(b) 비한류형

[그림 12-16] 한류형과 비한류형 전력퓨즈

한류형 전력퓨즈는 밀폐 절연통 안에 퓨즈 엘리멘트와 규소 등의 소호재를 충전, 밀폐한 구조로서 단락전류가 흐르면 아크전압을 높여 단락전류를 제한하여 차단한다. 따라서 한류형 전력퓨즈는 전압 0점에서 강제로 차단하므로 과전압이 발생하나, 비한류형 전력퓨즈는 단락전류가 흐를 때 전류 0점에서 차단하므로 과전압이 발생하지 않는다.

■ 전력퓨즈의 특성

전력퓨즈에는 허용시간 – 전류특성, 용단시간 – 전류특성, 동작시간 – 전류특성이 있으며, 각 특성은 다음과 같다.

- **허용시간 – 전류 특성(단시간 허용특성)** : 전력퓨즈에 장시간 전류를 흘려도 퓨즈 소자에 열화를 일으키지 않는 시간과 전류와의 관계를 표시한다.
- **용단시간 – 전류특성(용단특성)** : 전력퓨즈에 과전류가 흐르기 시작하여 퓨즈 소자가 용단[7] 되기까지의 시간과 전류와의 관계를 표시한다.
- **동작시간 – 전류특성(전차단 특성)** : 전력퓨즈에 전류가 흐를 때 퓨즈 소자가 용단, 발호하여 아크를 완전히 소호하기까지의 시간(전차단 시간)과 전류와의 관계를 표시한다. 전력퓨즈의 전차단 특성을 [그림 12-17]에 나타냈다.

7 용단이란 과전류 때문에 도선의 일부가 끊어지는 것을 의미한다.

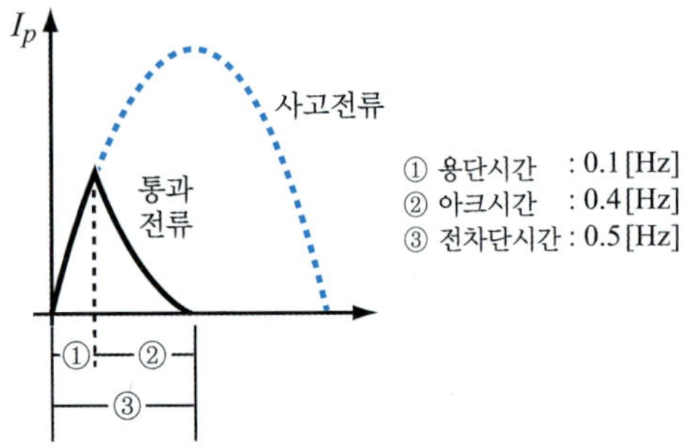

(a) 한류형 전력퓨즈

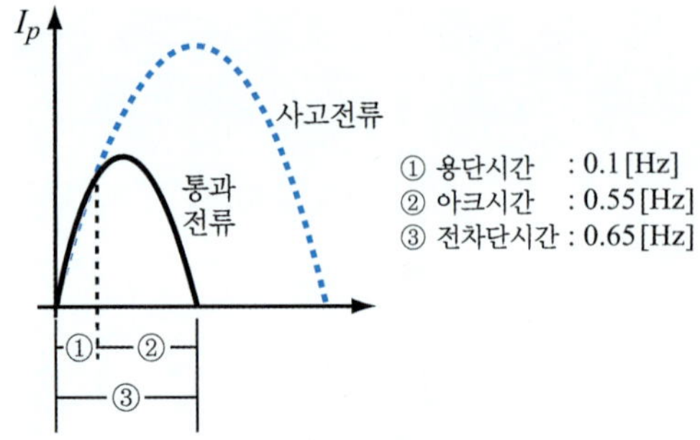

(b) 비한류형 전력퓨즈

[그림 12-17] 전력퓨즈의 전차단 특성

예제 12-14

다음 중 전력퓨즈의 특성과 관계없는 것은 무엇인가?

① 투입시간 – 전류특성　　② 허용시간 – 전류특성

③ 용단시간 – 전류특성　　④ 동작시간 – 전류특성

정답 ①

풀이 전력퓨즈의 특성에는 허용시간 – 전류특성, 용단시간 – 전류특성, 동작시간 – 전류특성이 있다.

■ 전력퓨즈의 장점

전력퓨즈는 다음과 같은 장점이 있다.

- 변성기, 계전기, 차단기의 3가지 기능을 동시에 수행하므로 사용이 편리하다.
- 동작특성이 확실하고 오동작이 거의 없다.
- 소형으로 큰 차단용량을 갖는다.
- 소형이며 가볍고 가격이 싸다.
- 고속으로 차단하며 한류 특성이 있어서 후비보호에 적합하다.
- 유지 관리가 간단하다.
- 밀폐형은 동작해도 소음이 없다.

■ 전력퓨즈의 단점

전력퓨즈는 다음과 같은 단점이 있다.

- 재투입이 불가능하다.
- 보호특성을 조정할 수 없다.

- 일정 전류 이하에서 퓨즈 엘리멘트가 녹으면 차단할 수 없다.
- 한류형은 동작 시 과전압이 발생한다.
- 3상 중 1상이 동작하면 결상으로 전동기 등이 소손될 수 있다.
- 고 임피던스 접지 계통의 지락보호는 불가능하다.
- 용단해도 차단되지 않는 최소 용단전류 범위를 가지는 것이 있다.
- 최소 차단전류가 있어 과전류에서 용단될 수 있다.

예제 12-15

다음 중 전력퓨즈의 장점이 아닌 것은 무엇인가?

① 동작특성이 확실하고 오동작이 거의 없다.
② 소형이며 가볍고 가격이 싸다.
③ 고속으로 차단하며 한류 특성이 있어서 후비보호에 적합하다.
④ 보호특성을 조정할 수 있다.

정답 ④

풀이 보호특성을 조정할 수 없다는 것이 전력퓨즈의 단점이다.

■ 한류형 전력퓨즈

한류형 전력퓨즈의 종류를 [표 12-8]에 정리했다.

[표 12-8] 한류형 전력퓨즈의 종류

기호	용도	불용단 특성	용단 특성(10초 차단전류)
T	변압기용	I_n의 1.3배로 2시간 이내에 용단되지 않을 것	2.5배 $< \frac{I_{10}}{I_n} <$ 10배[8]
M	전동기용		6배 $< \frac{I_{10}}{I_n} <$ 10배
G	일반용		2배 $< \frac{I_{10}}{I_n} <$ 5배
C	콘덴서용	I_n의 1.43배로 2시간 이내에 용단되지 않을 것	I_n의 10배로 60초 이내에 용단될 것
CG	콘덴서용 일반용	I_n의 1.3배로 2시간 이내에 용단되지 않을 것	I_n의 2배로 2시간 이내에 용단될 것

8 고장전류가 정격전류의 2.5배보다 크고, 10배 이하의 전류일 때는 10초 이하에 용단되어야 한다는 뜻이다.

11 전력용 콘덴서

전력용 콘덴서(SC : Static Condenser)는 자가용 수전설비에서 역률을 개선하기 위하여 설치하는 기기로, 전력용 콘덴서, 직렬 리액터, 방전코일로 구성되어 있다.

방전코일은 전력용 콘덴서용 차단기가 개방되었을 때 콘덴서 본체에 축적된 잔류 전하를 방전한다. 이때 고압은 5초 이내 50[V] 이하, 저압은 3분 이내 75[V] 이하로 방전하여 작업자의 감전방지, 혹은 차단기 투입 시의 과도적인 특이현상을 억제한다. 직렬 리액터는 고조파 전류의 유입을 방지하여 파형을 개선하고 전력용 콘덴서용 차단기를 개폐할 경우에 돌입전류를 방지하기 위해 사용한다.

전력용 콘덴서에 직렬 리액터를 연결하여 사용할 경우에는 전력용 콘덴서의 단자전압과 전력용 콘덴서 전류가 증가하므로 큐비클(배전함) 내의 발열에 주의해야 한다. 전력용 콘덴서와 직렬 리액터가 연결된 모습은 [그림 12-18]과 같다.

[그림 12-18] 전력용 콘덴서와 직렬 리액터

SECTION 12.3

고장계산

앞서 5장에서 학습한 고장계산 방법은 계통 및 수용가에서 모두 적용했던 것으로, 고장전류의 성분 중 대칭성분만을 고려하여 차단기 용량을 결정하는 것에 중점을 두었다. 2021년에 개정된 한국전기설비규정(KEC)에서는 IEC 규정으로 고장전류를 계산하도록 규정하고 있다. 따라서 이 절에서는 한국전기설비규정에 근거하여 자가용 수용가에서 적용하는 고장전류를 계산하기 위한 방법을 살펴보자.

Keywords | 고장계산의 목적 | 전압계수 C | 최대 단락전류 | 최소 단락전류 |

1 고장계산의 목적

지금까지 우리나라에서 사용되는 차단기 규격은 IEC 규정을 적용하고 있으나 고장계산은 미국 규격(ANSI/IEEE, NEMA 규격)에 의한 비대칭계수를 적용해왔다. 통상 단락전류는 단락발생 순간의 전압 위상과 회로의 역률에 의해 정해지는 것으로, 교류성분과 직류성분이 복합되어 있는 비대칭전류이다. 이 단락전류는 직류전류가 중첩되어 지수함수로 감쇄하지만, 배선용 차단기나 퓨즈처럼 고속차단을 하는 경우에는 이 직류성분을 포함한 값을 고려해야 한다. 또한 선로의 기계적 강도에는 최대 순시값이 고려되어야 하고 단락전류의 크기를 정확하게 계산하는 것이 중요하다.

자가용 수용가의 안전성 및 신뢰성은 고장전류에 의해 좌우되며 고장전류를 계산하는 목적은 다음과 같다.

- 보호장치의 정격 전류 및 정격차단전류 선정
- 계전기 전류 – 시간 특성의 선정
- 케이블 시스템의 선정과 보호
- CT 2차 정격전압의 결정(accuracy class)

2 고장전류의 계산시 고려사항

자가용 수용가에서 발생하는 3상 단락전류는 고장 발생 이후 차과도 및 과도상태로 진행되면서 고장지점에서의 X/R 비에 따라 DC 고장전류 성분이 달라진다. 따라서 정확한 고장전류의 계산을 위해서는 발전기 근단과 원단에서의 대칭 고장전류의 크기의 변화 여부가 다르게 나타나는 현상이나 전압의 크기에 따른 보정계수 등 여러 사항을 고려해야 한다.

■ **전압계수(voltage factor) C**

KEC 규정의 단락전류 계산에서는 계통의 회로를 등가회로로 변환하고, 고장점에서의 등가전압원이 모든 전압원을 대체한다([그림 12-22 참고). 이 등가전압원의 크기는 $\frac{cUn}{\sqrt{3}}$ 의 값을 적용하는데 Un은 정상 선간전압이며, C는 전압계수를 의미한다. 전압계수를 적용하는 이유는 고장이 발생하기 전 고장점의 전압이 가장 심각한 상황에 있다는 것을 가정하기 위함이다. 이 전압계수는 운전상태에 따라 운전전압이 공칭전압과 다른 경우를 보정한 계수이며, 운전 상태에 따른 전압의 변동, 변압기의 탭비, 발전기 및 전동기의 과도적 영향 등을 고려한 값으로 [표 12-9]에 나타냈다.

[표 12-9] 공칭전압에 따른 전압계수

공칭전압	전압계수	
	최대 단락고장전류(C_{max})	최소 단락고장전류(C_{min})
100[V]이상 1000[V] (IEC 60038 table Ⅰ)	1.05[3] 1.1[4]	0.95
1[kV] 초과 35[kV] (IEC 60038 table Ⅲ)	1.1	1.0
35[kV] 초과 230[kV] (IEC 60038 table Ⅳ)	1.1	1.0

[1] $C_{max}\ V_n$ 은 전력계통기기의 최고전압(the highest voltage) V_m을 초과하지 않아야 한다.
[2] 공칭전압이 정의되어 있지 않으면 $C_{max} \times V_n = V_m$ 또는 $C_{min} \times V_n = 0.9 \times V_m$이 적용되어야 한다.
[3] +6[%]의 오차를 가진 저압계통에 적용한다.
[4] +10[%]의 오차를 가진 저압계통에 적용한다.

■ **변압기 탭**

변압기 탭은 공칭 탭 위치에 있거나 조정된 탭 위치에 있을 수 있다. 비공칭 탭을 사용한다면 변압기 임피던스와 계통전압을 조정하기 위한 다른 방안이 있어야 한다.

■ **계통 임피던스**

계통 임피던스는 대칭3상이라 가정하며, 비대칭 고장계산은 대칭좌표법을 사용한다.

■ **고장점으로부터 동기발전기까지의 전기적 거리 고려**

원단발전기(far-from-generator) 고장의 경우에 단락전류의 정상 상태 값은 초기 대칭단락전류(initial symmetrical short circuit current)와 같고 직류성분만 0으로 감소한다.

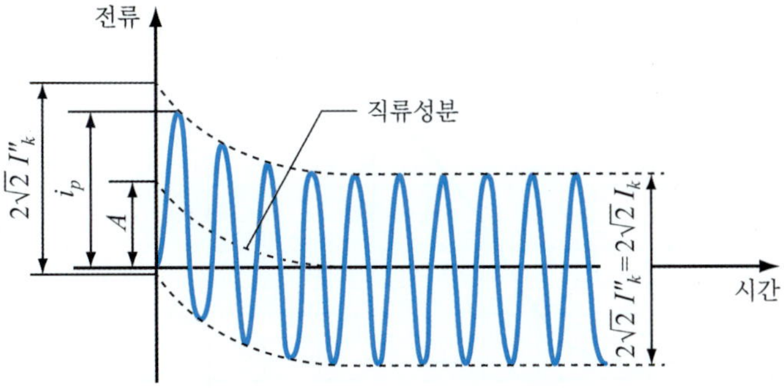

- I''_k : 초기 대칭단락전류, 단락순시에 적용할 단락회로의 교류대칭단락전류의 실효값
- i_P : 피크 단락전류, 단락전류의 순시 피크 값
- I_k : 안정상태의 단락전류, 과도현상이 감소된 후에 남아 있는 단락전류의 실효값
- A : DC 구성요소 i_{dc}의 초깃값
- i_{dc} : 단락전류의 DC 구성요소

[그림 12-19] 교류의 구성요소가 일정한 원격전원의 단락전류

반면 근단발전기(near-to-generator) 고장에 대해서는 초기에 높은 값으로부터 시간이 지남에 따라 좀 더 낮은 정상 상태값으로 직류성분과 교류성분 모두가 감소하는 현상이 발생한다. 이는 고장 발생 직후 발전기의 계자권선이나 제동권선에 쇄교되지 않는 자속이 발생하기 때문이다.

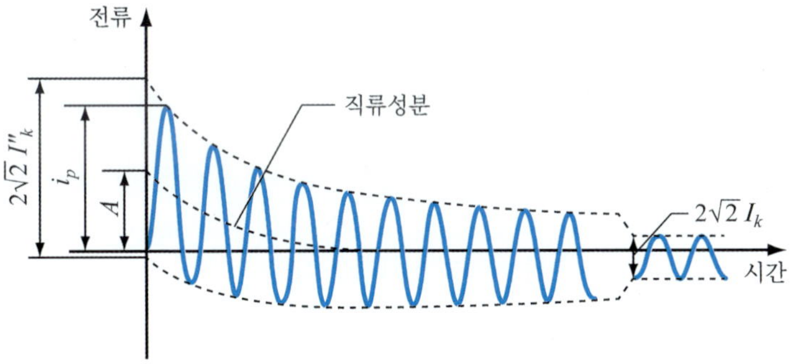

[그림 12-20] 교류의 구성요소가 감소하는 근접전원의 단락전류

■ 고장전류의 피크 값

고장전류의 피크(peak) 값을 구하기 위하여 초기 대칭단락전류에 비대칭계수 k를 곱한다. k는 R/X 또는 X/R 비에 의하여 정해지는 계수로 단일전원 및 망상회로가 아닌 경우에는 [그림 12-21]에서 얻거나, 식 (12.16)으로 계산할 수 있다.

$$k = 1.02 + 0.98e^{-\frac{3R}{X}} \tag{12.16}$$

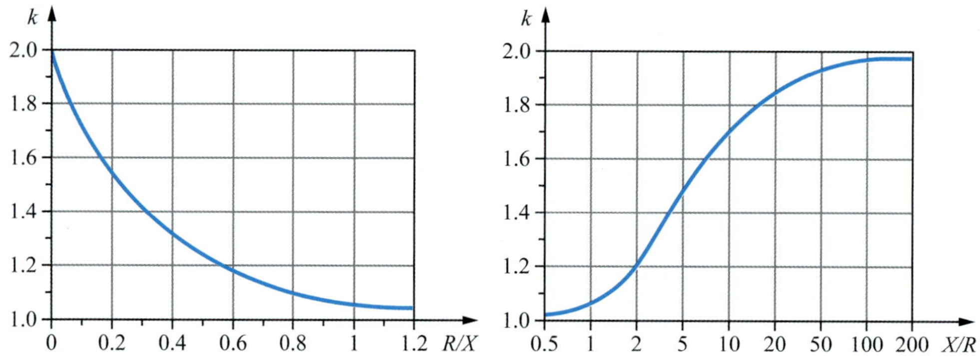

[그림 12-21] R/X 또는 X/R 비를 함수로 나타낸 직렬회로의 비대칭계수 k

한편 망상회로에서의 비대칭계수 k는 다음 3가지 방법을 적용한다.

■ 일정한 R/X 비

단락 고장전류가 흐르는 지로 중에서 가장 작은 R/X 비를 취하여 적용한다.

■ 단락지점에서의 R/X 비

복소 임피던스를 사용하여 계통을 축소하여 R/X 비를 구한 후에 발생하는 부정확성을 보상하기 위하여 비대칭계수 k에 안전율 1.15를 곱하여 사용한다.

$$k = 1.15 \times (1.02 + 0.98e - 3R/X) \tag{12.17}$$

■ 등가주파수 f_c

고장점에서 본 등가 임피던스 Z_c를 구할 때 등가주파수를 $f_c = 24[\mathrm{Hz}]$(60[Hz] 계통) 또는 20[Hz] (50[Hz] 계통)로 계산하여 주파수 종속 배율을 곱한다.

$$\frac{R}{X} = \frac{R_c}{X_c} \times \frac{f_c}{f} \tag{12.18}$$

여기서 Z_c는 단락점에서 본 등가주파수 f_c의 등가 임피던스($Z_c = R_c + jX_c$), f는 계통의 주파수 [Hz]라 한다.

3 전기설비의 단락 임피던스

■ 변압기의 임피던스

변압기 임피던스 보정계수를 고려하여 변압기 임피던스를 계산하면 다음과 같다.

$$Z_{TK} = K_T(R_T + jX_T) \tag{12.19}$$

$$K_T = 0.95\frac{c_{\max}}{1+0.6x_T} \tag{12.20}$$

$$x_T = \frac{X_T}{U_{rT}^2/S_{rT}} \tag{12.21}$$

- Z_{TK} : 변압기의 보정된 임피던스 [Ω]
- K_T : 변압기의 임피던스 보정계수
- R_T, X_T : 변압기의 저항 및 리액턴스 [Ω]
- $c_{\max}$: 최대 전압계수
- U_{rT} : 변압기의 1차 또는 2차 측의 정격전압
- S_{rT} : 변압기의 정격용량
- x_T : 변압기 정격임피던스에 대한 상대 리액턴스의 비율

예제 12-16

3상 3선식, 2차전압 380[V], 변압기 용량 1500[kVA], 변압기 %임피던스 7[%], 변압기 X/R 비 6.54일 때 다음 값을 구하라.

(a) 변압기 임피던스 Z_t

(b) 변압기 임피던스 보정계수 K_T

(c) 보정계수를 적용한 변압기 임피던스 Z_T, 저항 R_T, 리액턴스 X_T

정답 (a) $Z_t = 6.7387$[mΩ]

(b) $K_T = 1.00334$

(c) $Z_T = 6.7612$ [mΩ], $R_T = 1.0219$ [mΩ], $X_T = 6.6835$ [mΩ]

풀이

(a) Z_t 계산하기

우리나라의 표준전압은 380[V] ± 10[%]이므로 [표 12-9]에서 전압계수 $C_{\max} = 1.1$을 구한다. 그리고 변압기의 임피던스 Z_t를 구하면 다음과 같다.

$$Z_t = \frac{\%Z}{100} \times \frac{V^2}{P_t} = \frac{7}{100} \times \frac{380^2}{1500 \times 10^3} = 6.7387\ [\text{m}\Omega]$$

변압기의 임피던스를 이용하여 변압기 리액턴스 X_t를 구하면 다음과 같다.

$$X_t = \frac{Z_T}{\sqrt{1+\frac{1}{(X/R)^2}}} = \frac{6.7387}{\sqrt{1+\frac{1}{6.54^2}}} = 6.6612\,[\mathrm{m}\Omega]$$

(b) K_T 계산하기

식 (12.20)~(12.21)를 이용하여 변압기 임피던스 보정계수를 계산하면 다음과 같다.

$$K_T = 0.95\frac{c_{\max}}{1+0.6x_T} = 0.95\frac{c_{\max}}{1+0.6\frac{X_T}{U_{rT}^2/S_{rT}}} = 0.95\times\frac{1.1}{1+0.6\times\frac{6.6612\times10^{-3}}{(380^2/1500\times10^3)}}$$

$$= 1.00334$$

(c) Z_T, R_T, X_T 계산하기

앞서 구한 Z_t에 보정계수 K_T를 곱하면 보정된 변압기 임피던스 Z_T가 되므로 다음과 같이 계산할 수 있다.

$$Z_T = Z_t \times K_T = 6.7387\times1.00334 = 6.7612\,[\mathrm{m}\Omega]$$

Z_T와 변압기 X/R 비 6.54를 이용하여 R_T과 X_T를 구하면 다음과 같다.

$$R_T = \frac{Z_T}{\sqrt{1+(\frac{X}{R})^2}} = \frac{6.7612}{\sqrt{1+6.54^2}} = 1.0219\,[\mathrm{m}\Omega]$$

$$X_T = \frac{Z_T}{\sqrt{1+\frac{1}{(X/R)^2}}} = \frac{6.7612}{\sqrt{1+\frac{1}{6.54^2}}} = 6.6835\,[\mathrm{m}\Omega]$$

예제 12-17

3상 3선식, 2차전압 380[V], 변압기 용량 1500[kVA], 전원의 단락용량 P_s 300[MVA], 전원의 X/R 비가 10일 때 전원 임피던스 Z_S, 저항 R_S, 리액턴스 X_S를 계산하시오.

정답 $Z_S = 0.4813[\mathrm{m}\Omega]$, $X_S = 0.4789[\mathrm{m}\Omega]$

풀이 전원 임피던스 Z_S는 전압과 단락용량과의 관계를 이용하여 구하면 다음과 같다.

$$Z_S = \frac{V^2}{P_S} = \frac{380^2}{300\times10^6}\times1000 = 0.4813\,[\mathrm{m}\Omega]$$

Z_S와 전원의 X/R 비를 이용하여 R_S와 X_S를 구하면 다음과 같다.

$$R_S = \frac{Z_S}{\sqrt{1+(\frac{X}{R})^2}} = \frac{0.4813}{\sqrt{1+10^2}} = 0.0479[\text{m}\Omega]$$

$$X_S = \frac{Z_S}{\sqrt{1+\frac{1}{(X/R)^2}}} = \frac{0.4813}{\sqrt{1+\frac{1}{10^2}}} = 0.4789[\text{m}\Omega]$$

■ 동기 발전기의 임피던스

변압기가 없는 발전기로부터 직접 공급되는 전력계통에서 초기 대칭단락회로 전류를 계산할 때 적용되며, 발전기 임피던스 보정계수를 고려한 동기발전기 임피던스를 구하는 계산식은 다음과 같다.

$$Z_{GK} = K_G Z_G = K_G(R_G + jX_G'') = K_G(R_G + jX_d'') \tag{12.22}$$

$$K_G = \frac{U_n}{U_{rG}} \times \frac{c_{\max}}{1 + x_d'' \sin\phi_{rG}} \tag{12.23}$$

$$x_d'' = X_d''/Z_{rG} \tag{12.24}$$

- K_G : 동기발전기 임피던스 보정계수
- Z_G : 정상계통에서 발전기의 초기 과도임피던스
- R_G : 동기기의 저항
- X_G'', X_d'' : 동기기의 초기 과도리액턴스
- U_n : 계통의 공칭전압
- U_{rG} : 발전기의 정격전압
- Φ_{rG} : 발전기 전압과 전류의 상차각
- Z_{rG} : 발전기의 정격임피던스
- $c_{\max}$: 최대 전압계수
- x_d'' : 발전기의 정격임피던스에 대한 발전기의 초기 과도리액턴스 비율

■ 선로의 임피던스

가공선로와 케이블의 임피던스 성분 중 교류저항과 리액턴스의 계산식은 다음과 같다.

$$R_L = R_d \times (1 + Y_s + Y_p) \tag{12.25}$$

$$X_L = \omega L = 0.17361 \log\left(\frac{D}{r'}\right) \tag{12.26}$$

- R_d : 도체의 최고 사용 온도에서의 직류저항[Ω/km]
- Y_s : 표피효과 계수
- Y_p : 근접효과 계수
- D : 도체의 등가 선간거리
- r' : 도체의 기하학적 평균 반경($r' = re^{-\frac{1}{4}} = 0.7788r$)

예제 12-18

케이블 트레이에 간선 및 분기선을 시설하고자 한다. 최대/최소 단락전류를 구하기 위한 간선 및 분기선의 저항 및 리액턴스를 구하라. 단, 20[℃]에서 온도계수는 구리 0.00393, 알루미늄 0.00403이다.

- 간선 : 0.6[kV] F-CV, 1C 300[mm^2], 전선 길이 = 120[m], $R = 0.0800[\Omega/\text{km}]$, $X = 0.1172[\Omega/\text{km}]$
- 분기선 : 0.6[kV] F-CV, 1C 16[mm^2], 전선 길이 = 60[m], $R = 1.4667[\Omega/\text{km}]$, $X = 0.0925[\Omega/\text{km}]$

정답 간선 : $R_F = 7.5288[\text{m}\Omega]$, $X_F = 14.064[\text{m}\Omega]$

분기선 : $R_{BF} = 69.0158[\text{m}\Omega]$, $X_{BF} = 5.55[\text{m}\Omega]$

풀이

(1) 저항조정 계수 구하기

최대 단락전류를 구하기 위해 케이블의 저항은 20[℃]의 온도에서 적용해야 한다. 0.6[kV] F-CV의 허용 온도인 90[℃]를 적용하여 도체의 20[℃] 저항조정 계수 δ_a를 구하면 다음과 같다.

$$\delta_a = \frac{1}{1+\alpha(T_a - T_{20})} = \frac{1}{1+0.00393(90-20)} = 0.78425$$

최소 단락전류를 구하기 위해 케이블의 저항은 도체의 높은 온도를 적용해야 한다. 0.6[kV] F-CV의 최고 온도인 250[℃]를 적용하여 도체의 높은 온도에서의 저항조정 계수 δ_b를 구하면 다음과 같다.

$$\delta_b = [1+\alpha(T_m - T_{20})] \times \delta_a$$
$$= [1+0.00393 \times (250-20)] \times 0.78425 = 1.49314$$

(2) 최대 단락전류를 구하기 위한 저항 및 리액턴스 구하기

문제에서 주어진 자료는 km당 저항과 리액턴스 값이므로 이를 고려하여 최대 단락전류를 구하기 위한 간선의 저항과 리액턴스를 구하면 다음과 같다.

- 간선 저항 : $R_F = 0.0800 \times 0.12 \times 0.78425 \times 1000 = 7.5288[\text{m}\Omega]$
- 간선 리액턴스 : $X_F = 0.1172 \times 0.12 \times 1000 = 14.0640[\text{m}\Omega]$

최대 단락전류를 구하기 위해 분기선의 저항과 리액턴스를 구하면 다음과 같다.

- 분기선 저항 : $R_{BF} = 1.4667 \times 0.06 \times 0.78425 \times 1000 = 69.0158[\text{m}\Omega]$
- 분기선 리액턴스 : $X_{BF} = 0.0925 \times 0.06 \times 1000 = 5.55[\text{m}\Omega]$

(3) 최소 단락전류를 구하기 위한 저항 및 리액턴스 구하기

도체의 높은 온도에서의 저항조정 계수 δ_b를 적용하여 최소 단락전류를 구하기 위한 간선의 저항과 리액턴스 값은 구하면 다음과 같다.

- 간선 저항 : $R_F = 0.0800 \times 0.12 \times 1.49314 \times 1000 = 14.3341[\text{m}\Omega]$
- 간선 리액턴스 : $X_F = 0.1172 \times 0.12 \times 1000 = 14.0640[\text{m}\Omega]$

최소 단락전류를 구하기 위해 분기선의 저항과 리액턴스를 구하면 다음과 같다.

- 분기선 저항 : $R_{BF} = 1.4667 \times 0.06 \times 1.49314 \times 1000 = 131.3991[\text{m}\Omega]$
- 분기선 리액턴스 : $X_{BF} = 0.0925 \times 0.06 \times 1000 = 5.55[\text{m}\Omega]$

(4) 표로 정리하기

계산값을 표로 정리하면 다음과 같다.

간 선						
구분	$R[\Omega/\text{km}]$	$X[\Omega/\text{km}]$	$L[\text{km}]$	저항조정계수	R_F	X_F
최대 단락전류	0.0800	0.1172	0.12	0.78425	7.5288	14.064
최소 단락전류				1.49314	14.3341	14.064
분기선						
구분	$R[\Omega/\text{km}]$	$X[\Omega/\text{km}]$	$L[\text{km}]$	저항조정계수	R_F	X_F
최대 단락전류	1.4667	0.0925	0.06	0.78425	69.0158	5.55
최소 단락전류				1.49314	131.3991	5.55

4 단락전류의 계산

KEC 규격의 고장전류 계산은 초기 대칭분 단락전류 실효값을 기준으로 초기 최대전류, 각 시간별 대칭전류, 직류분 및 비대칭전류를 계산하는 방식이다. 단락 고장전류는 단락고장이 발생 가능한 모든 지점에서의 계산 또는 측정에 의하여 결정되어야 하며, 보호장치에서 고장점까지의 거리에 따라 그 크기는 달라진다. 보호장치는 어떠한 단락전류라도 신속하고 정확하게 차단해야 하며 계산은 다음 사항을 기초로 한다.

- 단락이 지속되는 동안 3상단락회로는 3상단락이 지속되고, 1선지락회로는 1선지락이 지속되는 것과 관련하여 변경이 없는 것으로 한다.
- 변압기의 임피던스는 탭절환장치의 중심점에 있는 것으로 한다. 전력계통에 접속된 임피던스 보정계수를 도입하기 위하여 인정되는 것이다.
- 아크 저항은 계산에 포함하지 않는 것으로 한다.

■ **고장점에서의 등가회로도**

[그림 12-22]는 비회전부하의 계통도이다.

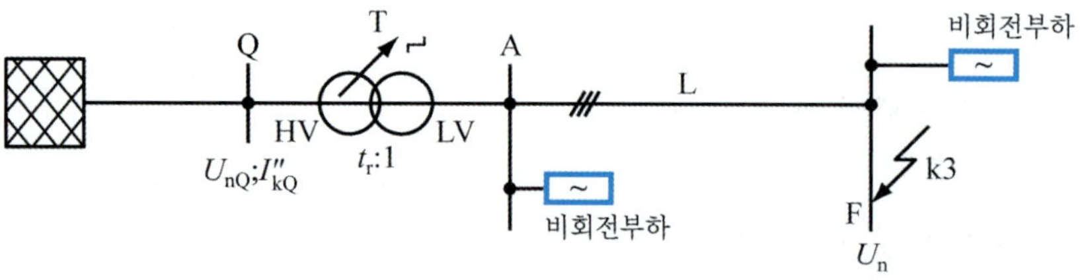

[그림 12-22] 비회전부하의 전력계통도

[그림 12-23]은 [그림 12-22]의 k3점에서 고장이 발생했을 때 고장점에서의 전압을 등가 전압원으로 하여 선로, 변압기를 임피던스로 변환한 등가회로도이다. 등가전압원은 유효전압이고 그 외 계통 내 모든 유효전압은 0으로 추정한다.

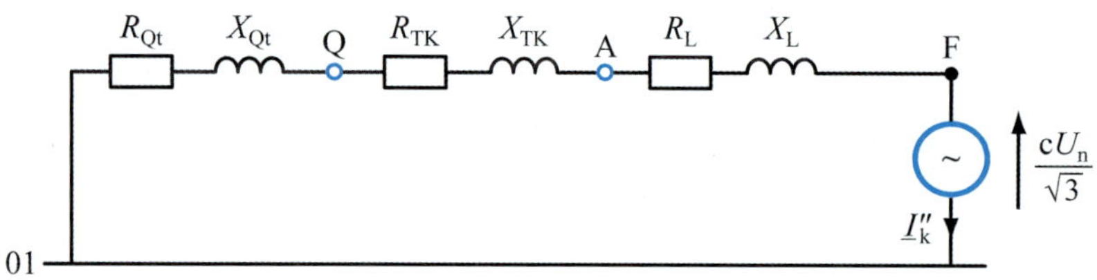

[그림 12-23] 정상계통의 고장시 등가회로

■ **초기 대칭단락전류**

단락전류는 스위치 투입 시 교류성분의 최대치를 나타낸 것으로, 테브난의 정리(Thevenin's theorem)와 옴의 법칙에 의해 정의된다. 초기 대칭 단락전류는 단락 순시에 적용할 실효값이며, 일반적으로 고장점에서 등가전압원과 고장점 임피던스를 사용하여 계산한다. 이를 수식으로 표현하면 다음과 같다.

$$I_k^{''} = \frac{cU_n}{\sqrt{3}\,Z_k} = \frac{cU_n}{\sqrt{3}\sqrt{R_k^2 + X_k^2}} \tag{12.27}$$

$$Z_k = R_k + jX_k = (R_{Qt} + R_{Tk} + R_L) + j(X_{Qt} + X_{Tk} + X_L) \tag{12.28}$$

- $I_k^{''}$: 초기 대칭단락전류의 실효값[A]
- c : 전압계수
- U_n : 계통의 공칭전압(선간전압)[V]
- Z_k : 고장점에서 본 등가 임피던스[Ω]
- R_{Qk}, X_{Qk} : 전원의 저항 및 리액턴스
- R_{Tk}, X_{Tk} : 변압기의 저항 및 리액턴스
- R_L, X_L : 선로의 저항 및 리액턴스

■ 최대 단락전류

전기기기의 용량이나 정격차단 전류를 선정할 때 적용되며 계산조건 및 수식을 나타내면 다음과 같다.

- 최대 단락전류 계산을 위하여 전압계수 $C_{\max}$를 적용한다.
- 전원 측 임피던스는 최대 단락전류 기여에 해당하는 최소 등가 임피던스를 사용한다.
- 전동기 기여전류를 포함한다.
- 가공선로와 케이블의 저항 R_d는 20[℃]의 온도에서 적용해야 한다.

★ 최대 단락전류의 계산 ★

$$I = \frac{k_s \times c_{\max} \times \dfrac{U_n}{k}}{\sqrt{(R_s + R_T + R_L \times \gamma)^2 + (X_s + X_T + X_L \times \gamma)^2}} = \frac{k_s \times c_{\max} \times \dfrac{U_n}{k}}{\sqrt{R}} \qquad (12.29)$$

- k_s : 비대칭계수[9]
- $c_{\max}$: 전압계수
- U_n : 공칭선간전압[V]
- k : 상전압 변환계수(1상 : 1, 3상 : $\sqrt{3}$)
- R_s : 전원의 저항
- X_s : 전원의 리액턴스
- R_T : 변압기의 저항
- X_T : 변압기의 리액턴스
- R_L : 전선의 저항
- X_L : 전선의 리액턴스
- R : 저항의 합계
- X : 리액턴스의 합계
- γ : 왕복계수(1상 : 2, 3상 : 1)

■ 최소 단락전류

퓨즈의 선택, 보호장치의 설정, 전동기 시운전 검사 등 보호장치의 정격전류를 선정할 때 적용하며 계산 조건 및 수식을 나타내면 다음과 같다.

- 최소 단락전류 계산을 위하여 전압계수 $C_{\min}$을 적용한다.
- 전원 측 임피던스는 최소 단락전류 기여에 해당하는 최대 등가 임피던스를 사용한다.
- 전동기의 기여전류를 무시한다.
- 가공선로와 케이블, 선로도체, 중성선 등의 저항 R_d는 도체의 높은 온도를 적용해야 한다.

$$R_d = R_{20} \times [1 + \alpha(\theta_e - 20)] \qquad (12.30)$$

- R_{20} : 20[℃]에서 도체의 직류저항[Ω/km]
- α : 20[℃]에서 온도계수(구리 : 0.00393, 알루미늄 : 0.00403)
- θ_e : 도체의 최고 사용온도[℃][10]

---

9 비대칭계수는 식 (12.34)를 이용하여 계산할 수 있다.

10 XLPE, EPR, HEPR은 250[℃]이고, PVC는 300[mm^2] 이하인 경우 160[℃], 초과할 경우에는 140[℃]이다.

★ 최소 단락전류의 계산 ★

$$I=\frac{c_{\min}\times\dfrac{U_n}{k}}{\sqrt{(R_s+R_T+R_L\times\gamma)^2+(X_s+X_T+X_L\times\gamma)^2}}=\frac{c_{\min}\times\dfrac{U_n}{k}}{\sqrt{R}}\qquad(12.31)$$

- U_n : 공칭선간전압[V]
- k : 상전압 변환계수 (1상 : 1, 3상 : $\sqrt{3}$)
- R_s : 전원의 저항
- X_s : 전원의 리액턴스
- R_T : 변압기의 저항
- X_T : 변압기의 리액턴스
- R_L : 전선의 저항
- X_L : 전선의 리액턴스
- R : 저항의 합계
- X : 리액턴스의 합계
- γ : 왕복계수 (1상 : 2, 3상 : 1)
- $c_{\min}$: 전압계수

예제 12-19

3상 3선식, 2차전압 380[V], 전원의 단락용량 $P_s=300$[MVA], 전원의 X/R 비 10, 변압기 용량 1500[kVA], 변압기 %임피던스 7[%], 변압기 X/R 비 6.54일 때 F_1 점과 F_2 점에서의 최대 단락전류 및 최소 단락전류를 구하라.

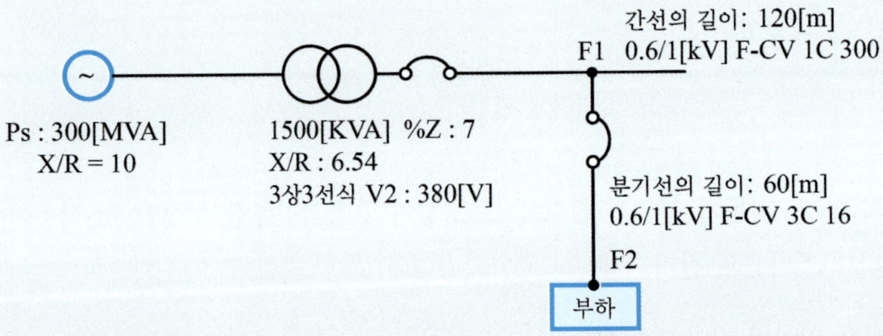

정답 간선 : $I_{F1\max}=11{,}335.37$[A], $I_{F1\min}=7{,}946.99$[A]

분기선 : $I_{F2\max}=2{,}939.37$[A], $I_{F2\min}=1{,}396.71$[A]

풀이

(1) 임피던스 구하기

[예제 12-16]~[예제 12-18]을 참조하여 전원 임피던스, 변압기 임피던스, 전선의 임피던스를 정리하면 다음과 같다.

항목		Z[mΩ]	R[mΩ]	X[mΩ]
전원		0.4813	0.0479	0.4789
변압기		6.7612	1.0219	6.6835
간선	최대 단락전류		7.5288	14.0640
	최소 단락전류		14.3341	14.0640
분기선	최대 단락전류		69.0158	5.55
	최소 단락전류		131.3991	5.55
간선 임피던스 합	최대 단락전류		8.5986	21.2264
	최소 단락전류		15.4039	21.2264
분기선 임피던스 합	최대 단락전류		77.6144	26.7764
	최소 단락전류		146.803	26.7764

(2) F_1에서 발생하는 최대 단락전류 구하기

간선과 분기점의 접속점 F_1에서 발생하는 최대 단락전류를 구하기 위해서는 비대칭계수, 최대 전압계수를 알아야 하므로 식 (12.34)에서 1/2 사이클에서의 비대칭계수를, [표 12-9]에서 최대 전압계수를 구하면 다음과 같다.

- 비대칭계수 : $k_s = \sqrt{1+2e^{-\frac{2\pi R}{X}}} = \sqrt{1+2e^{-\frac{2\pi \times 8.5986}{21.2264}}} = 1.0756$
- 전압계수 : $c_{\max} = 1.1$

간선과 분기점의 접속점 F_1에서 발생하는 최대 단락전류를 계산하면 다음과 같다.

$$I_{F1\max} = \frac{k_s \times c_{\max} \times \dfrac{U_n}{k}}{\sqrt{(R_s + R_T + R_{간선} \times \gamma)^2 + (X_s + X_T + X_{간선} \times \gamma)^2}}$$

$$= \frac{1.0757 \times 1.1 \times \dfrac{380}{\sqrt{3}} \times 10^3}{\sqrt{(8.5986)^2 + (21.2264)^2}} = 11{,}335.37[\text{A}]$$

(3) F_1에서 발생하는 최소 단락전류 구하기

[표 12-9]에서 최소 전압계수를 구하면 다음과 같다.

$$c_{\min} = 0.95$$

간선과 분기점의 접속점 F_1에서 발생하는 최소 단락전류를 계산하면 다음과 같다.

$$I_{F1\min} = \frac{c_{\min} \times \dfrac{U_n}{k}}{\sqrt{(R_s + R_T + R_{간선} \times \gamma +)^2 + (X_s + X_T + X_{간선} \times \gamma)^2}}$$

$$= \frac{0.95 \times \frac{380}{\sqrt{3}} \times 10^3}{\sqrt{15.4039^2 + 21.2264^2}} = 7{,}946.99[\text{A}]$$

(4) F_2에서 발생하는 최대 단락전류 구하기

분기점과 부하의 접속점 F_2에서 발생하는 최대 단락전류를 구하기 위해서는 비대칭계수, 최대 전압계수를 알아야 한다. 식 (12.34)에서 1/2 사이클에서의 비대칭계수를, [표 12-9]에서 최대 전압계수를 구하면 다음과 같다.

- 비대칭계수 : $k_s = \sqrt{1 + 2e^{-\frac{2\pi R}{X}}} = \sqrt{1 + 2e^{-\frac{2\pi \times 77.6144}{26.7764}}} = 1$
- 전압계수 : $c_{\max} = 1.1$

분기점과 부하의 접속점 F_2에서 발생하는 최대 단락전류를 계산하면 다음과 같다.

$$I_{F2\max} = \frac{k_s \times c_{\max} \times \frac{U_n}{k}}{\sqrt{(R_s + R_T + R_{\text{간선}} \times \gamma + R_{\text{분기선}} \times \gamma)^2 + (X_s + X_T + X_{\text{간선}} \times \gamma + X_{\text{분기선}} \times \gamma)^2}}$$

$$= \frac{1 \times 1.1 \times \frac{380}{\sqrt{3}} \times 10^3}{\sqrt{(77.6144)^2 + (26.7764)^2}} = 2{,}939.37[\text{A}]$$

(5) F_2에서 발생하는 최소 단락전류 구하기

[표 12-9]에서 최소 전압계수를 구하면 다음과 같다.

$$c_{\min} = 0.95$$

분기점과 부하의 접속점 F_2에서 발생하는 최소 단락전류를 계산하면 다음과 같다.

$$I_{F2\min} = \frac{c_{\min} \times \frac{U_n}{k}}{\sqrt{(R_s + R_T + R_{\text{간선}} \times \gamma + R_{\text{분기선}} \times \gamma)^2 + (X_s + X_T + X_{\text{간선}} \times \gamma + X_{\text{분기선}} \times \gamma)^2}}$$

$$= \frac{0.95 \times \frac{380}{\sqrt{3}} \times 10^3}{\sqrt{146.803^2 + 26.7764^2}} = 1{,}396.71[\text{A}]$$

CHAPTER

12 연습문제

12.1 다음 전력설비 약호의 한글이름과 전체 영어이름을 설명하라.

(a) LBS

(b) ASS

(c) MOF

(d) SC

12.2 다음 변압기의 결선을 완성하라.

(a) $\Delta-Y$

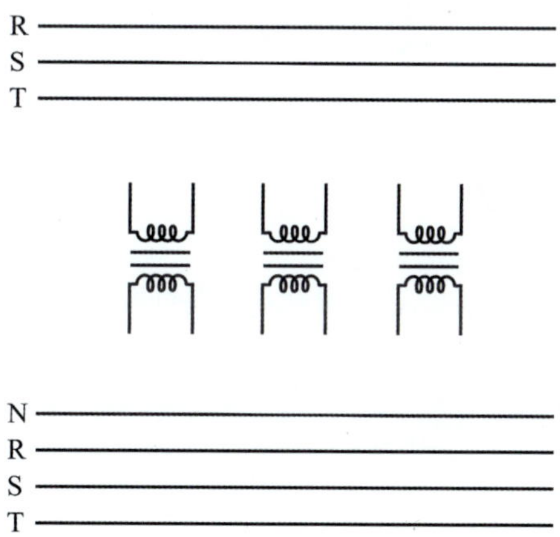

(b) $Y-\Delta$

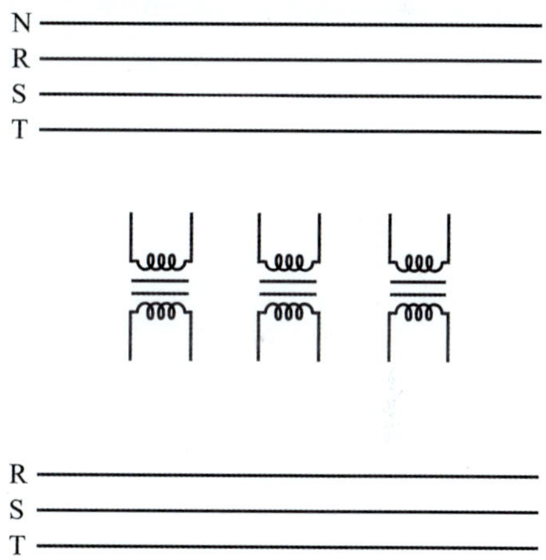

(c) $\Delta-\Delta$

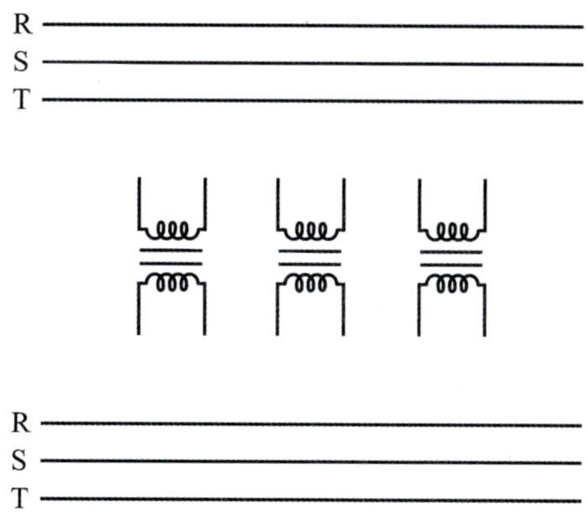

(d) V−V

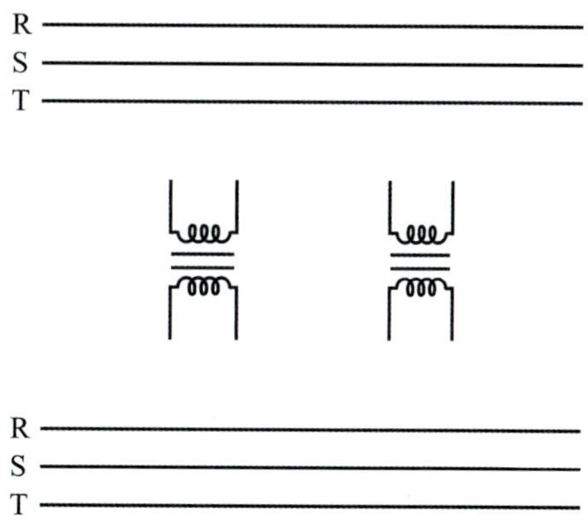

12.3 용량 250[kVA]인 단상 주상변압기 1대가 있다. 이때 걸리는 일부하가 8시간 동안 250[kW], 16시간 동안 50[kVA]일 때 이 변압기의 일부하율을 구하라.

12.4 총 설비부하가 120[kW], 수용률이 65[%], 부하역률이 80[%]인 수용가에 공급하기 위한 변압기의 용량을 구하라.

12.5 연간 최대 수용전력이 60, 75, 80, 105[kW]인 네 수용가를 합성한 연간 최대 수용전력이 250[kW]이다. 이 수용가의 부등률을 구하라.

12.6 다음 그림과 같이 2대의 변압기를 병렬운전하여 부하용량 1000[kW]에 전력을 공급하고 있을 때 A 변압기와 B 변압기가 분담하는 전력량[kW]을 구하라.

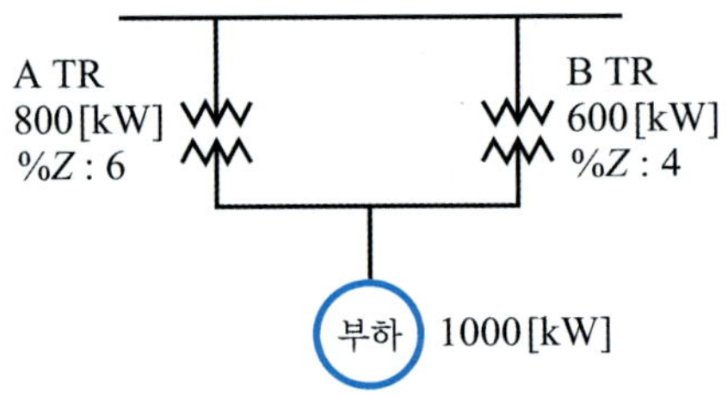

12.7 다음 그림과 같이 3대의 변압기를 병렬운전할 때 다음을 구하라. 단, 부하용량은 알 수 없다.

(a) 각 변압기가 공급할 수 있는 전력량[kW]

(b) 과부하 없이 각 변압기가 분담할 수 있는 전력량[kW]

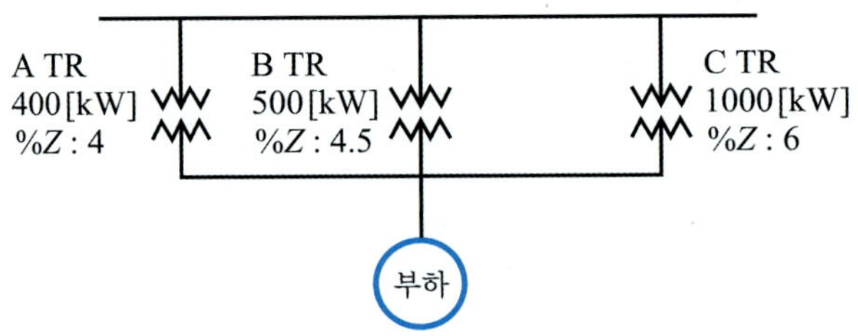

CHAPTER
13

옥내배선과 접지

옥내배선은 전력계통에서 수용가에 직접 공급하는 부분으로, 일반인들이 직접 사용하는 부분이다. 옥내배선은 우리 생활 가까이에 있기 때문에 안전에 특히 유의해야 하므로, 전기설비기술기준에 의거하여 공사한다. 이 장에서는 옥내배선의 구성과 재료, 종류를 알아보고, 옥내배선의 안전을 위해 설치하는 접지의 역할에 대해 살펴보자.

CONTENTS

SECTION 13.1

옥내배선

옥내배선은 수용가에 직접 전기를 공급하는 부분이므로, 일반인들이 직접 사용하는 부분이다. 이 절에서는 옥내배선의 구성을 살펴보고 옥내배선을 설계하는 방법에 대해 알아본다. 또한 옥내배선을 보호하기 위한 보호 협조 방법을 살펴본다.

Keywords | 옥내배선 | 옥내배선의 구성 | 옥내간선의 허용전류 | 옥내배선의 보호협조 | 과전류보호 |

1 옥내배선이란?

옥내배선은 전력계통의 말단 부분으로, 발전소에서 생산된 전력을 송전선로와 배전선로를 통해 수용가의 인입구까지 전달하고, 수용가의 전등, 전열, 가정용 전기용품 등을 작동하게 하는 설비이다.

송전설비와 배전설비는 전기사업자가 관리하지만 전력계통의 말단 부분에 해당하는 옥내배선은 일반인들이 직접 사용하는 부분이다. 옥내배선에서 사용하는 재료가 적정하지 못하면 화재와 감전 사고의 원인이 되므로 전기용품안전 관리법을 두어 전기용품의 품질을 관리하고 있으며, 옥내배선은 전기설비기술기준에 의거하여 공사하도록 하고 있다. 또한 공사 중의 재해 발생을 방지하기 위하여 일정한 수준의 면허를 가진 전기공사 업체에서 시공하도록 규정하고 있다.

2 옥내배선의 구성

옥내배선에서의 전기 방식에는 직류식과 교류식이 있다. 그중 직류식은 비상용 또는 조작용 등 배터리를 사용하는 곳이나 정류기를 사용하는 곳에 한정하여 사용하며, 그 외 옥내배선에는 대부분 교류식을 사용한다.

옥내배선의 전기 방식에는 [그림 13-1]과 같이 단상 2선식, 단상 3선식, 3상 3선식, 3상 4선식 등이 있다. 이 중 단상 2선식과 단상 3선식은 전등 및 소형 기기류의 회로에서 사용되고, 3상 3선식은 동력용 회로에, 3상 4선식은 전등 및 동력 공용회로로 사용되며, 단상 3선식은 특별한 장소 이외에는 거의 사용하지 않고 있다.

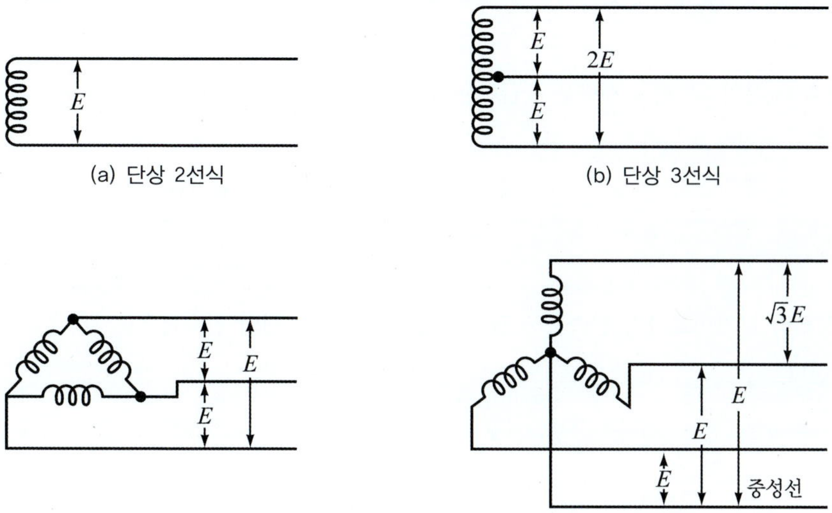

(a) 단상 2선식 (b) 단상 3선식 (c) 3상 3선식 (d) 3상 4선식

[그림 13-1] 옥내배선의 전기방식

옥내배선은 [그림 13-2]와 같이 간선과 분기회로로 구성된다.

- **간선(전원측 배선)** : 전원으로부터 분기회로까지 전력을 공급하는 부분으로 인입선[1] 의 접속점으로부터 분기 개폐기에 이르는 배선, 즉 분기회로의 분기점에서 전원측 부분을 말한다.
- **분기회로** : 일반적으로 부하가 직접 접속되는 부분으로 분기 개폐기로부터 부하까지를 말한다.

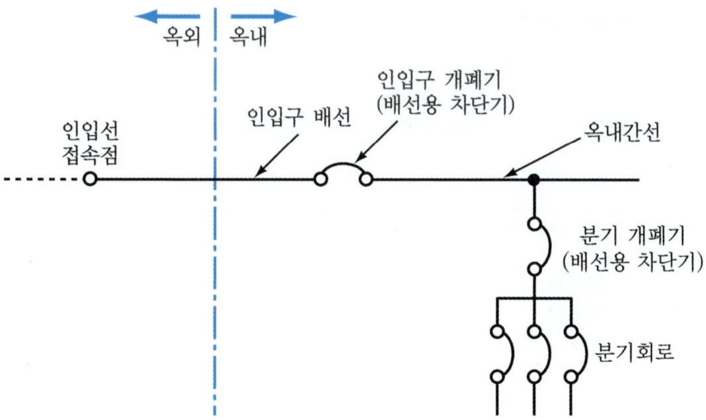

[그림 13-2] 간선과 분기회로

1 인입선이란 배전선에서 분가하여 수용가의 인입구까지의 배선(전선)을 의미한다.

예제 13-1

옥내배선에서 전원으로부터 분기회로까지 전력을 공급하는 부분으로 인입선의 접속점으로부터 분기 개폐기에 이르는 배선을 무엇이라 하는가?

① 배전선 ② 분기선 ③ 간선 ④ 연접인입선

정답 ③

풀이 간선은 전원으로부터 분기회로까지 전력을 공급하는 부분으로 인입선의 접속점으로부터 분기 개폐기까지를 의미한다.

3 옥내배선의 공사방법

옥내배선에 적용하는 배선설비 공사방법은 IEC 표준과 국내 전기설비 기술기준을 접목하여 시설장소와 공사방법에 따라 사용하는 전선 및 케이블의 허용전류와 시설방법을 제시하고 있으며, 공사방법에는 애자를 사용한 공사, 전선관을 사용한 공사, 덕트를 사용한 공사 등이 있다.

배선 설비의 공사방법

[표 13-1]은 배선설비가 설치되는 환경에 따른 공사방법의 적합성 여부를 나타낸 것으로 설치장소의 특성, 배선을 지지하는 건축물의 벽 또는 기타 부분의 특성, 사람과 가축이 배선에 접촉할 가능성, 전압, 지락고장 및 단락전류에 의해 발생할 수 있는 전기적·기계적 응력, 전자기 장애, 전기설비 공사 중 또는 사용 중에 배선이 받는 응력 등을 고려해야 한다.

[표 13-1] 전선 및 케이블의 구분에 따른 배선 설비의 공사방법(출처 : 한국전기설비규정 표 232.2-1)

전선 및 케이블		공사 방법							
		케이블공사			전선관 시스템	케이블 트렁킹 시스템	케이블 덕팅 시스템	케이블 트레이 시스템	애자공사
		비고정	직접고정	지지선					
나전선		−	−	−	−	−	−	−	+
절연전선[2]		−	−	−	+	+[3]	+	−	+
케이블	다심	+	+	+	+	+	+	+	0
	단심	0	+	+	+	+	+	+	0

+ : 사용할 수 있다.
− : 사용할 수 없다.
0 : 적용할 수 없거나 실용상 일반적으로 사용할 수 없다.
케이블은 외장 및 무기질 절연물을 포함한다.

[표 13-2]는 옥내배선에서 배선 및 전선관의 시설상태에 따라 공사방법을 나눈 것으로 건축물에서는 접근이 가능한 곳과 접근이 어려운 곳으로, 지중매입, 구조체(콘크리트 등)매입, 가공, 지중 등 시설방법에 따라 적용 가능한 공사방법을 나타내고 있다.

[표 13-2] 시설상태를 고려한 배선 설비의 공사방법(출처 : 한국전기설비규정 표 232.2-2)

<table>
<tr><th colspan="2" rowspan="3">시설상태</th><th colspan="8">공사방법</th></tr>
<tr><th colspan="3">케이블공사</th><th rowspan="2">전선관 시스템</th><th rowspan="2">케이블 트렁킹 시스템</th><th rowspan="2">케이블 덕팅 시스템</th><th rowspan="2">케이블 트레이 시스템</th><th rowspan="2">애자공사</th></tr>
<tr><th>비고정</th><th>직접고정</th><th>지지선</th></tr>
<tr><td rowspan="2">건물의 빈공간</td><td>접근가능</td><td>40</td><td>33</td><td>0</td><td>41, 42</td><td>6, 7, 8, 9, 12</td><td>43, 44</td><td>30, 31, 32, 33, 34</td><td>–</td></tr>
<tr><td>접근불가</td><td>40</td><td>0</td><td>0</td><td>41, 42</td><td>0</td><td>43</td><td>0</td><td>0</td></tr>
<tr><td colspan="2">케이블채널</td><td>56</td><td>56</td><td>–</td><td>54, 55</td><td>0</td><td></td><td>30, 31, 32, 34</td><td>–</td></tr>
<tr><td colspan="2">지중매설</td><td>72, 73</td><td>0</td><td>–</td><td>70, 71</td><td>–</td><td>70, 71</td><td>0</td><td>–</td></tr>
<tr><td colspan="2">구조체매입</td><td>57, 58</td><td>3</td><td>–</td><td>1, 2, 59, 60</td><td>50, 51 52, 53</td><td>46, 45</td><td>0</td><td>–</td></tr>
<tr><td colspan="2">노출표면에 부착</td><td>–</td><td>20, 21, 22, 23, 33</td><td>–</td><td>4, 5</td><td>6, 7, 8, 9, 12</td><td>6, 7, 8, 9</td><td>30, 31, 32, 34</td><td>36</td></tr>
<tr><td colspan="2">가공/기중</td><td>–</td><td>33</td><td>35</td><td>0</td><td>10, 11</td><td>10, 11</td><td>30, 31, 32, 34</td><td>36</td></tr>
<tr><td colspan="2">창틀내부</td><td>16</td><td>0</td><td>–</td><td>16</td><td>0</td><td>0</td><td>0</td><td>–</td></tr>
<tr><td colspan="2">문틀내부</td><td>15</td><td>0</td><td>–</td><td>15</td><td>0</td><td>0</td><td>0</td><td>–</td></tr>
<tr><td colspan="2">수중(물속)</td><td>+</td><td>+</td><td>–</td><td>+</td><td>–</td><td>+</td><td>0</td><td>–</td></tr>
</table>

+ : 제조사 지침서에 따른다.
– : 사용할 수 없다.
0 : 적용할 수 없거나 실용상 일반적으로 사용할 수 없다.

예제 13-2

건축물의 콘크리트 속에 난연 CD관을 매입하여 부하설비에 전원을 공급하고자 한다. 이때 다음 물음에 답하라. 단, 여유율은 고려하지 않는다.

조건 1. 공사방법 : 건축물의 콘크리트 속에 난연 CD관을 매입
2. 절연전선 및 절연물의 종류 : 450/750[V] HFIX, 가교폴리올레핀(90[℃])
3. 설계전류 : 25[A]
4. 참고자료 : [표 13-1], [표 13-2]

2 보호도체 또는 보호 본딩도체로 사용되는 절연전선은 적절하다면 어떠한 절연방법이든 사용할 수 있고 전선관시스템, 트렁킹시스템 또는 덕팅시스템에 배치하지 않아도 된다.

3 케이블트러킹시스템이 IP4X 또는 IPXXD급 이상의 보호조건을 제공하고, 도구 등을 사용하여 강제적으로 덮개를 제거할 수 있는 경우에 한하여 절연전선을 사용할 수 있다.

(a) 건축물의 콘크리트 속에 난연 CD관을 매입하여 절연전선 HFIX의 사용 가능 여부를 판단하라.

i. 사용 가능 여부 :　　　　　　　　　　ii. 근거 :

(b) 시설상태를 고려한 배선설비 설치방법을 찾아 설치방법 번호를 쓰시오.

i. 설치 방법 번호 :　　　　　　　　　　ii. 근거 :

정답 (a) i. 사용 가능　　ii. 풀이 참고

(b) i. 1, 2, 59, 60　　ii. 풀이 참고

풀이

(a) [표 13-1]에서 절연전선과 전선관 시스템이 교차하는 칸에 + 기호가 있고 이 기호는 "사용할 수 있다"이므로 사용 가능하다.

(b) 전선관과 콘크리트 매설이 교차하는 칸을 찾으면 설치방법 번호는 1, 2, 59, 60이 된다.

배선 설비 공사별 시설 방법

현재 우리나라에서 적용하고 있는 공사방법을 한국전기설비규정에 의한 공사방법으로 구분하면 [표 13-3]과 같다.

[표 13-3] 공사방법의 분류

종 류	공사방법
전선관 시스템	합성수지관 공사, 금속관 공사, 가요전선관 공사
케이블 트렁킹 시스템	합성수지몰드 공사, 금속몰드 공사, 금속트렁킹 공사[4], 케이블 트렌치 공사
케이블 덕팅 시스템	플로어 덕트 공사, 셀룰러 덕트 공사, 금속 덕트 공사[5]
애자공사	애자공사
케이블 트레이 시스템	케이블 트레이 공사
케이블 공사	비고정 방법, 직접 고정 방법, 지지선 방법

동일한 굵기의 전선이나 케이블을 사용하더라도 옥내배선에서 적용되는 각각의 공사방법에 따라 도체에 흘릴 수 있는 전류의 크기는 다르다. 이것은 시설상태, 주위온도, 토지 열저항, 복수회로 회선수, 병렬 도체수, 트레이 간 수평거리, 수직거리 등 시설 방법과 전선이나 케이블이 설치되는 장소 또는 공간의 환경이 다르기 때문이다. 허용전류를 구하기 위한 표준 공사방법은 부록의 [표 A-1]에서 확인할 수 있다.

4 금속 본체와 커버가 별도로 구성되어 커버를 개폐할 수 있는 금속 덕트 공사를 말한다.

5 본체와 커버 구분 없이 하나로 구성된 금속 덕트 공사를 말한다.

예제 13-3

건축물의 콘크리트 속에 난연 CD관을 매입하여 부하설비에 전원을 공급하고자 한다. 이때 물음에 답하라. 단, 여유율은 고려하지 않는다.

조건 1. 공사방법 : 건축물의 콘크리트 속에 난연 CD관을 매입
2. 절연전선 및 절연물의 종류 : 450/750[V] HFIX, 가교폴리올레핀(90[℃])
3. 설계전류 : 25[A]
4. 참고자료 : [표 A-1]

(a) 허용전류 용량확보를 위한 항목 번호와 표준 공사방법 기호 :

(b) 근거 :

정답 (a) 59, B1 (b) 풀이 참고

풀이

(a) [예제 13-2]에서 시설상태를 고려한 배선설비 설치방법에는 1, 2, 59, 60번이 있다. 이를 [표 13-3]을 참고하여 문제의 조건에 부합한 것을 찾으면 다음과 같다.

- 1, 2번은 단열 벽속에 전선관을 매입하여 시설하는 것이므로 해당되지 않는다.
- 59번은 석재(콘크리트 포함) 내부에 설치된 전선관에 절연전선 또는 단심 케이블을 사용하는 것이므로 해당된다.
- 60번은 석재(콘크리트 포함) 내부에 설치된 전선관에 다심 케이블을 사용하는 것이므로 조건에 해당되지 않는다.

59번 시공방법에서 전류용량확보를 위한 표준 공사방법 기호를 찾으면 B1이 된다.

항목 번호	설치방법	설명	표준 공사방법
1	 옥내	단열벽 속에 매입한 전선관 내부의 절연도체 또는 단심 케이블	A1
2	 옥내	단열벽 속에 매입한 전선관 내부의 다심 케이블	A2
59	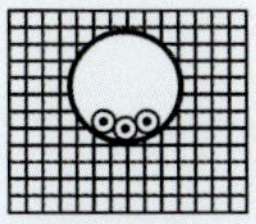	석재벽 내부에 설치된 전선관 내의 절연도체 또는 단심 케이블	B1
60	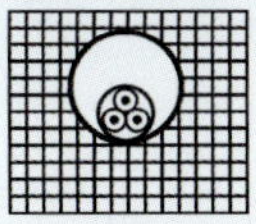	석재벽 내부에 설치된 전선관 내의 다심 케이블	B2

표준 공사방법의 도체 허용전류

옥내에서 사용하는 도체, 즉 절연전선이나 케이블의 허용전류를 구하기 위해서는 부하 상정이나 사용 설비에 따라 부하 용량을 산출하고, 이 부하용량을 바탕으로 배전방식에 따른 설계전류를 계산하고 표준 공사방법에 따른 허용전류를 구해야 한다. 이를 [표 A-2]와 [표 A-3]에 정리했다.

예제 13-4

복합건축물의 콘크리트 속에 난연 CD관을 매입하여 부하설비에 전원을 공급하고자 한다. 물음에 답하라. 단, 여유율은 고려하지 않는다.

조건	1. 공사방법 : 복합건축물의 콘크리트 속에 난연 CD관을 매입 2. 절연전선 및 절연물의 종류 : 450/750[V] HFIX, 가교폴리올레핀(90[℃]) 3. 설계전류 : 25[A]

(a) 난연 CD관 속의 절연전선 단면적을 [표 A-2]를 통해 구하시오.

i. 전선의 단면적 : ii. 근거 :

(b) 만약 동일한 난연 CD관 속에 HFIX 전선을 4가닥을 추가로 넣어 다른 1상 전원회로 2개소에 각각 공급할 경우 전선의 단면적을 구하시오. 단, 집합계수에 대한 감소계수는 0.7을 적용한다.

정답 (a) i. 2.5mm^2 ii. 풀이 참고 (b) $4[\text{mm}^2]$

풀이

(a) 설계전류가 25[A]이므로 이보다 차상위 전류 31[A]를 찾으면 도체의 단면적은 $2.5[\text{mm}^2]$가 된다.

(b) 집합계수에 대한 감소계수는 0.7을 적용하면 도체에 흘릴 수 있는 전류는 다음과 같다.

$$31[\text{A}] \times 0.7 = 21.7[\text{A}]$$

설계전류는 25[A]이므로 $2.5[\text{mm}^2]$ HFIX 절연전선을 사용할 수 없다. 설계전류를 만족하는 허용 전류를 역산하면 $25[\text{A}]/0.7 = 35.71[\text{A}]$이다. [표 A-3]에서 35.71[A]보다 차상위 전류를 찾으면 42[A]이고, 단면적은 $4[\text{mm}^2]$가 된다.

4 옥내배선의 설계

옥내배선에 사용하는 도체(간선과 분기선)의 굵기는 도체의 허용전류와 허용전압강하를 넘지 않아야 한다. **허용전류**(current carrying capacity)는 도체가 정상 상태일 때 온도가 지정된 수치를 초과하지 않는 조건에서 도체에 연속적으로 흐를 수 있는 최대 전류를 의미한다.

수용가 설비별 전압강하 한도

수용가 설비의 전압강하는 다음과 같다.

[표 13-4] 수용가 설비별 전압강하 한도(출처 : 한국전기설비규정 표 232.3-1)

설비의 유형	조명[%]	기타[%]
저압으로 수전하는 경우	3	5
고압 이상으로 수전하는 경우[6]	6	8

다음의 경우에는 수용가 설비의 전압강하보다 큰 전압강하를 허용할 수 있다.

- 기동시간 중의 전동기
- 돌입전류가 큰 기타 기기

다음과 같은 일시적인 조건은 고려하지 않는다.

- 과도 과전압
- 비정상적인 사용으로 인한 전압 변동

원칙적으로 옥내배선의 전압강하는 작을수록 좋으며, 다른 조건을 고려하지 않는다면 수용가 설비의 인입구로부터 기기까지의 전압강하는 [표 13-4]의 값 이하여야 한다. 하지만 설계시방서에 명시된 전압강하 제한값이 [표 13-4]보다 작을 경우에는 설계시방서의 전압강하 제한값을 만족해야 한다. 옥내배선에서 기타부하와 공용부하를 혼용하는 경우 조명과 기타부하 중 용량이 큰 부하의 전압강하 기준을 따라야 하며, 전동기가 기동하는 경우나 돌입전류가 큰 기기에서의 전압강하는 [표 13-3]의 기준을 초과할 수도 있다. 일반적인 부하에서는 식 (13.1)을 사용하여 전압강하를 계산할 수 있다.

$$\varepsilon = \frac{\Delta V}{V} \times 100 = K \times \frac{I_B \times L(R\cos\theta + X\sin\theta)}{V} \times 100\,[\%] \tag{13.1}$$

- ε : 전압강하율[%]
- ΔV : 전원단과 부하단의 전압차[V]
- V : 부하단 전압[V]
- I_B : 부하의 설계전류 [A]
- L : 배선 설비의 길이[m]
- R : 저항[Ω]
- X : 리액턴스[Ω]
- $\cos\theta$: 역률
- K : 배선방식에 따른 계수 (3상 : 1, 단상 : 2)

6 가능한 한 최종회로 내의 전압강하는 저압으로 수전하는 경우의 값을 넘지 않도록 하는 것이 바람직하다. 사용자의 배선설비가 100[m]를 넘는 부분의 전압강하는 미터당 0.005[%] 증가할 수 있으나 이러한 증가분은 0.5[%]를 넘지 않아야 한다.

옥내배선 등 비교적 전선의 길이가 짧고, 전선이 가는 경우에는 표피효과나 근접효과 등에 의한 도체저항 값의 증가분이나 리액터스분을 무시해도 지장이 없는 때는 [표 13-5]의 약산식으로 전압강하를 계산할 수 있다.

[표 13-5] 수용가 설비별 전압강하 한도

배전방식	전압강하	비 고	
단상 2선식	$e=\dfrac{35.6\times L\times I}{1000\times A}$	선간	• e' : 전압강하[V] (대지간) • e : 전압강하[V] (선간) • I : 부하전류[A] • L : 전선의 길이[m] • A : 사용전선의 단면적[mm^2]
단상 3선식	$e'=\dfrac{17.8\times L\times I}{1000\times A}$	대지간	
3상 3선식	$e=\dfrac{30.8\times L\times I}{1000\times A}$	선간	
3상 4선식	$e'=\dfrac{17.8\times L\times I}{1000\times A}$	대지간	

부하용량 상정(想定)

옥내배선을 설계하려면 전등 및 소형 전기 기계 기구의 부하용량을 계산해야 한다. 설비의 부하용량은 건물의 종류 및 별도 계산할 부분에 해당하는 표준부하밀도[VA/m^2]를 구하고, 건물 각 부분의 면적을 곱하여 구한다.

$$\text{설비의 부하용량} = PA + QB + C[\text{VA}] \tag{13.2}$$

- P : 건축물의 바닥 면적[m^2] (Q 부분은 제외)
- A : 건물의 종류에 따른 표준부하 [VA/m^2]
- Q : 별도로 계산할 부분의 바닥 면적 [m^2]
- B : 건물의 부분에 따른 표준부하 [VA/m^2]
- C : 가산해야 할 VA 수

이때 A는 건물의 종류에 따른 표준부하로 [표 13-6]을 기준으로 하며, B는 건물(주택, 아파트 제외)의 부분에 따른 표준부하로 [표 13-7]을 기준으로 한다.

[표 13-6] 건물의 종류에 따른 표준부하

건물의 종류	표준부하[VA/m^2]
공장, 공회당, 사원, 교회, 극장, 영화관, 연회장	10
기숙사, 여관, 호텔, 병원, 학교, 음식점, 다방, 대중목욕탕	20
사무실, 은행, 상점, 이발소, 미장원	30
주택, 아파트	40

[표 13-7] 건물의 부분에 따른 표준부하

건물의 부분	표준부하[VA/m²]
복도, 계단, 화장실, 창고, 다락	5
강당, 관람석	10

표준부하에 따라 산출한 값에 별도로 가산하여야 할 부하는 다음과 같다.

- 주택, 아파트(1세대마다) : 500 ~ 1000[VA]
- 상점의 쇼윈도우 : 길이 1[m]당 300[VA]
- 옥외의 광고등, 전광사인, 네온사인 등의 부하 수
- 극장, 댄스홀의 무대조명, 영화관 등 특수전등 부하의 부하 수

예상하기 어려운 전등수구, 콘센트 등이 있는 경우 [표 13-8]의 부하를 가산한다. 단 콘센트는 1구이든 2구이든 몇 개의 구로 되어 있더라도 1개로 본다.

[표 13-8] 수구의 종류에 의한 예상부하

수구의 종류	예상부하[VA/개]	비고
소형 전등수구, 콘센트	150	소형 전등수구 : 공칭지름이 26[mm]의 베이스인 것
대형 전등수구	300	대형 전등수구 : 공칭지름이 39[mm]의 베이스인 것

공동주택의 세대 내 용량은 단위세대 전용면적 60[m²] 이하의 경우에는 3000[W]를 적용하고 단위세대 전용면적 60[m²] 초과의 경우에는 60[m²]를 넘은 10[m²]마다 500[W]씩 가산한다. 이 경우 공용부하의 부하산정은 별도로 산출하여 가산한다.

★ 공동주택(아파트) 부하설비 용량 산출 ★

$$P_1 = 3{,}000[\mathrm{W}]$$

$$P_2 = 3{,}000[\mathrm{W}] + (60[\mathrm{m}^2]\text{를 넘는 } 10[\mathrm{m}^2]\text{마다 } 500[\mathrm{W}]\text{씩 가산})$$

- P_1 : 단위세대 전용면적이 60[m²] 이하일 때 부하용량[W]
- P_2 : 단위세대 전용면적이 60[m²] 초과일 때 부하용량[W]

도체의 최소 단면적

저압회로에 사용되는 배선의 굵기는 전선 또는 케이블의 종류에 따른 배선설비의 설치방법에 따라 다르게 적용된다. 이 경우 주위온도, 외부열원, 물의 존재, 침입 고형물의 존재, 부식 또는 오염 물질의 존재, 충격, 진동, 기계적 응력, 식물·곰팡이의 존재, 동물의 존재, 태양 방사 및 자외선 방

사, 지진의 영향, 바람 등 외부적인 영향을 고려해야 한다. [표 13-9]는 옥내배선에서 사용하는 교류 및 직류회로선도체(충전도체)의 최소단면적을 나타냈다.

[표 13-9] 도체의 최소 단면적

배선설비의 종류		사용회로	도체	
			재료	단면적(mm^2)
고정 설비	케이블과 절연전선	전력과 조명회로	구리	2.5
			알루미늄	10
		신호와 제어회로	구리	1.5
	나전선	전력회로	구리	10
			알루미늄	16
		신호와 제어회로	구리	4
절연전선과 케이블의 가요접속		특정기기	구리	관련 IEC 표준에 의함
		기타적용		0.75[7]
		특수한 적용을 위한 특별저압회로		0.75

도체의 허용전류 보정계수

옥내배선에서 전선의 허용전류는 [표 13-2]와 [표 13-3]의 허용전류를 구하기 위한 공사방법에 따르며, 필요한 보정계수를 적용해야 한다.

■ 주위온도 보정계수

보정계수는 주위온도에 따라 달라지며 주위온도의 기준은 지중 20[℃], 기중 옥내 30[℃], 기중 옥외 40[℃]를 적용한다. 지중 20[℃] 이외의 주위온도에서는 [표 A-4]의 보정계수를, 기중 30[℃] 이외의 주위온도에서는 [표 A-5]의 보정계수를 적용해야 한다.

예제 13-5

3상 4선식 380[V]의 저압 배선에서 사용되는 선도체의 종류는 0.6/1[kV] F-CV 케이블이다. 주위 온도가 40[℃]일 때 보정된 허용전류를 구하시오.

공칭단면적[mm^2]	2.5	4	6	10	16	25	35
허용전류[A]	23	31	40	54	73	95	117
보정된 허용전류[A]							

7 7심 이상의 다심 유연성 케이블에서는 최소 단면적을 0.1[mm^2]로 할 수 있다.

풀이 0.6/1[kV] F-CV 케이블의 절연체는 XLPE이므로, [표 A-4]에서 40[℃]에서 보정계수를 찾으면 0.91이 된다. 기중 주위온도 30[℃] 기준의 전류를 보정계수 0.91으로 곱하면 보정된 허용전류를 구할 수 있다.

공칭단면적[mm^2]	2.5	4	6	10	16	25	35
허용전류[A]	23	31	40	54	73	95	117
보정된 허용전류[A]	20.93	28.21	36.4	49.14	66.43	86.45	106.47

■ 토지 저항률 보정계수

대지 속 지중에 매설된 전선에서 발생하는 열의 전도에 관한 것으로서 토지 열저항률[8]은 토양의 구성 성분, 밀도, 수분 함량에 큰 영향을 받는다. 우리나라에서 토지의 상태에 따라 적용하는 토지 열저항률은 젖은 상태에서 0.6, 일반적인 함수량에서 1.0, 건조 상태 토양에서 1.5[K · m/W]의 열저항률을 고려하고 있으며, 건조상태 토양의 열저항률 1.5[K · m/W]를 기본값으로 적용하고, 이외의 값일 경우 [표 A-6]의 보정계수를 적용해야 한다.

■ 복수회로 보정계수

복수회로 또는 다심 케이블 복수의 집합에 대한 감소계수이다. 동일한 전선관에 다수 회로의 전선 또는 케이블이 포설될 경우 도체로부터 발생되는 열이 단일 회선 또는 케이블일 경우보다 더 많아지므로 이에 대한 보정계수를 [표 A-7]에 정리했다.

예제 13-6

옥내배선에서 전선의 허용전류를 구하기 위한 필요한 보정계수가 아닌 것은?

① 복수회로 ② 토지 열저항률

③ 주위온도 ④ 전선관 종류

정답 ④

풀이 옥내배선에서 전선계수는 전선의 허용전류를 구하기 위한 공사방법에 따라 필요한 것을 적용하면 된다. 보정계수로는 주위온도, 토지 열저항률, 복수회로 또는 다심 케이블 복수의 집합이 있다.

8 한변의 길이가 1[m]인 정육면체 토지의 한 면에 다른 면으로 1[m]의 열을 전도시키기 위해서 필요한 양면의 온도차 K를 말하며 단위는 K · m/W 이다.

도체의 단면적 선정

옥내배선에서 사용되는 도체의 단면적을 선정하기 위해서는 회로의 설계전류(I_B), 과전류 보호장치 정격전류(I_n), 부하의 운전 시 허용전압강하, 단락 고장전류에 의한 도체의 온도 상승, 전동기 기동전류(I_{ms})에 따른 허용전압강하, 전동기 기동전류에 의한 도체의 온도 상승을 고려하여 각각 계산하고 가장 큰 값으로 도체의 단면적을 선정하여야 한다.

★ 도체의 단면적 선정시 고려사항 ★

- 설계전류(I_B)
- 과전류 보호장치 정격전류(I_n)
- 부하의 운전시 허용전압강하
- 단락 고장전류에 의한 도체의 온도 상승
- 전동기 기동전류(I_{ms})에 따른 허용전압강하
- 전동기 기동전류(I_{ms})에 의한 도체의 온도 상승

회로의 설계전류(I_B)는 분기회로의 경우 부하의 효율과 역률 및 부하율이 고려된 부하 최대전류를 의미하며, 간선의 경우 수용률과 장래 부하 증가에 대한 여유 등을 감안하여 계산할 수 있다. 또한 최근에는 고조파 발생 부하의 사용이 증가하고 있으므로 고조파 전류에 의한 선전류 증가분이 고려되어야 한다. 영상분 고조파가 지속적으로 흐르는 경우에는 중성선에 흐르는 전류가 되며 이를 식 (13.3)에 나타냈다.

$$I_B = \frac{P}{KV\eta\cos\theta} \times \alpha \times h \times k\,[\mathrm{A}] \tag{13.3}$$

- P : 전력[kVA]
- V : 부하전압[V]
- η : 효율
- $\cos\theta$: 역률
- α : 수용률
- h : 고조파 발생 부하의 선전류 증가
- K : 상(phase) 계수 (3상 : $\sqrt{3}$, 1상 : 1)
- k : 부하의 불평형에 따른 선전류 증가계수

과전류에 대한 보호

옥내배선(전선, 케이블)에는 과부하전류가 흘러 절연체 및 피복에 온도 상승으로 인한 열적 손상이 발생한다. 과부하 보호장치는 그 전에 과부하전류를 차단하여 옥내배선을 보호하는 역할을 한다. 과부하전류에 대한 옥내배선을 보호하는 장치의 동작 특성은 식 (13.4)~식 (13.5)에 나타내었다.

$$I_B \leq I_n \leq I_Z \quad (13.4)$$

$$I_2 \leq 1.45 \times I_Z \quad (13.5)$$

- I_B : 회로의 설계 전류
- I_n : 과부하 보호장치의 정격전류
- I_Z : 옥내배선의 허용전류
- I_2 : 보호장치가 규약시간 이내에 유효하게 동작하는 것을 보장하는 전류

식 (13.4)와 식 (13.5)의 조건은 모두 충족하여야 하며, 식 (13.5)에 따른 보호는 조건에 따라 불확실한 경우가 발생할 수 있는데, 이러한 경우에는 선정된 옥내배선보다 단면적이 큰 것을 사용하여야 한다. 보호장치의 정격전류 또는 설정값 I_n 은 설계전류 I_B 이상이 되어야 하고 옥내배선의 허용전류 I_Z는 보호장치의 정격전류 또는 설정값 I_n 이상이 되어야 한다.

보호장치의 규약전류 I_2는 옥내배선의 허용전류 I_Z의 1.45배 이하가 되도록 설정해야 한다. 이때 $1.45\,I_Z$를 옥내배선의 과부하 보호점이라 하며 이들의 관계를 [그림 13-3]에 나타냈다.

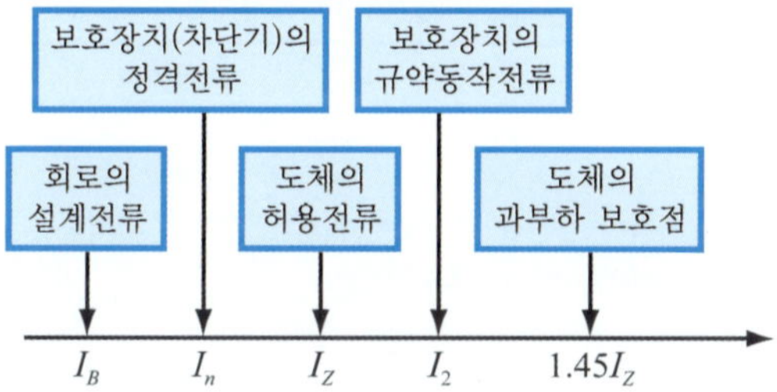

[그림 13-3] 과부하 보호 설계 조건도

■ 옥내배선 케이블의 허용전류 I_Z

옥내배선의 허용전류 I_Z는 도체가 정상 상태에서 온도가 지정된 수치를 초과하지 않는 범위 내에서 도체에 연속적으로 흘릴 수 있는 최대전류를 의미한다. 절연물의 종류에 따른 최고 허용온도는 [표 13-10]에 정리했다.

[표 13-10] 절연물의 종류에 대한 최고 허용온도(출처 : 한국전기설비규정 표 232.5-1)

절연물의 종류	최고 허용온도[℃]
열가소성 물질(폴리염화비닐 PVC)	70(도체)
열경화성 물질(가교폴리에틸렌(XLPE) 또는 에틸렌프로필렌 고무(EPR) 혼합물)	90(도체)
무기물(열가소성 물질 피복 또는 나도체로 사람이 접촉할 우려가 있는 것)	70(시스)
무기물(사람의 접촉에 노출되지 않고, 가연성 물질과 접촉할 우려가 없는 나도체)	105(시스)

■ 보호장치의 정격전류 I_n

옥내배선에 사용되는 보호장치의 정격전류(I_n)는 대기중에 노출된 상태에서 규정된 온도 상승 한도를 초과하지 않는 한도 이내에서 연속하여 최대로 흘릴 수 있는 전류값으로 규정한다. 옥내배선에서 사용하는 보호장치는 대부분 배선차단기(MCCB)를 사용하며 산업용과 주택용으로 구분되어 있다. 보호장치 정격전류의 표준값은 KS 규정에서 정하고 있으나 정격전류를 조정할 수 있게 제작된 경우에는 조정된 전류값이 보호장치의 정격전류가 된다.

■ 보호장치의 규약동작 전류 I_2

옥내배선의 보호장치가 규약시간 이내에 유효한 동작을 보장하는 전류로 I_2는 기술사양서 또는 제품 표준에 제시되어야 한다. 한국전기설비 규정에서는 [표 13-11]과 같이 규정하고 있다.

[표 13-11] 보호장치의 규약 동작전류(출처 : 한국전기설비규정 핸드북 부록18)

구분	동작전류	동작시간		계산식	
		63[A] 이하	63[A] 초과	63[A] 이하	63[A] 초과
주택용 배선차단기	$1.45I_n$	60분	120분	$I_2 = I_n \times 1.45$	$I_2 = I_n \times 1.52$
산업용 배선차단기	$1.3I_n$	60분	120분	$I_2 = I_n \times 1.3$	$I_2 = I_n \times 1.37$

예제 13-7

그림과 같은 비전동기 부하에서 선도체의 단면적을 선정하고자 한다. 이때 다음 물음에 답하라. 단, 조건 및 문제 내용 외 다른 사항은 고려하지 않는다.

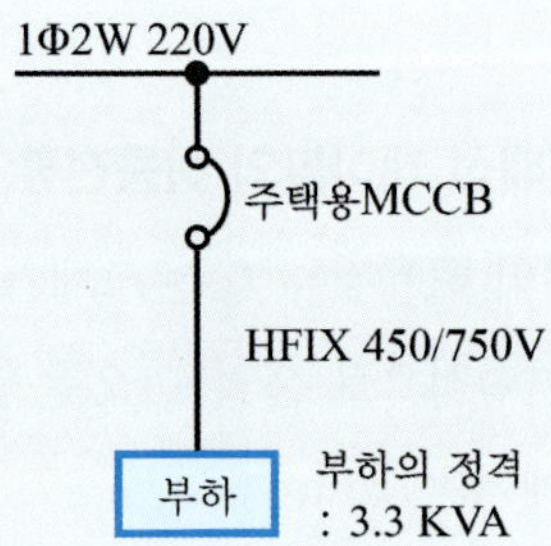

- 부하까지의 거리 : 25[m]
- 주위온도 : 45[℃]
- 허용 전압강하율 : 2[%]
- 절연전선 및 절연물의 종류
  : 450/750[V] HFIX, 가교폴리올레핀(90[℃])
- 보호도체의 종류 : HFIX[9]
- 온도에 다른 보정계수 값

주위온도[℃]		25	30	35	40	45	50	55	60
절연체	PVC	1.06	1.00	0.94	0.87	0.79	0.71	0.61	0.50
	XLPE	1.04	1.00	0.96	0.91	0.87	0.82	0.76	0.71

9 케이블의 일부에 포함되지 않으며 기계적 손상에 대한 보호가 있다.

• 보호장치의 정격 및 도체의 단면적

극수		2	2	도체의 단면적[mm²]	허용전류[A]
정격전류[A]		3, 6, 10, 16, 20, 32		1.5	19
정격전압[AC]		220	380	2.5	26
정격차단전류[KA]	AC380V	1.5	1.5	4	35
	AC220V	2.5	2.5	6	45

(a) i. 회로의 설계 전류를 구하시오.

ii. 도체의 보정된 허용전류[A]를 구하시오.

도체의 단면적[mm²]	보정된 허용전류[A]	도체의 단면적[mm²]	보정된 허용전류[A]
1.5		4	
2.5		6	

iii. 도체의 단면적을 결정하시오

(b) i. 과부하 보호장치의 정격전류 선정 조건을 쓰시오.

ii. 과부하 보호장치의 정격전류를 선정하시오.

iii. 도체의 단면적을 결정하시오.

(c) i. 허용 전압강하율을 고려한 단면적을 계산하시오.

ii. 공칭단면적을 결정하시오.

(d) 최종 도체의 단면적을 결정하시오.

정답 (a) i. 15[A] ii. 16.53[A], 22.62[A], 30.45[A], 39.15[A] iii. 2.5[mm^2]

(b) i. $I_B \le I_n$ ii. 15[A] iii. 1.5[mm^2]

(c) i. 3.3[mm^2] ii. 4[mm^2]

(d) 4[mm^2]

풀이

(a) 설계전류를 고려한 단면적의 결정

i. 설계전류를 고려한 단면적을 결정하기 위해 회로 설계전류를 구하면 15[A]가 된다.

$$I_B = \frac{P_i}{V} = \frac{3300}{220} = 15[\text{A}]$$

ii. 주위온도가 45[℃]이고 절연물이 XLPE이므로 도체의 허용전류에 온도의 보정계수 0.87을 적용하여 계산하면 다음과 같다.

도체의 단면적[mm^2]	보정된 허용전류[A]
1.5	19×0.87=16.53
2.5	26×0.87=22.62
4	35×0.87=30.45
6	45×0.87=39.15

iii. 계산된 설계전류는 15[A]이므로 1.5[mm^2] 전선의 허용전류는 16.53[A]이다. 따라서 전선의 단면적을 1.5[mm^2]로 선정할 수 있다. 하지만 보호도체의 종류 및 KEC 규정에 따라 2.5[m^2]으로 선정한다.

> KEC 142.3.2 보호도체 1의 다 항
> 다. 보호도체가 케이블의 일부가 아니거나 상도체와 동일한 외함에 설치되지 않으면 단면적은 다음의 굵기 이상으로 하여야 한다.
> (1) 기계적 손상에 대한 보호가 되는 경우는 구리 $2.5mm^2$, 알루미늄 $16mm^2$ 이상

(b) 과부하 보호장치의 정격전류를 고려한 도체의 단면적 결정

i. 과부하 보호장치의 정격전류 선정 조건은 회로의 설계전류 I_B는 과부하보호 정격전류 I_n보다 작거나 같아야 하므로 $I_B \le I_n$이 된다.

ii. 과부하 보호장치의 정격전류를 문제의 표에서 찾으면 16[A]가 된다.

$$I_B(15[A]) \le I_n(16[A])$$

iii. 보정된 도체의 허용전류를 참조하여 16[A] 이상이 되는 1.5[mm^2]를 선정한다.

$$I_B(15[A]) \le I_n(16[A]) \le I_Z(16.53[A])$$

(c) 허용 전압강하율을 고려한 단면적 결정

i. 허용 전압강하율 2[%]를 고려한 단면적을 계산하면 다음과 같다. 여기서 S는 도체의 최소단면적[mm^2], K_w 계수는 35.6, I는 설계전류, L는 도체길이, e는 선간 전압강하이다.

$$S = \frac{K_w \times I \times L}{1000 \times e} = \frac{35.6 \times 15 \times 25}{1000 \times 220 \times 0.02} = 3.3[mm^2]$$

ii. 허용 전압강하를 고려한 단면적 3.3[mm^2]보다 큰 공칭 단면적인 4[mm^2]를 결정한다.

(d) 최종 도체의 단면적 결정

2.5[mm^2], 1.5[mm^2], 4[mm^2] 중 가장 큰 4[mm^2]로 결정한다.

예제 13-8

그림과 같은 저압 옥내간선의 보호 협조 시 I_N, I_Z, I_B의 관계로 옳은 것은 무엇인가?

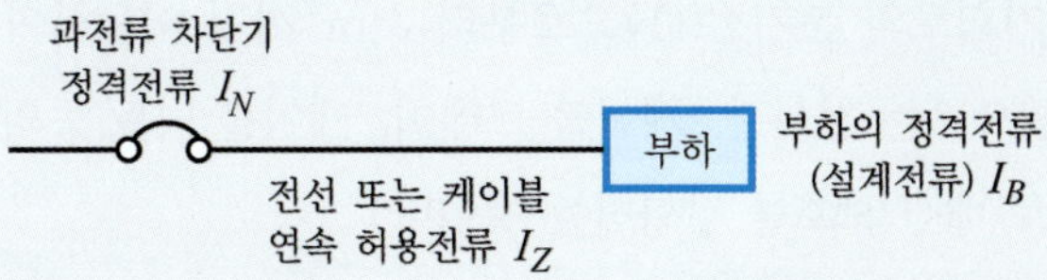

① $I_B \leq I_N \leq I_Z$　　② $I_N \leq I_Z \leq I_B$

③ $I_Z \leq I_B \leq I_N$　　④ $I_B \leq I_N \geq I_Z$

정답 ①

풀이 식 (13.3)에 따라 과전류 차단기의 정격전류, 부하의 정격전류, 전선 또는 케이블의 연속 허용전류의 관계는 ①과 같다.

과부하 보호장치의 설치 위치

과부하 보호장치는 전로 중 도체의 단면적, 도체의 종류, 절연체의 종류, 설치방법, 주위온도, 복수회로의 수 등으로 인하여 도체의 허용전류 값이 줄어드는 곳에 설치하는 것이 원칙이다. 이를 분기점(O)이라고 하며, [그림 13-4]에 나타냈다.

■ 거리 제한 없이 설치할 수 있는 경우

분기점과 분기회로의 과부하 보호장치 P_2의 전원 측, 즉 O 점과 B 점 사이에 다른 분기회로 또는 콘센트가 접속되지 않고, 전원측 보호장치 P_1에 의해 분기회로 도체 S_2에 대한 단락보호가 이루어지고 있는 경우에는 분기회로 과부하 보호장치 P_2는 분기회로의 분기점(O)으로부터 부하 측으로 거리에 구애받지 않고 이동하여 설치할 수 있다.

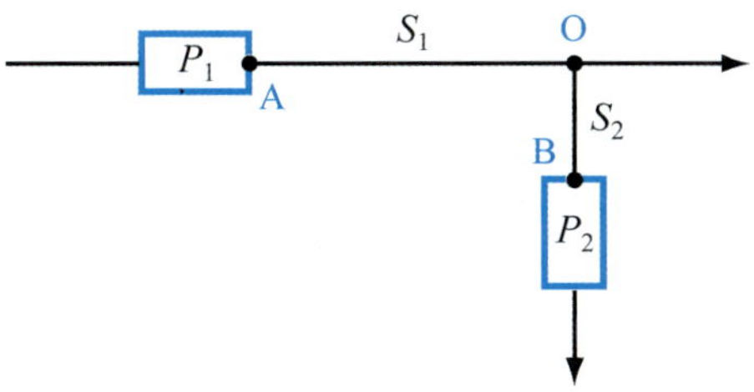

[그림 13-4] 분기회로(S_2)와 분기점(O) 사이에 콘센트나 분기회로가 설치되지 않는 분기회로 과부하 보호장치(P_2)

■ 3m 이내 설치할 수 있는 경우

분기점(O)과 분기회로의 과부하 보호장치 P_2의 설치점(B) 사이의 배선 부분에 다른 분기회로나 콘센트 회로가 접속되어 있지 않고, 단락의 위험과 화재 및 인체에 대한 위험성이 최소가 되도록 시설된 경우, 분기회로의 보호장치 P_2는 분기회로의 분기점(O)으로부터 3[m]까지 이동하여 설치할 수 있다. 단락의 위험을 최소화하는 방법으로는 전선관, 케이블 트레이, 케이블 덕트 등의 방법으로 손이 닿지 않는 위치에 설치하는 등으로 배선 보호를 강화하는 것이다.

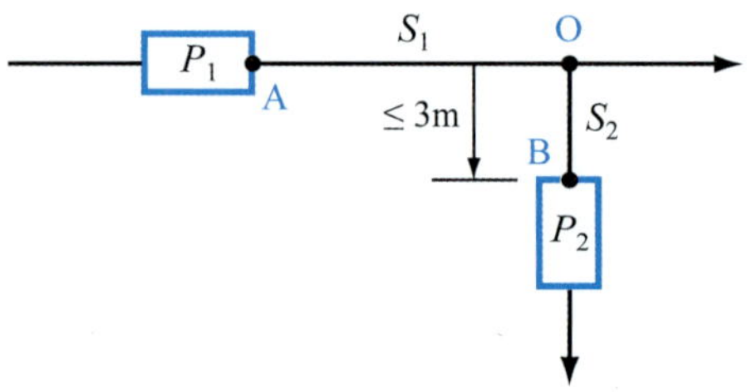

[그림 13-5] 분기회로(S_2)와 분기점(O)에서 3[m] 이내에 설치된 과부하 보호장치 P_2

5 옥내배선의 보호협조

옥내배선의 보호협조는 옥내배선의 회로와 이에 접속되는 부하설비가 고장났을 때 고장 회로를 신속히 차단하여 고장 구간을 최소화하는 것이 목적이다. 이를 위해서 사용하는 보호기기로는 ACB(기중차단기), MCCB(배선용 차단기), 퓨즈, 전자 개폐기가 있다. 일반적인 전기설비가 보호협조된 모습은 [그림 13-6]과 같다.

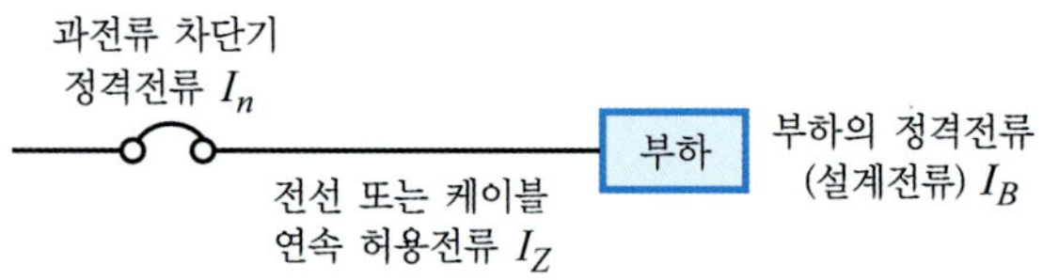

[그림 13-6] 전기설비의 보호협조

종래 분기회로를 보호하는 분기 과전류 차단기의 정격전류에 따라 배선의 단면적을 선정하는 방식은 폐지되었으며 저압회로의 배선, 즉 간선과 분기회로의 배선은 과전류로부터 보호되어야 한다. 과전류는 전기적인 고장 없이 회로에서 발생할 수 있지만 지속시간이 길어지면 회로에 열적손상이 가해지므로 회로를 자동으로 차단해야 한다. 여기서 과전류는 과부하전류 또는 단락전류를 말한다.

선택 차단방식

선택 차단방식이란 고장 회로에 직접 관계된 보호기기만 동작시키고 다른 건전한 회로는 그대로 급전하는 보호방식이다.

[그림 13-7]에서와 같이 F 점에서 단락이 발생하였을 경우 MCCB 1이 차단되면 고장난 MCCB 2 회로뿐만 아니라 건전한 MCCB 3의 회로도 정전되므로 피해구간이 확대된다. 따라서 고장 회로에 직접 관계되는 MCCB 2만 동작하여 고장 구간을 차단함으로써 고장 구간을 최소화시키는 것이 선택 차단방식이다.

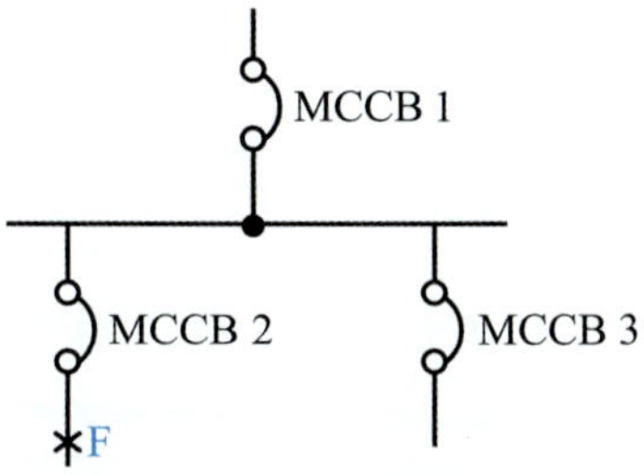

[그림 13-7] 선택 차단방식

일반적으로 발생하는 고장전류의 크기보다 차단기의 차단용량이 작을 경우에는 차단기가 폭발한다. 따라서 차단기를 선정할 때는 반드시 발생할 수 있는 고장전류의 크기보다 차단용량이 큰 차단기를 선정해야 한다.

예를 들어 배선용 차단기에 400[AF] 400[AT] 65[KA]라고 적혀있다고 하자. [AF]는 배선용 차단기의 크기를 나타내고, [AT]는 배선용 차단기의 정격전류를 나타낸다. 또한 65[KA]는 정격 차단전류를 나타내는데, 이는 고장전류를 65000[A]까지 차단할 수 있음을 의미한다.

캐스케이드(종속) 차단방식

[그림 13-8(a)]에서와 같이 F 점에서 단락사고가 발생하였을 경우 예상 단락전류가 분기 차단기 MCCB 2의 차단용량을 넘을 수 있다. 이때 발생하는 단락전류를 주 차단기인 MCCB 1이 차단하게 하는 방식을 **캐스케이드**(cascade) **차단방식**이라 하며, 경제성이 요구되는 옥내배선에서 적용한다.

캐스케이드 차단방식은 [그림 13-8(a)]에서와 같이 F 점에서 단락사고가 발생했을 때 분기 차단기 MCCB 2의 접점이 서서히 열려 E_2만큼의 아크 에너지를 소모시키고, 이어서 주 차단기 MCCB 1의 접점이 열리면서 고장전류를 차단하는 방식이다. [그림 13-8(b)]는 이때의 분기 차단기 MCCB 2와 주 차단기 MCCB 1의 개극시간과 차단시간을, [그림 13-8(c)]는 MCCB 보호협조 곡선을 나타낸 것이다.

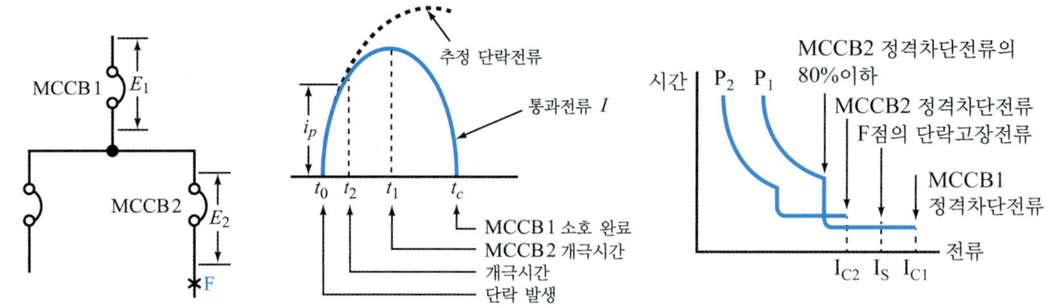

(a) 캐스케이드 차단방식 (b) MCCB 개극시간과 차단시간 (c) MCCB 보호협조곡선

[그림 13-8] 캐스케이드 차단방식

캐스케이드 차단방식을 적용하려면 다음 전제 조건을 만족해야 한다.

- 주 차단기 MCCB 1의 차단용량은 발생하는 예상 단락전류보다 커야 한다.
- 통과하는 단락전류의 I^2t가 MCCB 2의 기계적 강도를 넘지 않아야 한다. 즉 주 차단기와 분기 차단기 간 보호협조가 이루어져, 통과하는 단락전류의 I^2t가 분기 차단기의 기계적 강도 이하로 억제되어야 분기 차단기가 폭발되는 것을 방지할 수 있다.
- 통과전류 파고값 i_p가 MCCB 2의 허용값을 넘지 않아야 한다. 통과전류 단락전류의 파고값과 함께 통과시간이 짧을수록 협조가 얻기 쉽다는 것을 나타내고 주 차단기 MCCB 1은 고속 차단이 요구된다.
- E_2가 MCCB 2의 허용값을 넘지 않아야 한다. 분기 차단기가 분담하는 아크 에너지가 작을수록 보호협조가 양호하다.

캐스케이드 차단방식에서의 주 차단기는 퓨즈 또는 배선용 차단기를 모두 사용할 수 있지만, 분기 차단기는 배선용 차단기로 제한한다. 이는 캐스케이드 차단방식에서 두 보호기 간의 동작협조를 유지해야 하기 때문이다.

예제 13-9

옥내배선의 보호협조에서 고장 회로에 직접 관계된 보호기기만 동작시키고 다른 건전한 회로에는 그대로 급전하는 보호방식은 무엇인가?

① 선택 차단방식 ② 캐스케이드 차단방식

③ 직접 차단방식 ④ 전체 용량 차단방식

정답 ①

풀이 옥내배선의 보호협조에서 고장 회로에 직접 관계된 보호기기만 동작시키고 다른 건전한 회로는 그대로 급전이 계속되는 보호방식은 선택 차단방식이다.

SECTION 13.2

옥내배선의 재료

옥내배선에 사용되는 전선, 케이블, 배선기구 등은 전기용품 안전관리법과 산업표준화법 등의 적용을 받는다. 옥내배선에 사용하는 재료에 대하여 알아보고, 현장에서 많이 사용되는 전선의 종류와 적용개소에 대하여 알아본다.

Keywords | 옥내배선 재료 | 전선 | 케이블 | 배선기구 | 옥내배선 방법 | 금속관 배선 | 합성수지관 배선 | 가요전선관 배선 | 케이블 트레이 배선 | 절연저항 측정 |

1 옥내배선의 재료

전선

일반적으로 옥내배선에서 사용하는 전선은 통상의 사용상태에서 온도에 견디고, 설치장소의 환경 조건에 적절하고 발생할 수 있는 전기·기계적 응력에 견디는 것을 선정하여야 한다. 또한 전선은 전기용품 및 생활용품 안전 관리법 또는 산업 표준화법 KS의 적용을 받는다. 즉 기계적인 강도 및 단락전류에 대한 안전성의 관점에서 특별한 경우를 제외하고는 지름 2.5[mm]의 연동선 또는 1[mm^2] 이상의 MI 케이블을 사용한다. 또한 감전사고의 위험이나 누전에 의한 재해를 방지하기 위하여 절연전선을 사용하는 것을 원칙으로 한다. 즉 절연 피복이 없는 나전선을 사용해서는 안 된다.

기본적으로 모든 전로 및 전기설비는 상(phase)별로 표시하는 것이 바람직하다. 이는 안전운전, 유지 보수 및 관리의 혼란을 예방하기 위한 것으로 기기단자, 도체 단자, 전선 등을 식별하는 데 용이하다. 상에 따른 식별방법에 따라 옥내배선에 적용되는 전선의 색상을 [표 13-12]에 정리하였다.

[표 13-12] 전선 식별 색상

상(문자)	색상
L1	갈색
L2	흑색
L3	회색
N	청색
보호도체	녹색 – 노란색

저독성 난연 폴리올레핀 절연전선(450/750[V] HFIX 절연전선)은 도체온도 90[℃]까지 사용할 수 있다. 또한 난연성을 가지고 있으며 화재 시 유독한 가스가 발생하지 않는다는 특징이 있어, 아파트 등 옥내배선 선로에 많이 사용하고 있다. HFIX 절연전선의 구조는 [그림 13-9]와 같다.

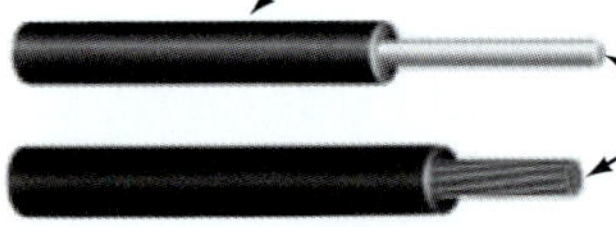

[그림 13-9] HFIX 절연전선

이전에는 600[V] 비닐 절연전선(IV 전선)과 600[V] 2종 비닐 절연전선(HIV 전선)이 사용되었으나, 허용온도가 60[℃]로 열에 약하고 국제 규격과 맞지 않는다는 이유로 현재는 생산되지 않는다.

케이블

일반적으로 옥내배선에 사용하는 케이블에는 비닐절연 비닐외장 케이블, MI 케이블, 트레이용 가교 폴리에틸렌 난연 케이블, 트레이용 소방 내화 케이블 등이 있다.

■ 비닐절연 비닐외장 케이블

비닐절연 비닐외장 케이블(VV 케이블)은 비닐 절연전선 2 ~ 4가닥을 묶어서 그 위에 염화 비닐수지 혼합물의 외장(시스)을 입힌 것이며, 원형과 평형이 있다. 원형은 수용가의 저압인 입구 배선에 사용되며, 평형은 절연전선을 대신하여 옥내배선용으로도 사용되는 케이블이다. 비닐절연 비닐외장 케이블의 구조는 [그림 13-10]과 같다.

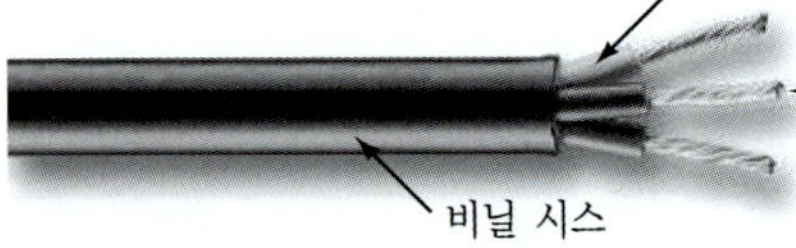

[그림 13-10] 비닐절연 비닐외장 케이블

■ MI 케이블

MI 케이블(Mineral Insulated cable)은 산화 마그네슘과 같은 무기질의 절연체를 충진한 케이블로, 연속 사용 온도가 250[℃]이다. MI 케이블은 화력발전소 또는 주물공장 등 고온이며 화기가 있는 장소에서 사용된다. MI 케이블의 구조는 [그림 13-11]과 같다.

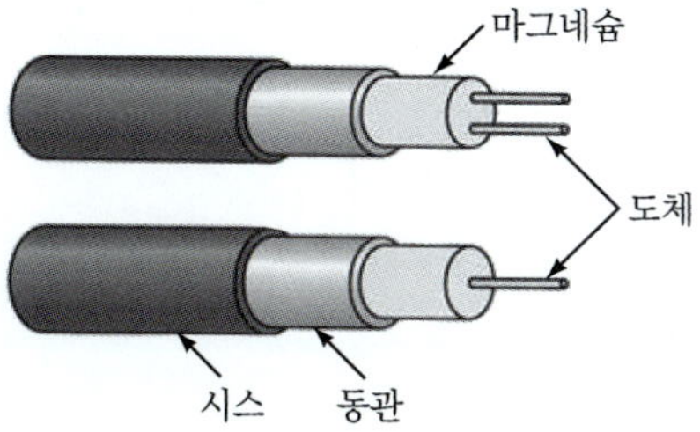

[그림 13-11] MI 케이블

■ 트레이용 가교 폴리에틸렌 난연 케이블

공장, 아파트 등 대부분의 수용가에서는 케이블 트레이[10]를 사용하여 케이블을 포설한다. 이 경우 화재가 발생해도 유독가스가 발생하지 않는 난연성 케이블을 사용하도록 법적으로 규정하고 있다.

트레이용 가교 폴리에틸렌 난연 케이블(F-CV cable)은 도체의 허용온도가 90[℃]이다. 또한 연동선에 가교 폴리에틸렌(XLPE)을, 절연체와 피복으로 난연 비닐을 사용한다. 트레이용 가교 폴리에틸렌 난연 케이블의 구조는 [그림 13-12]와 같다.

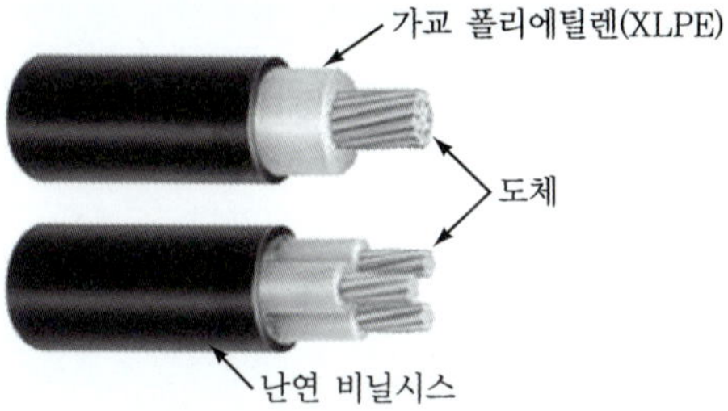

[그림 13-12] 트레이용 가교 폴리에틸렌 난연 케이블

■ 트레이용 소방 내화 케이블

트레이용 소방 내화 케이블(F-FR-8 cable)은 도체의 허용온도가 90[℃]이다. 또한 연동선에 가교 폴리에틸렌(XLPE)을, 절연체와 피복에 난연 비닐을 사용한다. 도체와 절연체 사이에 내화층을 둔 케이블 트레이용 난연 케이블로, 소방 설비용으로 사용한다. 트레이용 소방 내화 케이블의 구조는 [그림 13-13]과 같다.

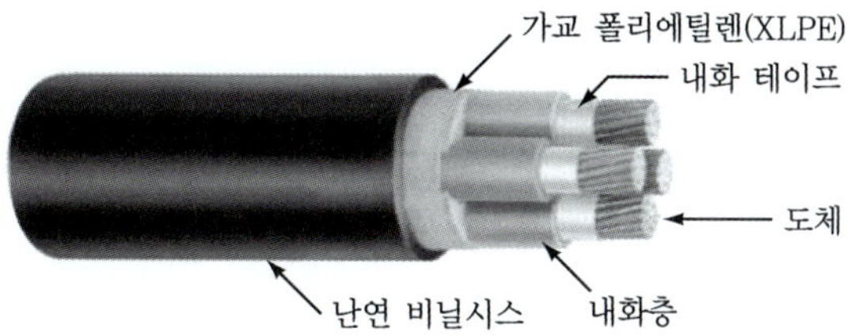

[그림 13-13] 트레이용 소방 내화 케이블

10 케이블 트레이는 케이블을 설치하기 위해 사용하는 구조물이다.

★ 케이블 트레이에 포설 시 사용해야 하는 케이블 ★

- 인입 케이블 : FR-CN-CO
- 일반 부하 : F-CV
- 소방 부하 : F-FR-8

예제 13-10

옥내배선에서 사용하는 케이블 중 케이블 트레이에 설치할 수 없는 케이블은 무엇인가?

① FR-CN-CO　　② F-CV

③ F-FR-8　　④ CN-CV

정답 ④

풀이 케이블 트레이에 케이블을 포설할 경우에는 반드시 정해진 케이블을 사용해야 한다. 인입 케이블에는 FR-CN-CO, 일반 부하에는 F-CV, 소방 부하에는 F-FR-8을 사용해야 한다.

배선기구

배선기구란 개폐기, 과전류 차단기, 접속기, 배전반과 분전반 및 이와 유사한 기구를 말한다.

■ 개폐기(점멸기)

개폐기는 전등의 점멸 또는 소형 전기기기나 옥내배선의 전로를 개폐하는 기기로 교류 250[V] 이하의 전로에 사용하며, 정격전류가 20[A] 이하이다. 개폐기는 전로의 비접지측에 시설하며, 그 종류에는 텀블러 스위치, 로터리 스위치, 누름버튼 스위치 등이 있다.

[그림 13-14] 개폐기의 예

■ 과전류 차단기

옥내배선에 흐르는 과부하전류 또는 단락전류에 대비하여 **과전류 차단기**를 설치한다. 이때 과전류가 흐르면 자동적으로 회로를 차단하며, 대표적으로 퓨즈와 배선용 차단기가 있다.

퓨즈는 옥내배선에 과전류 또는 단락전류가 흐르면 발생하는 열에 의해 용단됨으로써 옥내배선을 보호하는 보호기기이다. 그 종류에는 고리퓨즈, 통형퓨즈, 블록퓨즈 및 한류퓨즈 등이 있다.

[그림 13-15] 퓨즈의 예

또한 **배선용 차단기**(MCCB : Molded Case Circuit Breaker)는 저압 회로의 옥내배선을 보호하기 위해 사용하는 기기로 산업용과 주택용으로 구분되어 있다. 배선용 차단기는 과전류로 인해 트립 시에도 퓨즈처럼 교체하는 번거로움 없이 반복하여 사용할 수 있다. 일본에서는 배선용 차단기를 **NFB**(No Fuse Breaker)라 부르기도 한다. 배선용 차단기는 [그림 13-16]과 같다.

[그림 13-16] 배선용 차단기

누전 차단기(ELB : Earth Leakage Breaket)는 저압의 전로에 누전이 발생하였을 때 사람의 감전을 방지하기 위한 기기로, 전류 동작형과 전압 동작형이 있다. 누전 차단기의 외형은 [그림 13-17]과 같다.

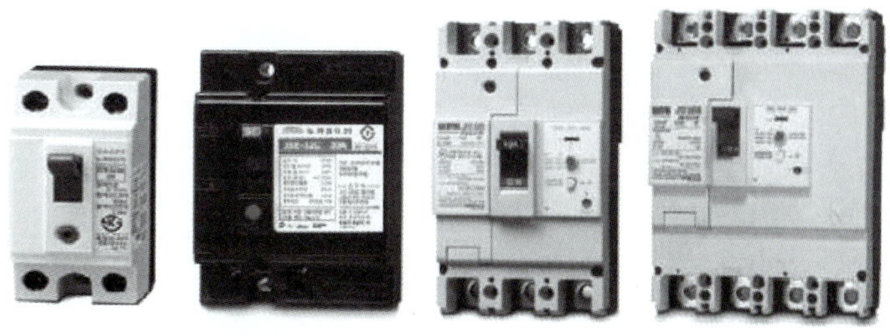

[그림 13-17] 누전 차단기

일반적으로 전류 동작형이고, 정격전류가 30[A], 정격감도전류가 30[mA], 동작시간이 0.03[초]인 누전 차단기를 많이 사용한다. 물을 사용하는 장소에서는 반드시 정격감도전류가 15[mA]이고, 동작시간 0.03[초]인 누전 차단기를 사용해야 한다. 누전 차단기의 사용 장소별 설치 예를 [표 13-13]에 나타내었고 적용 차단기는 산업용과 주택용으로 구분되어 있다.

[표 13-13] 사용 장소별 누전 차단기 설치 예

구분	장소	세부시설	적용 차단기	비고
공동주택	세대 내	세대 내 분전반	주택용	계량기함 내 분기차단기는 주택용
	공용부분	세대 분전반 외	산업용	
근린생활시설	점포 내	점포별 분전반	주택용	
	기 타	점포별 분전반 외	산업용	
관리사무소	관리사무소	메인 분전반	산업용	
		MDF 실	산업용	
		경로당 분전반	산업용	
주민공동시설	각실 내	피트니스센터 분전반	산업용	
		주민 카페 분전반	산업용	
		멀티프로그램실 분전반	산업용	
		도서관 분전반	산업용	

■ 접속기

접속기는 교류 250[V] 이하의 전로에서 소형 전기기구에 접속되는 이동전선 또는 옥내배선, 전구, 이동전선을 상호 간에 접속할 때 사용한다. 접속기에는 콘센트[11], 플러그, 코드 커넥터, 멀티탭, 소켓, 로젯 등이 있다.

[그림 13-18] 접속기의 예

11 미국에서는 receptacle, 영국에서는 socket outlet이라고 한다.

■ 배전반과 분전반

배전반이란 자가용 수용가의 주 변압기 2차 측에 설치되며, 과전류 차단기, 개폐기와 이 기기들은 조작하고 측정, 보호할 수 있는 감시제어기구 등을 큐비클(cubicle) 내에 설치한 것이다. 배전반은 부하에 가까이 설치된 분전반까지 간선을 보낸다. 배전반과 분전반의 구성은 [그림 13-19]와 같다.

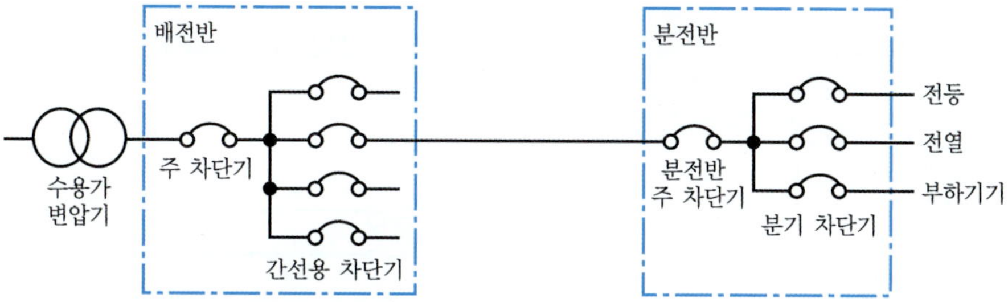

[그림 13-19] 배전반과 분전반의 구성

분전반은 부하에 가까이 설치하며, 전등, 전열, 동력의 부하에 맞게 전력을 배분한다. 분전반의 종류에는 일반 주택에 사용되는 주택용 분전반과 빌딩, 공장 등에 사용되는 산업용 분전반 등이 있다. 분전반의 내부는 [그림 13-20]과 같다. 배전반 및 분전반은 다음 장소에 설치한다.

- 전기회로를 쉽게 조작할 수 있는 장소
- 개폐기를 쉽게 개폐할 수 있는 장소
- 노출된 장소
- 안정된 장소

[그림 13-20] 분전반 내부

2 옥내배선 방법

전선 접속 방법

전선을 접속하는 방법으로는 직선 접속, 분기 접속, 종단 접속이 있다. 전선을 접속할 때 전선의 접속 부분에는 전선 저항이 증가되지 않도록 하고 인장하중은 20[%] 이상 감소되지 않도록 해야 한다. 전선의 접속 방법은 이 책에서 다루기에는 복잡하므로, 그림을 통해 형태만 확인해보자.

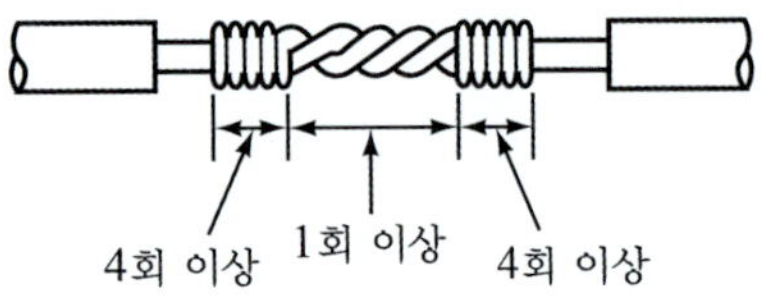

(a) 트위스트 조인트

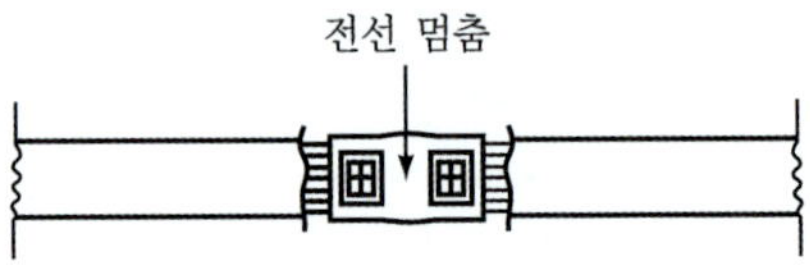

(b) 직선 맞대기 슬리브에 의한 압착 접속

[그림 13-21] 전선의 직선 접속

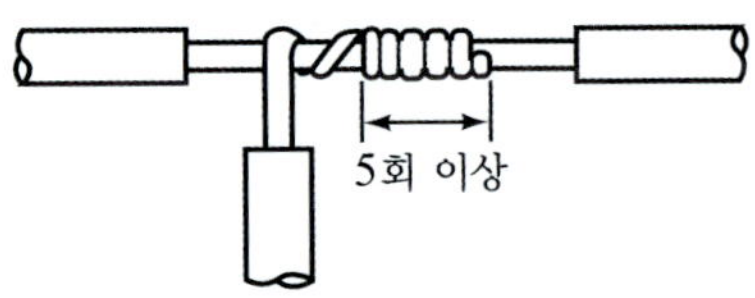

(a) 가는 단선(단면적 6[mm^2] 이하)의 분기 접속

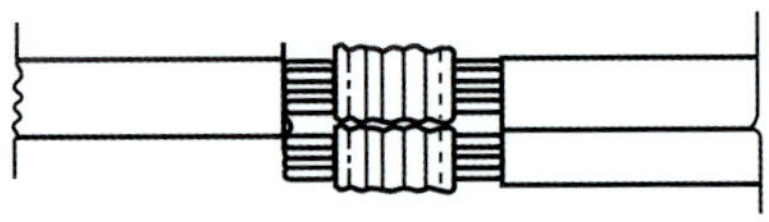

(b) T형 커넥터에 의한 분기 접속

[그림 13-22] 전선의 분기 접속

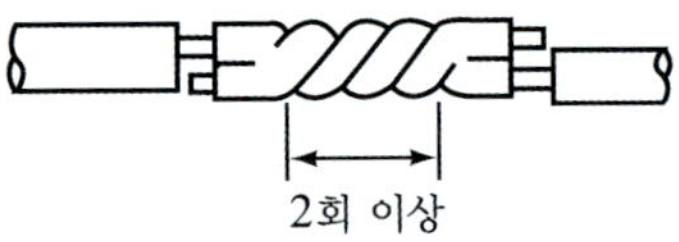

(a) S형 슬리브에 의한 직선 접속

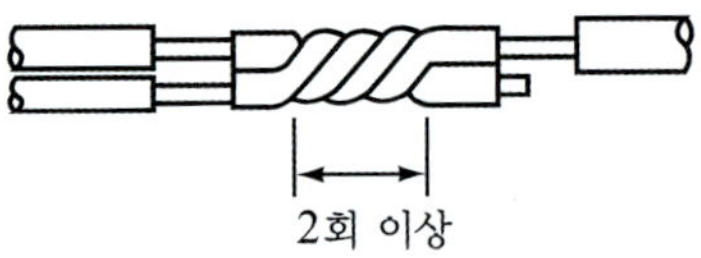

(b) S형 슬리브에 의한 분기 접속

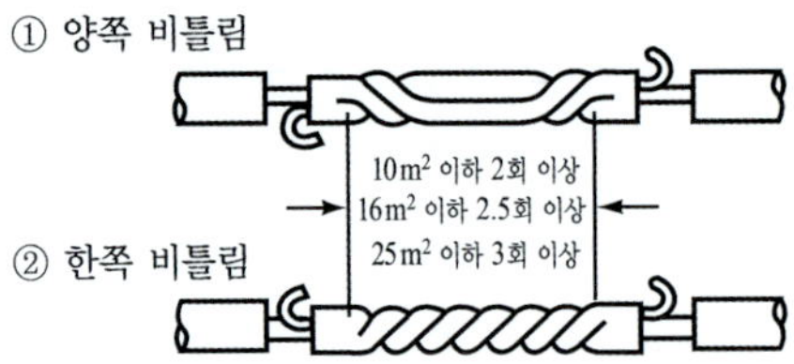

(c) 매킹타이어 슬리브에 의한 직선 접속

[그림 13-23] 슬리브에 의한 전선의 접속

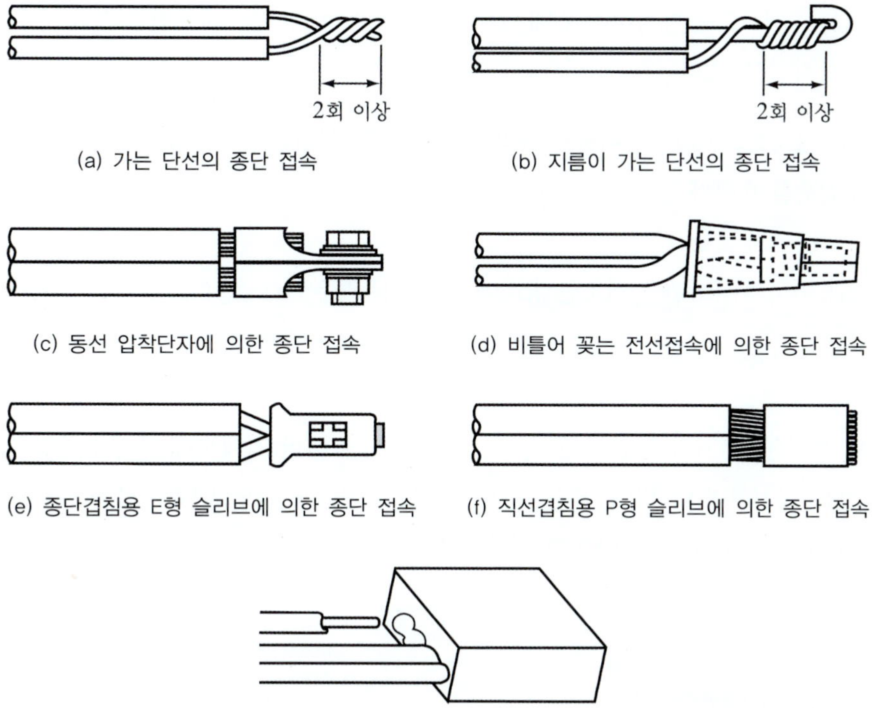

(a) 가는 단선의 종단 접속

(b) 지름이 가는 단선의 종단 접속

(c) 동선 압착단자에 의한 종단 접속

(d) 비틀어 꽂는 전선접속에 의한 종단 접속

(e) 종단겹침용 E형 슬리브에 의한 종단 접속

(f) 직선겹침용 P형 슬리브에 의한 종단 접속

(g) 꽂음형 커넥터에 의한 종단 접속

[그림 13-24] 전선의 종단 접속

금속관 배선

금속관 배선은 절연전선을 금속관에 넣어서 노출장소 또는 은폐장소, 콘크리트 매입 배선, 습기가 있는 장소 또는 외상의 우려가 있는 장소 등에 시설할 수 있는 배선 방법이다.

금속관 배선은 절연전선(전선의 단면적이 $10[mm^2]$를 초과할 경우에는 연선)을 사용해야 하며 금속관의 단면을 매끈하게 하여 전선의 피복이 손상될 우려가 없도록 하고, 전선관 내에서는 전선의 접속점이 없도록 해야 한다.

콘크리트에 매설할 경우 금속관의 두께는 1.2[mm] 이상으로 하고, 노출할 경우에는 1[mm] 이상으로 해야 한다. 하지만 이음매가 없는 길이 4[m] 이하인 관을 건조하고 전개된 곳에 시설할 경우에는 0.5[mm]까지로 할 수 있다. 금속관을 조영재에 따라서 시설하는 경우 새들 또는 행거 등으로 견고하게 지지하고 그 간격을 2[m] 이하로 한다.

금속관 및 그 부속품에는 감전사고를 예방하기 위해 접지공사를 해야 한다. 단, 사용전압이 400[V] 이하로 다음의 장소는 생략할 수 있다.

- 직류 300[V] 또는 대지전압 150[V] 이하로 관의 길이가 8[m] 이하의 금속관을 시설하는 경우
  - 사람이 쉽게 접촉할 우려가 없는 장소
  - 건조한 장소
- 관의 길이가 4[m] 이하의 금속관을 건조한 장소에 시설하는 경우

합성수지관 배선

합성수지관 배선은 내 부식성, 전기적 절연성 등 성능이 우수하지만 심한 기계적 충격이나 중량물의 압력을 받는 장소에는 시설하면 안 된다. 최근 들어 건축물의 매입 배선으로 많이 사용하고 있는 **CD관**(combine duct)을 [그림 13-25]에 나타냈다. 이는 합성수지제 가요관이라고도 하며 합성수지관 배선 방법을 따른다.

[그림 13-25] CD관

합성수지관의 배선은 절연전선(전선의 단면적이 10[mm^2]을 초과할 경우에는 연선)을 사용해야 한다. 또한 전선관의 끝부분 및 안쪽 면을 매끈하게 하여 전선의 피복이 손상될 우려가 없도록 하고 전선관 내에서는 전선의 접속점이 없도록 해야 한다.

또한 합성수지관의 두께는 2[mm] 이상으로 한다. 다만 사용전압이 400[V] 미만이고 전개된 장소 또는 점검할 수 있는 은폐장소이며, 건조하고 사람이 접촉할 우려가 없도록 시설한 경우 1[mm] 이상으로 할 수 있다.

합성수지관을 새들 등으로 지지할 경우는 그 지지점간의 거리를 1.5[m] 이하로, 합성수지제 가요관의 경우는 1[m] 이하로 해야 한다. 또한 합성수지관 상호 및 관과 박스를 접속할 경우 삽입하는 깊이는 관 바깥지름의 1.2배 이상으로, 접착제를 사용할 경우에는 0.8배 이상으로 해야 한다.

반자 속을 포함한 이중천장 내에는 합성수지관을 시설할 수 없으며, 합성수지관을 금속제의 박스 및 분진 방폭형 플렉시블 피팅에 접속하여 사용하는 경우에는 감전에 대한 보호를 위해 접지공사를 해야 한다. 단, 사용전압이 400[V] 이하로 다음의 장소는 생략할 수 있다.

- 건조한 장소에 시설하는 경우
- 직류 300[V] 또는 대지전압이 교류 150[V] 이하이며, 사람이 쉽게 접촉할 우려가 없도록 시설한 경우

금속제 가요전선관 배선

금속제 가요전선관은 관 자체가 가요성[12]이 있으므로 굴곡이 많은 개소에 사용하기 편리하다. 금속제 가요전선관의 외형은 [그림 13-26]과 같으며, 다음과 같이 4가지 유형으로 구분할 수 있다.

(a) 비닐피복 1종 금속제 가요전선관

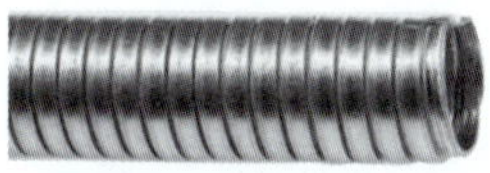

(b) 1종 금속제 가요전선관

(c) 비닐피복 2종 금속제 가요전선관

(d) 2종 금속제 가요전선관

[그림 13-26] 가요전선관의 외형

2종 금속제 가요전선관은 1종 금속제 가용전선관에 비해 기계적 강도 및 내수성이 우수하다. 1종 금속제 가요전선관은 전개된 장소 또는 점검할 수 있는 은폐장속에 한하여 사용할 수 있으며, 습기가 많은 장소 또는 물기가 있는 장소에는 비닐피복 1종 가요전선관을 사용해야 한다.

금속제 가요전선관을 배선할 때는 절연전선(전선의 단면적이 10[mm^2]를 초과할 경우에는 연선)을 사용해야 하며, 전선관의 끝부분과 안쪽 면을 매끈하게 하여 전선의 피복이 손상될 우려가 없도록 하고 전선관 내에서는 전선의 접속점이 없도록 해야 한다. 금속제 가요전선관을 사용하여 가요성이 필요한 전동기에 접속한 모습은 [그림 13-27]과 같다.

[그림 13-27] 가요전선관의 사용 예

12 자유롭게 굽힐 수 있는 성질을 말한다.

가요전선관 배선에서 지지점 간의 거리를 [표 13-14]에 정리했다.

[표 13-14] 가요전선관 배선에서 지지점 간의 거리

시설의 구분	지지점 간의 거리[m]
조영재의 측면 또는 하면의 수평 방향으로 시설한 것	1[m] 이하
사람이 접촉할 우려가 있는 것	1[m] 이하
가요전선관 상호 및 금속제 가요전선관과 박스 기구와의 접속 개소	접속개소에서 0.3[m] 이하
기타	2[m] 이하

케이블 트레이 배선

케이블 트레이 배선은 케이블을 지지하기 위해 사용하는 금속제 또는 불연성 재료로 제작된 유니트 또는 유니트의 집합체 및 그 부속재 등으로 구성된 견고한 구조물을 말하며 사다리형, 펀칭형, 메시형, 바닥 밀폐형 등이 있다.

케이블 트레이는 케이블의 설치 경로로 설계된 것이므로 사람의 통로로 사용해서는 안 된다. 케이블 트레이를 배선한 모습은 [그림 13-28]과 같다.

[그림 13-28] 케이블 트레이 배선의 예

케이블 트레이에 사용할 수 있는 전선은 다음과 같다.

- 연피 케이블, 알루미늄 케이블 등 난연성 케이블
- 적당한 간격으로 연소 방지 조치를 한 케이블
- 금속관 또는 합성수지관 등에 넣은 절연전선

케이블 트레이 내에서 전선을 접속하는 경우, 전선 접속 부분에 사람이 접근할 수 있다. 하지만 접속 부분이 옆면 레일 위로 나오지 않도록 해야 하고, 절연해야 한다. 이때 케이블 트레이는 수용된 모든 전선을 지지할 수 있는 적합한 강도여야 하며, 수평 트레이 또는 수직 트레이 상호 간에는 유지보수가 가능하도록 최소한의 이격거리를 확보하고 안전율은 1.5 이상으로 해야 한다.

[그림 13-29]는 수평 트레이에 다심 케이블 공사방법을 나타낸 것으로 수평 트레이 내에 다심케이블을 포설할 경우 케이블 외경의 합계는 트레이 내측 폭 이하로 하고 단층으로 시설하여야 하며 벽면과의 거리는 20mm 이상 이격하여 설치해야 한다.

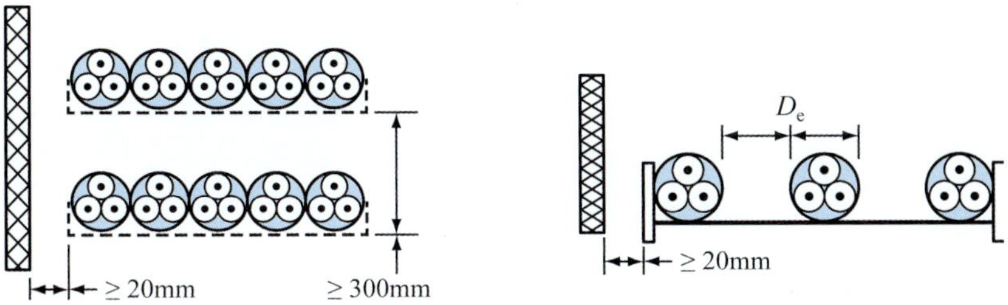

[그림 13-29] 수평 트레이의 다심 케이블 공사방법(출처 : 한국전기설비규정 그림 232.41-1)

[그림 13-30]은 수평 트레이에 단심 케이블 공사방법을 나타낸 것으로 수평 트레이에 단심 케이블을 포설할 경우 이들 케이블의 지름의 합계는 트레이 내측 폭 이하로 하고 단층으로 시설하여야 하며 삼각 포설 시에는 묶음 단위 사이즈 간격은 단심 케이블 지름의 2배 이상 이격하여 포설해야 한다.

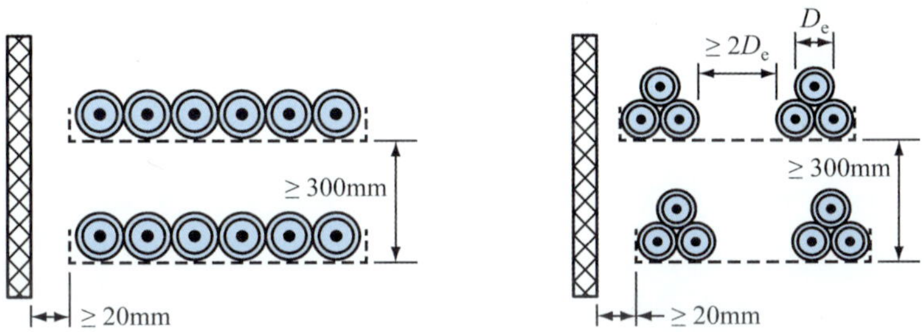

단층설치 삼각포설 설치

[그림 13-30] 수평 트레이의 단심 케이블 공사방법

만약 케이블 트레이가 방화구획의 벽, 마루, 천장 등을 관통한다면, [그림 13-31]과 같이 개구부에 연소방지시설 등 적절한 조치를 해야 하고 케이블 트레이 공사는 감전에 대한 보호를 위해 접지 공사를 해야 한다.

[그림 13-31] 케이블 트레이 관통부에 설치한 연소방지시설

3 절연저항 측정

저압 옥내배선 중 전선 상호간 및 전로와 대지 사이의 절연저항은 인입구 장치, 간선 및 분기선에 시설된 개폐기 또는 과전류 차단기로 구분할 수 있는 전로마다 측정하였을 때 [표 13-15]의 규정값 이상이어야 한다. 다만, 정전이 어려운 경우 등 절연저항 측정이 곤란한 경우에는 누설전류를 1[mA] 이하로 유지해야 한다.

[표 13-15] 저압전로의 절연저항값[13]

전로의 사용전압[V]	DC 시험전압[V]	절연저항[MΩ]
SELV 및 PELV	250	0.5
FELV, 500[V] 이하	500	1.0
500[V] 초과	1000	1.0

절연저항계의 외형은 [그림 13-32]와 같다. 절연저항을 측정하려면 전등 및 전기기기의 스위치를 끈 후 절연저항계의 Line 단자에는 전원 측 전로를 접속하고, Earth 단자에는 접지 측 전로를 접속해서 행한다.

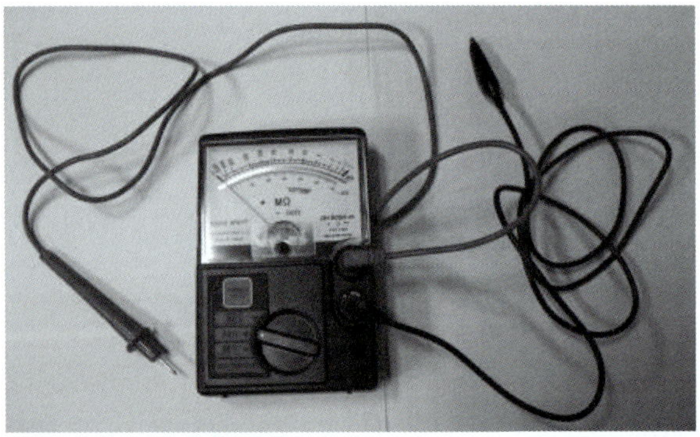

[그림 13-32] 절연저항계

13 특별저압(extra low voltage : 2차 전압이 AC 50[V], DC 120[V] 이하)으로, SELV(비접지회로 구성) 및 PELV(접지회로구성)는 1차와 2차가 전기적으로 절연된 회로, PELV는 1차와 2차가 전기적으로 절연되지 않은 회로를 말한다.

예제 13-11

대지전압이 150[V] 초과 300[V] 이하일 때 저압전로의 절연저항값을 구하라.

① 1[MΩ] 이상 ② 2[MΩ] 이상

③ 3[MΩ] 이상 ④ 4[MΩ] 이상

정답 ①

풀이 [표 13-15]에서 저압전로의 절연저항값을 참고하면 대지전압이 150 ~ 300[V]일 때 저압전로의 절연 저항은 1[MΩ] 이상이다.

예제 13-12

옥내배선에서 정전이 어려워 절연저항 측정이 곤란한 경우 누설전류의 유지 기준은 무엇인가?

① 1[mA] 이하 ② 2[mA] 이하

③ 3[mA] 이하 ④ 4[mA] 이하

정답 ①

풀이 정전이 어려운 경우를 포함하여 절연저항 측정이 곤란할 때에는 누설전류를 1[mA] 이하로 유지해야 한다.

SECTION

13.3 접지

전기설비를 대지와 전기적으로 접속함으로써 고장이 발생했을 때 전위가 상승하여 사고가 일어나는 것을 막는 것을 접지라 한다. 이 절에서는 접지가 무엇인지 알아보고 다양한 접지의 종류를 살펴본다. 또한 전기설비기술기준에 근거한 접지공사법을 알아본다.

Keywords | 단독 접지 | 통합 접지 | 공통 접지 | 한국전기설비규정 | KS C IEC 60364 |

1 접지란?

접지란 여러 전기설비를 대지와 전기적으로 접속하는 것을 의미한다. 전기설비를 대지와 전기적으로 접속하려면 대지에 접지극을 묻고 접지극과 전기설비를 접지선으로 연결해야 하는데, 이 경우 접지극과 대지 사이에는 다음의 3가지 요인으로 접지 저항이 발생한다.

- 토양의 고유저항
- 접지극과 토양과의 전기저항
- 접지선 및 접지선의 자체 저항

[그림 13-33]과 같이 전기설비에서 발생한 고장전류가 접지극을 통해 대지로 흐르면 이 접지 저항으로 인하여 전위 상승이 발생한다. 이로 인해 사람이 감전되거나 열에 의해 화상을 입을 수 있다.

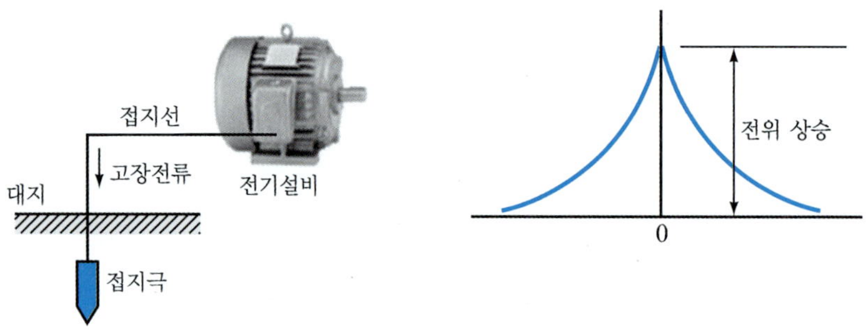

(a) 접지설비 구성 (b) 전위 상승의 개념

[그림 13-33] 접지설비 구성과 전위 상승의 개념

접지의 목적은 전위 상승으로 인한 장해를 방지하는 것으로, 접지는 인체의 감전 방지, 전기설비의 피해 방지 등 안전을 도모하는 것과 기준 전위를 확보하기 위해 사용된다. 계통접지는 전력계통에서 돌발적으로 발생하는 이상 현상에 대비하여 대지와 계통을 연결하는 것으로 변압기 중성점을 대지에 접속하는 것을 말하며 일반적으로 중성점 접지라고도 한다.

예제 13-13

접지의 목적이 아닌 것은 무엇인가?

① 인체의 감전 방지 ② 기준전위 확보

③ 계통의 용량 증가 ④ 전기설비의 피해 방지

정답 ③

풀이 접지는 계통의 용량과는 관련이 없다. 접지는 피해 및 장해를 방지하는 것으로 안전을 도모하는 목적과 기준 전위를 확보하고자 하는 목적이 있다.

2 접지의 분류

접지는 사용 분야, 목적, 접속 형태, 접속 위치, 시공 방법 등에 따라 다양하게 분류할 수 있다. 접지를 접속 형태에 따라 분류하면 단독 접지, 공통 접지, 통합 접지로 나눌 수 있다.

단독 접지

단독 접지[14]는 [그림 13-34]와 같이 설비의 용도에 따라서 독립된 접지극을 사용하는 방법으로 공사 방법이 간단하고 공사비가 저렴하다는 장점이 있다.

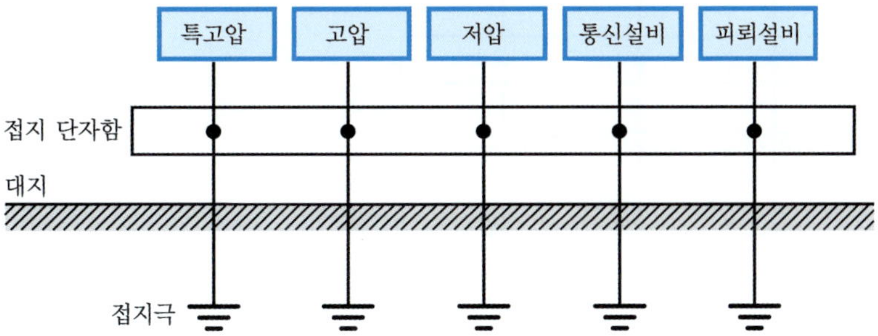

[그림 13-34] 단독 접지

14 '독립 접지'라고도 한다.

접지극을 대지에 묻으면 접지극을 중심으로 저항구역이 생기는데 독립 접지에서는 각각의 접지극을 충분하게 이격시켜야 각 접지극의 저항구역이 상호 간섭되는 것을 방지할 수 있다. 저항구역이 중첩되어 간섭구역이 생기면 [그림 13-35]와 같이 특고압 설비에서 발생한 고장전류가 통신설비의 접지극을 통해 건전한 통신설비에 유입되어 전위차가 발생된다. 이로 인해 사람에게 감전을 일으키거나 통신설비에 손상을 주거나 오동작을 유발시킬 수 있다.

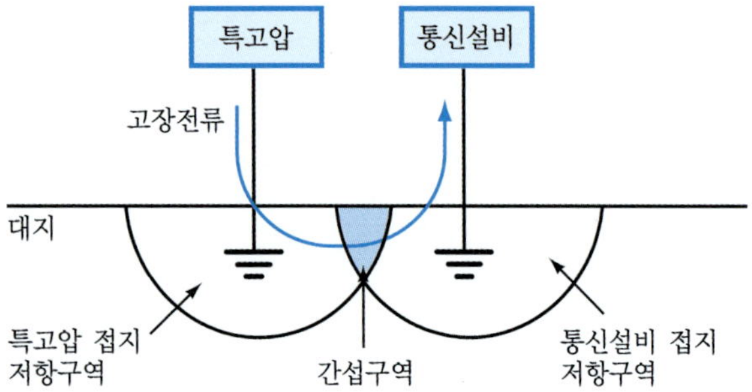

[그림 13-35] 저항구역의 간섭

공통 접지

공통 접지는 [그림 13-36]과 같이 등전위가 형성되도록 전기설비에 관련되는 접지는 하나로 묶어서 공통으로 접지하고, 통신설비의 접지와 피뢰 설비의 접지는 단독 접지로 구성하는 것을 의미한다. 고압 및 특고압과 저압 전기설비의 접지극이 서로 근접하여 시설되는 변전소 또는 이와 유사한 곳에 적용되며, 도심지 등과 같이 건물이 밀집된 지역에서는 접지극 상호간에 전위간섭이 없도록 시설하기에 공간적 제약이 따르므로 적용하기 곤란하다.

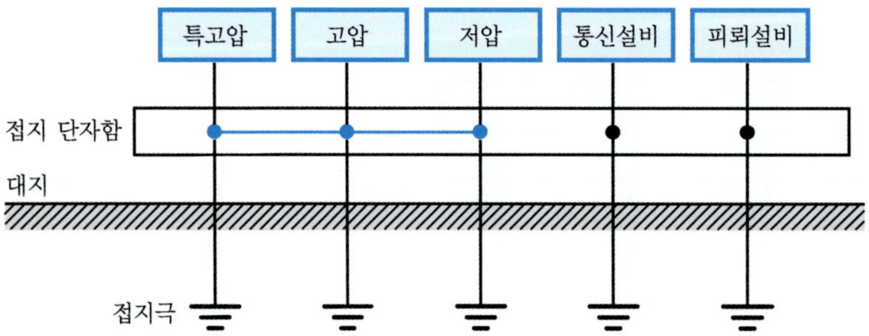

[그림 13-36] 공통 접지

통합 접지

통합 접지는 [그림 13-37]과 같이 전기설비에 관련된 접지, 통신설비의 접지, 피뢰 접지를 모두 하나의 접지극으로 구성하는 방법이다. 즉 하나의 건축물 내에서 접지극과 철골 구조를 서로 접속하여 접지를 구성하고, 접지를 필요로 하는 모든 설비를 이 통합 접지에 접속하는 방법이다.

통합 접지에서는 뇌 서지, 고장전류 등의 서지전류가 흐르면 건축물의 모든 기기가 전위 상승을 일으키므로 반드시 등전위가 이루어져야 한다. 그리고 과전압으로부터 기기를 보호하기 위해 과전압 보호장치(SPD)를 피보호기기와 인접한 곳에 설치해야 한다.

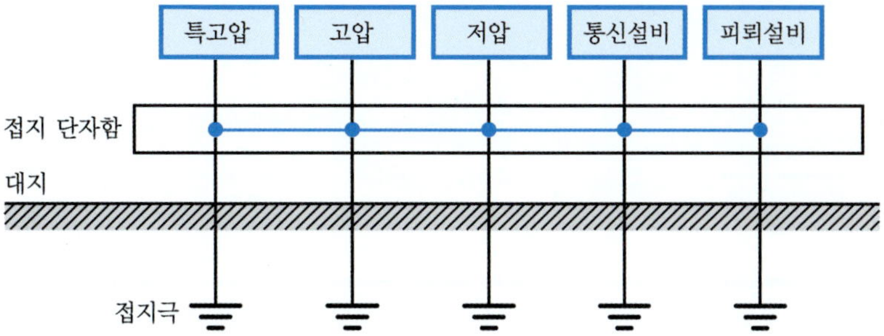

[그림 13-37] 통합 접지

3 접지시스템

우리나라의 접지는 국제화에 부합하기 위하여 도입한 KS C IEC 60364 규격을 사용한다. 접지공사는 전기설비의 보호 요구 사항을 충족하여야 하며, 지락전류와 보호도체 전류를 대지로 방류하여야 한다. 이때 열적, 기계적 응력에 견뎌야 하고, 흐르는 고장전류로 인한 감전의 위험이 없어야 한다. [그림 13-38]은 접지시스템의 구성을 나타낸 것으로 접지극, 접지도체, 보호도체, 기타설비로 구성된다. 접지극은 접지도체를 사용하여 주 접지단자에 연결해야 한다.

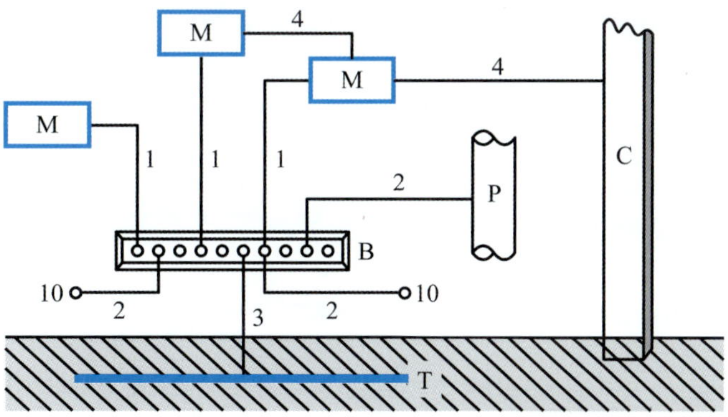

1 : 보호도체(PE)	B : 주 접지단자
2 : 주요 등전위 본딩용 도체	M : 전기 기기의 노출 도전성 부분
3 : 접지선	C : 철골, 금속덕트 등의 계통의 도전성 부분
4 : 보조 등전위 본딩용 도체	P : 수도관, 가스관 등 금속배관
10 : 기타 기기(예 : 정보통신시스템, 낙뢰보호시스템)	T : 접지극

[그림 13-38] 접지시스템의 구성

한국전기설비규정(KEC)에 따른 접지시스템의 종류를 [표 13-16]에 정리했다.

[표 13-16] 접지시스템의 종류

<table>
<tr><th>구분</th><th colspan="2">KEC 규정</th></tr>
<tr><td rowspan="2">종류</td><td>TN 계통</td><td>TN-C
TN-S
TN-C-S</td></tr>
<tr><td colspan="2">TT 계통
IT 계통</td></tr>
</table>

★ 접지시스템의 요구사항 ★

- 전기설비의 보호 요구사항을 충족해야 한다.
- 지락전류와 보호도체 전류를 대지에 전달해야 한다.
  다만 열적, 전기적, 기계적 응력 및 이러한 전류로부터 감전의 위험이 없어야 한다.

예제 13-14

KEC 규정에 의한 접지시스템의 종류가 아닌 것은 무엇인가?

① TN　② PT　③ TT　④ IT

정답 ②

풀이 [표 13-16]의 접지시스템의 종류를 살펴보면 PT 접지는 KEC 규정의 접지에 속하지 않음을 알 수 있다.

4 KEC 접지

KEC의 접지에서 사용하는 용어를 간단히 설명하면 다음과 같다.

- **접지극**(earth electrode) : 대지에 확실히 접촉되고 전기적 접속을 제공하는 하나의 도체 또는 도체의 집합이다.
- **접지선**(earthing conductor) : 주 접지단자나 접지모선을 접지극에 접속한 도체이다.
- **보호도체**(PE : protective conductor) : 감전에 대한 보호 등 안전을 목적으로 설치된 도체이다.
- **등전위 본딩**(equipotential bonding) : 감전에 대한 보호 등 안전을 위하여 등전위성을 얻기 위해 도체 간을 전기적으로 접속하는 조치를 말한다.

- **보호 등전위 본딩**(protective equipotential bonding) : 보호 등전위 본딩을 제공하는 보호 도체이다.
- **PEN 도체**(Protective Earthing conductor and neutral conductor) : 보호도체와 중성선 모두의 기능을 겸비한 도체를 말한다. 머리글자 PEN은 보호 도체의 기호 PE와 중성선의 기호 N의 조합이다.
- **노출 도전성 부분**(exposed conductive part) : 우리나라에서는 전기 기계 기구의 철대 및 외함에 해당한다.

KEC 접지시스템 종류에는 TN 계통, TT 계통, IT 계통의 3가지가 있다. 이를 표현하는 두 문자의 의미는 다음과 같다.

- **제1문자** : 전력계통과 대지의 관계
  - T : 한 점을 대지에 직접 접속한다.
  - I : 모든 충전부를 대지로부터 절연(비접지)시키거나 임피던스를 삽입하여 한 점을 대지에 직접 접속한다.
- **제2문자** : 설비의 노출 도전성 부분(기계 외함)과 대지와의 관계
  - T : 노출 도전성 부분을 대지로 직접 접속한다.
  - N : 노출 도전성 부분을 전력계통의 접지점에 직접 접속한다.

TN 계통

TN 계통은 전원 한 점을 대지에 직접 접지하고, 설비의 외함(노출 도전성 부분)은 보호도체(PE)를 이용하여 전원 한 점에 접속하는 접지를 말한다. 이는 중성선 및 보호도체의 배치에 따라 TN-C 계통, TN-S 계통, TN-C-S 계통으로 나눈다. TN 계통의 회로도는 [그림 13-39]와 같다.

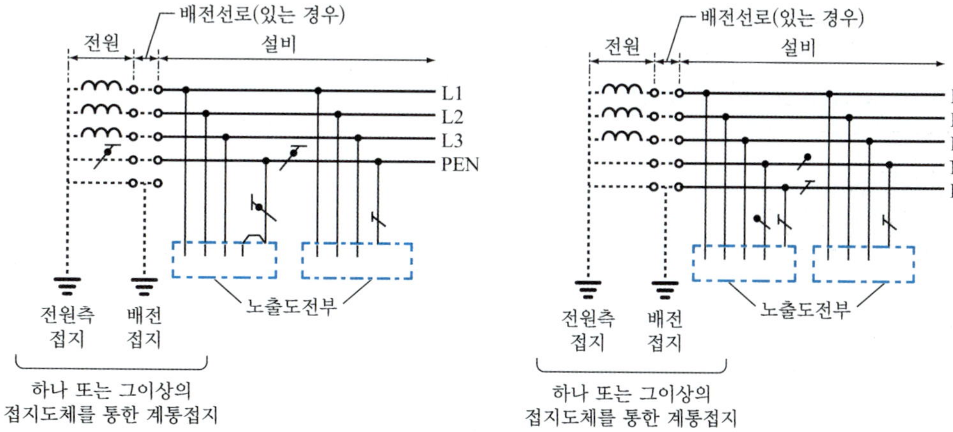

(a) TN-C 계통

(b) TN-S 계통

[그림 13-39] TN 계통

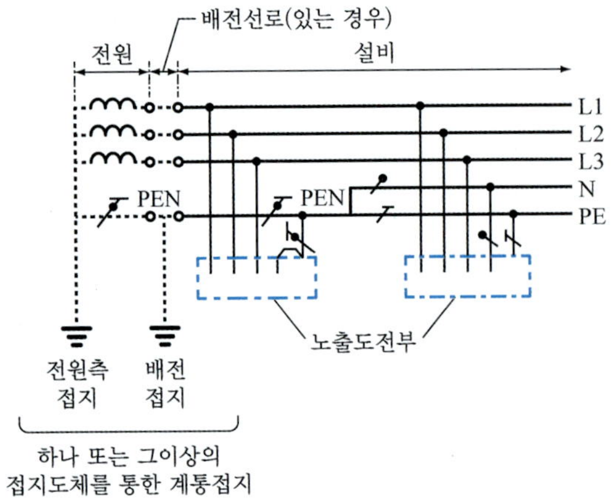

기호 설명	
(기호)	중성선(N), 중간도체(M)
(기호)	보호도체(PE)
(기호)	중성선과 보호도체겸용(PEN)

(c) TN-C-S 계통

[그림 13-39] TN 계통(계속)

TT 계통

TT 계통은 전원의 한 점을 대지에 직접 접지하고, 설비의 외함(노출 도전성 부분)을 전원계통의 접지극과 별도의 접지극으로 대지에 직접 접지하는 방법으로 회로도는 [그림 13-40]과 같다.

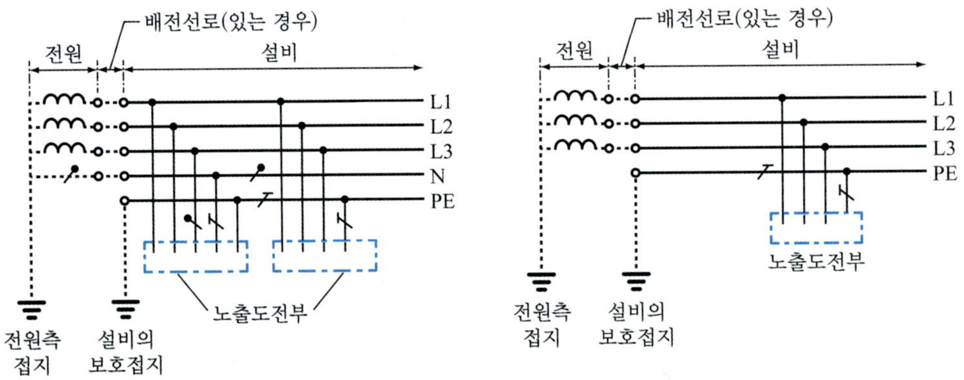

(a) 설비 전체에서 별도의 중성선과 보호도체가 있는 TT 계통

(b) 설비 전체에서 접지된 보호도체가 있으나 배전용 중성선이 없는 TT 계통

[그림 13-40] TT 계통

IT 계통

IT 계통은 계통의 충전부 전체를 대지로부터 절연시키거나 계통의 한 점에 임피던스를 삽입하여 대지에 접속하고 설비의 외함(노출 도전성 부분)을 대지에 직접 접지하는 방법으로 회로도는 [그림 13-41]과 같다.

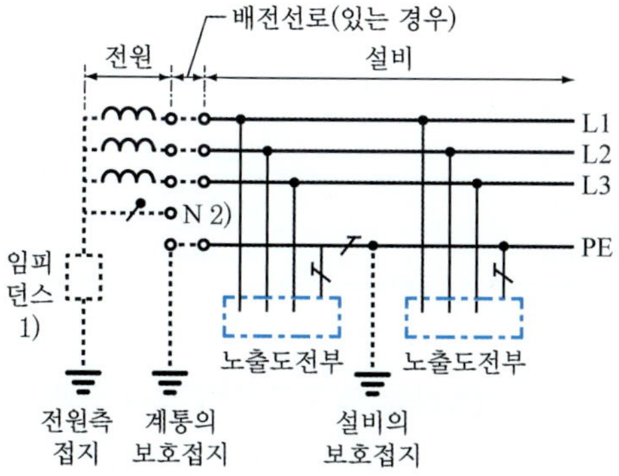

(a) 계통 내의 모든 노출도전부가 보호도체에 의해 접속되어 일괄 접지된 계통

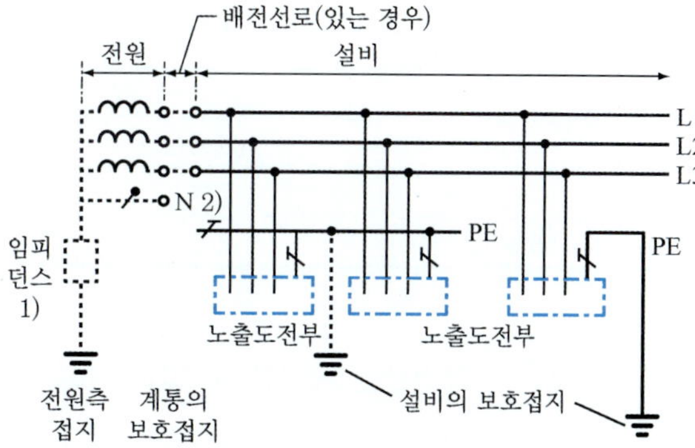

(b) 노출도전부가 조합으로 또는 개별로 접지된 IT 계통

[그림 13-41] IT 계통

예제 13-15

전원 한 점을 대지에 직접 접지하고 설비의 외함(노출 도전성 부분)은 보호도체(PE)를 이용하여 전원 한 점에 접속하는 접지는 무엇인가?

① TN 접지 ② TT 접지 ③ 1종 접지 ④ 3종 접지

정답 ①

풀이 TN 접지는 전원 한 점을 대지에 직접 접지하고 설비의 외함(노출 도전성 부분)은 보호도체(PE)를 이용하여 전원 한 점에 접속하는 접지를 말한다.

접지선 및 보호도체의 최소 단면적

접지선 및 보호도체의 최소 단면적은 두 가지 방법 중 하나를 선택해야 한다. 식 (13.6)은 고장 전류 차단시간이 5초 이하인 경우에 적용한다.

$$S = \frac{\sqrt{I^2 t}}{k} \tag{13.6}$$

- S : 접지선의 단면적 [mm^2]
- I : 보호장치를 통해 흐를 수 있는 예상 고장전류 실효값 [A]
- t : 자동차단을 위한 보호장치의 동작시간 [s]
- k : 보호도체, 절연, 기타부위의 재질 및 초기온도와 최종온도에 따라 정해지는 계수

여기서 k 값은 [표 13-17]에서 확인할 수 있다.

[표 13-17] 절연물의 종류 및 주위온도에 따른 k값

주위온도(℃)	접지도체 종류		
	나연동선	GV	HIV, CV
30	284	143	176
55	276	126	162

[표 13-18]은 고장전류를 계산할 수 있는 자료가 없는 경우에 적용하는 것으로 상도체의 규격에 따라 보호도체의 최소 단면적을 적용할 수 있다. 이는 일반적으로 계산에 의해 구해지는 단면적보다 크게 적용된다.

[표 13-18] 접지선 및 보호도체의 최소 단면적

부하설비의 상도체의 단면적 S[mm^2]	보호도체의 최소 단면적 S[mm^2]
$S \leqq 16$	S
$16 < S \leqq 35$	16
$S > 35$	$S/2$

예제 13-16

부하설비의 상도체의 단면적이 50[mm^2]일 때 접지선 및 보호도체의 최소 단면적[mm^2]을 구하라.

정답 25[mm^2]

풀이 [표 13-18]의 접지선 및 보호도체의 최소 단면적에 따라 부하 설비의 상도체의 단면적이 35[mm^2]을 초과하면 보호도체의 최소 단면적은 부하설비의 상도체 단면적의 절반값이다. 즉 보호도체의 최소 단면적은 $\frac{50}{2} = 25$[mm^2]이다.

큰 고장전류가 접지도체를 통하여 흐르지 않는 TN이나 IT 접지 계통의 경우 접지선 및 보호도체 최소 단면적은 구리 6[mm^2] 이상, 철제 50[mm^2] 이상이어야 한다. 예를 들어 우리나라 22.9[kV]－Y 배전계통은 3상 4선식으로 중성선을 다중접지하고, 가공지선을 설치하며 중성선에 접속 후 대지에 접지하는 방식이다. 이러한 다중접지 방식에서는 1선 지락시 지락고장전류가 커서 보호장치의 동작시간이 짧으며 확실한 동작을 하므로 접지용 도체의 규격을 6[mm^2]로 사용하고 있다. 또한 보호도체가 단독으로 설치되는 경우 보호도체가 절연 피복에 의해 기계적 보호가 되는지 여부에 따라 보호도체의 최소 단면적은 [표 13-19]와 같다.

[표 13-19] 기계적 보호 유무에 따른 보호도체의 최소 단면적

구 분	구리(mm^2)	알루미늄(mm^2)
기계적 보호 있음	2.5	16
기계적 보호 없음	4	16

접지공사의 시공 방법

전로에 시설하는 기계기구의 철대 및 금속제 외함에는 접지공사를 하여야 하며, 접지극은 매설하는 토양을 오염시키지 않아야 하며, 방수층 아래 토양과 접촉하여 설치하여야 한다. 접지선을 사람이 접촉할 우려가 있는 장소에 시설할 경우에는 다음과 같이 시공한다.

- 접지극은 지하 75[cm] 이상의 깊이에 매설하되 동결 깊이를 감안한다.
- 철주 등의 금속체를 따라서 시설할 경우, 접지극을 철주의 밑면으로부터 30[cm] 이상의 깊이에 매설하는 경우를 제외하고 접지극은 금속체로부터 1[m] 이상 격리해서 매설한다. 단, 콘크리트 전주와 같이 금속체가 아닌 경우에는 이격하지 않아도 된다.
- 지하 75[cm]부터 지표상 2[m]까지의 부분은 금속 반할관, 합성수지관 또는 이와 동등 이상의 절연 효력과 강도가 있는 금속 몰드로 덮어야 한다. 단, 두께 2[mm] 미만의 합성수지제 전선관 및 난연성이 없는 CD관은 제외한다.

이를 그림으로 나타내면 [그림 13-42]와 같다.

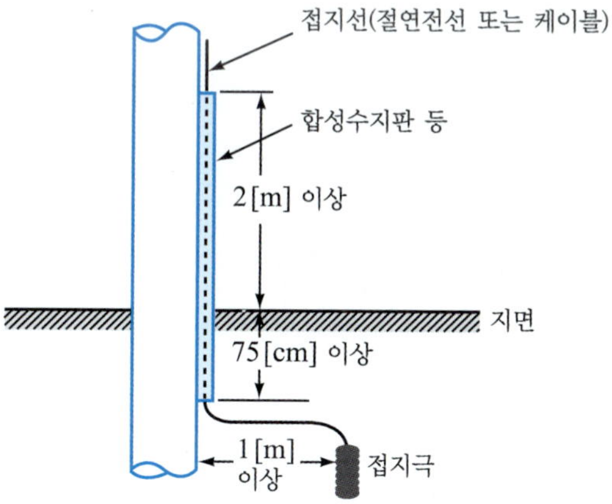

[그림 13-42] 접지공사의 시공 방법

이전에 사용하던 접지극은 동봉이나 동판이 많았으나 최근에는 양호한 접지저항값을 얻기 위하여 접지극은 탄소 저항 접지극, 전해질 접지극 등 종류가 다양해졌으며 접지극을 루프 형식으로 하는 매쉬 접지극도 많이 사용된다. 접지선의 연결은 용접하거나 슬리브를 사용하는데, [그림 13-43]은 화약을 사용하여 접지선을 용접하는 모습이다.

[그림 13-43] 화약을 사용하여 접지선을 용접하는 모습

접지저항의 측정

전기기기, 금속관 등의 접지저항을 측정하기 위해서는 접지저항계를 사용한다. 접지저항을 측정하려면 [그림 13-44(b)]와 같이 보조접지봉 P_1(청색)와 C_1(적색)을 측정하고자 하는 접지극(흑색)과 약 10[m] 간격으로 일직선이 되도록 묻고, 리드선을 사용하여 접지저항계와 접속한다. 접속이 완료되면 누름버튼을 누르면서 눈금이 있는 다이얼을 돌려 검류계의 지침이 0점을 가리키도록 조정한다. 이때 다이얼 눈금은 접지저항을 나타낸다.

접지저항은 계절적인 요인으로 하절기가 동절기에 비해 접지저항이 낮게 측정되므로 접지저항값은 동절기(11~2월)에 측정하는 것이 바람직하다.

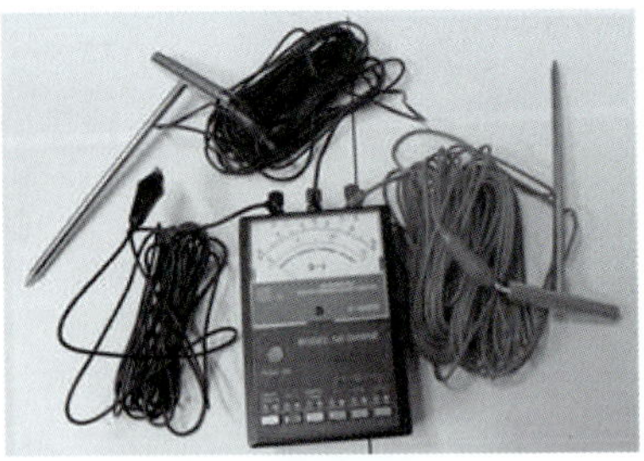

(a) 외형

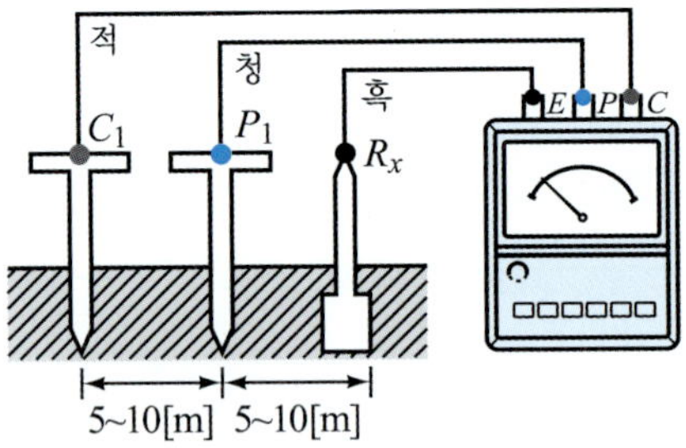

(b) 결선도

[그림 13-44] 접지저항계와 접지저항 측정

일반적으로 자가용 수용가의 변전실에는 접지단자반이 설치되어 있다. 접지단자반에는 [그림 13-45]와 같이 각 접지공사의 접지극을 연결한 접지선과 보조 접지극을 연결한 접지선이 설치되어 있으므로 접지저항은 접지단자반에서 쉽게 측정할 수 있다.

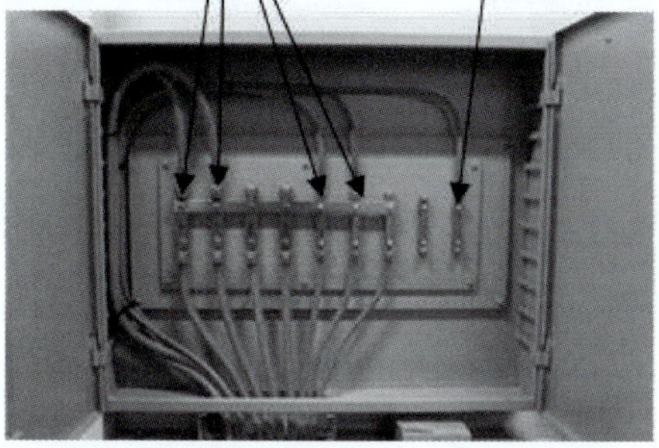

[그림 13-45] 접지단자반

★ 접지저항값 요구사항 ★

- 부식, 건조 및 동결 등 대지환경 변화에 충족하여야 한다.
- 인체 감전 보호를 위한 값과 전기설비의 기계적 요구에 의한 값을 만족하여야 한다.

예제 13-17

접지저항을 측정하기에 가장 적당한 계절은 언제인가?

① 봄　　② 여름　　③ 가을　　④ 겨울

정답 ④

풀이 접지저항은 계절적인 요인으로 하절기가 동절기에 비해 접지저항이 낮게 측정되므로 접지저항값은 동절기에 측정하는 것이 바람직하다.

CHAPTER 13 연습문제

13.1 도체와 과부하 보호장치 사이의 협조관계이다. 이때 과부하 보호 설계조건도에서 (a), (b)는 무엇인가?

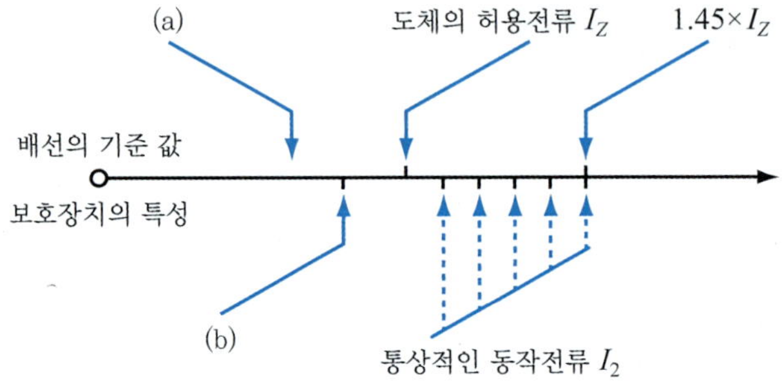

13.2 [연습문제 13.1]에서 공사방법 C에 의해 시공할 경우 도체와 과전류보호장치 사이의 협조관계를 평가하시오.

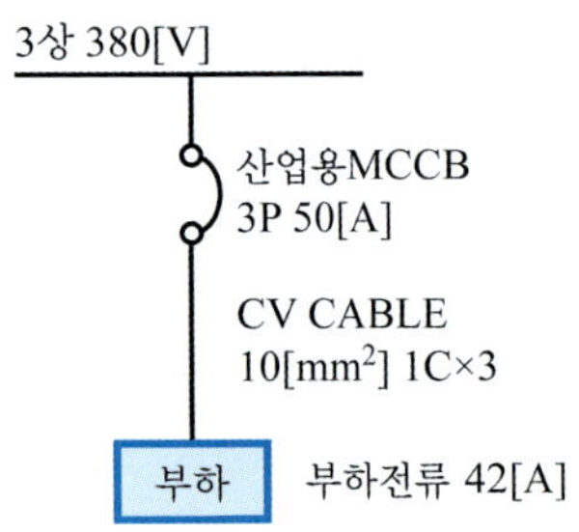

공칭단면적[mm²]	3상 1C				
	A1	B1	C	D2	F
1.5	13.5	15.5	17.5	19	
2.5	18	21	24	24	
4	24	28	32	33	
6	31	36	41	41	
10	42	50	57	54	
16	56	68	76	70	
25	73	89	96	92	110

(a) I_B, I_N, I_Z 상호 조건과 협조관계를 평가하라.

(b) I_2를 계산하라.

(c) $1.45 I_Z$를 계산하라.

(d) I_2, I_Z 의 상호 조건과 평가기준을 나타내라.

(e) 평가 결과를 설명하라.

13.3 케이블 트레이에 케이블을 포설 시 사용하는 케이블의 종류를 나열하라.

13.4 수평 케이블 트레이에 단심 케이블과 다심 케이블 포설에 대하여 설명하라.

13.5 저압전로의 절연저항값을 전압으로 구분할 때 절연저항값을 설명하라.

13.6 접지공사의 종류를 구분하고 설명하라.

[표 A-1] 허용전류를 구하기 위한 공사방법(출처 : 한국전기설비규정 표 A230-1-1)

항목 번호	설치방법	설명	표준 공사방법
1	 옥내	단열벽 속에 매입한 전선관 내부의 절연도체 또는 단심 케이블	A1
2	 옥내	단열벽 속에 매입한 전선관 내부의 다심 케이블	A2
3	 옥내	단열벽 속에 직접 매입한 다심 케이블	A1
4	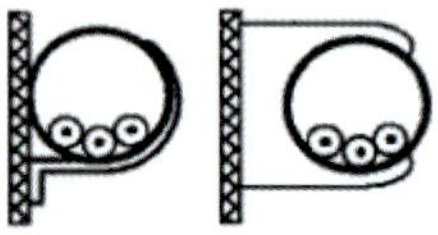	목재 또는 석재의 벽면에 부착한 전선관 내부 또는 그 벽면으로부터 바깥지름의 0.3배 미만의 간격으로 배관된 전선과 내부의 절연도체 또는 단심 케이블	B1
5	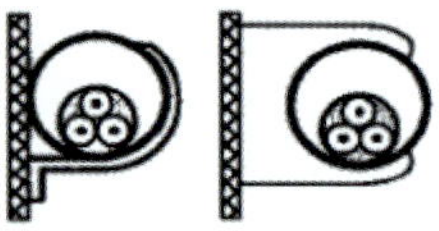	목재 또는 석재의 벽면에 부착한 전선관 내부 또는 그 벽면으로부터 전선관 바깥지름의 0.3배 미만의 간격으로 배관된 전선관 안의 다심 케이블	B2
6, 7	 6 7	목재 벽면 또는 석재의 벽면에 부착한 케이블트렁킹(다중구획 트렁킹 포함) 내부의 절연도체 또는 단심 케이블 - 수평배관, 수직배관	B1
8, 9	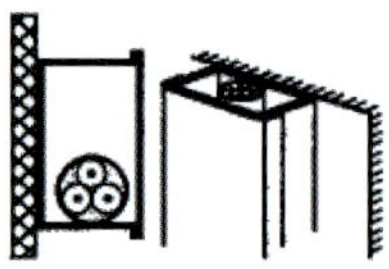 8 9	목재 벽면 또는 석재의 벽면에 부착한 케이블트렁킹(다중구획 트렁킹 포함) 내의 다심 케이블 - 수평포설, 수직포설	검토중 B2
10,11	 10 11	현수형 케이블 트렁킹 내부의 절연도체 또는 단심 케이블	B1
		현수형 케이블 트렁킹 내부의 다심 케이블	B2
12	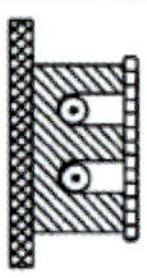	몰딩 내부의 절연도체 또는 단심 케이블	A1
15	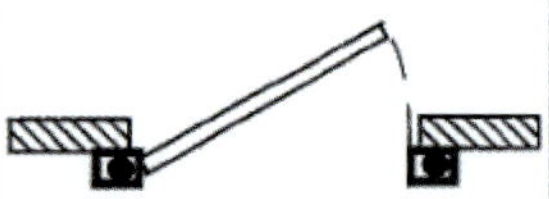	전선관 내부의 절연도체 또는 처마도리 내부의 단심 케이블이나 다심 케이블	A1
16		창틀 안에 시설하는 전선관 내부의 절연도체, 단심 케이블 또는 다심 케이블	A1

20	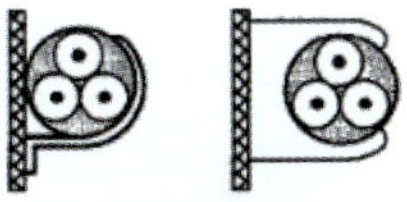	단심 또는 다심 케이블 목재 벽 또는 석재벽에 고정 또는 벽면과 케이블 지름의 0.3배 미만의 간격으로 설치된 경우	C
21		단심 또는 다심 케이블 목재 또는 석재 천장면에 직접 고정된 경우	C
22	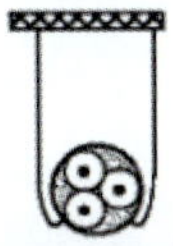	단심 또는 다심 케이블 천장과 거리를 두고 설치된 경우	검토 중 E에서 사용 가능
23	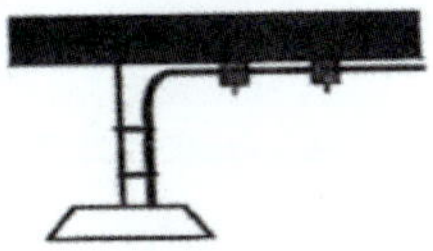	현수형 전기사용기기의 고정설비	C
30	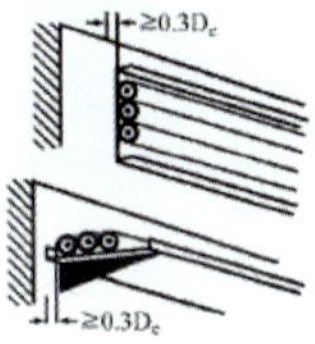	단심 또는 다심 케이블 수직 또는 수평으로 설치되는 비천공형 트레이에 포설	C
31	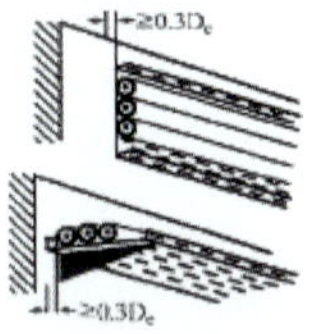	단심 또는 다심 케이블 수직 또는 수평으로 설치되는 천공형 트레이에 포설	E 또는 F
32	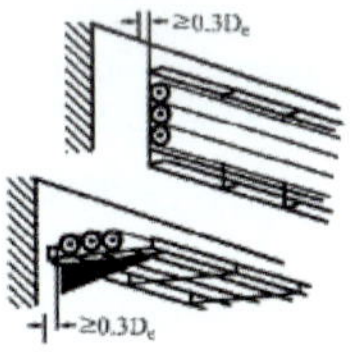	단심 또는 다심 케이블 수직 또는 수평으로 배치되는 케이블 브래킷(지지대) 또는 와이어 메시 트레이에 포설	E 또는 F
33	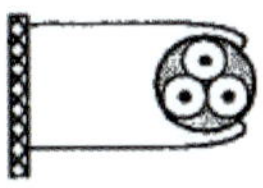	단심 또는 다심 케이블 벽과의 간격이 케이블 지름의 0.3배 이상인 경우	E, F 또는 방법 G
34	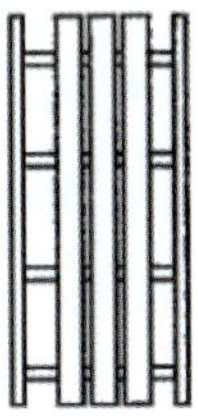	단심 또는 다심 케이블 케이블 래더에 포설	E 또는 F
35	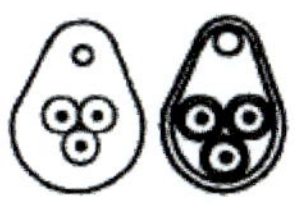	조가용선에 매달려 있거나 조가용선과 일체화하여 묶음 배선한 단심 또는 다심 케이블	E 또는 F

36		애자지지 나도체 또는 절연도체		G
40	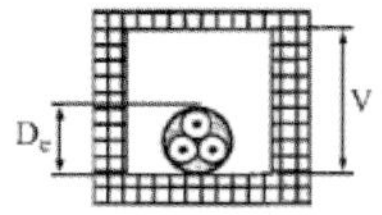	건물 내 빈공간의 단심 또는 다심 케이블	1.5De ≤ V < 5De	B2
			5De ≤ V < 20De	B1
41	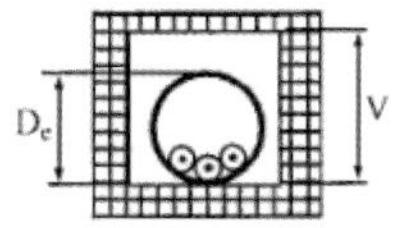	건물 내 빈공간에 설치된 전선관 내의 절연도체	1.5De ≤ V < 20De	B2
			V ≥ 20De	B1
42	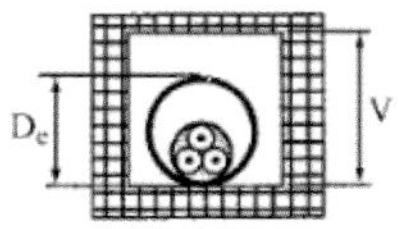	건물 내 빈공간에 설치된 전선관 내의 단심 또는 다심 케이블	1.5De ≤ V < 20De	B2
			V ≥ 20De	B1
43		건물 내 빈공간에 설치된 케이블 덕트 내의 절연전선	1.5De ≤ V < 20De	B2
			V ≥ 20De	B1
44	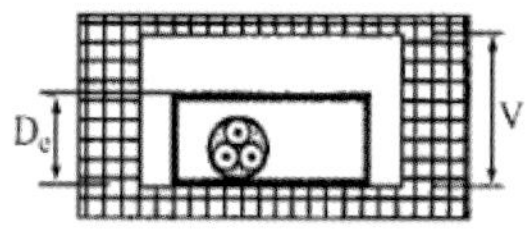	건물 내 빈공간에 설치된 케이블 덕트의 단심 또는 다심 케이블	1.5De ≤ V < 20De	B2
			V ≥ 20De	B1
45	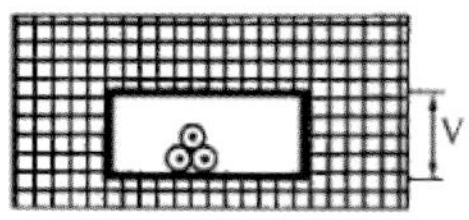	열저항률이 2[K · m/W] 이하인 석재 내부에 설치된 케이블 덕트 내의 절연도체	1.5De ≤ V < 5De	B2
			5De ≤ V < 50De	B1
46	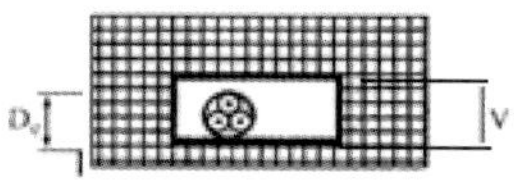	열저항률이 2[K · m/W] 이하인 석재 내부에 설치된 케이블 덕트 내의 단심 또는 다심 케이블	1.5De ≤ V < 20De	B2
			V ≥ 20De	B1
47		단심 또는 다심 케이블 - 이중 천당 안에 설치된 경우 - 이중 바닥에 설치된 경우	1.5De ≤ V < 20De	B2
			5De ≤ V < 50De	B1
50	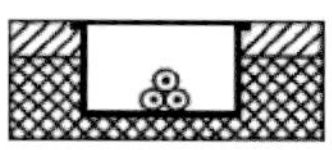	바닥 매입형 케이블 트렁킹 내부의 절연도체 또는 단심 케이블		B1
51		바닥 매입형 케이블 트레킹 내부의 다심 케이블		B2
52, 53	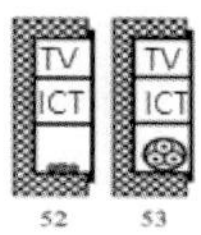	벽면 매입형 케이블트렁킹 내부의 절연전선 또는 단심 케이블		B1
		벽면 매입형 케이블트렁킹 내부의 다심 케이블		B2

54	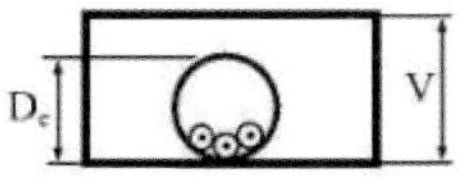	수평 또는 수직으로 설치된 비환기형 케이블 채널 내부에 시설한 전선관 내부의 절연도체 또는 단심 케이블	$1.5De \le V < 20De$	B2
			$V \ge 20De$	B1
55		바닥에 설치된 개방형 또는 환기형 케이블 채널 내 전선관 속의 절연도체		B1
56		수평 또는 수직으로 설치된 개방형 또는 환기형 케이블 채널 내 단심 또는 다심 외장케이블		B1
57		열저항률이 2[K·m/W] 이하인 석재 내부에 직접 매설한 단심 또는 다심 케이블, 기계적 손상에 대한 추가 보호 장치가 없는 경우		C
58		열저항률이 2[K·m/W] 이하인 석재 내부에 직접 매설한 단심 또는 다심 외장케이블, 기계적 손상에 대한 추가 보호 장치가 있는 경우		C
59	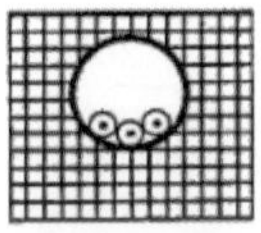	석재벽 내부에 설치된 전선관 내의 절연도체 또는 단심 케이블		B1
60	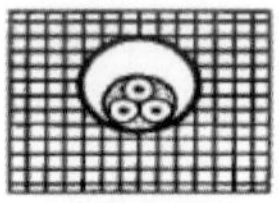	석재벽 내부에 설치된 전선관 내의 다심 케이블		B2
70	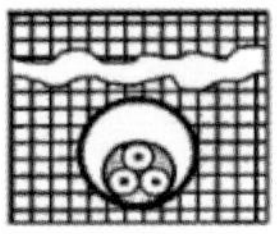	지중 매설한 전선관 또는 케이블 덕트 내의 다심 케이블		D1
71	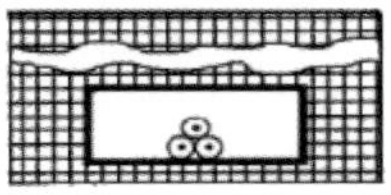	지중 매설한 전선관 또는 케이블 덕트 내의 단심 케이블		D1
72	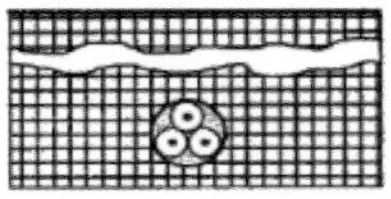	지중에 직접 매설한 단심 또는 다심 케이블 기계적 추가 보호가 없는 경우		D2
73	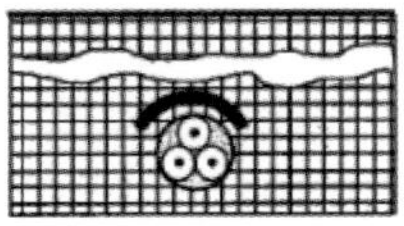	지중에 직접 매설한 단심 또는 다심 케이블 기계적 추가 보호가 있는 경우		D2

[표 A-2] 허용전류를 구하기 위한 공사방법의 허용전류(출처 : 한국전기설비규정 표 A230-1-2)[1]

* PVC 절연, 도체온도 : 70[℃], 주위온도 : 기중 30[℃], 지중 20[℃]

도체의 공칭 단면적 [mm²]	설치방법													
	A1		A2		B1		B2		C		D1		D2	
													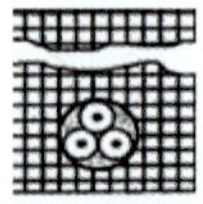	
도체	2개	3개	2개	3개	2개	3개	2개	3개	2개	3개	2개	3개	2개	3개
구리														
1.5	14.5	13.5	14	13	17.5	15.5	16.5	15	19.5	17.5	22	18	22	19
2.5	19.5	18	18.5	17.5	24	21	23	20	27	24	29	24	28	24
4	26	24	25	23	32	28	30	27	36	32	37	30	38	33
6	34	31	32	29	41	36	38	34	46	41	46	38	48	41
10	46	42	43	39	57	50	52	46	63	57	60	50	64	54
16	61	56	57	52	76	68	69	62	85	76	78	64	83	70
25	80	73	75	68	101	89	90	80	112	96	99	82	110	92
35	99	89	92	83	125	110	111	99	138	119	119	98	132	110
50	119	108	110	99	151	134	133	118	168	144	140	116	156	130
70	151	136	139	125	192	171	168	149	213	184	173	143	192	162
95	182	164	167	150	232	207	201	179	258	223	204	169	230	193
120	210	188	192	172	269	239	232	206	299	259	231	192	261	220
150	240	216	219	196	300	262	258	225	344	299	261	217	293	246
185	273	245	248	223	341	296	294	255	392	341	292	243	331	278
240	321	286	291	261	400	346	344	297	461	403	336	280	382	320
300	367	328	334	298	458	394	394	339	530	464	379	316	427	359
알루미늄														
2.5	15	14	14.5	13.5	18.5	16.5	17.5	15.5	21	18.5	22	18.5		
4	20	18.5	19.5	17.5	25	22	24	21	28	25	29	24		
6	26	24	25	23	32	28	30	27	36	32	36	30		
10	36	32	33	31	44	39	41	36	49	44	47	39		
16	48	43	44	41	60	53	54	48	66	59	61	50	63	53
25	63	57	58	53	79	70	71	62	83	73	77	64	82	69
35	77	70	71	65	97	86	86	77	103	90	93	77	98	83
50	93	84	86	78	118	104	104	92	125	110	109	91	117	99
70	118	107	108	98	150	133	131	116	160	140	135	112	145	122
95	142	129	130	118	181	161	157	139	195	170	159	132	173	148
120	164	149	150	135	210	186	181	160	226	197	180	150	200	169
150	189	170	172	155	234	204	201	176	261	227	204	169	224	189
185	215	194	195	176	266	230	230	199	298	259	228	190	255	214
240	252	227	229	207	312	269	269	232	352	305	262	218	298	250
300	289	261	263	237	358	306	308	265	406	351	296	247	336	282

1 2개 도체는 1상, 3개 도체는 3상이다.

[표 A-3] 허용전류를 구하기 위한 공사방법의 허용전류(출처 : 한국전기설비규정 표 A230-1-2)

* XLPE 또는 EPR 절연, 도체온도 : 90[℃], 주위온도 : 기중 30[℃], 지중 20[℃]

도체의 공칭 단면적 [mm²]	설치방법													
	A1		A2		B1		B2		C		D1		D2	
													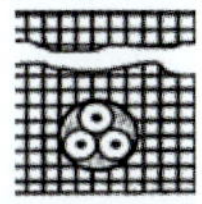	
도체	2개	3개	2개	3개	2개	3개	2개	3개	2개	3개	2개	3개	2개	3개
구리														
1.5	19	17	18.5	16.5	23	20	22	19.5	24	22	25	21	27	
2.5	26	23	25	22	31	28	30	26	33	30	33	28	35	
4	35	31	33	30	42	37	40	35	45	40	43	36	46	
6	45	40	42	38	54	48	51	44	58	52	53	44	58	
10	61	54	57	51	75	66	69	60	80	71	71	58	77	
16	81	73	76	68	100	88	91	80	107	96	91	75	100	
25	106	95	99	89	133	117	119	105	138	119	116	96	129	
35	131	117	121	109	164	144	146	128	171	147	139	115	155	
50	158	141	145	130	198	175	175	154	209	179	164	135	183	
70	200	179	183	164	253	222	221	194	269	229	203	167	225	
95	241	216	220	197	306	269	265	233	328	278	239	197	270	
120	278	249	253	227	354	312	305	268	382	322	271	223	306	
150	318	285	290	259	393	342	334	300	441	371	306	251	343	
185	362	324	329	295	449	384	384	340	506	424	343	281	387	
240	424	380	386	346	528	450	459	398	599	500	395	324	448	
300	486	435	442	396	603	514	532	455	693	576	446	365	502	
알루미늄														
2.5	20	19	19.5	18	25	22	23	21	26	24	26	22		
4	27	25	26	24	33	29	31	28	35	32	33	28		
6	35	32	33	31	43	38	40	35	45	41	42	35		
10	48	44	45	41	59	52	54	48	62	57	55	46		
16	64	58	60	55	79	71	72	64	84	76	71	59	76	64
25	84	76	78	71	105	93	94	84	101	90	90	75	98	82
35	103	94	96	87	130	116	115	103	126	112	108	90	117	98
50	125	113	115	104	157	140	138	124	154	136	128	106	139	117
70	158	142	145	131	200	179	175	156	198	174	158	130	170	144
95	191	171	175	157	242	217	210	188	241	211	186	154	204	172
120	220	197	201	180	281	251	242	216	280	245	211	174	233	197
150	253	226	230	206	307	267	261	240	324	283	238	197	261	220
185	288	256	262	233	351	300	300	272	371	323	267	220	296	250
240	338	300	307	273	412	351	358	318	439	382	307	253	343	290
300	387	344	352	313	471	402	415	364	508	440	346	286	386	326

[표 A-4] 지중 주위온도가 20[℃] 이외의 경우인 보정계수(출처 : 한국전기설비규정 표 A230-1-0)

지중온도[℃]	절연체	
	PVC	XLPE, EPR
10	1.10	1.07
15	10.5	1.04
20	1.00	1.00
25	0.95	0.96
30	0.89	0.93
35	0.84	0.89
40	0.77	0.85
45	0.71	0.80
50	0.63	0.76

[표 A-5] 기중 주위온도가 30[℃] 이외인 경우에 적용하는 보정계수(출처 : 한국전기설비규정 표 A230-1-0)

주위온도 [℃]	절연체			
	PVC	XLPE 또는 EPR	무기질	
			PVC 피복 또는 노출로 접촉할 우려가 있는 것(70[℃])	노출로 접촉할 우려가 없는 것(105[℃])
10	1.22	1.15	1.26	1.14
15	1.17	1.12	1.20	1.11
20	1.12	1.08	1.14	1.07
25	1.06	1.04	1.07	1.04
30	1.00	1.00	1.00	1.00
35	0.94	0.96	0.93	0.96
40	0.87	0.91	0.85	0.92
45	0.79	0.87	0.78	0.88
50	0.71	0.82	0.67	0.84

[표 A-6] 토지의 열저항률이 1.5[K·m/W] 이외인 경우에 적용하는 보정계수(출처 : 한국전기설비규정 표 A230-1-3)

열저항률[K·m/W]	0.5	0.7	1	1.5	2	2.5	3
매설 덕트 내 케이블	1.28	1.20	1.18	1.1	1.05	1.0	0.96
직접 매설한 케이블	1.88	1.62	1.5	1.28	1.12	1.0	0.90

[표 A-7] 복수회로 또는 다심 케이블 복수의 집합에 대한 보정계수(출처 : 한국전기설비규정 표 A230-1-3)

항	배치	회로 또는 다심 케이블의 수											
		1	2	3	4	5	6	7	8	9	12	16	20
1	기중이나 벽면에 묶거나 매설 또는 수납	1.00	0.80	0.70	0.65	0.60	0.57	0.54	0.52	0.50	0.45	0.41	0.38
2	벽,바닥 또는 비천공 케이블 트레이의 단일층	1.00	0.85	0.79	0.75	0.73	0.72	0.72	0.71	0.70	9개 이상의 회로나 다심 케이블의 경우 더 이상의 감소계수는 없음		
3	목재 천정면 아레에 직접 고정한 단일층	0.95	0.81	0.72	0.68	0.66	0.64	0.63	0.62	0.61			
4	천공형 수평 또는 수직 케이블 트레이의 단일층	1.00	0.88	0.82	0.77	0.75	0.73	0.73	0.72	0.72			
5	케이블 래더 단일층 또는 클리트지지 등	1.00	0.87	0.82	0.80	0.80	0.79	0.79	0.78	0.78			

Index

ㄷ

ㄹ, ㅁ

ㅂ

Index

ㅈ

Index